JN110668

公共データ
取得&活用
からAI Application Interface
作成まで。

Python

データ活用の奥義

＋ JSON

CSVはもう捨てた。データの海にいざゆかん!

データ構造を制するものがPythonを制する

「このCSV/TSVファイル、JSONにならん?」と言われたら…

QRコード↔JSONデータ 自由自在

クジラ飛行机

ソシム

●プログラムのダウンロード方法

本書のサンプルプログラムは、GitHubからダウンロードできます。
ZIPファイルでダウンロードするには、下記のURLにブラウザーでアクセスし、Assetsの部分に「Source code (zip)」と書かれたリンクがあるので、これをクリックます。すると、ダウンロードが始まります。
［URL］https://github.com/kujirahand/book-json-sample/releases

はじめに

あらゆるプログラムの開発において「データ」は考慮すべき重要な要素です。本書はプログラミング言語「Python」を利用して、汎用的なデータ形式「JSON」を中心とした広範なデータ活用について解説した書籍です。本書では、データについて理論や理想を語るのではなく、実践的なアプリを作りながら「データ」をどのように扱い、どのように向き合ったら良いのかを解説します。具体的には、ゲームやツール、Webアプリ、IoT、データ収集、QRコード、SNS、AI(機械学習)など、幅広いジャンルのプログラムを作りながら、データ構造やデータの活用方法を学びます。

Pythonの入門書を読み終わったとしても、「なかなか思ったようにプログラムを開発できない」という声を聞きます。それにはいろいろな理由がありますが、多くの入門書はプログラミング言語の基礎や文法を学ぶことにフォーカスしており、なかなかプログラミング実践にまで至っていないのが現実です。

初心者が入門書を読み終え、次に学びたいのが「アルゴリズム」と「データ構造」でしょう。これらはプログラミングにおける欠かすことのできない二大要素です。特に実用的なプログラムを自分で開発しようと思った時には「データ構造」の理解が必須です。

データ構造に精通することで、Pythonのプログラミング力は格段に向上します。本書がその一助となれば幸いです。

対象とする読者

- データ構造を学び、ゼロから自分のアプリを開発したい方
- オープンデータなどネット上の情報を積極的に活用したい方
- さまざまなデータを収集して、自分プロジェクトに活用したい方
- Python初心者からの脱却を目指している方
- プログラミングを身につけて一歩先に進みたいデザイナーの方
- AIが難しいのでデータサイエンスに進む前のステップが必要な方
- 広範なアプリ開発におけるデータ活用の奥義を学びたい方

本書の読み方

本書では、次のような流れでJSONを中心とした「データ構造」について学びます。いずれも具体的なデータとサンプルプログラムで実践的に学ぶ内容となっています。

1章では、JSONについて、またPythonでJSONを扱う簡単な方法を紹介します。

2章では、いろいろな種類のアプリを作り、そのデータベースとしてJSONを活用する方法を紹介します。

3章では、Raspberry Piと簡単なセンサーを用いたサンプルを通してIoTとJSONについて考察します。なお、Raspberry Piやセンサーが手元になくても雰囲気を味わえるように配慮しています。

4章では、Webから効率よくデータを収集する方法を学びます。特に、requestsやSeleniumといったライブラリの使い方を紹介します。

5章でデータではQRコードを使ったWebアプリの作成方法を学びます。JSONデータ活用の具体的なアイデアとして、QRコードを使ったクーポンのシステムを開発します。

6章ではJSONデータの視覚化について考察します。SNSからダウンロードしたアーカイブデータを活用したり、地図データを扱う方法を解説します。

7章ではJSONデータのさらなる活用としてAI（機械学習）について紹介します。

クジラ飛行机

Contents

3章 データ収集と抽出のテクニック

4章 データ収集と抽出

5章　QRコードとJSONでWebアプリを作成する

6章　JSONデータの視覚化と地図データ

7章 JSONと機械学習

Appendix

●サンプルプログラムの使い方

本書のサンプルプログラムは、GitHub よりダウンロードできます。ここには書籍の中で紹介しているすべてのプログラムが収録されています。

サンプルプログラムのダウンロード URL は以下の通りです。

URL https://github.com/kujirahand/book-json-sample/releases

ダウンロードの方法

(1) ブラウザーで上記の Web サイトにアクセスしてください。

(2) Assets の部分に「Source code (zip)」と書かれたリンクがあるので、これをクリックます。すると、ダウンロードが始まります。

(3) サンプルプログラムは ZIP 形式で圧縮されています。これを解凍してご利用ください。

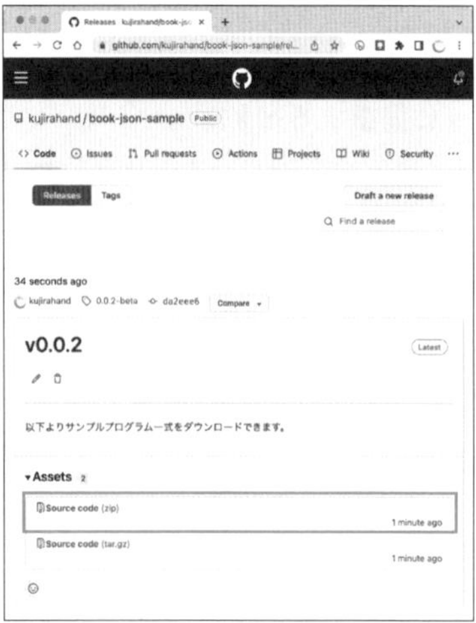

●サンプルプログラムがダウンロードできる

サンプルの構成

解凍すると、ルートに <src> というディレクトリーができ、そのディレクトリー以下にプログラム一式が収録されています。プログラムは、書籍の章ごとにディレクトリーに分類されています。

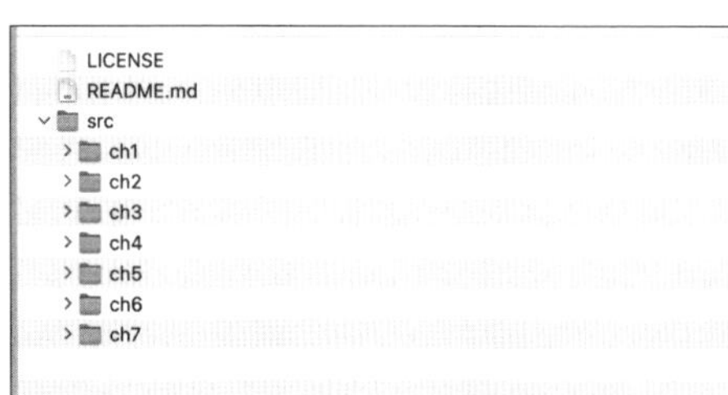

●サンプルプログラムは章ごとに分かれて配置されている

1章

データ収集と抽出のテクニック

最初にJSONとその周辺技術について紹介します。JSONを元にしていろいろなグラフを描画する方法も紹介します。いずれの作例もJSONファイルをちょっと書き換えるだけで自分用のグラフに差し替えることができます。まずは、視覚的に楽しくJSONに親しみましょう。

1章

1 JSON概論 - JSONと10行プログラムで円グラフ

JSON ファイルを元に円グラフを描画してみます。そして JSON について解説します。JSON はどういう仕組みなのでしょうか。Python からどのように扱うのでしょうか。JSON を自分で作りつつ考察してみましょう。

Keyword

- JSON
- Python
- 円グラフ

この節で作るもの

- JSONを元に描画する「休日の過ごし方」円グラフ

本書で最初に作るのは、JSON ファイルを元にして作成する円グラフです。次のようなグラフを作成します。いきなり円グラフを描画するなんて、ちょっと大変そうだと思いますか。なんと、10 行の Python プログラムで作れます。しかも、JSON ファイルを差し替えることで、好きな円グラフを描画できます。

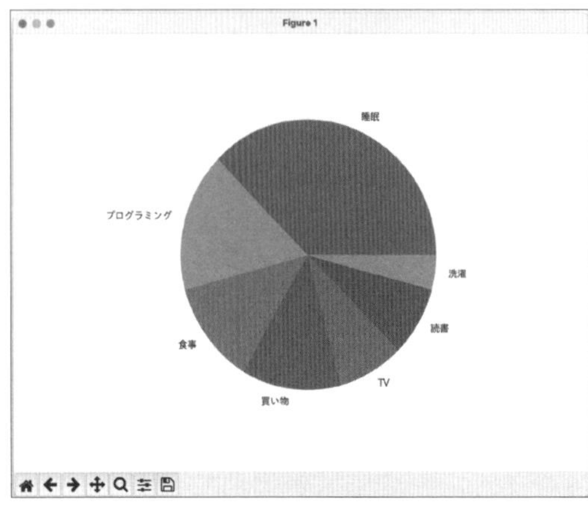

●JSON ファイルを元に描画した円グラフ

手順 1 JSON ファイルを用意しよう

グラフを描画するのに利用する JSON ファイルを用意しましょう。JSON ファイルとは、ただのテキストファイルです。JSON ファイルはとてもシンプルな形式のデータファイルです。Windows 標準の「メモ帳」などのテキストエディターを使って作れます。

本節では「休日の過ごし方」を表す円グラフを作ってみましょう。JSON ファイルの拡張子は「.json」

です。「pi.json」というテキストファイルを作成して以下のようなデータを書き込んでみましょう。

●src/ch1/pi.json

```
[
    [9, "睡眠"],
    [4, "プログラミング"],
    [3, "食事"],
    [3, "買い物"],
    [2, "TV"],
    [2, "読書"],
    [1, "洗濯"]
]
```

手順 2 グラフ描画ライブラリーをインストールしよう

次にPythonのパッケージをインストールしてみましょう。Pythonは正しくインストールできているでしょうか。Appendixを参考にしてインストールしてください。

まずターミナルを起動してコマンドを入力します。ターミナルとは、Windowsなら「PowerShell」、macOSなら「ターミナル.app」のことです。

そして、以下のコマンドを実行してグラフ描画を行うパッケージ「matplotlib」とそれを日本語化する「japanize_matplotlib」をインストールしましょう。なお、以下の行頭にある「$」はコマンドラインであることを表す記号で、実際に入力する必要はありません。

```
$ python3 -m pip install matplotlib
$ python3 -m pip install japanize_matplotlib
```

メモ

Pythonのインストールについて

巻末のAppendixにてPythonのインストール方法を紹介しています。参考にしてください。
また、WindowsでPythonを使う場合には「python3」の部分を「python」と読み替えてください。

手順 3 10行のPythonプログラムを作成しよう

それでは、JSONファイルを読み込んで円グラフを描画するPythonプログラムを作ってみましょう。以下のプログラムをテキストエディターに書き込み、「pichart_json.py」という名前で保存しましょう。

●src/ch1/pichart_json.py

```
import json, japanize_matplotlib
import matplotlib.pyplot as plt
# JSONを読み込む --- (※1)
data = json.load(open('pi.json', encoding='utf-8'))
# 描画のために値とラベルを分ける --- (※2)
values = [i[0] for i in data]
labels = [i[1] for i in data]
# 円グラフを描画 --- (※3)
plt.pie(values, labels=labels)
plt.show()
```

簡単にプログラムについて紹介します。本書で初めてのプログラムなので、あまり深追いせずに処理の流れを追いかけるだけにしましょう。JSON ファイルの読み書きについては、後ほど詳しく解説します。

プログラムの (※1) では JSON ファイルからデータを読み込みます。

円グラフを描画する場合、ラベルと値を異なる変数に分けておく必要があります。ですから (※2) ではグラフ描画のために JSON データを値とラベルに分けます。for 文がリストの中に書かれていて見慣れない表現かもしれませんが、これは『リスト内包表記』と言って、手軽にリストを生成できる Python の便利な記法の一つです。以下のように書くのと同じ意味になります。3 行のプログラムをスッキリと 1 行で記述できるので便利です。

```
values = []
for i in data:
    values.append(i[0])
```

そして、(※3) で実際に円グラフを描画します。円グラフ（パイチャート）を描画するのに、Matplotlib パッケージの pyplot モジュールの pie メソッドを使います。詳しくはこの後の解説をご覧ください。

手順 4 プログラムを実行しよう

手順 1 で作った JSON ファイル「pi.json」と手順 3 で作った Python のプログラム「pichart_json.py」は同じディレクトリ（フォルダー）に配置してください。そして、ターミナルで以下のコマンドを実行しましょう。

```
$ cd (プログラムのディレクトリ)
$ python3 pichart_json.py
```

すると、次のように「休日の過ごし方」に関するグラフが描画されます。

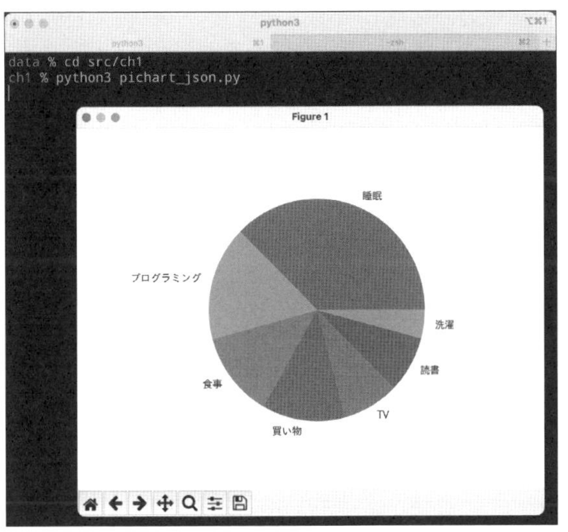

●ターミナルからプログラムを実行したところ

JSONとは何か？

JSONとは、もともと「JavaScript Object Notation」の頭文字であり、JavaScriptのObject型のデータをソースコード内に手軽に記述するための記述式でした。しかし、その記述が洗練されており、シンプルでありながら構造化されたデータを表現する事が可能だったので、データフォーマットとして利用されるようになりました。

そして、さまざまな場面でデータ交換フォーマットとして利用されることになり、広く普及しました。また、JavaScriptだけでなく、PythonやRuby、PHP、Java、C#、C++やその他のさまざまなプログラミング言語で読み書きできるようになりました。そのため、今では、JSONをJavaScriptのためだけのデータフォーマットと考える人はいないくらい、ポピュラーなものになりました。

標準化団体によって標準化もされており仕様が明文化されています。JSONは汎用的なデータフォーマットであり、プログラミング言語や端末に依存することなく利用可能なのです。

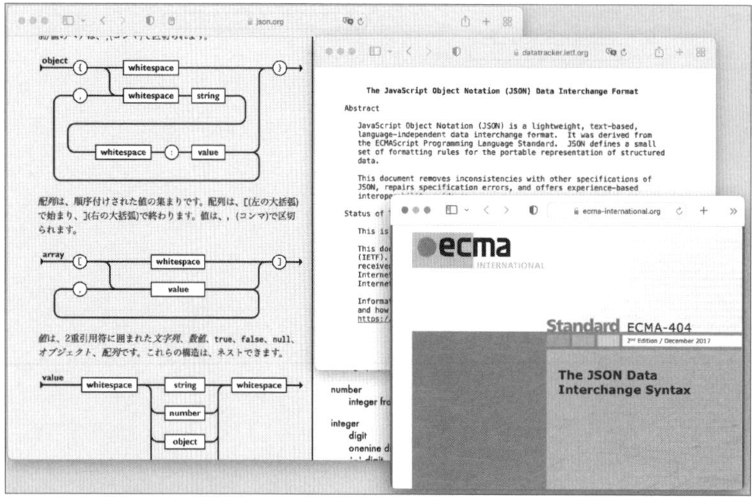

●JSON は標準化されたデータ交換フォーマット

コラム

JSON に関する RFC について

参考までに、JSON について発行された RFC には、次のものがあります。JSON がより広範囲に普及し利用されるにつれて、問題となる部分が改訂されてきました。なお、2017 年に発行された RFC8259 では、文字エンコーディングには UTF-8 を利用することが明記されるなど仕様がブラッシュアップされました。この点に関しては、詳しくは p.062（1 章 5 節）で解説しています。

- 2006 年 7 月 RFC 4627（現在は廃止）
- 2013 年 3 月 RFC 7158（現在は廃止）/ ECMA-404 1st Edition
- 2014 年 3 月 RFC 7159（現在は廃止）
- 2017 年 12 月 RFC 8259 / STD 90 / ECMA-404 2nd Edition

JSON はどこで使われているのか

今や JSON はありとあらゆる場面で使われています。IT と関わりの薄い人であっても、JSON の恩恵を受けています。例えば、Google Chrome や Microsoft Edge などの Web ブラウザーの設定ファイルにも JSON が使われています。また、Twitter や Facebook などの SNS や Web サービスでは、ブラウザーとサーバーの通信の多くに JSON が利用されています。

●ブラウザーの設定ファイルにも JSON が使われている

このように、JSON フォーマットは、設定ファイルや通信データ、データ交換フォーマット、データベースなどさまざまな場面で利用されます。サーバーとクライアント、アプリ間同士の通信で、または、異なるアプリ間でデータを交換するのに使われています。

JSON で表現できること

これほど普及している JSON ですが、そのフォーマットは非常に単純です。しかも単純でありながらも、複雑なデータ構造が表現できます。

詳しくは後ほど紹介しますが、JSON で表現可能なデータ型は、オブジェクト、配列、数値、文字列、真偽型、null の 6 種類だけです。

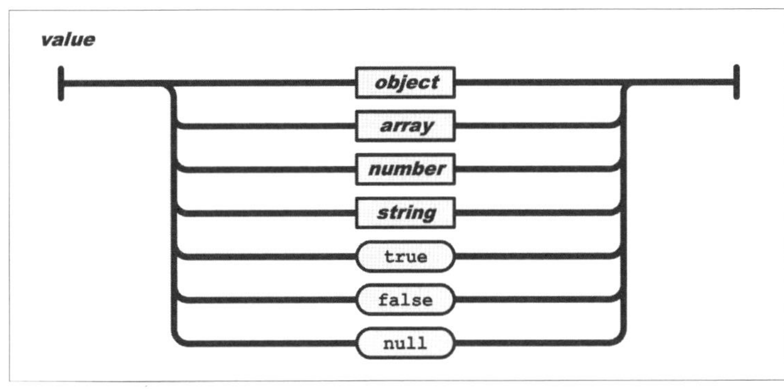

●JSON で表現できるデータ型の一覧（※脚注）

（※脚注）JSON の構造図は json.org からの引用です

この中で、オブジェクトと配列は入れ子状にできるため、一定の構造を持つ複雑なデータであっても表現可能となっています。

次の図で言えばvalueの部分が重要な鍵となります。valueの部分に、オブジェクト（object）や配列（array）が指定可能です。

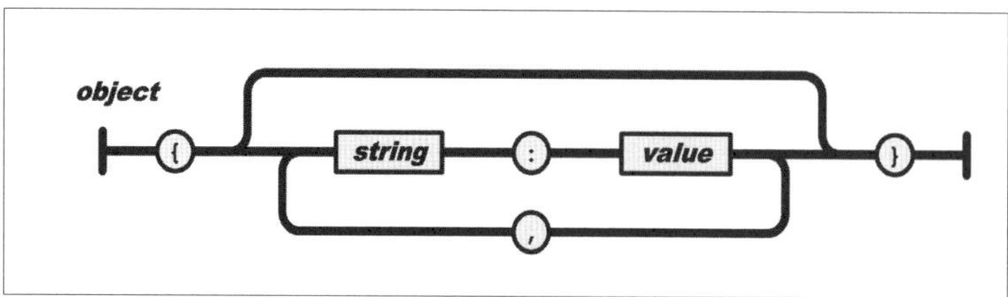

●JSONのオブジェクト型（※脚注）

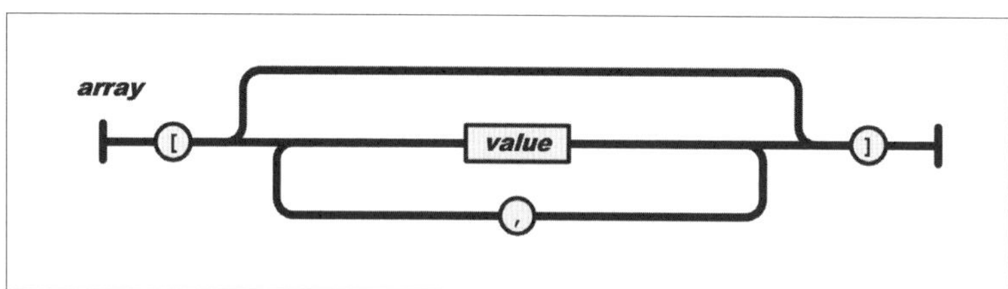

●JSONの配列型（※脚注）

例えば、JSONでExcelの表のような二次元のデータを表現すると次のようになります。

```
[
    ["Apple", "red", "Aomori"],
    ["Orange", "orange", "Ehime"],
    ["Banana", "yellow", "Okinawa"]
]
```

また、上記の二次元配列データに対して、各行にデータの説明を加えてみましょう。それで、オブジェクト型を使って表現するならば次のようになります。

```
[
    {"name": "Apple", "color": "red", "place": "Aomori"},
    {"name": "Orange", "color": "orange", "place": "Ehime"},
    {"name": "Banana", "color": "yellow", "place": "Okinawa"}
]
```

このように、配列の中にオブジェクトを、また、オブジェクトの中にさらに配列やオブジェクト自身を含めることができます。これによって、複雑なデータであっても容易に表現できるのが、JSONの特徴です。

（※脚注）JSONの構造図はjson.orgからの引用です

コラム

JSON はどこから来たのか

ところで、JSON はどこから来たのでしょうか。もちろん、JavaScript のオブジェクト記述式が由来であることは確かなのですが、どのように使われ始めたのでしょうか。

この点について、JSON の名付け親である、ダグラス・クロックフォードが面白いコメントを述べています。彼は 2011 年の「The JSON Saga」というプレゼンテーション（※脚注 1）の中で、「自分は JSON と名付けたが考案者ではない。それ自体は自然に存在していた。早い例としては 1996 年には、（Web ブラウザー Firefox の前身である）Netscape Navigator でデータ交換用に使われていた。だから『発見した』ということになるのだが、発見したのも自分が最初ではない」と述べています。

このエピソードは非常に興味深いもので、データフォーマットとしての JSON が特定の誰かによって発明されたのではなく、自然に使われるようになったものであることが分かります。また、自然に使われていたデータフォーマットに「JSON」と名前を付けたことで、より広く普及することになったのです。

（※脚注 1）Douglas Crockford: The JSON Saga --- https://www.youtube.com/watch?v=-C-JoyNuQJs

JSON と Python の関係は？

本書では、Python を用いて、JSON の活用方法を紹介します。なぜ、Python なのかと言えば、プログラミング言語の中で今一番熱い言語だからです。そして、Python でよく使われるデータ型である、リスト型（list）と辞書型（dict）が、JSON の配列（array）とオブジェクト（object）と相性が良いというのもポイントです。

Python のデータ型	JSON のデータ型
リスト型（list/tuple）	配列（array）
辞書型（dict）	オブジェクト（object）
数値型（int/float）	数値型（number）
文字列型（str）	文字列型（string）
ブール型（bool）	真偽型（boolean）
None	ヌル（null）

そして、もちろん、Python に JSON の読み書きのためのパッケージが標準で用意されています。Python と JSON の相性の良さは、その使い勝手の良さにもつながっています。手軽に Python で JSON データを読み書きできます。

PythonでJSONファイルの読み書きをしよう

Python では標準ライブラリーの json モジュールを使うことで JSON の読み書きが可能です。まずは、データを書き込むプログラムを確認してみましょう。

●src/ch1/json_write.py

```
import json
# Pythonでデータを定義 --- (※1)
items = [
    {"name": "Aoki", "age": 30},
    {"name": "Ishida", "age": 32},
    {"name": "Inoue", "age": 29}
]
# ファイルへ保存 --- (※2)
with open('test.json', 'w', encoding='utf-8') as fp:
    json.dump(items, fp, indent=4)
```

プログラムを確認してみましょう。プログラムの (※1) の部分では、Python のリスト型と辞書型を利用して人の名前と年齢を定義したものです。そして、(※2) の部分でファイルに保存します。json.dump メソッドを利用して JSON ファイルを保存します。json.dump の引数に indent=4 を指定しましたが、このように書くと JSON データをインデントして読みやすく整形してくれます。

Python のプログラムを実行するには、コマンドライン（Windows なら PowerShell、macOS ならターミナル .app）を起動して、以下のようなコマンドを実行します。もちろん、Python3 に同梱されている IDLE を起動して、メニューからサンプルファイルを読み込んで実行することもできます。

```
$ cd (サンプルファイルのパス)
$ python3 json_write.py
```

プログラムを実行すると、次のような JSON ファイルが生成されます。

●src/ch1/test.json

```
[
    {
        "name": "Aoki",
        "age": 30
    },
    {
        "name": "Ishida",
        "age": 32
    },
```

```
    {
        "name": "Inoue",
        "age": 29
    }
]
```

次に JSON ファイルを読み出すプログラムを作ってみましょう。

●src/ch1/json_read.py

```
import json
# ファイルを読む
with open('test.json', 'r', encoding='utf-8') as fp:
    data = json.load(fp)
# 読み出したデータを表示
print(data[0]['name'], data[0]['age'])
print(data[1]['name'], data[1]['age'])
```

プログラムを確認しましょう。JSON ファイルを読み込むには、json.load メソッドを利用します。すると、Python のデータ型として読み込まれます。すでに確認したように、Python のデータ型と JSON のデータ型はほぼ 1:1 で対応しているため、自然な形でデータの読み込みができます。

プログラムを実行すると次のように表示されます。

```
$ python3 json_read.py
Aoki 30
Ishida 32
```

このように、Python で JSON ファイルを読み書きするのは簡単です。本書を通して JSON やその他のデータ形式について学ぶなら、効率的で用途に合ったデータ活用ができるようになります。

挑戦してみよう～「休日の過ごし方」円グラフを書き換えてみよう

JSON ファイルについて理解が進んだところで、冒頭で紹介した「休日の過ごし方」円グラフを書き換えてみましょう。手順 1 で作成した「pi.json」を書き換えれば良いだけです。例えば、週中ずっと激務だったため、ダラダラ過ごした休日であれば、以下のようなグラフになるでしょうか。

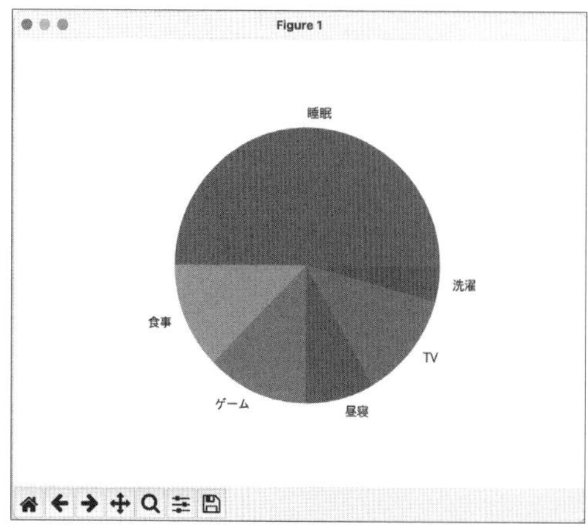

●ゆったり過ごした休日を描画したところ

ちょっと寝過ぎでしょうか。時にはゆったりしても良いですよね。このために、以下のような JSON を作成しました。

●src/ch1/pi-goo.json

```
[
    [12, "睡眠"],
    [3, "食事"],
    [3, "ゲーム"],
    [2, "昼寝"],
    [3, "TV"],
    [1, "洗濯"]
]
```

このように、数値とラベルをちょっと書き換えれば、いろいろな用途に使えます。休日の過ごし方だけでなく、いろいろな円グラフが描画できますので試してみましょう。

円グラフを描画しよう

本節では JSON ファイルを元に円グラフを描画しました。グラフ描画ライブラリーの Matplotlib パッケージを使うと手軽にいろいろなグラフを描画できます。ここでは、簡単な円グラフの描画方法を紹介します。

以下のような書式で記述すると円グラフが描画できます。

```
[書式] 円グラフを描画する

# ライブラリーを取り込む
import matplotlib.pyplot as plt
```

```
# データを用意する
values = [データ1, データ2, データ3, ...]
labels = [ラベル1, ラベル2, ラベル3, ...]

# 円グラフを描画する
plt.pie(values, labels=labels)
plt.show()
```

例えば、簡単な円グラフを描画するプログラムは次のようになります。

●src/ch1/pie_abc.py

```
# ライブラリーを取り込む
import matplotlib.pyplot as plt

# データを用意する
values = [60, 30, 10]
labels = ['A', 'B', 'C']

# 円グラフを描画する
plt.pie(values, labels=labels)
plt.show()
```

プログラムを実行すると次のような円グラフが描画されます。

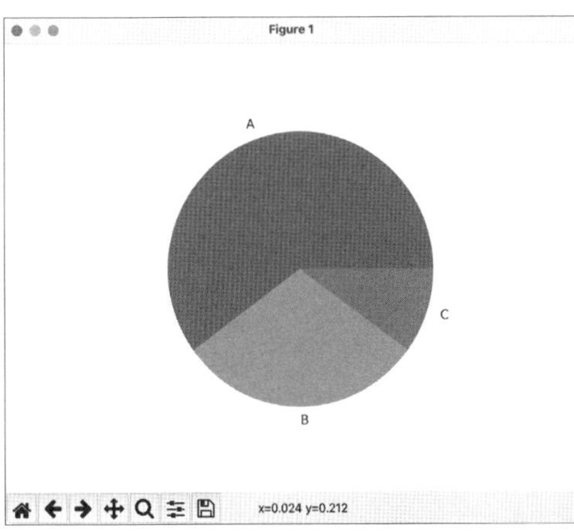

●円グラフを描画するサンプル

まとめ

☑ 以上、本書のはじめに、JSON で円グラフを描画するプログラムを紹介しました。そして、JSON とは何かについて紹介しました。Python と JSON の相性の良さは折り紙付きです。本書では、JSON の活用方法について詳しく紹介しますので楽しみに読み進めてください。

1章

2 オープンデータについて - 人口推移グラフを描画しよう

JSONを語る上で外せないのが「オープンデータ」です。ここでは政府統計より人口推移のデータを描画してみましょう。オープンデータとはどんな性質のデータでしょうか。また、どんなデータがあるのか見ていきましょう。

Keyword

- オープンデータ
- 人口推移
- Excel
- 政府統計
- e-Stat

この節で作るもの

- 日本の人口推移を表す線グラフ

オープンデータとして公開されている日本の人口推移の情報を線グラフで描画してみます。公開されている情報を元にして作成したJSONデータを読み込んで描画してみましょう。

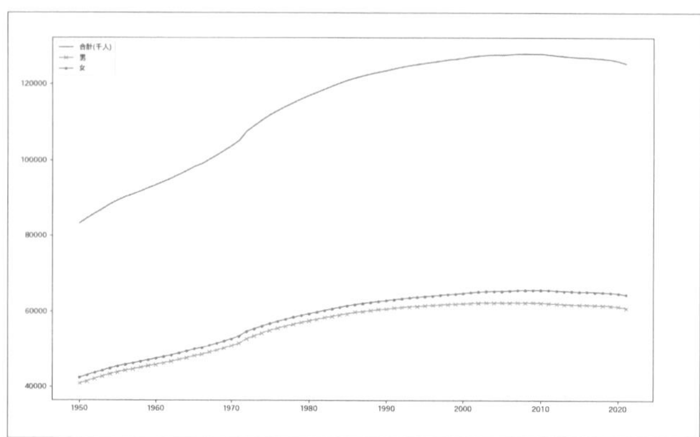

●人口推移を表す折れ線グラフを描画したところ

手順1 人口推移のJSONデータを用意する

人口推移を表すJSONデータを用意しましょう。後で詳しく紹介しますが、政府統計の総合窓口「e-Stat」ページに掲載されている人口推計の情報を元にしてJSONファイルを作成します。元々のデータはExcelファイルですが、読者の利便性のためJSONファイルに変換したものをサンプルファイル「src/ch1/pop.json」として収録しました。データフォーマットの変換や収集については後ほど詳しく紹介しますが、本章ではサンプルファイルを利用しましょう。

これは1950年から2021年までの人口推移ですが、データが長いので一部だけを抜粋して紹介しています。なお、単位は千人です。

●src/ch1/pop.json

```
[
  {
    "year": 1950,
    "total": 83200,
    "man": 40812,
    "woman": 42388
  },
  {
    "year": 1951,
    "total": 84541,
    "man": 41489,
    "woman": 43052
  },
  {
    "year": 1952,
    "total": 85808,
    "man": 42128,
    "woman": 43680
  },

～以下省略抜粋～
]
```

簡単に JSON の構造を確認してみましょう。基本的には配列です。角カッコでデータ全体が囲われていることを確認してください。そして配列の要素はオブジェクト型 (Python の辞書型) です。オブジェクト型には、調査年（year)、男女トータル人口（total)、男性人口（man)、女性人口（woman）のデータがあります。

このように、配列の中にオブジェクトがあり、オブジェクトに具体的なデータが入っているという構造は、JSON の典型的なデータ構造です。

手順 2 Python のプログラムを作成しよう

本節でも Python のグラフ描画ライブラリーの matplotlib などを利用します。前節を参考にライブラリーをインストールした上で次の Python のプログラムを作成しましょう。このプログラムは、JSON ファイル「pop.json」を読み込んで線グラフを描画するものです。

●src/ch1/linechart_pop.py

```
import json, japanize_matplotlib
import matplotlib.pyplot as plt

# 人口推移のJSONファイルを読む --- (※1)
data = json.load(open('pop.json', encoding='utf-8'))

# 複数の線グラフを描画するようにデータを分割 --- (※2)
x, totals, man, woman = [],[],[],[]
for row in data:
    x.append(row['year']) # 西暦年
    totals.append(row['total']) # 男女合計
    man.append(row['man']) # 男性
    woman.append(row['woman']) # 女性

# グラフを描画 --- (※3)
p_total = plt.plot(x, totals, label='合計(千人)')
p_woman = plt.plot(x, woman, marker='.', label='女')
p_man = plt.plot(x, man, marker='x', label='男')
plt.legend() # 凡例を表示 --- (※4)
plt.show()
```

プログラムの流れを確認してみましょう。プログラムの(※1)では人口推移の情報を記したJSONファイルを読み込みます。前節と同じように、グラフ描画のためには、ライブラリーが求める形にデータを分割しなくてはなりません。

(※2)では読み込んだJSONファイルを元にして、グラフを描画するために4つの変数に値を分割します。今回のような線グラフを描画する場合、西暦年を表す変数x、男女合計を表す変数totals、男性を表す変数man、女性を表す変数womanに変数を分けます。

そして、(※3)では線グラフを描画します。合計、男性、女性と3つの線グラフを描画します。また、(※4)では各線が何を表すのか凡例（legend）も表示します。線グラフの描画の仕方は後ほど解説します。

手順 3 プログラムを実行しよう

それでは、ターミナルからプログラムを実行してみましょう。

```
$ python3 python3 linechart_pop.py
```

すると、次のようにグラフが描画されます。

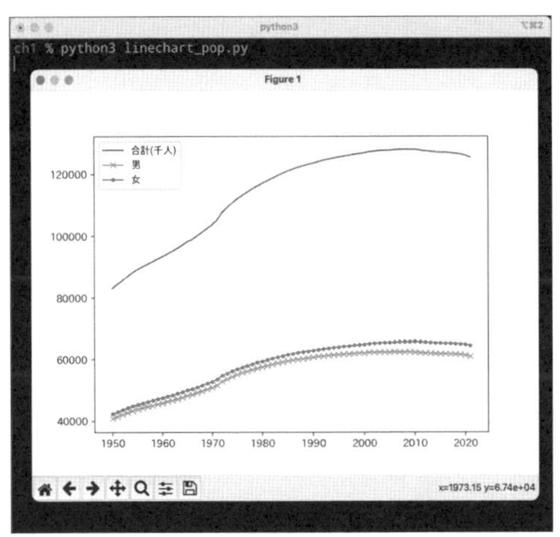

●コマンドを実行して線グラフを描画したところ

オープンデータとは

オープンデータ（英語：Open Data）とは、自由に使えて、再利用も可能で、誰でも再配布できるデータのことです。特定のデータを著作権などの制限なしに、全ての人が望む形で利用できるようにしたデータのことです。

公的機関や地方自治体が多くのデータを公開しています。実際に、日本を含む多くの政府機関が、収集したデータをオープンデータとして配布するWebサイトを作成しています。200以上の国や地域がオープンデータを公開しています。

公的機関によるオープンデータ

例えば、気象庁は気象情報や災害情報をオープンデータとして公開しています。また、国勢調査による人口統計などがオープンデータとして公開されています。地方自治体では、公共施設、医療機関、防犯防災の情報を公開しています。

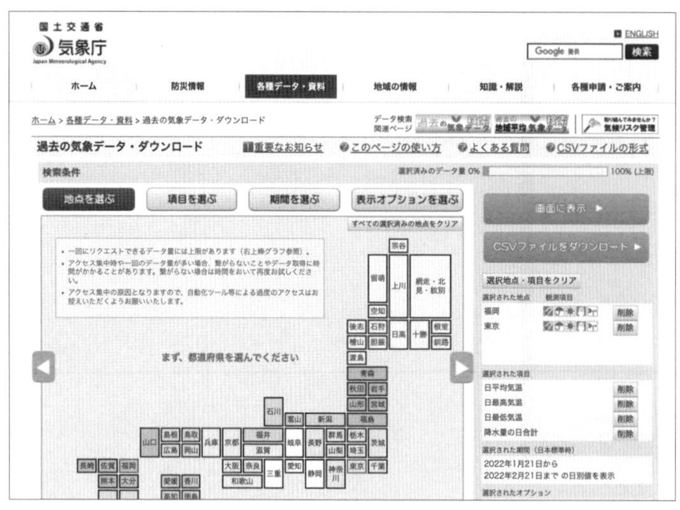

●気象庁は過去の気象データをオープンデータとしてダウンロードできるようにしている

URL

気象庁 > 過去の気象データ・ダウンロード

https://www.data.jma.go.jp/gmd/risk/obsdl/index.php

また、2019年に発生した新型コロナウイルス（COVID-19）に関して、厚生労働省は日々の新規陽性者数や重症者数などの情報をオープンデータとして公開していました。

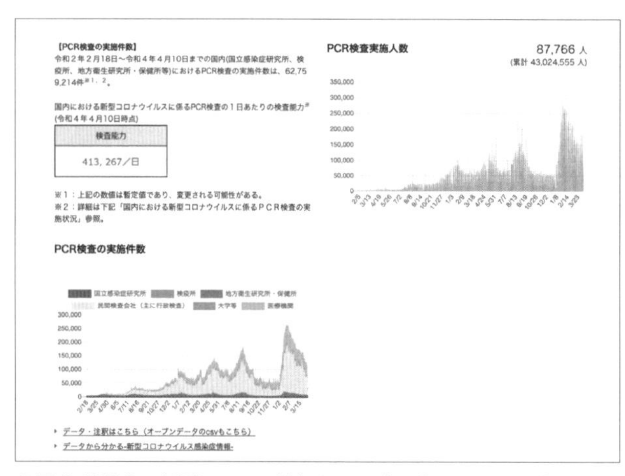

●厚生労働省は新型コロナの情報をオープンデータとして提供した

URL

新型コロナウイルス感染症情報

https://www.mhlw.go.jp/stf/covid-19/kokunainohasseijoukyou.html

なお、本節の冒頭で利用した日本の人口推移などの統計情報は、日本の統計が閲覧できる政府統計ポータルサイト e-Stat からダウンロードできます。国土・気象情報、住宅・土地統計調査、国勢調査の結果より人口推計、国民生活基礎調査、労働・賃金に関する統計、農林水産業、経済指標など、さまざまなデータがオープンデータとして公開されています。

●政府統計の総合窓口 e-Stat

URL
政府統計の総合窓口 e-Stat
https://www.e-stat.go.jp/

このように、実際にさまざまなデータがオープンデータとして公開されています。オープンデータは自由に使えるデータなので、ビジネスや生活を便利にするために積極的に活用できます。総務省もオープンデータの意義を『国民参加・官民協働の推進を通じた諸課題の解決、経済活性化』と位置づけており、営利目的、非営利目的を問わず無償で二次利用が可能と述べています。

データや創作物のためのラインセンスについて

政府主導のオープンデータのほかに、個人のボランティアや善意団体による多くのオープンデータが公開されています。それらのデータには『パブリックドメイン』や『クリエイティブコモンズ』などのライセンスが適用されています。

『パブリックドメイン（public domain）』とはデータや著作物に対して、知的財産権が発生していない状態または消滅した状態のことを言います。

また、パブリックドメインのデータの中には著作権の切れたデータや著作物もあります。日本では2018年12月30日以前、著作権の保護期間は50年でしたが、それ以降は70年となっています。そのため、実名の著作物の場合、著作者の死後70年が経過すると、そのデータはパブリックドメインとなります。無名の著作物や団体名義のものや映画であれば公表後70年経過するとパブリックドメインとなります。

注意すべきことは、著作権の保護期間は国によって異なります。例えば、メキシコでは100年、コロンビアでは80年、インドでは60年、中国・インドネシア・カンボジア・マレーシア・エジプトでは50年、イランでは30年となっています。有名な映画「ファンタジア（1940年）」や「ローマの休日（1953年）」も今では著作権が消滅しておりパブリックドメインとなっています。

『クリエイティブコモンズ』は、データを含むイラストや写真、音楽、小説など創作物全般に適用できるライセンスの形態です。ただし、クリエイティブコモンズが示されている作品全てが何でも自由に使えるわけではなく、権利者が複数のライセンスから好きなものを選べる仕組みとなっています。

例えば、クリエイティブコモンズの中の「CC0」というライセンスが提供されていれば「著作権を放棄する」ことを明示します。つまり、データやコンテンツの作者と所有者が、著作権による利益を放棄していること、パブリックドメインと同等であることを意味します。

クリエイティブコモンズのライセンスでも、「CC BY」あるいは「CC BY-SA」「CC BY-NC」などのライセンスが付与されているものに関しては、原作者の著作権表示の義務があります。また「CC BY-SA」では同じライセンスを継承して公開することが義務づけられますし、「CC BY-NC」では商用利用が禁止されています。このように、利用に関して自由度が高いクリエイティブコモンズですが、複数のライセンスから成り立っており、利用に関してはライセンスを確認する必要があります。

ちなみに、フリー百科事典の「Wikipedia」はクリエイティブコモンズの「CC BY-SA」を採用しており、二次利用には著作権表示の義務があります。

クリエイティブコモンズの種類：

表示（by）	作品を利用するには著作権者の表示が必要
非営利（nc）	非営利目的での利用のみに限定する
改変禁止（nd）	改変を禁止する
継承（sa）	改変して公開する場合に元の作品のライセンスを継承する必要がある

青空文庫 - 多数の著作権が消滅した日本語の作品を公開

ここで、いつくかパブリックドメインのデータを公開しているWebサイトを紹介します。

「青空文庫」は主に著作権が消滅した文学作品を収集しているインターネット上の電子図書館です。明治の文豪、夏目漱石・森鴎外や、宮沢賢治など、17,000作品を超える作品が登録されています。

青空文庫のサイト上で作品を読めるほか、全テキストデータをGitHubよりダウンロードできます。著作権が切れた文章は多少言い回しや文体が古いのですが、自由に利用できる日本語のテキストデータとしての利用価値は非常に高いものです。

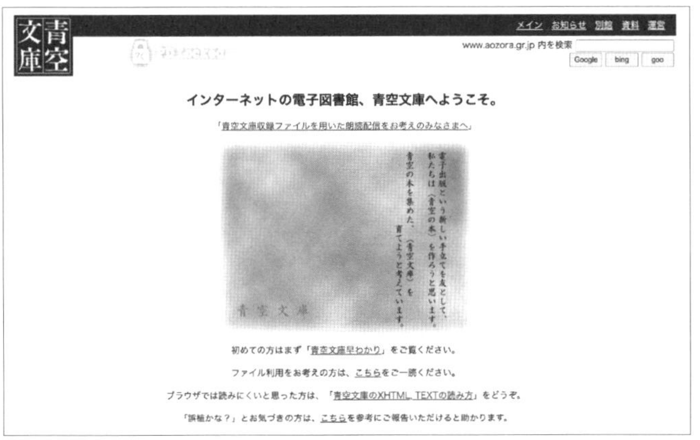

●青空文庫 - 著作権フリーな 17,000 を超える日本語の文学作品が公開されている

URL
青空文庫
https://www.aozora.gr.jp/

プロジェクト・グーテンベルク - 英語を中心に著作権が消滅した作品を公開

西洋文化圏の文学作品を中心にして、小説や詩、戯曲など多くの作品を収集しているのが「プロジェクト・グーテンベルク（Project Gutenberg）」です。6 万作品以上が公開されています。大部分は英語のテキストですが、フランス語、ドイツ語、フィンランド語などのテキストもあります。

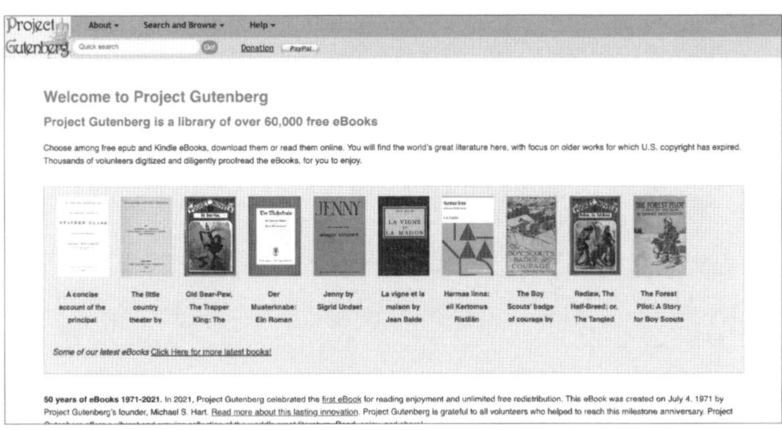

●プロジェクト・グーテンベルク - 英語を中心に 6 万を超える作品が公開されている

URL
Project Gutenberg
https://www.gutenberg.org/

メトロポリタン美術館 - 絵画作品を中心とした画像作品を公開

アメリカにあるメトロポリタン美術館のWebサイトでは、絵画作品を中心として40万点以上の作品がパブリックドメインとして公開されています。古今東西のあらゆる時代の作品が公開されています。フェルメール・ゴッホなど西洋の作品に加えて、日本の作品も多く、歌川広重の「東海道五十三次」、葛飾北斎の「富嶽三十六景」も公開されています。作品ページにパブリックドメインの作品であることが明示されています。

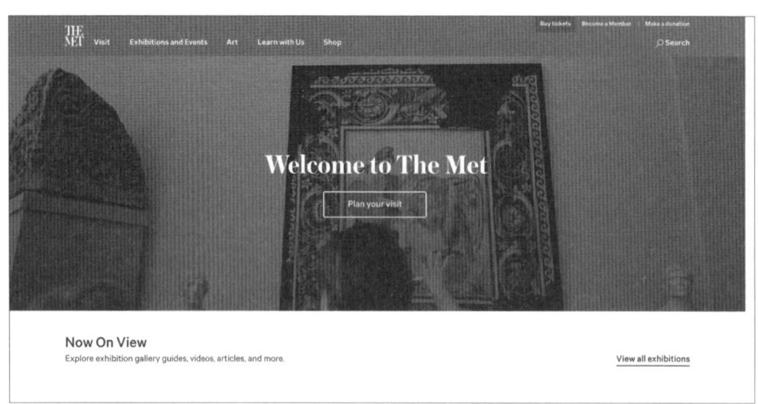

●メトロポリタン美術館 - パブリックドメインの絵画作品が公開されている

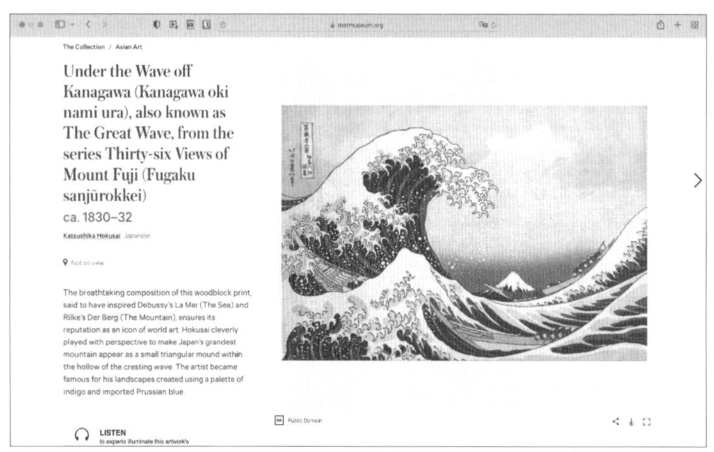

●葛飾北斎の「富嶽三十六景」もパブリックドメイン - 分かりやすく作品の下にライセンスが明示されている

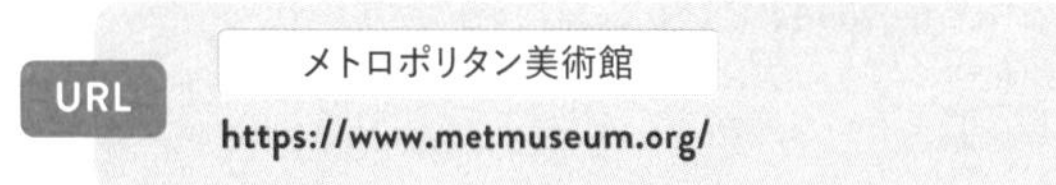

Flickr Public Domain - 写真共有サイトによる公開写真

写真共有サイトのFlickrがパブリックドメインの写真を集めて公開しています。また、世界中の図書館と提携して公開している「Flickr Commons」もあります。Flickrではライセンスやキーワードで画像が検索できるのも特徴でパブリックドメインのデータを容易に検索できます。

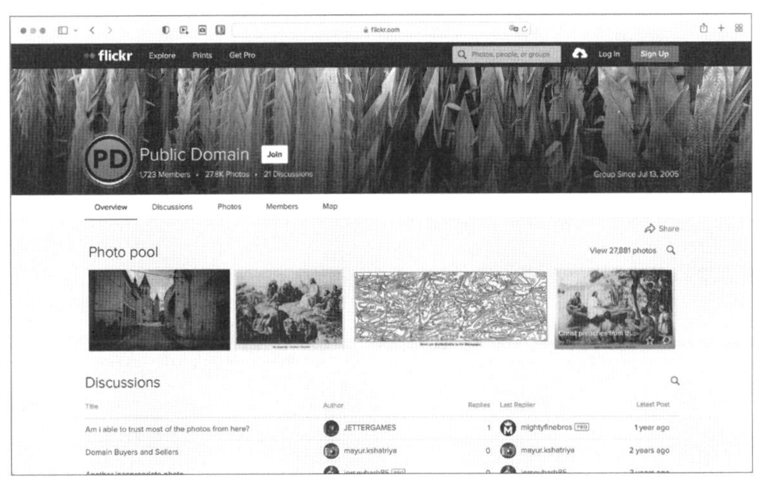

●写真共有サイトFlickr（https://www.flickr.com/）によるパブリックドメインデータ

また、画像に関しては利用価値が高いため、他にも多くのサイトでパブリックドメインのデータが公開されています。

URL
アムステルダム国立美術館
https://www.rijksmuseum.nl/en/rijksstudio/artists/rembrandt-van-rijn

オランダの画家を中心とした70万点以上のパブリックドメインのデータを公開

URL
パブリックドメイン美術館
https://600dpi.net/

著作権が切れた著作権フリーの絵画作品を600dpiでスキャンして公開

折れ線グラフを描画しよう

ここで、もう一度、JSONを使ったプログラムに戻りましょう。前節では円グラフを描画し、本節では折れ線グラフを描画しました。本書ではいろいろな種類のグラフを描画しますが、いずれもMatplotlibを使っています。円グラフを描画するのはpieメソッドでしたが、折れ線グラフ（ラインチャート）を描画するには、plotメソッドを使います。メソッド名が違うだけで、共通のパラメーターも多く、グラフの種類を切り替えるのもそれほど大変ではありません。

折れ線グラフを描画するには、次のような書式で記述します。

```
[書式] 折れ線グラフを描画する

import matplotlib.pyplot as plt

# データを指定する
x = [x座標の値1, x座標の値2, x座標の値3, ...]
y = [y座標の値1, y座標の値2, y座標の値3, ...]

# 折れ線グラフを描画
plt.plot(x, y)
plt.show()
```

簡単な折れ線グラフを描画するプログラムを作ってみましょう。

●src/ch1/plot_test.py

```
import matplotlib.pyplot as plt

# データを指定する
x = [1, 2, 3, 4, 5]
y = [75, 98, 83, 124, 132]

# 折れ線グラフを描画
plt.plot(x, y)
plt.show()
```

プログラムを実行すると、次のようなグラフが描画されます。

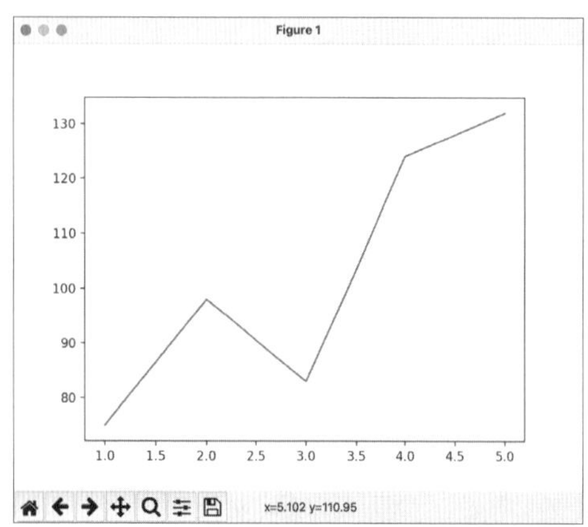

●簡単な折れ線グラフを描画したところ

なお、本節で作ったプログラム「linechart_pop.py」では、合計・男性・女性と、3つのデータを描画していますが、そのためにplotメソッドを複数回呼び出しています。

まとめ

本節では、オープンデータとして公開されているJSONデータを元にして、折れ線グラフを描画する方法を紹介しました。前節の円グラフと同様、手軽にグラフが描画できることが分かったことでしょう。また、注目したい点として、ここで利用した人口の推移を示すJSONデータはオープンデータとして公開されているものです。そこで、どんなオープンデータがあるのかも紹介しました。本書を通して有益なデータを上手に活用する方法を学んでいきましょう。

1章

3 JSONとCSVの比較 - 気象庁の気温データを描画しよう

世の中には多種多様なデータフォーマットがあります。そこで、データフォーマット自体について考察してみましょう。最初にCSVを元にグラフを描画する方法を確認します。JSONを使った場合と比較してみましょう。

Keyword

- ●データフォーマット　●バイナリーデータ
- ●テキストデータ / CSV / Excel / XML

この節で作るもの

- ●CSVファイルを元にした各地の気温の棒グラフ

本書ではJSONを主に紹介しますが、データファイルとして長い歴史を持つCSVファイルについて理解すると、よりJSONの良さを実感できます。そこで、CSVについて理解するために、CSVファイルを読み込んでグラフを描画してみましょう。各地の気温データの情報が書かれているCSVファイルを読み込んで、次のような棒グラフを描画してみましょう。

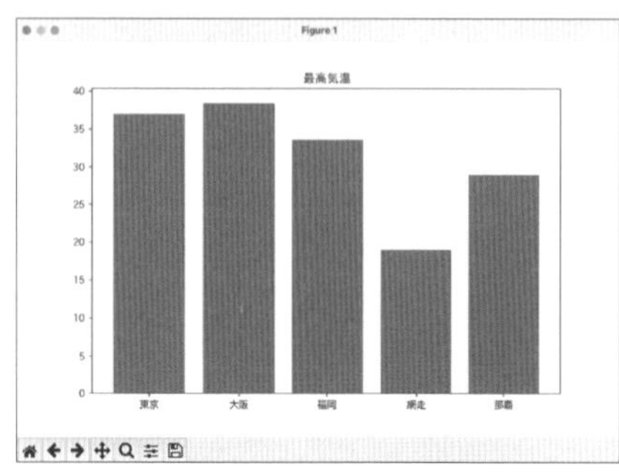

●各地の最高気温を表す棒グラフ

手順 1 気温CSVをダウンロードして整形しよう

オープンデータとして公開されている、気温データをCSVでダウンロードしましょう。ブラウザーで気象庁の「過去の気象データ・ダウンロード」にアクセスします。

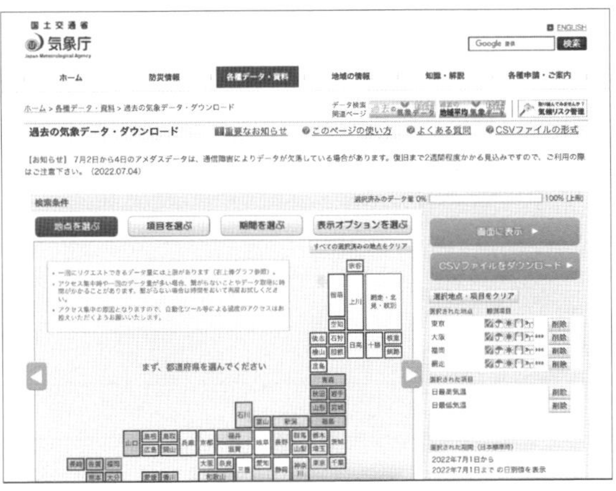

●気象庁から CSV ファイルをダウンロードしよう

URL 気象庁 > 過去の気象データ・ダウンロード
https://www.data.jma.go.jp/gmd/risk/obsdl/index.php

地点として、東京、大阪、福岡、網走、那覇の都市を選び、適当な 1 日を選んで、各地の最高気温をダウンロードしましょう。ダウンロードした CSV ファイルを Excel で開いてみましょう。指定した情報が入っていることが分かります。

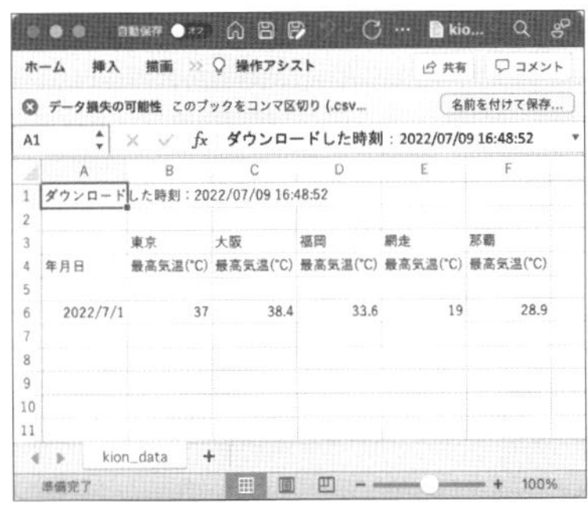

	A	B	C	D	E	F
1	ダウンロードした時刻：2022/07/09 16:48:52					
2						
3		東京	大阪	福岡	網走	那覇
4	年月日	最高気温(℃)	最高気温(℃)	最高気温(℃)	最高気温(℃)	最高気温(℃)
5						
6	2022/7/1	37	38.4	33.6	19	28.9

●ダウンロードした CSV ファイルを Excel で開いたところ

ただし、このファイルはプログラムで扱うには使いづらいものとなっています。不要なヘッダー行を削除して次のような表に整形しましょう。そしてメニューから [ファイル > 名前を付けて保存] をクリックして、保存形式に「CSV 形式」を指定して「kion_data_trim.csv」というファイル名で保存しなおしましょう。なお、CSV 形式には、文字エンコーディングが UTF-8 のものと指定のないもの（Shift_JIS）がありますので、後者の指定のないものを選びます。

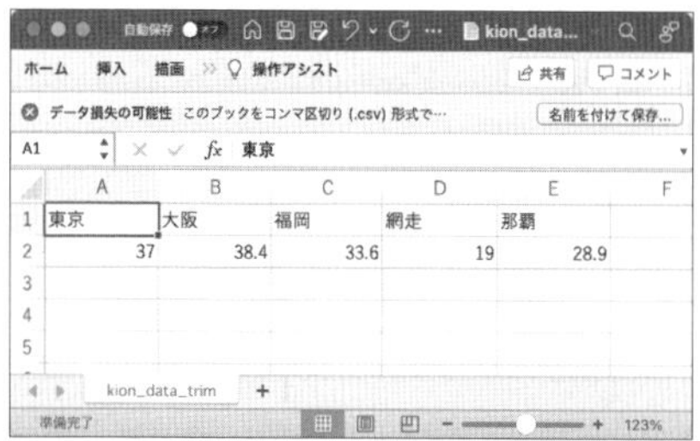

●気温データの不要なヘッダー行を削除したところ

手順 2 プログラムから読み込もう

次に、上記の手順1で作成したCSVファイル「kion_data_trim.csv」を読み込んで、棒グラフを描画するPythonのプログラムを作成しましょう。なお、このCSVファイルは本書のサンプルにも含まれています。

●src/ch1/barchart_kion.py

```
import csv, japanize_matplotlib
import matplotlib.pyplot as plt

# 気温CSVファイルを読む --- (※1)
reader = csv.reader(open('kion_data_trim.csv', encoding='sjis'))
data = list(reader)

# ラベル行と気温データを変数に割り振る --- (※2)
labels = data[0]
temps = [float(v) for v in data[1]] # --- (※3)

# グラフを描画 --- (※4)
plt.bar(labels, temps)
plt.title('最高気温')
plt.show()
```

プログラムの流れを確認してみましょう。(※1) でCSVファイルを読み込んで変数dataに代入します。

(※2) では、ラベル行と気温データを変数labelsとtempsに割り振ります。このとき、CSV形式のデータは全て文字列データであるため、(※3) で文字列を実数（正確には浮動小数点型）に変換します。

そして、(※4) でグラフを描画します。棒グラフを描画するにはbarメソッドを使いますが、第1引数にラベル、第2引数にデータを指定します。

手順 3 実行してみよう

ターミナル上で以下のコマンドを実行すると、棒グラフが描画されます。

```
$ python3 barchart_kion.py
```

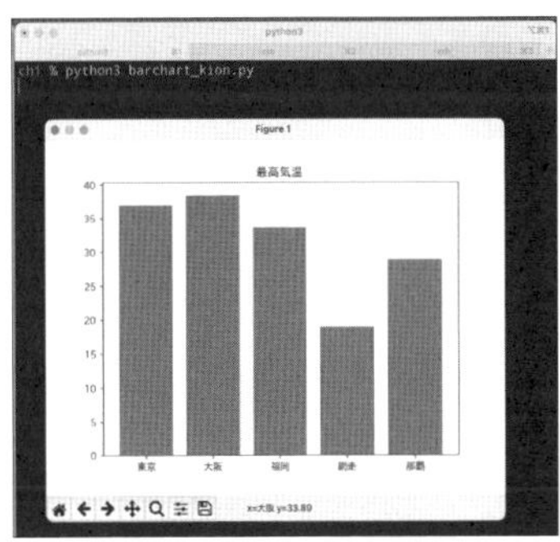

●プログラムを実行して棒グラフを表示したところ

データフォーマットについて

本節の最初にデータフォーマットの仕組みについての理解を深めましょう。世界中には膨大な数のデータフォーマットがあります。それらのデータフォーマットは、データを活用する目的に応じたデータ構造となっています。

例えば、画像データを扱うために、JPEG や PNG といったフォーマットがありますし、動画データを扱うために、MP4 や WebM といったフォーマットがあります。それらの専用フォーマットを敢えて JSON にする必要はありませんし、専用のフォーマットを使うことで、より効率的にデータを扱うことができます。

もちろん、アプリケーションの目的ごとに、専用フォーマットを定義することができます。その場合でも、大抵はゼロから新しいデータフォーマットを策定するのではなく、既存のフォーマットの枠組みの中で利用することが多いでしょう。

データフォーマットの標準化について

多くの人が利用するデータフォーマットは標準化されていることがほとんどです。当然、JSON も標準化されています。データフォーマットが標準化されていれば、さまざまなアプリケーションを介して、正しく読み書きができます。そのため標準化されることで、より多くの人が安心して使えるものとなります。

標準化されていないデータフォーマットは、利用するアプリケーションにより解釈が異なります。そのため、A というアプリで書き出したデータを B というアプリで開くとデータが壊れてしまうという現象が生じ得ます。

例えば「CSV」はアプリによって解釈が大いに異なることで有名でした。CSV は、Excel をはじめ多くの表計算ソフトで入出力可能な形式です。そもそも、CSV はカンマと改行で区切っただけのデータです。そのため、昔はエクスポートした CSV を別のアプリで読み込む際には、カラムがずれたりしないかをよく確認する必要がありました。データ自身にカンマや改行、ダブルクォートが存在した時の処理がアプリによって曖昧だったからです。CSV は後に RFC4180 として標準化されました。また、Excel が表計算ソフトのデフォルトとして認知されたことから、CSV をエクスポートする機能を開発する際には、Excel で正しく開けるかを確認することが当然になり、トラブルも少なくなってきています。

また、あるアプリケーションに固有のデータフォーマットだったものが、別のアプリケーションからも利用可能になり、共通のデータフォーマットとして認識され、後に標準化されることもあります。

データフォーマットの標準化には、国際的な標準化団体による、ISO や IEC、IEEE、日本国内の標準化団体による日本工業規格（JIS）があります。

なお、RFC（Request For Comments）とは、インターネット技術の標準化などを行う IETF が発行している技術仕様の文書群です。1968 年に最初の RFC が発行され、本書執筆時点で、RFC には 8000 以上の技術文書が公開されています。

ちなみに、この「標準化」には法的な拘束力はありません。標準化されたのにもかかわらず、互換性の問題、歴史的・政治的な理由から、標準から外れたデータフォーマットを採用していることもあり得ます。

バイナリーデータとテキストデータ

現在、汎用的に使われている多くのデータフォーマットは、テキストをベースとしたものが多くなっています。JSON もテキストデータをベースとしています。そもそも「テキストデータ」とは、英数記号などのよく使われる文字情報で構成されたデータのことです。テキストエディターでデータを開くと、目視できるのが特徴です。

例えば、表計算ソフトでエクスポートできる CSV、Web ページを記述する HTML、さまざまなデータ交換に使われる XML、Python などプログラミング言語のソースコードなどは、全てテキストデータです。

ip-addr.json


```
{
    "API_URI":"http:\/\/api.aoikujira.com\/ip\/get.php",
    "REMOTE_ADDR":"3.113.19.225",
    "REMOTE_HOST":"ec2-3-113-19-225.ap-northeast-1.compute.amazonaws.com",
    "REMOTE_PORT":"43344",
    "HTTP_HOST":"api.aoikujira.com",
    "HTTP_USER_AGENT":"Mozilla\/5.0 (Macintosh; Intel Mac OS X 10_15_7) AppleWebKit\/
    537.36 (KHTML, like Gecko) Chrome\/100.0.4896.127 Safari\/537.36",
    "HTTP_ACCEPT_LANGUAGE":"ja,zh-CN;q=0.9,zh;q=0.8,en;q=0.7,zh-TW;q=0.6",
    "HTTP_ACCEPT_CHARSET":"",
    "SERVER_PORT":"443",
    "FORMAT":"json"
}
```


●JSON ファイルをテキストエディターで開いたところ - JSON はテキストデータ

テキストデータに対して、「バイナリーデータ」と呼ばれるデータは、コンピューターが表現できるデータ範囲を漏れなく利用しています。そのため、テキストエディターでバイナリーデータを開くと、意味不明な文字が羅列されます。

画像形式の JPEG/PNG、音楽形式の MP3/WAV、動画形式の MP4/AVI、圧縮ファイルの ZIP 形式などは、いずれもバイナリーデータをベースにしたファイルフォーマットとなっています。

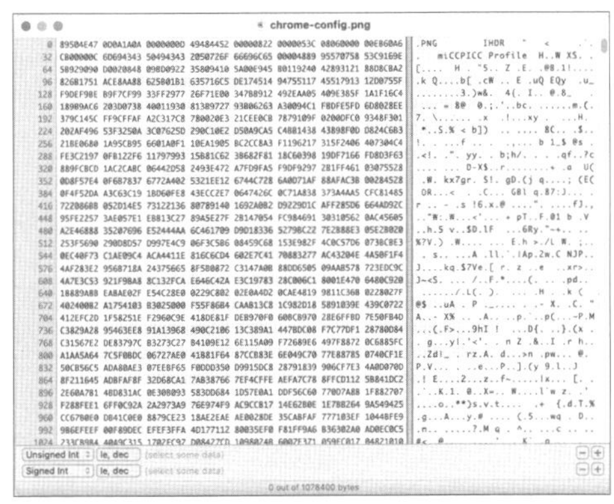

●PNG 画像の内容を確認しているところ - PNG はバイナリーデータ

バイナリーデータとテキストデータはどちらが優れている？

バイナリーデータとテキストデータを比較してみましょう。テキストデータは文字情報のみで表現するデータのため、あるデータを表現するのに、バイナリーデータよりも多くの容量が必要となります。そのため、バイナリーデータの方がテキストデータよりもデータサイズは小さくなります。

ただし、テキストデータには、テキストエディターなどで開いて目視できる、編集が容易にできるというメリットがあります。それに対してバイナリーデータの一部を直接書き換えるのは容易ではありません。

はっきり言ってバイナリーデータから、データの区切り位置を探すのは困難です。例えば、最も単純な画像フォーマットの BMP について考えてみましょう。世の中に、BMP ファイルをバイナリーエディターで開いて、左上にあるピクセルデータを赤色に書き換えられる人がどれだけいるでしょうか。

これに対して、同じ画像フォーマットでも、テキストベースの画像フォーマット PPM について考えてみましょう。この PPM はとても分かりやすい画像フォーマットで、コメントを除いた最初の 3 行に画像ファイルの設定が書かれています。そして、4 行目以降が、ピクセルデータとなっています。そのため、テキストエディターで PPM ファイルを開いて、3 行目に「255」、4 行目を「255 0 0」と書けば左上のピクセルを赤色に書き換えられます。

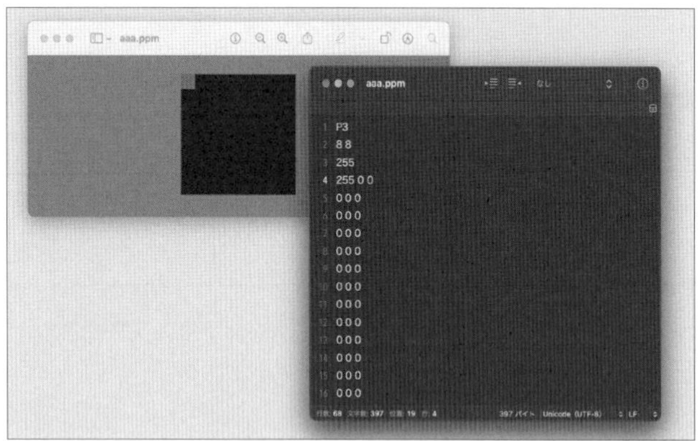

●テキストベースの画像形式 PPM ならば編集も比較的容易

改めてテキストデータとバイナリーデータのメリットをまとめてみましょう

テキストデータのメリット
・テキストエディターで開いてデータを目視できる
・専用ツールがなくても編集できる

バイナリーデータのメリット
・効率的に扱える
・データサイズが小さくなる

本書で扱う JSON はテキストデータのファイルフォーマットです。JSON ファイルを開いて、テキストエディターで内容を確認することができますし、一部を書き換えることも容易です。このように、JSON はテキストデータのメリットを十分に受け継いだものとなっています。

XMLについて

テキストデータの中で、広く利用されているファイルフォーマットに、XML があります。これは「拡張可能なマーク付け言語」とも言われています。設定ファイルとしても使われますし、アプリ間や端末間のデータ交換フォーマットとしても使われます。

XML では、タグと呼ばれる特殊な文字列を使用して、データに意味を付することが可能で、木構造の複雑なデータも表現できます。JSON が広く普及する前、Web API の出力フォーマットには XML が採用されていました。

基本的に『< タグ > データ </ タグ >』のような形式でデータを表現します。タグの部分には任意の文字列を割り当てることが可能です。

例えば、本節の冒頭で紹介した各都市の気温データを XML で表現する場合、次のようなデータ形式になります。

```
<気温データ一覧>
  <気温データ>
    <地点>東京</地点>
    <最高気温>37.0</最高気温>
  </気温データ>
  <気温データ>
    <地点>大阪</地点>
    <最高気温>38.4</最高気温>
  </気温データ>
  <気温データ>
    <地点>福岡</地点>
    <最高気温>33.6</最高気温>
  </気温データ>
</気温データ一覧>
```

これを JSON で書き直すと次のようになります。

```
[
  {"地点": "東京", "気温": 37.0},
  {"地点": "大阪", "気温": 38.4},
  {"地点": "福岡", "気温": 33.6}
]
```

このように、実際のデータを比較してみると、それぞれのデータフォーマットの長所短所が分かります。JSON では冗長なタグ情報がそぎ落とされ、スッキリとした形式になります。

Excelファイル形式について

Excel ファイル（拡張子が「.xlsx」のもの）は、バイナリーデータです。Excel でファイルを作成してワークブックを保存して、テキストエディターで開いてみましょう。すると何が書かれているのかまったく読むことができません。ここから、Excel ファイルはバイナリーデータであると言えます。

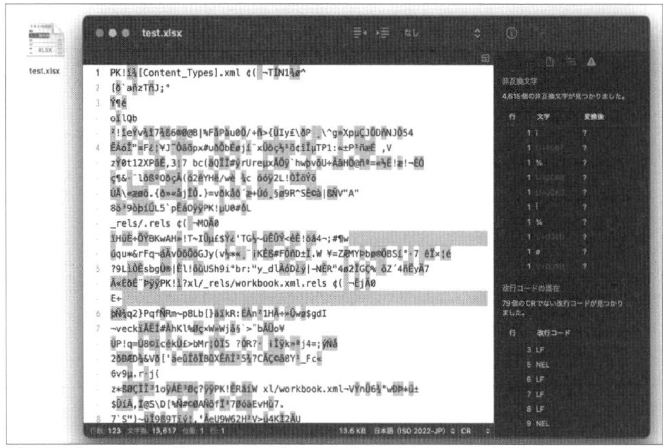

●Excel ファイルはバイナリーデータ

しかし、Excel ファイルの拡張子を「.xlsx」から「.zip」と変えて圧縮解凍ソフトで解凍してみましょう。すると、フォルダーが生成されその中に複数の XML ファイルが配置されていることに気付きます。解凍したフォルダーを「xl > worksheets」と順に開いていくと、sheet1.xml というファイルがあって、これをテキストエディターで開いてみましょう。Excel シートの内容が記述されています。

つまり、Excel ファイルは複数の XML ファイルを圧縮したデータフォーマットなのです。素直に XML ベースのデータと言うことはできませんが、Excel ファイルは XML をベースにしたデータフォーマットと言っても間違いではありません。

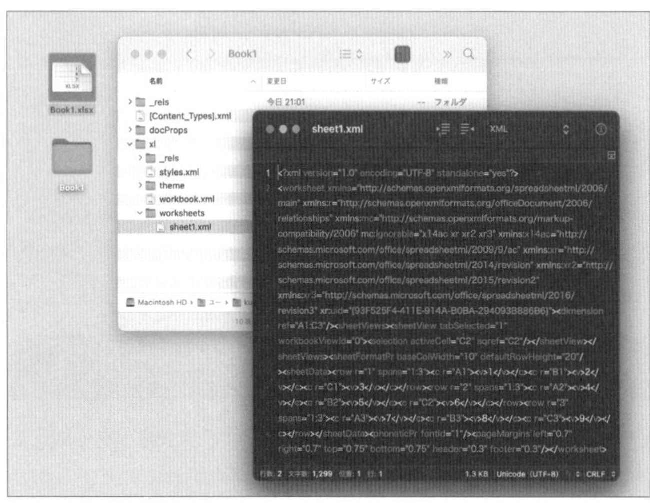

●Excel ファイルは解凍すると XML 形式となっている

汎用的なカンマ区切りテキストデータ - CSV

Excelなどの表計算ソフトで手軽に生成できるのが、CSVです。本節で各地の気温データを編集しました。CSVは複数のデータをカンマと改行で区切っただけの単純なデータフォーマットです。

「CSV」という名前も『Comma Separated Value（カンマで区切られた値）』の頭文字をとったものです。

Excelのワークシートは、行方向(横)と列方向(縦)の二次元のデータから構成されますが、行方向を改行、列方向をカンマ『,』で区切ったのがCSVです。

冒頭の各都市の気温データを、Excelではなく実際のCSVファイルで確認してみましょう。

```
東京，大阪，福岡，網走，那覇
37，38.4，33.6，19，28.9
```

このように、CSVは非常にシンプルで分かりやすいために、好まれてさまざまな場面で使われて来ましたが、欠点がないわけではありません。表計算ソフトのような二次元のデータを表現するのにはぴったりなのですが、より複雑な構造化されたデータを表現することができません。

また、データフォーマットの標準化の部分で紹介しましたが、RFC4180として標準化される以前に多くのアプリケーションがCSVファイルを好き勝手に出力していました。上記のような単純なデータであれば問題ありません。しかし、データにカンマや改行を含む場合、どのようにデータを表現するのかが曖昧でした。

例えば、カンマや改行を含むデータがあれば、ダブルクォートで括って、"1,256"のように表現します。しかし、データ自身にダブルクォートを含む場合は、どのようにダブルクォートを表現すれば良いでしょうか。こうした細かい点で理解が異なると容易にデータを壊してしまうのです。

なお、標準化されたRFC4180によれば、データ自身にダブルクォートを含む場合、二つ重ねてダブルクォートを書くということになっています。つまり、CSVファイルに『"ab""c"』と書いてあれば、それはダブルクォートを含むデータであり『ab"c』というデータであることを意味します。

CSVの亜流TSVについて

加えて、CSVの亜流にTSVというファイルフォーマットがあります。TSVとは『Tab Separated Values(タブで区切られた値)』の略であり、CSVの「カンマ(,)」を「タブ(\t)」に変更したものと言えます。一般的にカンマはデータ自体に含まれることが多いのですが、タブはカンマに比べれば少ないという理由から、データを単純にするためにTSVが採用されることもあります。そのため、広義のCSVと言えます。

CSVファイルを読み書きするライブラリーでは、区切り文字に任意の文字を指定できるようになっており、区切り文字をカンマからタブに変えることで、TSV形式のデータも読み取れるようになっています。

無駄の多い Excel ファイルや CSV ファイルを撲滅しよう

Python には Excel ファイルや CSV ファイルを直接読み込むライブラリーが用意されており、比較的簡単にそれらのデータを読み書きできます。しかし、本節の冒頭で見た例の通り、Excel ファイルや CSV ファイルをプログラムから利用したい場合には、事前にデータを整形しなくてはならないことが多いようです。

Web で公開されている Excel ファイルや CSV ファイルは、プログラムから利用することを想定していないものが多いからです。そのため、プログラムから扱う際に、不要な説明やタイトルを除去したり、デザイン的な問題から入れられている無意味な空白行を除去したりする必要があるのです。

もちろん、Web で配布されているデータの多くは有益なものです。それらが提供されないよりは、多少無駄な値を含んでいたとしても、提供されている方が良いのは確かです。それでも、結局のところ多くの利用者が Excel などを利用して、手動でデータを整形しているという現実があります。

本書では、データの利用者だけでなく、提供者側になった場合にも、どのようなデータ構造にすれば、より利用者にとって活用しやすいものになるのかについて考えるヒントを提供します。

使い勝手の悪いデータをどのように直すことができるのか、また、どのような構造であればプログラムから使いやすいのか考えてみましょう。

棒グラフを描画しよう

棒グラフ（バーチャート）は、棒の高さでデータの大小を表したグラフです。データの大小が棒の高低で表現されるため、視覚的に分かりやすくデータを確認できます。Matplotlib で棒グラフを描画するには bar メソッドを使います。次の書式で記述します。

[書式] 棒グラフを描画する

```
import matplotlib.pyplot as plt

# データを指定する
labels = [ラベル1, ラベル2, ラベル3, ...]
values = [値1, 値2, 値3, ...]

# 棒グラフを描画
plt.bar(labels, values)
plt.show()
```

それでは、書式を確認したら簡単な棒グラフを描画してみましょう。

●src/ch1/bar_abc.py

```
import matplotlib.pyplot as plt

# データを指定する
labels = ['A', 'B', 'C']
values = [30, 60, 80]

# 棒グラフを描画
plt.bar(labels, values)
plt.show()
```

プログラムを実行すると、次のように表示されます。

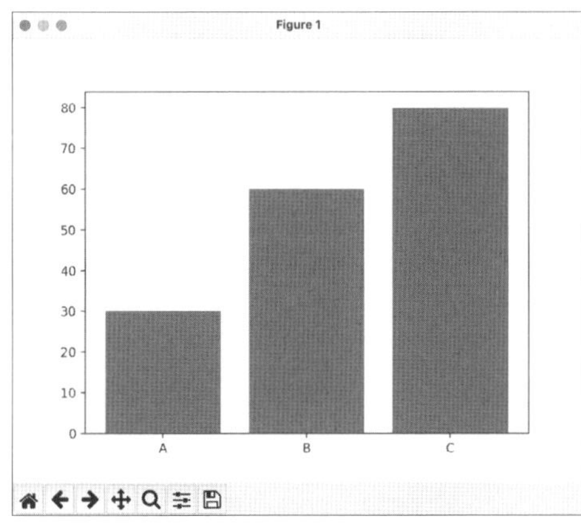

●棒グラフを描画したところ

まとめ

以上、本節ではさまざまなデータフォーマットについて簡単に解説しました。テキストデータとバイナリーデータの違いや、XML や CSV ファイルの仕組みについて理解できたことでしょう。それによって、JSON の効率の良さや使い勝手の良さについて確認できました。

1章

4 Web APIを利用してアンケートをグラフ描画しよう

Web API を使うとネットワークを介してさまざまな情報や機能にアクセスできます。Web API の多くは JSON で実行結果を返します。Web API について詳しく紹介します。

Keyword

- Web API
- REST API

この節で作るもの

- Web APIから取得したJSONを元にグラフ描画する

Web API を呼び出し、結果として取得した JSON のデータを元にしてグラフを描画するプログラムを作ります。ここでは、「簡単アンケート LIKE」から「好きな OS」を取得して横棒グラフで描画してみます。

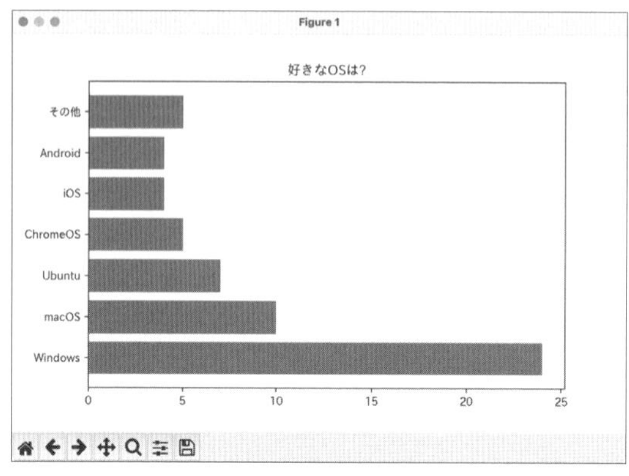

●好きな OS のグラフを描画したところ

手順 1 Web API の出力を確認してみよう

Web API とはインターネットを介して何かしらの処理を実行したり、実行結果のデータを取得したりする機能のことを指しています。ここでは、「簡単アンケート LIKE」で提供されている Web API を使って、好きな OS アンケートの結果を取得します。

簡単アンケートLIKE「好きなOSは？」
[アンケート回答URL] https://api.aoikujira.com/like/index.php?m=show&item_id=8
[Web APIのURL] https://api.aoikujira.com/like/api.php?m=get&item_id=8

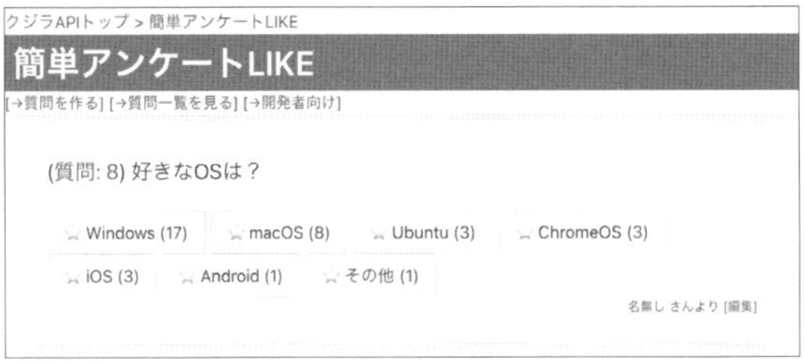

クジラAPIトップ > 簡単アンケートLIKE

簡単アンケートLIKE

[→質問を作る] [→質問一覧を見る] [→開発者向け]

(質問: 8) 好きなOSは？

Windows (17)　macOS (8)　Ubuntu (3)　ChromeOS (3)

iOS (3)　Android (1)　その他 (1)

名無し さんより [編集]

●簡単アンケート LIKE ではリアルタイムにアンケートの結果が取得できる

　この Web API を使うとリアルタイムにアンケートの結果を JSON 形式で取得できます。ブラウザーで、Web API の URL にアクセスすると、JSON データを確認できます。（なおブラウザーに「JSON Viewer」をインストールしておくと JSON を分かりやすく確認できます。）

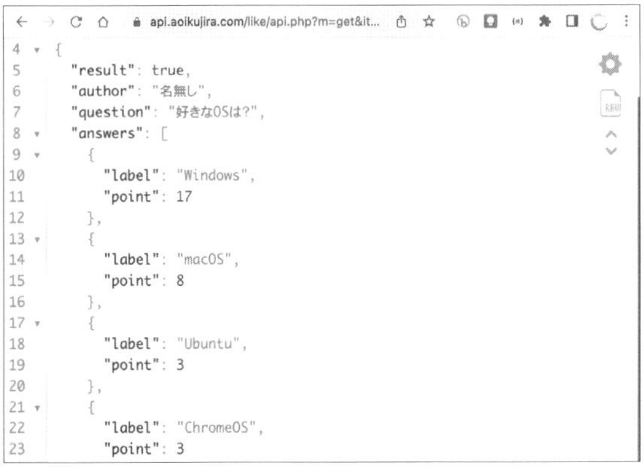

api.aoikujira.com/like/api.php?m=get&it...


```
{
  "result": true,
  "author": "名無し",
  "question": "好きなOSは?",
  "answers": [
    {
      "label": "Windows",
      "point": 17
    },
    {
      "label": "macOS",
      "point": 8
    },
    {
      "label": "Ubuntu",
      "point": 3
    },
    {
      "label": "ChromeOS",
      "point": 3
```


●ブラウザーで JSON データを確認しているところ

手順 2 requests モジュールをインストール

　ここでは、インターネット上のデータを手軽にダウンロードするのに便利な Python のライブラリー「requests」を利用します。ターミナルで次のコマンドを実行してインストールしましょう。

```
$ python3 -m pip install requests
```

手順 3 プログラムを作ろう

　「簡単アンケート LIKE」で提供されている Web API から JSON データを取得し、それを元に横棒グラフを描画するプログラムを作ってみましょう。

●src/ch1/bar_os.py

```
import json, requests, japanize_matplotlib
import matplotlib.pyplot as plt

# Web APIから好きなOSに関するJSONデータを取得 --- (※1)
url = 'https://api.aoikujira.com/like/api.php?m=get&item_id=8'
r = requests.get(url)

# 取得したJSONをPythonで扱えるように変換 --- (※2)
data = json.loads(r.text)

# グラフ描画のためにデータを分ける --- (※3)
labels, values = [], []
for it in data['answers']:
    labels.append(it['label'])
    values.append(it['point'])

# グラフを描画 --- (※4)
plt.barh(labels, values)
plt.title('好きなOSは?')
plt.show()
```

プログラムを確認してみましょう。(※1) では Web API から JSON データを取得します。requests.get メソッドを使うことで手軽に Web 上のリソースを取得できます。なお、後ほど HTTP のメソッドについて詳しく解説しますが、このメソッドは HTTP の GET メソッドを送信してデータを取得するものとなっています。

そして、(※2) の部分では取得 JSON をデシリアライズして Python のデータ型に変換します。(※3) ではグラフを描画するために JSON データをラベル (label) と得票数 (point) に分割します。

最後 (※4) でグラフを描画します。matplotlib.pyplot の barh メソッドを使うことで、横棒グラフを描画できます。

手順 4 実行してみよう

ターミナルで次のコマンドを実行するとプログラムを実行できます。

```
$ python3 bar_os.py
```

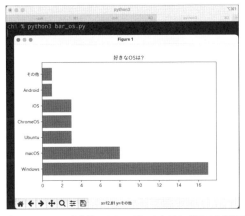

●Web API から得た JSON データを元にグラフを描画したところ

Web APIについて

多くの Web サービスでは、Web API を提供しています。開発者は Web API を利用することで、そのサービスを自分のアプリケーションの中で利用できます。例えば、Twitter も Web API を提供しています。開発者は、Twitter が提供している Web API を使って、最新の投稿を取得したりメッセージを投稿したりできます。つまり、Web API を使えば、Twitter が提供するサービスを外部の開発者が利用できるのです。

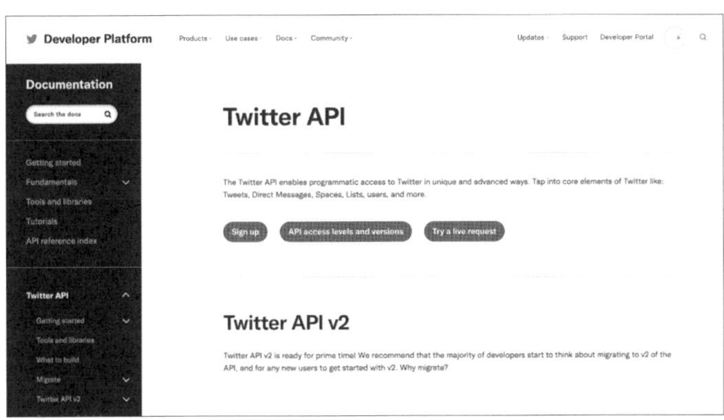

●Twitter が公開している Web API を使えば、外部の開発者が Twitter の機能を利用できる

Web API とは？

Web API というのは、サービス提供者が外部の開発者に対して公開している機能一般を指すのですが、そもそも、「API」とは何でしょうか。そこから掘り下げていきましょう。

API とは英語の「Application Programming Interface」の頭文字です。言い換えるなら、アプリケーションをプログラミングするためのインターフェイスです。

それでは「インターフェイス」とは何でしょうか。これは、もともと、境界面や接点を意味する用語です。IT用語の「インターフェイス」とは、異なる2つのものを仲介する手順や規約を定めたものです。例えば、USBインターフェイスと言えば、コンピューターと周辺機器を接続して通信する際の、コネクタの形状やデータ転送のための仕様や規格のことを言います。

そして、「プログラミング・インターフェイス」とは、プログラミングをする際、機能の提供側と利用側をつなぐ仕様や規格のことです。「Windows API」であれば、Windowsアプリケーションを作るためのライブラリー群を指します。開発者はAPIを通してWindows OSが提供する機能を利用することができます。

これを踏まえて「Web API」について考えてみましょう。Web APIとは、Webを通じて何かしらのサービスを利用するための仕様や規格のことを指しています。つまり何かしらの情報や機能を提供しているサービスを、外部の開発者が利用するためのものと言えます。

Web APIとJSONについて

そして、多くのWeb APIはJSONをその戻り値として返すことが多いものです。前述のTwitter APIもそうですし、GoogleやYahoo!が公開している多くのWeb APIもJSONを返します。Web APIを提供しているサービスの中には、JSONの他にXMLやCSVで結果を返すものもあります。それでも、Web APIの主流はJSONです。

Web APIでJSONが喜ばれる理由

Web APIの利用者視点、つまり、プログラマー視点で考えてみて、一般的なWeb APIのフォーマットとして喜ばれるのはJSONです。というのも、前節で紹介したように、JSONは簡潔でありながら構造化されたデータを表現できるからです。

そして、Web技術の主要な要素の一つである、JavaScriptとの親和性が高いのもポイントです。さらに、Webサーバー上で利用する、Python、Ruby、PHPなどのプログラミング言語との相性もよく、Web APIの提供側と利用側の双方にメリットがあるデータ形式です。

XMLよりもJSONが主流になった理由

なお、Web APIが出始めの頃は、JSONよりもXMLが使われていました。XMLも構造化された複雑なデータを表現できます。しかし、JSONはXMLよりも単純であり、データ容量が少なくて済むため、送受信のコストが下がるというメリットがあります。

また、JSONはJavaScriptから派生して生まれたデータ形式のため、もともとデータ型という概念があります。データが文字列なのか数値なのかが明確に指定できるため、プログラミング言語から扱い易いというメリットが、あるのです。この点、XMLではデータ本体とは別にXMLのデータ構造を示すスキーマ(XML Schema)を定義する必要があります。

それから、XML では文字エンコーディングを指定することで、さまざまな文字コード体系を表現できますが、JSON では明確に文字エンコーディングが UTF-8 に固定されています。さまざまな文字コード体系を表現できた方がメリットがあるように感じますが、文字化けのリスクが高くなったりするので、エンコーディング固定の JSON のほうが扱いやすいという事情があります。JSON は、UTF-8 に固定することで、多言語化における文字エンコーディングの変換処理にかかる手間が少ないのがメリットなのです。

簡単にまとめると、次のようになります。

- XML と JSON を比べると、JSON の方がデータサイズが小さく、データ転送コストが低い
- JSON はデータ型が明確でプログラミング言語から扱い易い
- JSON は文字エンコーディングが UTF-8 に固定されているため文字化けの可能性が低い

JSON は XML より優れたデータフォーマットなのか？

もちろん、Web API で XML よりも JSON が使われるようになっていることは、データフォーマットとしての XML が JSON に劣るという訳ではありません。XML には、人間がデータの意味を掴みやすいというメリットがあり、スキーマ定義によりデータ構造を明示できる規格があります。今でも、Web サイトやブログの更新情報が、RSS という XML をベースとした形式で配信されています。

つまり、人間にもさまざまな個性があるように、データフォーマットにも個性があり、利用用途に応じて適材適所を選ぶことが大切と言えます。

ただし、Web アプリではサーバーとクライアントの間で大量にデータが飛び交うことも少なくありません。その際、XML よりも JSON を採用することでデータサイズを削ることができます。少しでも通信量を減らすために、XML よりも JSON を採用するというのも納得できます。

Web APIの実装方式について

Web API にはさまざまな実装方式があります。代表的な方式が REST API と呼ばれる方式であり現在はこの方式が一般的です。簡単に Web API の歴史も紹介します。

Web API では、データや機能を提供する「サーバー」とデータを利用する「クライアント」の間でデータをやり取りします。しかし、単に Web API と言った時、どのような方式でデータをやりとりするのかと言った点は定められていません。

XML-RPC について

当初、サーバーとクライアントのやり取り（データ交換）には、XML を基本としたデータ形式が使われることが多かったのです。代表的なのが「XML-RPC」と呼ばれる方式です。これは、XML データで『RPC: remote procedure call』（遠隔手続きの呼び出し）を行うためこのように呼ばれています。サーバー側のどのメソッドを呼び出すか、またその際にどのようなパラメーターをつけるのかを指定しま

す。

具体的に見ていきましょう。例えば、サーバー側に郵便番号から住所を返すメソッドがあり、これを呼び出したいとしましょう。その際にはクライアントはサーバーに対して以下のようなXMLのリクエスト（要求）を送信します。

```
<?xml version="1.0"?>
<methodCall>
  <methodName>examples.getAddressFromZipCode</methodName>
  <params>
    <param><value><string>157-0074</string></value></param>
  </params>
</methodCall>
```

これに対して、サーバーは郵便番号「157-0074」を検索して、クライアントに対して次のようなレスポンス（応答）を返信します。

```
<?xml version="1.0"?>
<methodResponse>
  <params>
    <param>
        <value><string>東京都世田谷区大蔵</string></value>
    </param>
  </params>
</methodResponse>
```

このように、XML-RPCでは定められた形式に沿って、XMLを記述し、それをサーバーとクライアントで通信することで処理が進んでいきます。なお、XML-RPCの類似規格に、やりとりするデータをXML形式からJSON形式に置き換えた「JSON-RPC」もあります。

SOAPについて

上記のXML-RPCの考え方を推し進めてさらに厳密に仕様化したものが「SOAP（Simple Object Access Protocol）」と呼ばれる実装方式です。これはマイクロソフトによって提唱された方式で、異なるプログラミング言語やプラットフォーム同士で通信することを目的に設計され、W3Cによって標準化が行われました。セキュリティにも配慮されており、決済など安全性の高いシステムに適しています。しかし、名前にSimpleと入っているものの、次で紹介するRESTと比べて仕様が複雑であることから、最近では使われなくなっています。

REST について

現在 Web API の実装方式で主流なのが「REST（REpresentational State Transfer）」と呼ばれる方式です。これは、2000 年にロイ・フィールディング氏が提唱した Web API の実装方式です。その設計は次の四原則から成り立っています。

1. セッションなど状態管理を行わないこと
2. 情報を操作する命令体系が定義されていること
3. URL などを用いて情報が一意に識別されること
4. 情報には別の情報のリンクを含められること

REST における決まり事というのは、この原則のみなので比較的自由な設計が可能です。SOAP のように、やり取りに使うデータ形式が XML でなくてはならないという決まりもありません。REST では JSON や XML など自由な形式を使うことができます。

それでも、上記「2.」のように情報を操作する命令体系を定義しなくてはなりません。その際、HTTP 規約で定義されているメソッド（GET/POST/PUT/DELETE など）を通じてデータ処理を行うことが一般的となっています。そもそも HTTP 規約とは、Web サーバーと Web クライアント（Web ブラウザー）の間で行われるやり取りをまとめた通信規約です。

HTTP では次のようなメソッド（命令体系）が用意されており、Web API からデータ操作を行うのにぴったりなのです。

メソッド	意味
POST	データの投稿 / データの作成
GET	データの取得 / 読み込み
PUT	データの更新
DELETE	データの削除

本節冒頭のプログラム「bar_os.py」では、「簡単アンケート LIKE」の Web API にアクセスしましたが、この API も REST を採用していました。プログラムの中で、GET メソッドを使ってアンケート結果を取得していた点にも注目できます。

オープンデータとWeb API

Web APIとして、オープンデータを提供しているサービスもあります。Web APIの利用者の立場からすれば、スッキリと構造化されているJSON形式でデータを取得できれば便利です。JSONであれば、取得したデータを加工したり整形したりすることなく、そのまま自分のアプリケーションに組み込むことができます。

まとめ

以上、本節では、Web APIについて解説しました。実際に、Web APIからJSONデータを取得してグラフを描画するプログラムを作ってみました。RESTを採用している多くのWeb APIでは、ブラウザーでWeb APIのURLにアクセスすることにより、実際のデータを確認できるようになっています。RESTを採用しているWeb APIではプログラムを作る前に、実際のデータを確認できるというのも大きなメリットです。また、多くのWeb APIの出力フォーマットがデフォルトでJSON形式になっている点にも注目できます。

1章 5

JSON仕様の詳細について

JSON やデータフォーマットについて理解が深まったところで、JSON の仕様について詳しく確認しておきましょう。JSON で表現できるデータ型や、JSON の符号化方式など、ここでは少し突っ込んで解説します。

Keyword

- JSON
- RFC 8259
- STD 90
- ECMA-404 2nd Edition

この節で作るもの

- JSONの仕様を確認しよう

JSONの標準仕様について

すでに紹介した通り、JSON はインターネット技術の標準化などを行う IETF が発行している技術仕様の RFC により標準化されています。本書は、JSON に関する RFC の最新仕様、RFC 8259 に基づいた仕様を詳しく解説します。

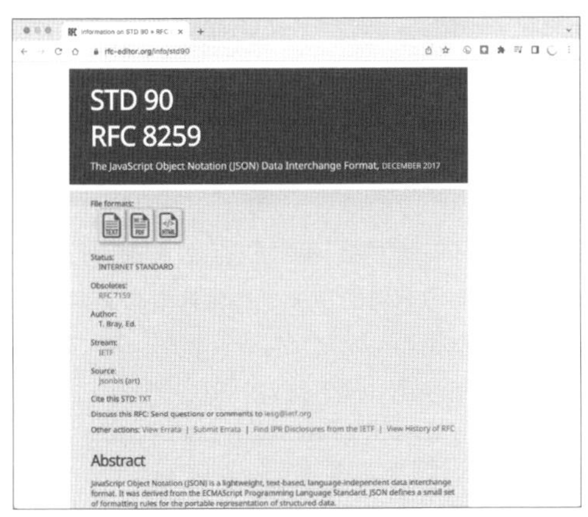

●JSON の仕様は STD 90/RFC 8259 で標準化されている

なお、RFC 8259 の仕様は、十分な運用実績を積み重ねたインターネット標準「STD 90」としても公開されています。次の URL で実際に確認できます。

URL　STD 90 / RFC 8259
https://www.rfc-editor.org/info/std90

加えて、RFC 8259 の公開に合わせて、情報・通信技術（ICT）関連の規格を策定する国際的な標準化団体の Ecma International は、ECMA-404 2nd Edition を公開しました。これは、JSON の仕様を RFC 8259 と合わせたものとなっています。かつては、ECMA と RFC を公開している IETF の間に仕様の差異があったのですが、RFC 8259 の公開に合わせて共通仕様となりました。

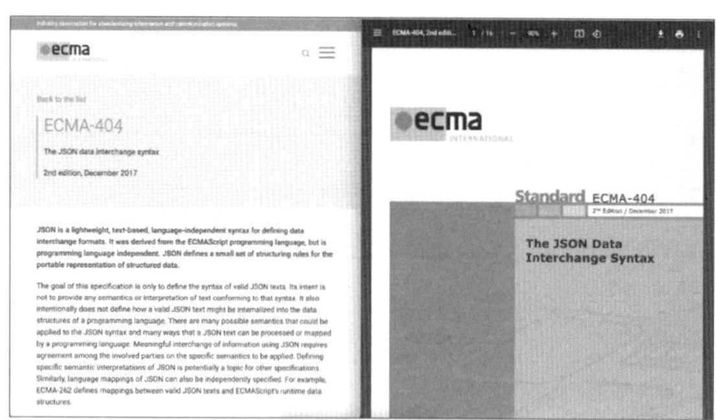

●ECMA-404 2nd edition の Web サイト

URL

ECMA-404 - The JSON data interchange syntax

https://www.ecma-international.org/publications-and-standards/standards/ecma-404/

しかしながら、RFC 文書は英語で書かれていますし、正しく仕様を理解するには、いろいろな前提知識が必要です。そこで、ここでは RFC の仕様を「JSON のデータ活用する」という観点からかみ砕いて解説します。

JSONファイルはUTF-8が必須

まず、JSON ファイルの文字エンコーディング（文字コード）は、UTF-8（BOM なし）であることが必須となっています。Web を構成する技術の基本中の基本である HTML ファイル自体も、文字エンコーディングを UTF-8 にすることが多くなっています。HTML では <meta charset="utf-8"> のように、ファイル中に meta 要素を指定して文字エンコーディングを指定する仕組みになっています。これに対して、JSON では文字エンコーディングを明示するのではなく、UTF-8 で保存することと決め打ちすることで、文字化けなどの問題を防ぐことになっています。

そのため、Python で JSON ファイルの読み書きを行う際には、open でファイルを開く時、encoding='utf-8' の引数を指定するのを忘れないようにしましょう。特に、Windows 版の Python3 では、encoding 引数を省略すると、Windows の既定エンコーディングである、Shift_JIS で読み書きしてしまうので、注意してください。macOS や Linux では正しく読めるのに、Windows ではうまくいかないという理由になります。

具体的な例で確認してみましょう。以下のプログラムを、macOS や Linux で実行した場合は共に問題ない JSON ファイルを作成しますが、Windows で実行すると JSON の仕様から外れたファイルを生成します。

●src/ch1/json_write_error.py

```
# 不完全なJSON書き込み例
import json

# [エラー] encodingの指定を忘れている --- (※1)
with open('test_error.json', 'w') as fp:
    json.dump('日本語あいうえお', fp, ensure_ascii=False)

# [OK] encodingを正しく指定している --- (※2)
with open('test_ok.json', 'w', encoding='utf-8') as fp:
    json.dump('日本語あいうえお', fp, ensure_ascii=False)
```

Windows で上記のプログラムを実行し、(※1) で保存したファイル「test_error.json」をテキストエディターで開き、エンコーディングを UTF-8 にすると文字化けしてしまいます。これに対して (※2) で UTF-8 で保存したファイル「test_ok.json」は問題なく読めます。

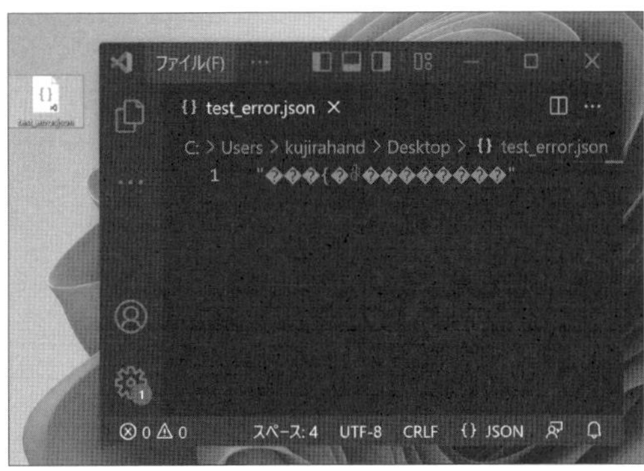

●Python3 の Windows 版でエンコーディングの指定を忘れた場合。文字エンコーディングが Shift_JIS で書き込まれている

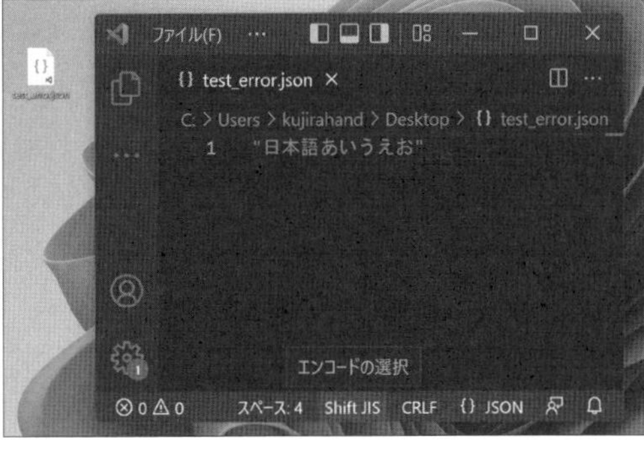

●UTF-8 で保存したファイル

ただし、ファイルの書き込みで、このような問題が起きるのは、json.dump メソッドの引数に ensure_ascii=False を指定した場合のみです。この引数を省略すると自動的に日本語などの多バイト文字は、"\u65e5\u672c\u8a9e\u3042\u3044\u3046\u3048\u304a" のように文字コードにエスケープされて書き込まれるため、実際に問題が起きるのはレアケースです。しかし、この Windows 独自の挙動を知らないとハマる場合があるため気をつけましょう。

UTF-8 の「BOM なし」について

文字エンコーディングの UTF-8 には「BOM あり」と「BOM なし」の二種類があります。そもそも、BOM（バイトオーダーマーク）というのは、0xFEFF で表される 2 バイトの識別子で、ファイルの先頭に付与されます。

BOM が付いていることのメリットは、エンコーディングが不明なファイルを読む際、容易に UTF-8 であることが分かるということです。しかし、最近では、多くのテキストデータで UTF-8 が採用されており、わざわざ BOM がなくても容易に文字エンコーディングが判定できることから、BOM なしの方が優勢となっています。そうした事情で JSON では BOM を付けないことが指定されていると考えられます。

しかし、最初の 1 文字（2 バイト）を確認して、BOM があれば読み飛ばすだけなので、いろいろな JSON ファイルを読む可能性がある場合には、以下のプログラムのように読み飛ばす処理を入れておきましょう。

●src/ch1/bom-reader.py

```
import json
with open('bom-test.txt', 'r', encoding='utf-8') as fp:
    # ファイルの内容を文字列に全部読む --- (※1)
    text = fp.read()
# 最初の1文字(2バイト)を確認してBOMなら読み飛ばす --- (※2)
if ord(text[0:1]) == 0xFEFF:
    text = text[1:] # 読み飛ばす
# JSON文字列をPythonのデータに変換 --- (※3)
data = json.loads(text)
print(data)
```

プログラムの (※1) ではファイルの内容を一度文字列として読み込んだ後、(※2) で最初の 1 文字を確認して、BOM(0xFEFF) があるかどうか確認して読み飛ばします。そして、(※3) で json.loads メソッドを使って、JSON 文字列を Python のデータに変換します。

もしも、BOM を読み飛ばす処理を入れない場合、次のようなエラーが表示されます。JSON の仕様としては、BOM ありの UTF-8 は認められないため、エラーが出るのは正しい挙動と言えます。

```
json.decoder.JSONDecodeError: Unexpected UTF-8 BOM (decode using
utf-8-sig)
```

JSONのMIMEタイプ

Webブラウザーは、ファイルの種類を拡張子ではなくMIMEタイプで区別しています。ブラウザーはWebサーバーにアクセスして、何かしらのリソースを取得しますが、その際、レスポンスにMIMEタイプが含まれます。そして、ブラウザーはこのMIMEタイプを元に処理を行います。

例えば、HTMLファイルであれば"text/html"、MP4動画であれば"video/mp4"、圧縮ファイルのZIPであれば"application/zip"がMIMEタイプとして定められています。

JSONはテキストファイルを元にしているので、"text/json"と間違えがちですが、"application/json"が正しい形式です。JSONフォーマットがメジャーになる前は、"text/x-json"などと記述されることもありましたが、現在は、JSONのMIMEタイプは以下のように決められています。

```
[MIMEタイプ] application/json
```

JSONで表現できるデータ型について

すでに紹介したように、JSONで表現できるデータ型は、4つのプリミティブ型と2つの構造化型となります。改めて確認してみましょう。

- プリミティブ型
  - 文字列(String)型
  - 数値(Number)型
  - 真偽値(Boolean)型
  - ヌル(null)
- 構造化型
  - 配列(Array)型
  - オブジェクト(Object)型

ここで示したデータ型は、JSONが定義するデータ型で、Pythonのjson.loadメソッドを使ってデータを読み込んだ場合、これらの型はうまくPythonのデータ型にマッピングされます。

それぞれの型について簡単に確認しましょう。

文字列について

文字列型は、文字列データを表現するのに利用します。文字列データは、"abcd" のように、引用符のダブルクォート (") から始まりダブルクォートで閉じます。

Python を含むいくつかのプログラミング言語の JSON ライブラリーでは、JSON 文字列に変換した文字列の、多バイト文字 (Unicode) は、\uXXXX のような文字コードに変換されます。

例えば " 愛 " という漢字ならば "\u611b" と変換されます。しかし、仕様的には引用符内にすべての Unicode 文字列を置くことができるため、Unicode 文字列を文字コードにエスケープするのは必須ではありません。

なお、JSON の文字列は次のようにエスケープできます。

エスケープ文字	説明
\"	ダブルクォート（"）
\\	バックスラッシュ（\）
\/	スラッシュ（/）
\b	バックスペース
\f	フォームフィード
\n	改行（0x0A）
\r\n	改行（0x0D + 0x0A）
\t	タブ文字
\uXXXX	Unicode 文字

ライブラリーを使って JSON を扱う場合には、それほど意識する必要はないかもしれませんが、JSON の文字列は上記のようにエスケープできるため、JSON へ変換した後の文字列を比較する場合には注意が必要です。と言うのも、ライブラリーによってどのように文字列をエンコードするのかが異なるためです。

例えば、" 愛情 \n 友情 " という文字列を複数の JSON ライブラリーで変換した場合、次のような差があります。以下は 5 つのライブラリーで変換した結果ですが、Node と Ruby の結果が同じになった以外は異なる文字列が生成されました。いずれもエスケープのルールが異なっただけの結果です。

ライブラリー	変換結果
Python 3.8 の json.dumps	\u611b\u60c5\n\u53cb\u60c5
Node.js 16.13 の JSON.stringify	愛情 \n 友情
Ruby3.1 の JSON.unparse	愛情 \n 友情
野良ライブラリー A	愛情 \u000A 友情
野良ライブラリー B	\u611b\u60c5\u000A\u53cb\u60c5

文字コードのエスケープで指定する \uXXXX 形式では、UTF-16 における文字コードを指定します。その際、絵文字など 16 ビットを超える文字を表現する場合には、16 ビットごとに区切って、"\uXXXX\uXXXX" のように記述します。例えば、絵文字の超英雄「🦸」は "\ud83e\uddb8" と記述します。試しに、Python で「print(json.loads('"\\ud83e\\uddb8"'))」を実行してみましょう。画面に超英雄が表示されます。

数値について

JSON の数値は、整数表現の 123 の形式、また少数部を持つ 12.34 のような形式、また、指数部を持つ、1.23e4 のような形式を指定できます。

なお、JavaScript には、すべての数値よりも大きい（正の無限大）を意味する Infinity や、非数（数値ではないもの）を表す NaN という値がありますが、JSON では許容されません。

真偽型について

真偽型（Boolean）とは、真であること（正しいこと）を表す true、あるいは偽であること（正しくないこと）を表す false のいずれかの状態を持つ値です。

Python では、先頭の文字のみ大文字で True と False で表現しますが、JSON では、小文字で true、false と記述します。

ヌルについて

ヌル (null) とは値が存在しないこと、言い換えると、何のデータもないことを表す値です。JSON では、小文字で null と表記します。JSON の仕様では、ヌルをどのように使うかについての規定はありません。

JSON を Python に変換した場合、null は、Python の None に変換されます。Python で値が None かどうかを判定するには、以下のように is を利用します。

●src/ch1/check_none.py

```
import json
value = json.loads('null') # JSON の null を変換
# 変数 value が None かどうかを判定する
if value is None:
    print('値はnullでした')
else:
    print(value)
```

配列型について

配列とは、0 個または 0 以上の値を含む値です。角カッコを使って以下のように表現します。値はカンマで区切られます。以下の書式のように記述します。

```
[値1, 値2, 値3, …]
```

例えば、[1, 2, 3] とか ["Apple", "Banana"] のように記述します。

また JSON の仕様的に末尾の値の後ろにカンマをつけることはできません。以下のような JSON をパースしようとすると json.decoder.JSONDecodeError エラーが表示されます。

●src/ch1/json_array_parse_error.py

```
# エラーとなるJSON文字列の例
import json
s = "[1,2,3,]"
print(json.loads(s))
```

なお、プログラミング言語によっては、配列に入れる値は、同一型である必要がありますが、JSON の配列では異なる型の値を入れることが可能となっています。

オブジェクト型について

オブジェクト型（Object）とは、キーと値をペアにして扱うデータ型のことです。Python では、辞書型（Dict）に変換されます。波カッコとコロンを利用して、以下のような書式で記述します。

```
{
    "キー1": 値1,
    "キー2": 値2,
    "キー3": 値3,
    ....
}
```

例えば、{" バナナ ": 300, " リンゴ ": 550} とか、{"name": " 山田 ", "age": 25} のように記述します。配列型と同様にキーに対する値の型は、異なる型でも問題ありません。

まとめ

以上、本節では、JSONについてJSONの標準仕様であるRFC 8259に基づいて解説しました。一般的にJSONを扱う場合はプログラミング言語のライブラリーを介して扱う事が多いでしょう。それでも、JSONデータをテキストエディターで開いて直接編集することもあります。また、ライブラリーを使うまでもなく簡単なJSON文字列を直接出力する場合もあります。その際に、本節の内容が頭に入っていれば、トラブルが起きた際の解決に役立つことでしょう。

コラム

PDFについて

オープンデータとして配布されるデータの一つにPDFがあります。PDFはバイナリーをベースとしたデータですが、機種やOSを選ばず、ほとんどの端末で閲覧可能というメリットがあります。PDFの仕様はISO 32000で標準化されています。Excelをはじめ、多くのアプリケーションがPDF出力の機能を備えています。しかし、PDFは閲覧や印刷向けなので、一度PDFの形式で出力してしまうと、再編集やPythonなどのプログラミング言語からのデータの読み取りには向いていません。

コラム

JSONはプログラマーと相性が良い

「ファイル送ったから後でサイトに反映しておいて！」

これは、Webサイトの管理者やプログラマーがよく聞く台詞です。そのようにして受け渡されるデータの大半は、Excelファイルだったり、CSVファイルだったりすることが多いでしょう。
もちろん、Excelファイルや、CSVファイルは十分汎用的であり最も普及したデータ形式です。それらのデータファイルを用いて円滑にデータのやり取りができるのであれば問題はありません。しかも、一般的な多くのデータは、Excelで編集が容易なもの、二次元の表形式で表現できるものが多いでしょう。
しかし、受け渡されるデータが、Excelで作られた二次元の表では扱いづらいという場合も多々あります。昨今多くの企業がWebアプリを採用しており、アプリ上で作ったデータを何らかの形式でエクスポートしたものがプログラマーに送られることも増えています。そのような複雑なデータを、敢えてCSV形式でエクスポートした場合、無駄なデータが多く含まれるだけでなく、データを活用したい相手の負担増となる場合も少なくありません。
また、最近でWeb上でデータを積極的に配布するという場面も増えています。公共の益のため、あるいは、積極的にデータを活用してもらうことが、企業のアピールや製品の普及につながる事例も増えています。このような場合に、プログラマーにとって扱いにくいExcelファイルやCSV形式でデータを配布することは、企業イメージを損なうことにもつながりかねません。そのため、データの活用促進が目的であるならば、使い手にとってどのような形式であれば使ってもらいやすいのかを十分考慮した形で配布する必要があります。
その点でも、本書で解説するJSONはプログラミングと相性の良いデータ形式と言えます。これから詳しく紹介しますが、さまざまなプログラミング言語で手軽に扱えるのに加えて、複雑な構造のデータであっても難なく表現できるからです。

コラム

JSON を拡張した JSON 亜流フォーマットについて

JSON に少し改良を加えた JSONC/JSON5 など JSON の亜流フォーマットがあります。これらのフォーマットは、JSON にコメントを追加できるようにしたり、配列やオブジェクトの末尾にカンマを記述できるようにしたりして改良したものです。

確かに、JSON には意味のないコメント（注釈）を記述することができません。そのため、設定ファイルとして JSON を利用する場合に、コメントの記述を許容する亜流の JSON を活用することも増えています。

例えば、フリーのプログラミング向けテキストエディターの Visual Studio Code の設定ファイルは、JSON にコメントの記述が可能な JSONC を採用しています。それでも、拡張子は、一般的な JSON の拡張子「.json」を利用します。また、プログラミング言語の TypeScript の設定ファイル（tsconfig.json）にも JSONC が採用されています。

なお、ソフトウェアの設定ファイルによく使われる YAML というデータ形式があります。そのデータフォーマットは構造化されたものです。インデント（空白文字）を用いて階層構造を表現します。また、その仕様には JSON と似た表記が取り入れられています。

コラム

JSON Viewer をインストールしよう

JSON の内容を手軽に確認するのに便利なのが、ブラウザー「Google Chrome」の拡張である「JSON Viewer」です。ブラウザーに JSON ファイルをドラッグ＆ドロップすることで綺麗に整形した状態の JSON データを確認できます。不要な要素を折り畳むことができるので、必要な項目だけを詳しく確認できます。

インストールは、Chrome ウェブストアで「JSON Viewer」を検索して、「Chrome に追加」ボタンを押します。

```
Chrome拡張 > JSON Viewer
[URL] https://chrome.google.com/webstore/detail/json-viewer/gbmdgpbipfallnflgajpaliibnhdgo
bh?hl=ja
```

●Chrome 拡張の JSON Viewer

JSON Viewer でローカルファイルの閲覧を許可しておこう

利便性を高めるために、ローカルファイルの閲覧を許可しましょう。そのために、ブラウザー上部から拡張機能のアイコンをクリックし、「JSON Viewer > 拡張機能を管理」をクリックします。

●拡張機能を管理をクリック

続いて、「ファイルの URL へのアクセスを許可する」をオンにします。

●ローカルファイルへのアクセス権限を追加しておこう

2章

データベースとしてのJSON

JSONを使った実際的なデータ活用の場面を確認してみましょう。Pythonを利用してゲームや家計図、ネットワークグラフ、描画ツールなどを作り、JSONでデータを保存する方法を紹介します。

2章

1 ゲームデータをJSONで保存して分析しよう

Python でデータを保存する基本的な方法について解説します。Python には多くの便利なライブラリーが用意されており、さまざまな形式でデータを保存できます。使い勝手も洗練されているので確認していきましょう。

Keyword

- データの読み書き
- シリアライズ
- デシリアライズ

この節で作るもの

- プレイ履歴を保存するジャンケンゲーム

JSON はゲームデータの保存にも向いています。ここではジャンケンゲームを作り、そのプレイ履歴を JSON ファイルに保存するようにしてみましょう。

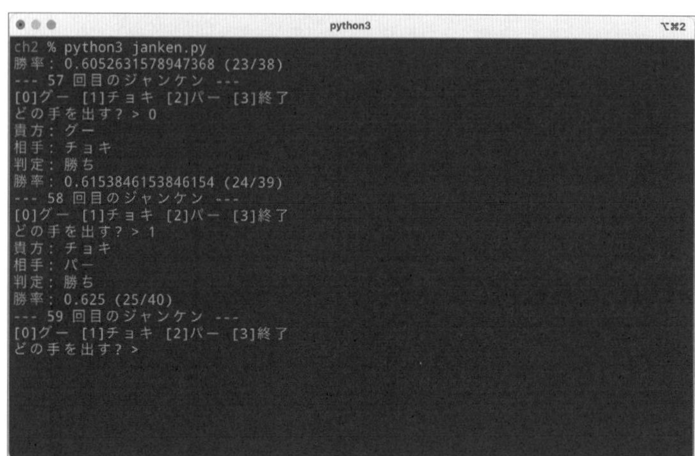
python3
ch2 % python3 janken.py
勝率: 0.6052631578947368 (23/38)
--- 57 回目のジャンケン ---
[0]グー [1]チョキ [2]パー [3]終了
どの手を出す? > 0
貴方: グー
相手: チョキ
判定: 勝ち
勝率: 0.6153846153846154 (24/39)
--- 58 回目のジャンケン ---
[0]グー [1]チョキ [2]パー [3]終了
どの手を出す? > 1
貴方: チョキ
相手: パー
判定: 勝ち
勝率: 0.625 (25/40)
--- 59 回目のジャンケン ---
[0]グー [1]チョキ [2]パー [3]終了
どの手を出す? >

●JSON でプレイ履歴を記録するジャンケンゲームを遊んでいるところ

そして、保存したプレイ履歴に基づいて「勝敗」と「どの手で勝ったのか」をグラフで描画してみましょう。

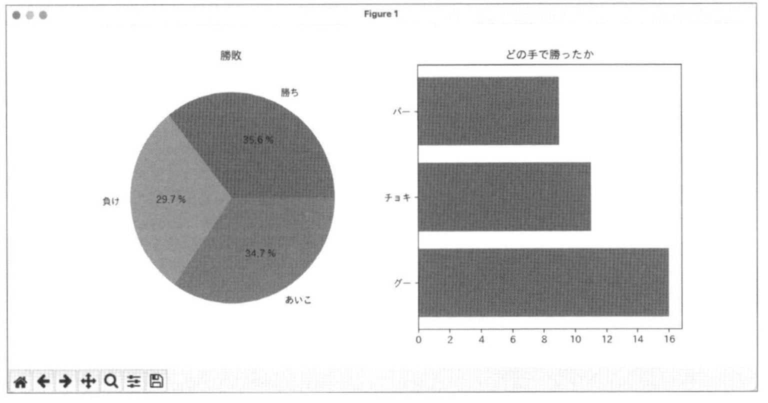

●履歴からゲームの勝敗や勝ち手を分析したところ

手順 1 Pythonのプログラムを作る

基本的には、ただのジャンケンゲームのプログラムです。いろいろな作り方がありますが、本書はゲームの作り方を紹介するものではないので、プレイ履歴を保存する部分に注目してプログラムを確認してみましょう。

●src/ch2/janken.py

```
import json, random, os
# 初期設定 --- (※1)
savefile = 'janken_history.json' # プレイ履歴を保存するファイル
history = [] # 履歴
hand_labels = ['グー', 'チョキ', 'パー']

# メイン処理 --- (※2)
def main():
    load_history() # プレイ履歴を読み込む
    # 繰り返しゲームを行う
    while True:
        show_history() # プレイ履歴の表示
        flagStop = janken_game()
        if flagStop: break

# ジャンケンゲーム --- (※3)
def janken_game():
    # コンピューターとプレイヤーの手を決める
    com = random.randint(0, 2)
    user = ask_user_hand()
    if user == 3: return True
    print('貴方:', hand_labels[user])
```

```
    print('相手:', hand_labels[com])
    # 勝負判定 --- (※4)
    result = (com - user + 3) % 3
    hantei = 'あいこ'
    if result == 1: hantei = '勝ち'
    if result == 2: hantei = '負け'
    print('判定:', hantei)
    # プレイヤーの手の情報と勝敗を履歴に追加 --- (※5)
    history.append({'com': com, 'user': user, 'result': hantei})
    save_history() # ファイルに保存
    return False

def load_history(): # プレイ履歴をファイルから読む --- (※6)
    global history
    if os.path.exists(savefile):
        with open(savefile, encoding='utf-8') as fp:
            history = json.load(fp)

def save_history(): # 履歴をファイルへ保存 --- (※7)
    with open(savefile, 'w', encoding='utf-8') as fp:
        json.dump(history, fp, ensure_ascii=False, indent=2)

def show_history():
    # あいこを除いた勝ち数を調べる --- (※8)
    cnt, win = 0, 0
    for i in history:
        if i['result'] == 'あいこ': continue
        if i['result'] == '勝ち': win += 1
        cnt += 1
    # 勝率を計算
    r = 0 if cnt == 0 else win /cnt
    print('勝率: {} ({}/{})'.format(r, win, cnt))

def ask_user_hand():
    # ユーザーからの入力を得る --- (※9)
    print('---', len(history), '回目のジャンケン ---')
    print('[0]グー [1]チョキ [2]パー [3]終了')
    user = input('どの手を出す? > ')
    try:
        no = int(user)
        if 0 <= no <= 3: return no
    except:
        pass
    return ask_user_hand() # 無効な値なら再度入力を得る

if __name__ == '__main__': main()
```

プログラムを確認してみましょう。(※1)では保存ファイルの指定やプレイ履歴を管理する変数hisotryなど、初期化処理を記述します。このように、変数の初期化など、初期設定をプログラムの冒頭に書いておくと、後からプログラムの修正が容易になります。

(※2)ではジャンケンゲームのメイン処理を記述します。このジャンケンゲームでは、繰り返しコンピューターとプレイヤーが勝負をして、その勝負をすべて記録することを目的としています。そのため、while文の条件をTrueにしています。これによって、プレイヤーが明示的に勝負を終了するまで繰り返し実行します。

(※3)ではジャンケンゲームの処理を記述します。ここでちょっと面白いのが(※4)のジャンケンの判定式です。ここでは計算で勝敗判定をします。このゲームでは次の表のように、グーが0、チョキが1、パーが2と、ジャンケンの手を数値で表現します。

番号	ジャンケンの手
0	グー
1	チョキ
2	パー

この時、以下のような計算式によって勝敗を判定できます。判定値が0の時あいこ、1ならば勝ち、2ならば負けとなります。

```
[ジャンケンの判定式]
判定値 = (相手の手 - 自分の手 + 3) % 3
```

そして、(※5)の部分ではゲームの状況を履歴に追加して保存します。履歴を追加するのは、コンピューターの手（com)、プレイヤーの手（user)、勝敗（result）です。追加したらファイルへJSON形式で保存します。

(※6)では実際にプレイ履歴をファイルから読み込む処理を記述しています。履歴はJSON形式で保存するようにしているため、json.loadメソッドを使ってデータを読み込みます。その逆に(※7)ではプレイ履歴をJSON形式でファイルに保存します。JSONの読み書きについては、この後で詳しく解説します。

それから、(※8)では履歴をたどって勝ち数を数えて、勝率を計算して表示します。(※9)ではinputを使ってユーザーからの入力を得る処理を記述します。なお、入力した値をint関数で数値に変換して返すのですが、ユーザーが数字以外を入力する可能性があります。その場合、int関数はValueErrorというエラーを発生させます。そのため、try...except...構文を使って無効な値の場合の例外を無視するようにし、改めてユーザーからの入力を得るようにしています。

手順 2 ジャンケンゲームを繰り返し実行しよう

ターミナルから次のコマンドを実行してジャンケンゲームで遊びましょう。[0][1][2] のいずれかのキーと [Enter] を押してジャンケンの手を決定します。ゲームを繰り返し遊ぶことで、JSON ファイルに履歴が書き込まれます。終了したい時は [3] と [Enter] キーを押します。

```
$ python3 janken.py
```

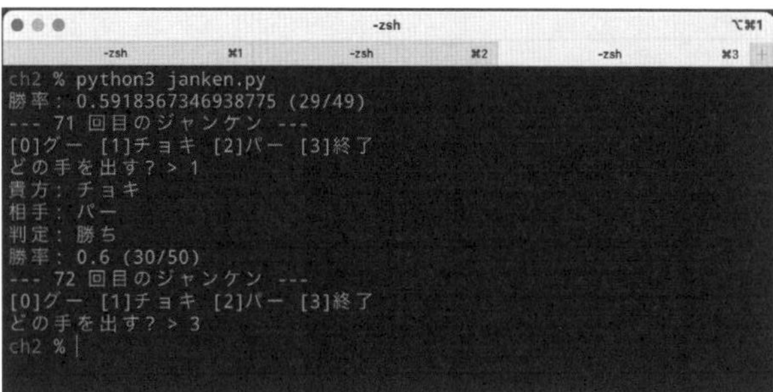

-zsh
ch2 % python3 janken.py
勝率: 0.5918367346938775 (29/49)
--- 71 回目のジャンケン ---
[0]グー [1]チョキ [2]パー [3]終了
どの手を出す? > 1
貴方: チョキ
相手: パー
判定: 勝ち
勝率: 0.6 (30/50)
--- 72 回目のジャンケン ---
[0]グー [1]チョキ [2]パー [3]終了
どの手を出す? > 3
ch2 %

●ジャンケンゲームを繰り返し遊ぼう

手順 3 生成された JSON ファイルを確認しよう

ゲームで遊んだら、プレイ履歴が保存されている JSON ファイル「janken_history.json」を確認してみましょう。ブラウザーに JSON Viewer をインストールしてあれば、JSON ファイルをドラッグ&ドロップすることで内容を確認できます。

```
janken_history.json
draft/data/src/ch2/janken_history.json
[
  {
    "com": 1,
    "user": 0,
    "result": "勝ち"
  },
  {
    "com": 0,
    "user": 1,
    "result": "負け"
  },
  {
    "com": 2,
    "user": 0,
    "result": "負け"
  },
  {
    "com": 1,
    "user": 1,
    "result": "あいこ"
  },
  {
    "com": 2,
    "user": 2,
    "result": "あいこ"
  },
  {
    "com": 0,
    "user": 1,
    "result": "負け"
```

●プレイ履歴の JSON ファイルを確認したところ

コンピューターとユーザーがどの手を出したのか、どちらが勝ったのかの履歴が全て保存されています。なお、ここで作成した JSON の構造にも注目しましょう。

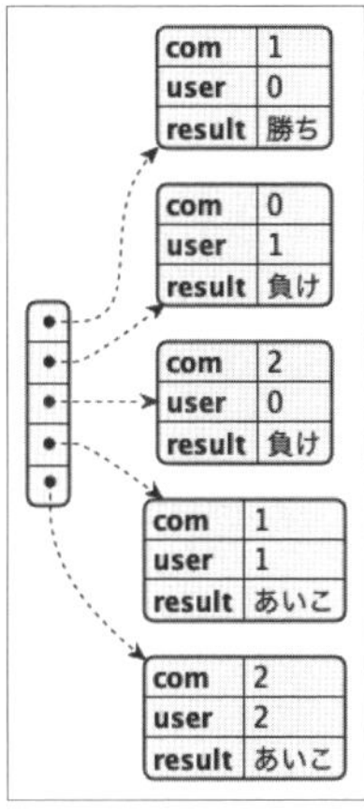

●ジャンケン履歴の JSON ファイルの構造を図で表したもの

ゲーム 1 回分の記録がオブジェクト（Python の辞書データ）で表現されており、そのオブジェクトが配列で複数個あるという構造になっています。

試合の記録情報が複数連続するという構造です。試合の記録ですが、com がコンピューターの出した手、user がユーザーの出した手、result がジャンケンの結果です。なお、ジャンケンの手は、0 がグー、1 がチョキ、2 がパーのデータを表しています。

手順 4 プレイ履歴を分析してみよう

プレイ履歴を元に分析グラフを描画するプログラムを作ってみましょう。手順 1 のプログラムを遊ぶと「janken_history.json」というファイルが生成されます。このファイルを読み込んでグラフを描画します。

●src/ch2/janken_analizer.py

```
import json, japanize_matplotlib
import matplotlib.pyplot as plt

# プレイ履歴を読み込む --- (※1)
savefile = 'janken_history.json'
with open(savefile, encoding='utf-8') as fp:
    history = json.load(fp)

# 履歴を確認して勝敗を数える --- (※2)
win, lose, draw = 0, 0, 0
hand = [0, 0, 0] # どの手で勝ったか
for i in history:
```

```
    if i['result'] == 'あいこ':
        draw += 1
    if i['result'] == '負け':
        lose += 1
    if i['result'] == '勝ち':
        win += 1
        hand[i['user']] += 1
# 勝率を計算して表示
print('勝率:', win / (win + lose))
# 勝敗グラフを描画 --- (※3)
plt.subplot(1, 2, 1) # 左の円グラフを描画
plt.pie([win, lose, draw], labels=['勝ち', '負け', 'あいこ'], autopct="%1.1f %%")
plt.title('勝敗')
plt.subplot(1, 2, 2) # 右の棒グラフを描画
plt.barh(['グー', 'チョキ', 'パー'], hand)
plt.title('どの手で勝ったか')
plt.show()
```

プログラムの (※1) では JSON ファイルを読み込みます。(※2) でプレイ履歴を確認して勝敗数とどの手で勝ったのかを数えます。そして、(※3) でグラフを描画します。この時、subplot を指定することで、複数のグラフを描画できます。『plt.subplot（行数 , 列数 , 何番目のグラフか)』のように指定します。

手順 5 手順 4 のプログラムを実行しよう

ターミナルから手順 4 のプログラムを実行するには以下のコマンドを実行します。

```
$ python3 janken_analizer.py
```

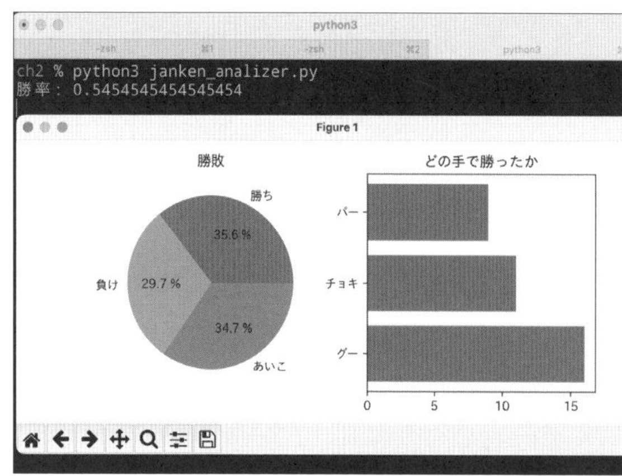

●プレイ履歴を元にグラフを描画したところ

基本的なデータファイルの読み込みと保存について

前章でも簡単にJSON形式でのファイル保存や読み込みについて紹介しましたが、改めて基本的な使い方を紹介します。と言うのも、前章でJSONの標準規格について詳しく紹介したので、さまざまなオプションについての理解も容易になっていることでしょう。本節では、Pythonでよく使うJSON/CSV/Excel形式の読み込みと保存の方法について詳しく解説します。

シリアライズとデシリアライズについて

プログラム内で扱う複数の要素を、一つの文字列やバイト列で表現できる形に変換することを、『シリアライズ（英語: serialize)』または『シリアル化』と呼びます。そして、シリアライズの逆の動作、つまり、文字列やバイト列から複数の要素に戻すことを『デシリアライズ（deserialize)』と呼びます。

例えば、あるWebサーバーから受信したさまざまなデータをまとめて一つのファイルに保存する場合には、何かしらの方法でシリアライズしてファイルに保存します。なぜなら、一般的にファイルとは、単なる文字データの連続（あるいはバイト列）であるからです。

Pythonのリスト型データをファイルに保存する例

もう少し具体的な例で確認してみましょう。Pythonのリスト型や辞書型のデータをファイルに保存する場合、何かしらの方法を使って、データをシリアライズして、階層を持たないフラットな形式に変換する必要があります。皆さんは、以下のようなプログラムを実行したことがあるでしょうか。

●src/ch2/list_to_file_error.py

```
# リスト型のデータをファイルに保存しようとして失敗している例
a_list = ["バナナ", "マンゴー", "キウイ"]
with open("test.txt", "w", encoding="utf-8") as fp:
    fp.write(a_list)
```

プログラムを実行すると何が起きるでしょうか。上記のプログラムをコマンドラインから実行すると以下のようなエラーが表示されます。

```
$ python3 list_to_file_error.py
Traceback (most recent call last):
  File "list_to_file_error.py", line 4, in <module>
    fp.write(list)
TypeError: write() argument must be str, not list
```

「プログラミングが上達するコツは、実際にプログラムを作ること」と聞いたことがあるでしょうか。なぜ、プログラムを作ると上達するのかという答えでもあるのですが、自分の思った通りにプログラムが動かないことを知り、どのように対処すれば良いのかを学ぶことができるからです。

ここで表示されたエラーの最終行に注目してみましょう。『write() argument must be str, not list』とあります。つまり、「関数 write の引数は文字列型であるべきで、リスト型を指定することはできません」という意味です。英語が苦手という方は、翻訳ツールに掛けてみると良いでしょう。昨今の翻訳ツールは賢いので大抵、自然な日本語に直してくれます。

つまり、リスト型や辞書型は、そのままではファイルに保存できないということが分かるでしょう。プログラム内で扱っているデータをファイルに保存したい場合には、何かしらの方法でシリアライズしないといけないのです。そして、その何かしらの方法が、JSON であったり CSV であったりするのです。

それでは、上記の間違ったプログラムを正しく書き直してみましょう。ここでは JSON でシリアライズしてみます。

●src/ch2/list_to_file_ok.py

```
# リスト型のデータをファイルに保存(成功例)
import json
a_list = ["バナナ", "マンゴー", "キウイ"]
with open("a_list.json", "w", encoding="utf-8") as fp:
    # リストをJSON文字列に変換
    json_str = json.dumps(a_list, ensure_ascii=False)
    fp.write(json_str)
```

今度はエラーも表示されることなく、問題なくファイルにデータを保存できました。生成されたデータを確認してみましょう。次のように、JSON 形式でシリアライズされた文字列となります。

●src/ch2/a_list.json

```
["バナナ", "マンゴー", "キウイ"]
```

プログラムを確認してみましょう。open でファイルを開き、write でファイルへ文字列を書き込む前に、json.dumps を使って、リスト型のデータを JSON 文字列に変換しています。

```
[書式] Pythonデータ型からJSON文字列へのシリアライズ
import json
s = json.dumps(データ [,オプション])
```

なお、デフォルトでは、日本語など多バイト文字列を UTF-16 の文字コードにエスケープしてしまいますが、オプションに ensure_ascii=False と書くと、エスケープ処理をしなくなります。

また、文字列として得るのではなく、直接ファイルや入出力に書き込みたい場合には、json.dump を使います。名前が似ているのでちょっと混乱するかもしれません。JSON 変換で『結果を文字列で得たいときは、文字列（string）の頭文字である s をつける』と覚えると良いでしょう。

メソッド	解説
json.dumps（データ）	データを JSON 文字列に変換して返す
json.dump（データ IO）	データを JSON 文字列に変換して IO に書き込む

なお、「IO」とは「Input Output（入出力）」の略です。Python のライブラリに「io」というモジュールがあり、ファイルやメモリへの入出力の機能が提供されています。本書の範囲では open で開いたファイルを指定します。

JSON 文字列をファイルから読み込む方法

次にシリアライズの反対の動作、デシリアライズする方法を確認してみましょう。以下はファイルから JSON 文字列を読み込んで、デシリアライズして画面にリストの要素を一つずつ表示します。

●src/ch2/file_to_list.py

```
import json
# ファイルから文字列を読み込む
with open('a_list.json', encoding='utf-8') as fp:
    json_str = fp.read()
# JSON文字列をPythonのデータにデシリアライズ
a_list = json.loads(json_str)
# 読み出したデータを表示
for s in a_list:
    print(s)
```

コマンドラインからプログラムを実行してみましょう。

```
$ python3 file_to_list.py
バナナ
マンゴー
キウイ
```

書式で確認しましょう。json.loads に JSON 文字列を指定すると、JSON を解析して Python のデータ型に変換します。

```
[書式] JSON文字列をPythonデータにデシリアライズする
データ = json.loads(文字列 [,オプション])
```

ファイルから直接 JSON 文字列を読み取る場合には、json.load メソッドが使えます。こちらも、名前が似ていますが、『文字列（string）からデータを読み込む場合は s をつける』と覚えると良いでしょう。

メソッド	解説
json.loads（文字列）	JSON 文字列を Python データに変換して返す
json.load（IO）	IO から JSON データを読み込み Python データに変換して返す

デバッグしたい場面では可読性の高いJSONを出力しよう

ここまで、一通り、JSON の読み書きについて確認しました。次に、デバッグ時に便利なオプションについて紹介します。

プログラムを作っているときに、扱っている複雑なデータを読みやすく画面に出力したいという場面は多くあります。その際、JSON 形式で出力すると、データ構造が概観しやすく、デバッグが容易になります。

デバッグに使いたい場面で出力する JSON データというのは、読みやすくインデントで構造が明示されているものでしょう。そのために、JSON にシリアライズする場面で、オプションに indent 引数を指定します。

●src/ch2/dumps_indent.py

```
import json
# 表示したいデータ
data = { '名前': '鈴木', '趣味': ['読書', 'プログラミング', '盆栽']}
# 分かりやすくJSONを出力
print(json.dumps(
    data,
    indent=4,
    ensure_ascii=False))
```

プログラムをコマンドラインで実行してみましょう。

```
$ python3 dumps_indent.py
{
    "名前": "鈴木",
    "趣味": [
        "読書",
        "プログラミング",
        "盆栽"
```

```
    ]
}
```

JSONデータが綺麗にインデントされて出力されました。ポイントは、json.dumpsの引数にindent=4を指定している部分です。そして、すでに紹介しましたが、ensure_ascii=Falseを指定することで、日本語をエスケープせず、そのまま出力します。これだけですが、デバッグでは重宝します。

プログラムにJSONを埋め込みたい場面では三連引用符を使う

実際にPythonのプログラムを作っているときに、プログラム内にJSONデータを埋め込みたい場面もあるでしょう。そんな時に重宝するのが、三連引用符を使った文字列です。

Pythonの文字列記号には、シングルクォートを使った'文字列'と、ダブルクォートを使った"文字列"、また、それを三回繰り返す三連引用符を使った'''文字列'''、"""文字列"""があります。以下にまとめてみました。

記号	利用例
'文字列'（シングルクォート）	s = 'hello'
"文字列"（ダブルクォート）	s = "hello"
'''文字列'''（三連引用符 / シングルクォート）	s = '''hello'''
"""文字列"""（三連引用符を / ダブルクォート）	s = """hello"""

JSONをソースコード内に記述したい場合、上記の中からシングルクォートの三連引用符を使うと良いでしょう。なぜなら、滅多なことではJSONデータ内の記述と被らないためです。

これらは、Pythonの基本ではあるのですが、うっかり忘れがちでもあります。簡単に三連引用符を使った例を試してみましょう。以下は、JSON文字列をプログラムに埋め込み、デシリアライズして内容を表示する例です。

●src/ch2/embed_json.py

```
import json
# JSONデータを文字列としてプログラムに埋め込む --- (※1)
json_str = '''
  {"tokyo": [{"date": "6日(水)", "forecast": "曇"},
    {"date": "7日(木)", "forecast": "晴"}]}
'''
# 埋め込んだJSONをデシリアライズ
data = json.loads(json_str)
# 必要なデータを表示
```

```
print(data['tokyo'][0]['date'])
print(data['tokyo'][0]['forecast'])
```

コマンドラインからプログラムを実行してみましょう。以下のように表示されます。

```
$ python3 embed_json.py
6日(水)
曇
```

ポイントは、プログラムの(※1)の部分です。JSON文字列では、ダブルクォートが頻出します。そのため、JSONデータをソースコードに埋め込みたい場合、シングルクォートを使うと良いでしょう。加えて、三連引用符を使うなら文字列内で改行することも可能です。

もしも、(※1)の部分をダブルクォートで表現したい場合には、どうしたら良いでしょうか。どうしてもシングルクォートと三連引用符を使いたくないという場合です。その場合には、以下のように、ダブルクォートをエスケープするために『\"』を大量に記述することになるでしょう。また、そのままでは改行もできないので、行末の演算子の後ろにバックスラッシュ『\』を記述して、以下のように記述する必要があります。

●src/ch2/embed_json_dq.py

```
# もしもダブルクォートでJSON文字列を表現する場合
json_str = "" + \
  "{\"tokyo\": [{\"date\": \"6日(水)\"," + \
  "\"forecast\": \"曇\"}, " + \
  "{\"date\": \"7日(木)\", \"forecast\": \"晴\"}]}"
print(json_str)
```

先ほどのプログラムと比べると、非常に読みにくいソースになってしまいました。しかし、エスケープ記号の『\』を使うなら、ダブルクォートの文字列にも、JSONを埋め込めることが分かったのではないでしょうか。

同様に、上記の三連引用符を使っているものの、JSONデータの中にシングルクォートの連続がある場合、『\'』のようにエスケープできます。

まとめ

Python で JSON の読み書きを行う方法についてまとめました。Python のデータをシリアライズして JSON 文字列に変換する際、dumps メソッドを使いますが、ensure_ascii 引数や indent 引数を指定することで、デバッグに適した JSON 文字列にすることができます。覚えておくと便利でしょう。

2章

2

JSONで記述した徳川家の家系図を描画しよう

JSON は表現力が高いので家系図やネットワーク構造のグラフを表現するのにも役立ちます。ここでは、JSON を使って家系図を描画してみましょう。そのために Graphviz というツールを利用します。

Keyword

- 家系図
- Graphviz
- ネットワーク構造
- PlantUML

この節で作るもの

- Graphvizを使った家系図

ここでは、江戸幕府を開いた徳川家康の家系図や豊臣家の家系図を作ってみましょう。最初に家系図を JSON で表現し、それを元にして Graphviz で家系図を描画します。将軍家などは妻が複数いて複雑なのですが、Graphviz を使うとネットワーク構造の図を自動的に描画できます。

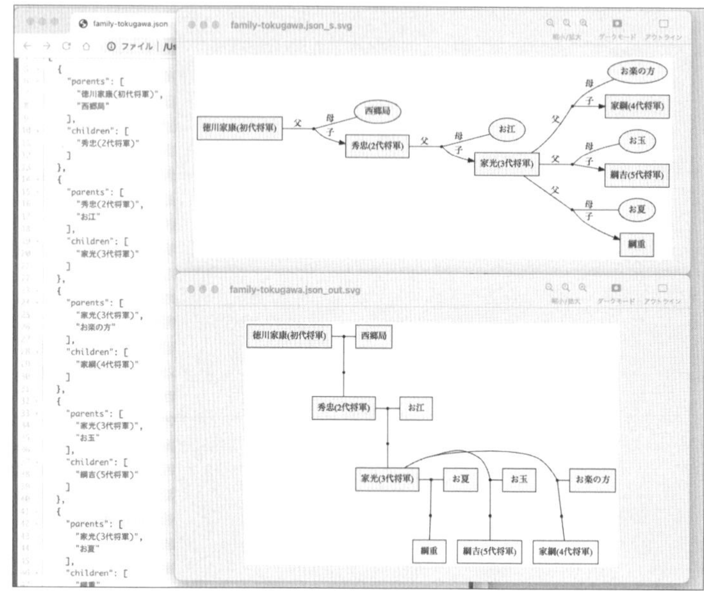

●徳川家の家系図 - 家康から綱吉まで描画しよう

なお、JSON ファイルを差し替えることで、異なる家系図も描画できるようにします。以下はより複雑なデータ（豊臣家の家系図）を描画したところです。

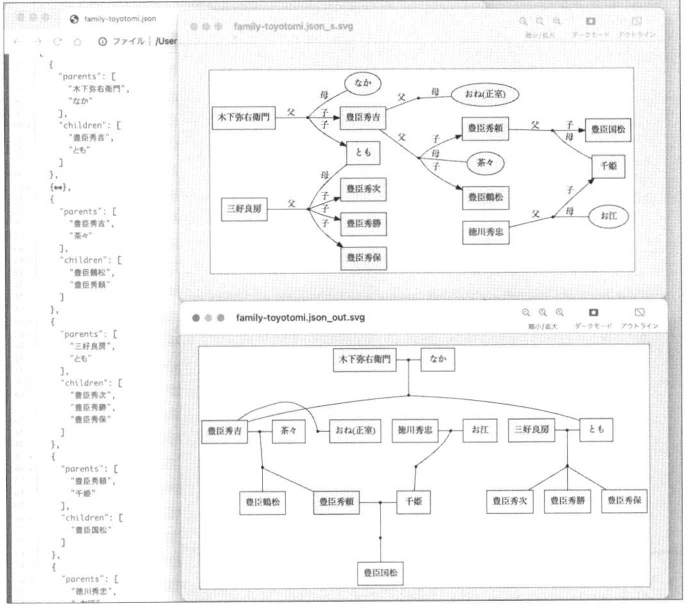

●豊臣家の家系図を描画したところ

手順 1 Graphviz をインストールしよう

最初に、ネットワーク構造のグラフを作成するために「Graphviz」というツールをインストールしましょう。ターミナルを開いて、以下のコマンドを実行しましょう。これは、Python のパッケージ「graphviz」をインストールするものです。

```
$ python3 -m pip install graphviz
```

しかし、上記のコマンドでインストールしたパッケージだけでは、Graphviz を動かすことができません。別途 Graphviz アプリをインストールする必要があります。

• Windows の場合

Windows であれば、Graphviz のサイトからダウンロードしてインストールしましょう。

URL Graphviz
https://graphviz.gitlab.io/download/

上記のダウンロードサイトは英語なのですが、Windows > graphviz-5.0.0 と書かれている部分の「EXE Installer」をお使いの OS のビット数（32-bit/64-bit）を選んでダウンロードしましょう。

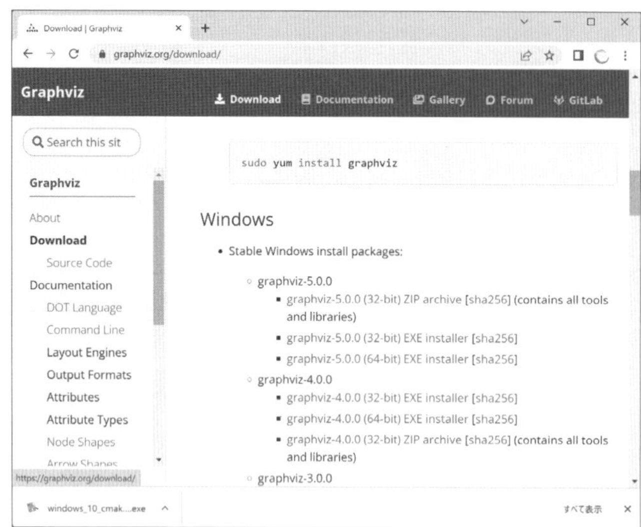

●Graphviz のダウンロードページ

なお、ダウンロードしたインストーラーを実行すると、Windows の Defender による警告画面が出るので［詳細情報］をクリックし、その後［実行］ボタンを押しましょう。

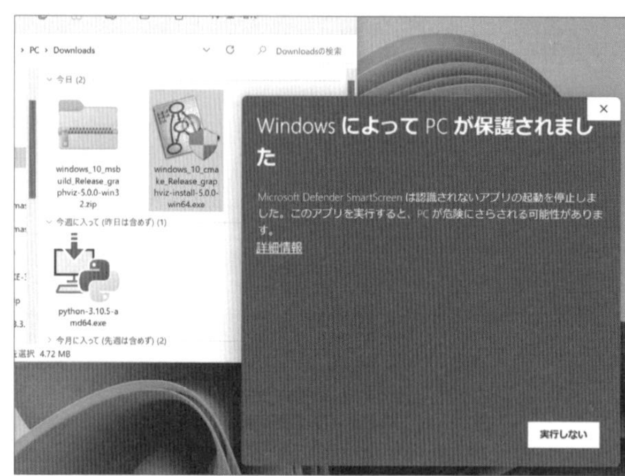

●インストーラーを実行しよう

親切なインストーラーなので基本的には右下の「次へ」ボタンを押していけばインストールが完了します。しかし、一点だけ、Python から利用できるように、次の画面でインストールオプションの「Add Graphviz to the system PATH...」をチェックするようにしてください。

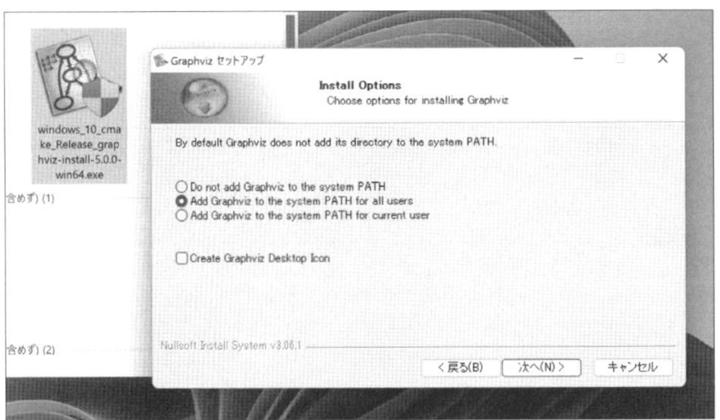

●パスを追加してインストールしよう

• macOS の場合

macOS の場合には、Homebrew を使ってインストールします。Homebrew とは macOS 向けのパッケージマネージャーで、さまざまなアプリやライブラリーを手軽に導入するためのツールです。ターミナルを開いて、Homebrew のインストールコマンドを実行しましょう。なお、以下のコマンドは、Homebrew の Web サイト（https://brew.sh/index_ja）でコピーできます。

```
/bin/bash -c "$(curl -fsSL https://raw.githubusercontent.com/Homebrew/install/HEAD/install.sh)"
```

少し待って、Homebrew のインストールが完了したら、Graphviz をインストールします。次のコマンドをターミナルで実行して、Graphviz をインストールしましょう。

```
$ brew install graphviz
```

手順 2 徳川将軍家の JSON データを作ろう

次に、徳川将軍家の家系図を表す JSON データを作ってみましょう。親子関係をどのように JSON で表現したら良いでしょうか。いろいろな表現が可能です。

ここでは、親と子の関係を次のようなオブジェクトの配列として表現することを考えました。そして、このオブジェクトを連続で記述することで複雑な家系図を構成するものとしましょう。

```
[書式] 一世代を表すオブジェクト
{
  "parents": [父親, 母親],
  "children": [子1, 子2, 子3...]
}
```

それでは、徳川家の家系図をJSONで表現してみます。次のようなJSONデータを作りましょう。

●src/ch2/family-tokugawa.json

```
[
  {
    "parents": ["徳川家康(初代将軍)", "西郷局"],
    "children": ["秀忠(2代将軍)"]
  },
  {
    "parents": ["秀忠(2代将軍)", "お江"],
    "children": ["家光(3代将軍)"]
  },
  {
    "parents": ["家光(3代将軍)", "お楽の方"],
    "children": ["家綱(4代将軍)"]
  },
  {
    "parents": ["家光(3代将軍)", "お玉"],
    "children": ["綱吉(5代将軍)"]
  },
  {
    "parents": ["家光(3代将軍)", "お夏"],
    "children": ["綱重"]
  }
]
```

以下は上記のJSONを直接図式化したものですが、parentsとchildrenのプロパティを持つオブジェクトが連続している様子を確認できるでしょう。

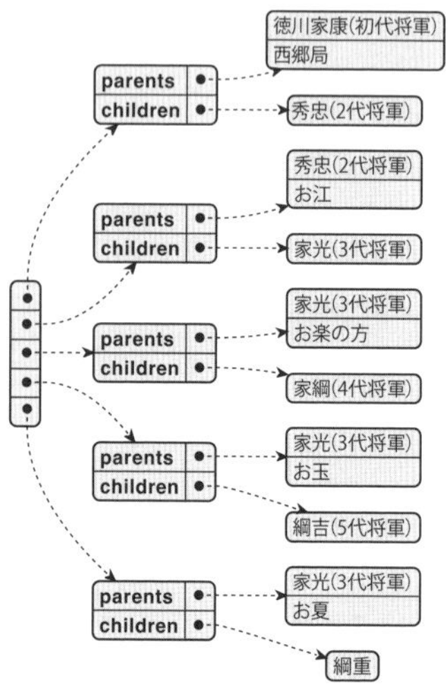

●JSONの構造を確認しよう

なお、重要なポイントとして、子を表すchildrenプロパティに登場した名前が、親を表すparentsプロパティにも登場します。例えば、先頭要素のchildrenにある「秀忠（2代将軍）」は次の要素のparentsにも登場します。このJSONデータを人間が見ても、目視で親子関係を探るのはなかなか難しいものです。しかし、Graphvizを使ってグラフを描画するのには便利な構造になっています。

手順3 グラフを描画するプログラムを作成

次に、手順2のJSONファイルを元にしてグラフを描画するプログラムを作ってみましょう。Graphvizを使って家系図を描画します。

●src/ch2/kakeizu_simple.py

```
import json, graphviz, sys

# JSONファイルを指定 --- (※1)
json_file = 'family-tokugawa.json'

# ただし引数があればそのファイルを読む --- (※2)
if len(sys.argv) >= 2:
    json_file = sys.argv[1]
with open(json_file, encoding='utf-8') as fp:
    family_data = json.load(fp)

# Graphvizの利用を開始 --- (※3)
g = graphviz.Graph('family', format='svg', filename=json_file+'_s')
g.attr(rankdir='LR') # 横向きの図にする

# 一世代ずつノードをつなげていく --- (※4)
for f in family_data:
    father = f['parents'][0] # 父
    mother = f['parents'][1] if len(f['parents']) >= 2 else '' # 母
    children = f['children'] # 子
    # 「父 → ポイント → 母」のノードを作る --- (※5)
    g.node(father, style='filled', fillcolor='#f0f0ff', shape="box")
    fa_mo = father + '_' + mother # 父と母をつなげるポイントを用意
    g.node(fa_mo, shape='point')
    g.edge(father, fa_mo, '父', dir='none')
    if mother != '': # 母が明らかであれば父とつなげる --- (※6)
        g.node(mother, style='filled', fillcolor='#fff0e0')
        g.edge(fa_mo, mother, '母', dir='none')
    # 子供たちの処理 --- (※7)
    for child in children:
        g.node(child, style='filled', fillcolor='#f0f0ff', shape="box")
        g.edge(fa_mo, child, '子', dir='forward')
# 出力と表示 --- (※8)
g.view()
```

プログラムを確認してみましょう。まず (※1) では読み込み対象の JSON ファイルを指定します。ただし、(※2) の部分でコマンドライン引数を指定することで、任意の JSON ファイルを読み込むようにしています。そして JSON ファイルを読み込みます。

(※3) では Graphviz を使ってグラフを作成するために、Graph オブジェクトを作成します。このとき、保存フォーマットやファイル名を指定します。ここで引数の保存形式（format）に SVG 画像形式を指定し、またファイル名（filename）を指定します。なお、ファイル名の拡張子は自動的に付け加えられます。

(※4) では (※2) で読み込んだデータを一世代ずつ Graphviz で描画します。描画と言っても座標計算など難しいことは Graphviz がやってくれます。基本的には、node メソッドでノード（丸や四角で囲われたもの）を作成し、edge メソッドでノードとノードの接続方法を指定します。

(※5) 以降の部分で親側の処理を行います。父親と母親と子供を結びつける結合ポイント（変数 fa_mo) を作り、父→ fa_mo、fa_mo →母と順に接続します。なお、母が不明なケースもあるので、(※6) では母を省略しても正しくプログラムが動くように配慮しています。(※7) では子供のノードを作成し、(※6) で作った接続ポイントと接続します。

そして、最後 (※8) の view メソッドででグラフ出力と表示を行います。

手順 4 プログラムを実行しよう

ターミナルでコマンドを入力して、プログラムを実行してみましょう。

```
$ python3 kakeizu_simple.py
```

すると、次のような家系図が描画され、SVG ファイルが生成されます。また SVG ファイルのビューワーを自動的に開きます。家系図ですが、家康・秀忠は順当に描画されていますが、家光には正妻のほかに複数の側室がおり、子供が 4 代と 5 代の将軍となったため、家系図が複雑になっています。

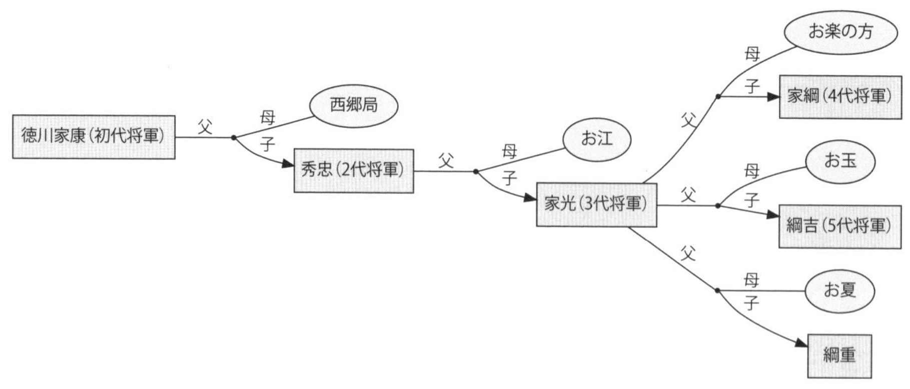

●徳川家の家系図が描画されたところ

手順 5 プログラムを改良しよう

次は、もう少し家計図っぽく、父と母を横に並べて描画してみましょう。Graphvizでは詳細な設定が可能なため凝りたくなってしまいますが、凝るとプログラムが長くなってしまうので適度に作り込んでみます。

●src/ch2/kakeizu.py

```
import json, graphviz, sys

# JSONデータを読み込む --- (※1)
json_file = 'family-tokugawa.json'
if len(sys.argv) >= 2:
    json_file = sys.argv[1]
with open(json_file, encoding='utf-8') as fp:
    family = json.load(fp)

# グラフを作成 --- (※2)
g = graphviz.Graph('family', format='svg', filename=json_file+'_out')
g.attr('node', shape='box', dir='none')
g.attr(rankdir='TB') # 上下に並べる

# 一世代ずつノードをつなげる --- (※3)
for f in family:
    # 親の処理 --- (※4)
    g.attr(rankdir='TB')
    fa = f['parents'][0]
    mo = f['parents'][1] if len(f['parents']) >= 2 else '☆'
    pp = fa + '_' + mo
    with g.subgraph() as sg:
        sg.graph_attr['rank'] = 'same'
        # 「父 → 接続ポイント → 母」のノードを作る --- (※5)
        sg.node(fa, style='filled', fillcolor='#f0f0ff')
        sg.node(mo, style='filled', fillcolor='#fff0f0')
        sg.node(pp, shape='point')
        sg.edge(fa, pp, dir='none')
        sg.edge(pp, mo, dir='none')
    # 子と親をつなげる接続ポイントの処理 --- (※6)
    if len(f['children']) > 0:
        pc = pp + '_pc'
        g.node(pc, shape='point')
        g.edge(pp, pc, dir='none')
        # 子供たちの処理 --- (※7)
        for c in f['children']:
            g.node(c)
            g.edge(pc, c, dir='none')
```

```
# 出力と表示 --- (※8)
g.view()
```

手順 3 で紹介したプログラムとほとんど同じなので簡単に解説します。(※1) では JSON ファイルを読み込みます。(※2) では Graphviz のオブジェクトを生成し初期設定を行います。

(※3) で読み出した JSON データを一世代ずつ繰り返して接続していきます。

(※4) では親の処理を記述しますが、父と母を同一線上に配置するためにサブノードを作成しています。subgraph メソッドを使って、サブグラフを作り、その中に作るノードを同じランクに設定します。そして (※5) で実際にノードとエッジを作成し接続します。

(※6) では子と親を接続する処理を記述します。ここで、子供が複数いるときにはスムーズにノードを配置するために接続ポイントを作ります。(※7) では実際にノードを作って子を接続ポイントに接続するようにします。

そして、(※8) でグラフの出力と表示を行います。

手順 6 プログラムを実行しよう

先ほどと同じように、ターミナルでコマンドを入力して、プログラムを実行してみましょう。

```
$ python3 kakeizu.py
```

すると、次のような家系図が描画されます。

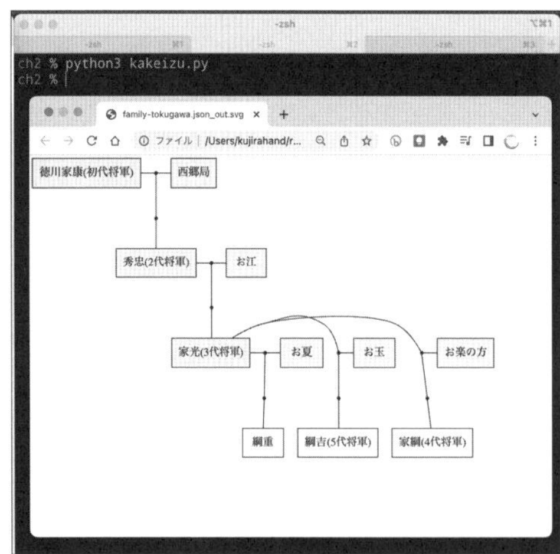

●コマンドを実行すると家系図が描画される

今回のプログラム「kakeizu.py」では、Graphviz でなるべく直線が表示されるように設定しましたので、先ほどのプログラム「kakeizu_simple.py」よりも整然とした図が出力されます。

手順 7 徳川家以外の家系図を描画しよう

また、手順 3 と手順 5 で作ったプログラム「kakeizu_simple.py」と「kakeizu.py」ですが、コマンドラインに JSON ファイルを指定することで、任意の家系図を描画できるようにしています。そこで、徳川家以外の家系図も描画してみましょう。

ここでは、徳川家と関連して、豊臣秀吉の家系図を描画してみましょう。次のような JSON ファイルを作ってみました。

●src/ch2/family-toyotomi.json

```
[
  {
    "parents": ["木下弥右衛門", "なか"],
    "children": ["豊臣秀吉", "とも"]
  },
  {
    "parents": ["豊臣秀吉", "おね(正室)"],
    "children": []
  },
  {
    "parents": ["豊臣秀吉", "茶々"],
    "children": ["豊臣鶴松", "豊臣秀頼"]
  },
  {
    "parents": ["三好良房", "とも"],
    "children": ["豊臣秀次", "豊臣秀勝", "豊臣秀保"]
  },
  {
    "parents": ["豊臣秀頼", "千姫"],
    "children": ["豊臣国松"]
  },
  {
    "parents": ["徳川秀忠", " お江"],
    "children": ["千姫"]
  }
]
```

そして、ターミナルでコマンドを実行して JSON を元にして家系図を作成しましょう。引数に JSON ファイル「family-toyotomi.json」を指定します。

```
$ python3 kakeizu.py family-toyotomi.json
```

上記のコマンドを実行してみましょう。すると次のような家系図が描画されます。

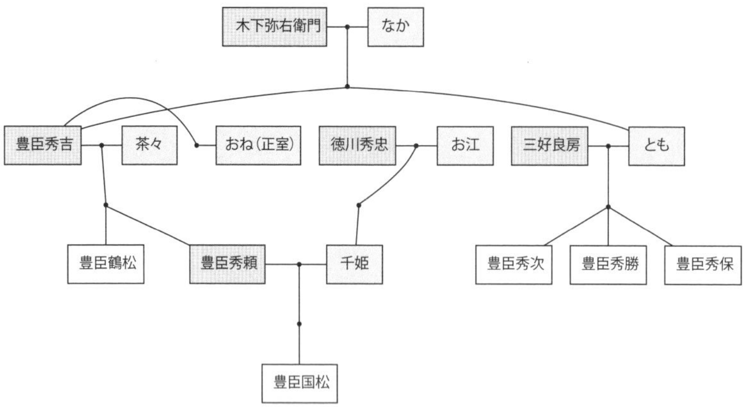

●豊臣家の家系図を描画したところ

次に、変わり種として聖書に登場するモーセの家系図も描画してみましょう。次のような JSON ファイルを作ってみました。

●src/ch2/family-moses.json

```
[
  {
    "parents": ["アムラム", "ヨケベド"],
    "children": ["アロン", "モーセ", "ミリアム"]
  },
  {
    "parents": ["モーセ", "チッポラ"],
    "children": ["ゲルショム", "エリエゼル"]
  },
  {
    "parents": ["エリエゼル"],
    "children": ["レハブヤ"]
  }
]
```

引数に上記の JSON ファイル「family-moses.json」を指定します。

```
$ python3 kakeizu.py family-moses.json
```

上記のコマンドを実行してみましょう。すると次のような家系図が描画されます。

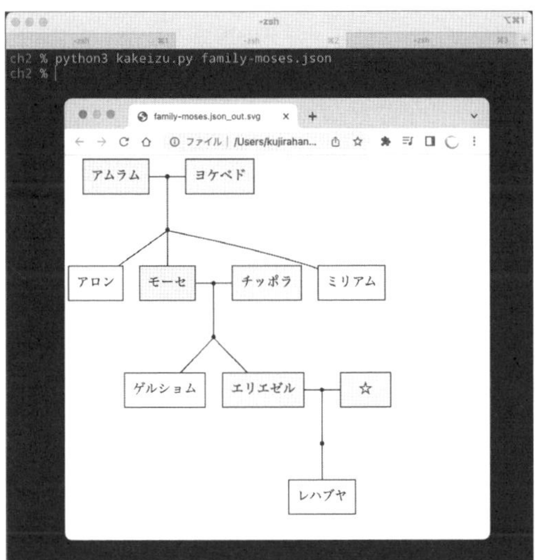

●JSON ファイルを変えることで異なる家系図も描画できる

Graphvizの使い方

それでは、簡単に Graphviz の使い方を確認してみましょう。冒頭のプログラムでも紹介していますが、Graphviz ではノードを定義し、それを接続するという仕組みでネットワーク構造のグラフを描画します。

最初に、一番簡単な、A → B、A → C という図を描画してみましょう。

●src/ch2/graphviz_abc.py

```
import json, graphviz, sys
# Graphvizの準備 --- (※1)
g = graphviz.Digraph('abc', format='svg', filename='abc')
# A,B,Cのノードを作る --- (※2)
g.node('A')
g.node('B')
g.node('C')
# ノード同士を接続する --- (※3)
g.edge('A', 'B')
g.edge('A', 'C')
# 保存して表示 --- (※4)
g.view()
```

1章 2章 3章 4章 5章 6章 7章 Appendix

プログラムを確認してみましょう。(※1) では Graphviz のオブジェクトを作成します。なお、Graph で方向のないグラフ、Digraph で方向を持つグラフを描画します。(※2) では node メソッドで A と B と C の 3 つのノードを作成します。そして、(※3) では edge メソッドで各ノードの接続を表現します。ここでは A → B、A → C を表現します。そして、(※4) の view メソッドで画像を保存して表示します。

ターミナルで以下のコマンドを実行してみましょう。

```
$ python3 graphviz_abc.py
```

すると次のような図を生成します。

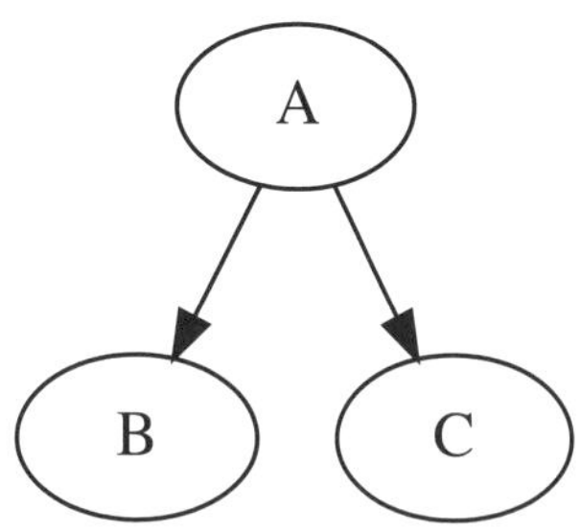

●A → B、A → C という図を描画したところ

コラム

家系図専用ツールもある

今回は、JSON と Graphviz の連携方法の例として、家系図を取り上げましたが、もっと美しい家系図を描画する専用のツールも存在しています。以下の kingraph を使うと YAML を元にして、家系図を作成します。なお、このツールも内部で Graphviz を利用しています。

URL　kingraph - 家計図作成ツール
https://github.com/rstacruz/kingraph

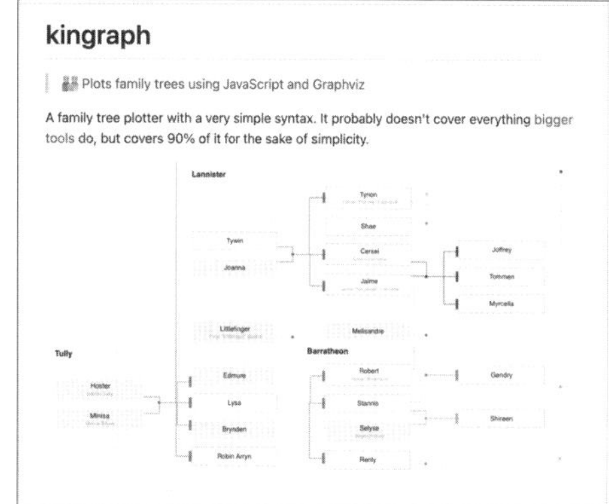

●kingraph の画面

家系図を表現するJSONデータ

家系図を表現するのに、本節で記述したデータ形式が必ずしも正解という訳ではありません。JSONデータを入れ子状に配置することによっても、直接的な親子関係が表現できます。

上記の手順 2 で作成した徳川家の家系図を表現する JSON データを変形して、次のような JSON データを作りました。

●src/ch2/family-tokugawa-kai.json

```
{
  "父": "徳川家康(初代将軍)",
  "母": "西郷局",
  "子": [
    {
      "父": "秀忠(2代将軍)",
      "母": "お江",
      "子": [
        {
          "父": "家光(3代将軍)",
          "母": [
            "お楽の方",
            "お玉",
            "お夏"
          ],
          "子": [
            "家綱(4代将軍)",
            "綱吉(5代将軍)",
            "綱重"
          ]
        }
      ]
    }
  ]
}
```

これを、PlantUML というツールでグラフ化すると次のようになります。3 代将軍である家光の子供達の母親が誰かを表現してませんが、親子関係を確認するという用途であれば十分分かりやすいものでしょう。

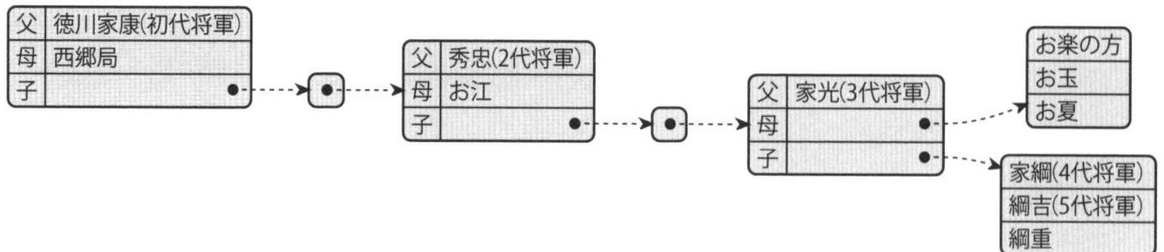

●徳川家の家系図 JSON ファイルを PlantUML でグラフ化

まとめ

本節ではJSONファイルを元にして、家系図を描画してみました。そのために、Graphvizを使いました。Graphvizを使うと複雑なグラフも手軽に描画できます。ここで紹介したプログラムを使って家系図を作れば、歴史資料の整理などに活用できるでしょう。

2章

3 JSONで記述したアイデアをマインドマップ風に描画しよう

JSON の高い表現力を活用して、マインドマップ風のグラフを表現してみましょう。引き続き前節で使った Graphviz を使って描画してみます。JSON 構造に注目して見ていきましょう。

Keyword

●ネットワーク構造　●Graphviz

この節で作るもの

●マインドマップ風グラフ

ここでは、あるテーマに関する複数のアイデアを階層構造に整理したものを JSON で表現しました。この JSON データを元にアイデアをマインドマップ風グラフで描画してみましょう。

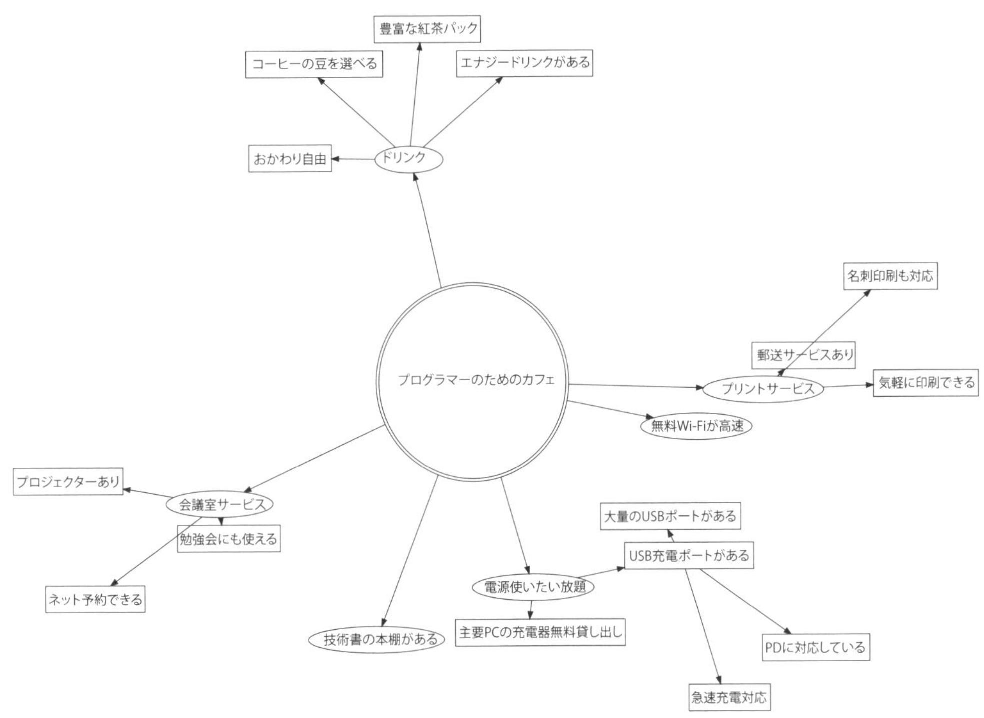

●マインドマップ風グラフを描画しよう

なお、ここでは、前節の手順を元に、Graphviz と Python 用の Graphviz パッケージをインストールしてあるものとします。

手順 1 JSON の構造を考えよう

冒頭のプログラムのように、親と子を毎回指定するオブジェクトの配列で表現する方法も良いのですが、ここでは、オブジェクトの中に子ノードを直接配置するデータ構造にしてみましょう。

具体的には、次のような JSON データを考えてみます。このデータは 1 つのオブジェクトが、「{"idea": アイデア , "children":[子アイデア 1, 子アイデア 2, ...]}」のような書式のデータです。そして、children にはアイデアからさらに分岐するアイデアを配列で指定します。

●src/ch2/mindmap-idea.json

```
{
  "idea": "中心となるアイデア",
  "children": [
      {
        "idea": "アイデア1",
        "children": [
          { "idea": "アイデア1-A" },
          { "idea": "アイデア1-B" },
          { "idea": "アイデア1-C" }
        ]
      },
      {
        "idea": "アイデア2",
        "children": [
          { "idea": "アイデア2-A" },
          { "idea": "アイデア2-B" }
        ]
      },
      {
        "idea": "アイデア3",
        "children": [
          { "idea": "アイデア3-A" },
          { "idea": "アイデア3-B" }
        ]
      }
  ]
}
```

この JSON データの構造は次のようなものです。

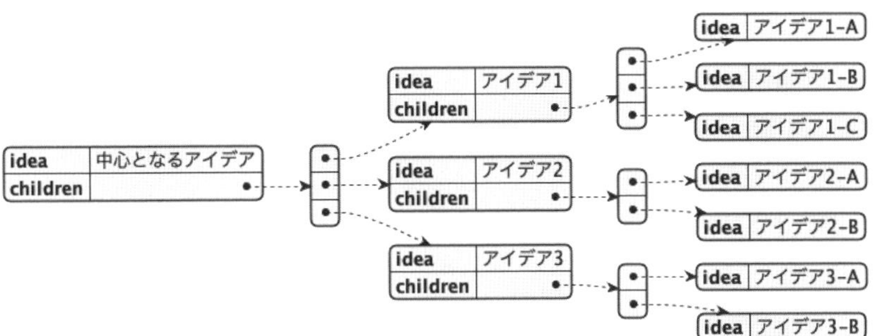

●JSONの構造をグラフで確認したところ

なお、前節で作った家系図では父と母から子供たちへとつながり、子供が父か母になり、さらにその子供に繋がっていくという構造でした。これに対して、マインドマップでは1つのアイデアから複数の子となるアイデアに分岐する構造にします。

手順 2 マインドマップ風グラフを描画するプログラム

次にGraphvizを使って図に変換するプログラムを作ってみましょう。アイデアには子（children）があり、さらにそのアイデアに子があるので、再帰的に子ノードを描画するようにしなくてはなりません。この点に注目してみましょう。

●src/ch2/mindmap_draw.py

```
import json, graphviz, sys

def main():
    # JSONファイルの読み込み --- (※1)
    json_file = 'mindmap-idea.json'
    if len(sys.argv) >= 2:
        json_file = sys.argv[1]
    with open(json_file, encoding='utf-8') as fp:
        idea = json.load(fp)
    # グラフを作成 --- (※2)
    g = graphviz.Digraph('idea', engine='fdp',
         format='svg', filename=json_file+'_out')
    #g.attr('node', fontsize="46")
    # ルートから順に描画していく --- (※3)
    draw_obj(g, '', idea, 0)
    g.view()

# 再帰的にノードを描画する関数 --- (※4)
def draw_obj(g, root, node, level):
    # ノードの形状を決定
```

1章
2章
3章
4章
5章
6章
7章
Appendix

```
    shape = 'box'
    if level == 0: shape = 'doublecircle'
    elif level == 1: shape = 'oval'
    # ノードを作成 --- (※5)
    g.node(node['idea'], shape=shape)
    if root != '': g.edge(root, node['idea'])
    # 子ノードがあれば再帰的に描画 --- (※6)
    if 'children' in node:
        for i in node['children']:
            draw_obj(g, node['idea'], i, level + 1)
main()
```

それでは、プログラムを確認してみましょう。(※1) では JSON ファイルを読み込みます。ここでも、コマンドライン引数を指定することでファイルを変更できるようにしています。

(※2) では Graphviz を使うためにオブジェクトを生成します。ここでは、engine='fdp' を指定しています。これにより力学モデルによるレイアウト配置をするようになります。そして、(※3) の部分で読み込んだ JSON データを指定して、draw_obj 関数を呼び出します。

(※4) 以降の部分で再帰的にノードを描画する draw_obj 関数を定義します。(※5) でノードを作成します。そして、関数の root 引数が空でなければ、root から指定ノードを接続します。

(※6) では、オブジェクトに子ノード（children）の要素があれば、その要素を一つずつ処理するのですが、その際、再帰的に draw_obj 関数を呼びます。このように記述することで、どれだけ子ノードが存在しても漏れなく処理できます。

手順 3 プログラムを実行

ターミナルからコマンドを入力してプログラムを実行してみましょう。

```
$ python3 mindmap_draw.py
```

上記のコマンドを実行すると以下のようなグラフを描画します。

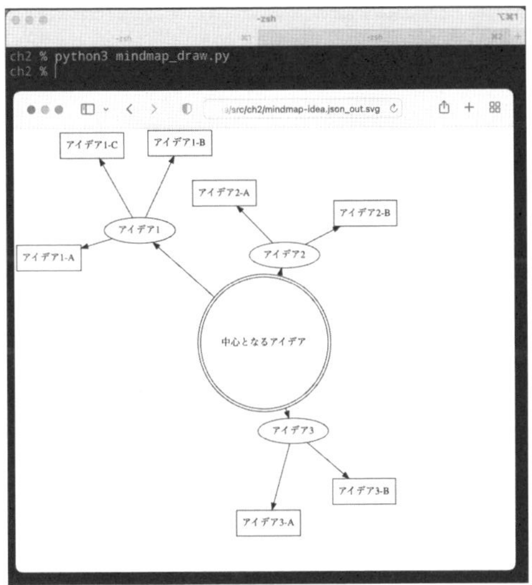

●マインドマップ風グラフを描画したところ

次の画像が描画されたSVG画像です。このように、マインドマップ風に、あるテーマについての階層構造の情報を放射線状につなげることで、全体の理解が容易になります。

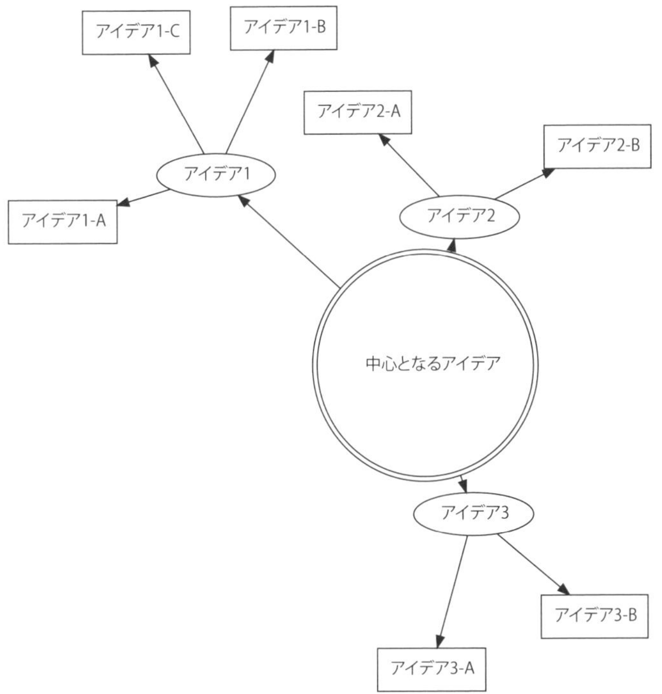

●マインドマップ風グラフを描画

手順 4　アイデアを記述した JSON ファイルを作ろう

適当なアイデアを記述した JSON ファイルを作ってみましょう。ここでは、「mindmap-idea-cafe.json」という次のような JSON ファイルをテキストエディターで作ってみました。

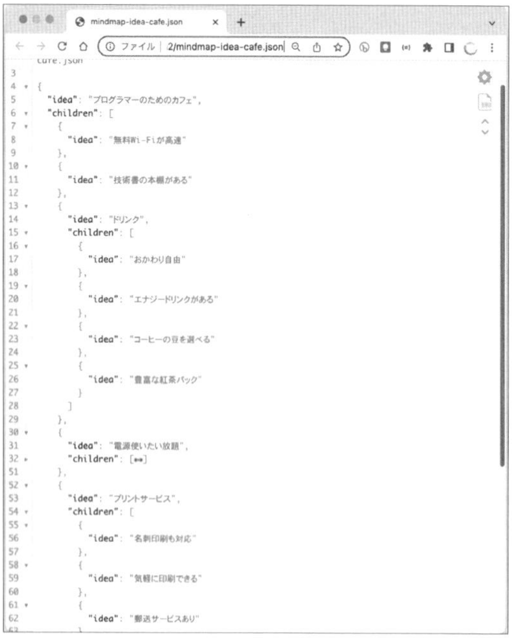

```
{
  "idea": "プログラマーのためのカフェ",
  "children": [
    {
      "idea": "無料Wi-Fiが高速"
    },
    {
      "idea": "技術書の本棚がある"
    },
    {
      "idea": "ドリンク",
      "children": [
        {
          "idea": "おかわり自由"
        },
        {
          "idea": "エナジードリンクがある"
        },
        {
          "idea": "コーヒーの豆を選べる"
        },
        {
          "idea": "豊富な紅茶パック"
        }
      ]
    },
    {
      "idea": "電源使いたい放題",
      "children": [↔]
    },
    {
      "idea": "プリントサービス",
      "children": [
        {
          "idea": "名刺印刷も対応"
        },
        {
          "idea": "気軽に印刷できる"
        },
        {
          "idea": "郵送サービスあり"
```

●適当なアイデアを記述した JSON ファイルを作ったところ

手順 5　カスタム JSON ファイルを引数にプログラムを実行しよう

引数に任意の JSON ファイルを指定することで、JSON からマインドマップ風グラフを描画できます。ここでは上記の手順 4 で作った「mindmap-idea-cafe.json」を指定して描画してみましょう。ターミナルで以下のコマンドを実行します。

```
$ python3 mindmap_draw.py mindmap-idea-cafe.json
```

すると以下のようなグラフを描画します。

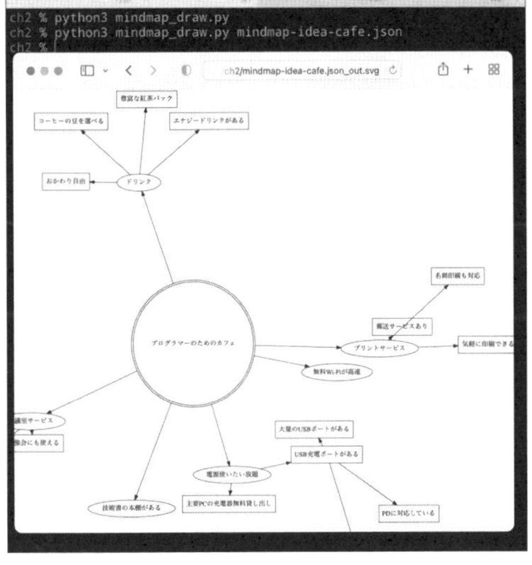

●アイデアをマインドマップ風グラフで描画

まとめ

本節ではJSONファイルを元にして、マインドマップ風グラフを描画してみました。前節の家系図とは異なる構造でJSONファイルを作ってみました。親から子へと接続するネットワーク構造の表現にもいろいろあることが分かったことでしょう。

2章

4 Excelで作ったデータをJSONファイルで出力する

多くの現場では Excel を使ってデータファイルが作成されます。そこでデータソースとして Excel ファイルを用いて、そこからデータを JSON 形式で出力する方法を紹介します。

Keyword

- CSVをJSONで出力
- ExcelをJSONで出力
- Graphviz

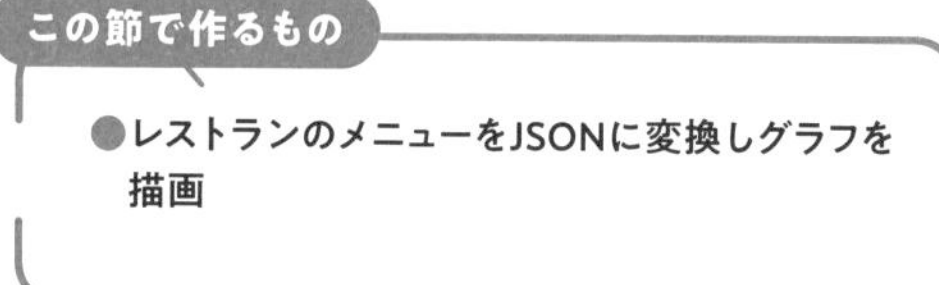

この節で作るもの

- レストランのメニューをJSONに変換しグラフを描画

レストランで販売しているメニューに関する情報を Web API として公開したいとします。Excel ファイルを元に JSON ファイルを出力するプログラムを作ります。そして、Web API では、次のような JSON ファイルを出力するようにしてみましょう。

excel-menu-norm.json

ファイル | /Users/kujirahand/repos/...


```
[
  {
    "name": "ナスとベーコンの熱々パスタセット",
    "price": 1200,
    "mtype": "本日のお勧め"
  },
  {
    "name": "絶品カニのトマトクリームパスタセット",
    "price": 1520,
    "mtype": "本日のお勧め"
  },
  {
    "name": "フライドポテト",
    "price": 300,
    "mtype": "通常"
  },
  {
    "name": "絶品ハンバーグ",
    "price": 800,
    "mtype": "通常"
  },
  {
    "name": "和風おろしハンバーグ",
    "price": 830,
    "mtype": "通常"
  },
  {
    "name": "懐かしいチーズピザ",
    "price": 700,
    "mtype": "通常"
  },
  {
    "name": "ゴロゴロじゃがいもカレー",
    "price": 950,
    "mtype": "通常"
  },
  {
    "name": "和牛の贅沢カレー",
    "price": 1300,
    "mtype": "通常"
  },
  {
    "name": "シェフ自慢のカルボナーラ",
```


●JSON ビューワーでファイルを確認したところ

また、上記の JSON ファイルを元にして次のようなネットワーク構造のグラフを描画してみましょう。

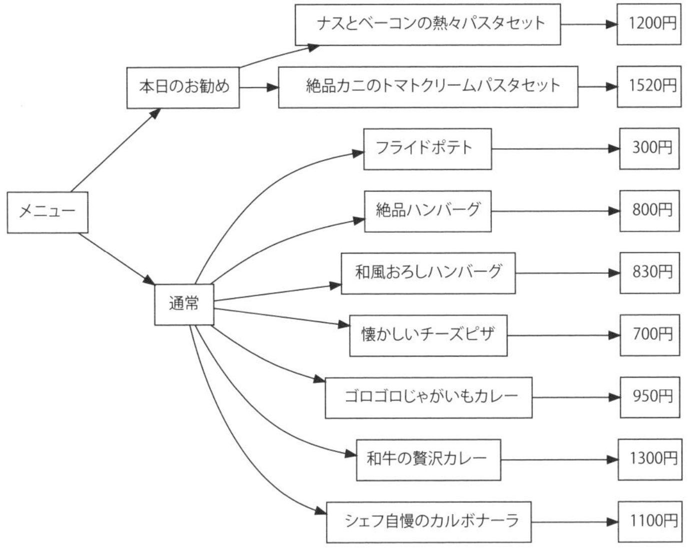

●メニューを元にグラフを描画

手順 1 Graphviz のインストール

本節でも、ネットワーク構造のグラフを作成するために前節で利用した「Graphviz」を利用します。前節（p.106）を参考にして、Python モジュールの graphviz と、Graphviz 本体をインストールしましょう。

手順 2 レストランのメニュー表を確認しよう

レストランのメニューデータは Excel で作成されているとします。ここでは、依頼主から次のような Excel ファイルが提供されたものとします。（サンプルデータに src/ch2/excel-menu.xlsx として含めています。）

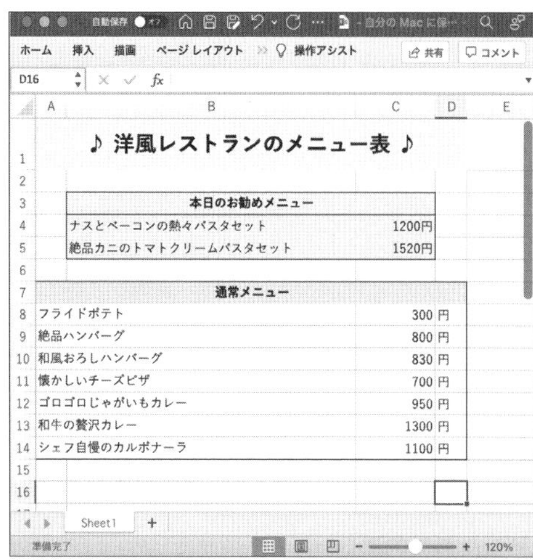

	A	B	C	D
1	♪ 洋風レストランのメニュー表 ♪			
2				
3		本日のお勧めメニュー		
4		ナスとベーコンの熱々パスタセット	1200円	
5		絶品カニのトマトクリームパスタセット	1520円	
6				
7	通常メニュー			
8	フライドポテト		300	円
9	絶品ハンバーグ		800	円
10	和風おろしハンバーグ		830	円
11	懐かしいチーズピザ		700	円
12	ゴロゴロじゃがいもカレー		950	円
13	和牛の贅沢カレー		1300	円
14	シェフ自慢のカルボナーラ		1100	円
15				
16				

●Excel で作ったメニュー表

この Excel ファイルを JSON ファイルに変換するのが最初のミッションです。この Excel ファイルのどこに何の情報が書かれているのかを確認しましょう。Excel のワークシートの上方には、「本日のお勧めメニュー」が書かれており、下方に「通常メニュー」が書かれています。まず、この Excel ワークシートからデータを抽出しようと思った場合、余分な複数のヘッダー行や装飾、セルの結合、不揃いなデータ列という点が気になることでしょう。

手順 3 レストランのメニュー Excel ファイルを整形しよう

Excel のデータを JSON に変換するのに当たって、まずは、Excel の表をプログラミングで扱い易い形式に整形することにしましょう。なお、データを一定のルールに基づいて変形し利用しやすい状態に直すことを「正規化する（normalization）」と言います。

正規化するに当たって、どのような処理が必要でしょうか。箇条書きで修正点を列挙してみましょう。

- 1 行目にあるタイトル行は不要
- 通常メニューの料金は C 列に金額、D 列に単位の円が描かれているのに、本日のお勧めメニューの料金は同じ C 列にあるものの金額と単位円が分かれていない
- 「本日のお勧めメニュー」と「通常メニュー」が存在するので、そのメニューがお勧めなのか通常なのかを表す「メニュー種別」の列をデータに追加する

これらの修正を行いましょう。そのために、1 行目を削除し、データを規則正しく並べ替えていきましょう。A 列には「商品名」、B 列には「値段」、C 列には「種別」を指定することにしました。すると次のような表になります。このような書式になっていれば、プログラマーが扱い易いデータと言えます。

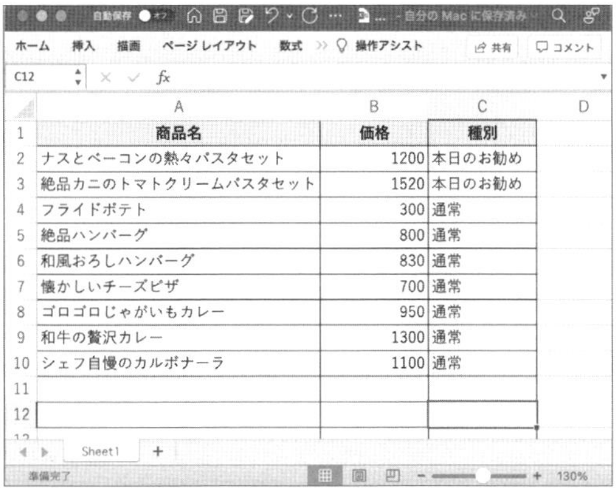

	A	B	C
1	商品名	価格	種別
2	ナスとベーコンの熱々パスタセット	1200	本日のお勧め
3	絶品カニのトマトクリームパスタセット	1520	本日のお勧め
4	フライドポテト	300	通常
5	絶品ハンバーグ	800	通常
6	和風おろしハンバーグ	830	通常
7	懐かしいチーズピザ	700	通常
8	ゴロゴロじゃがいもカレー	950	通常
9	和牛の贅沢カレー	1300	通常
10	シェフ自慢のカルボナーラ	1100	通常

●商品メニューを正規化したところ

この状態であれば、Pythonから直接Excelファイルを読むことも難しくありません。それでも、今回はより処理が容易なCSVファイルを経由してJSONファイルに変換することにしましょう。

Excelのメニューより［ファイル > 名前を付けて保存］でファイル形式に「CSV UTF-8（コンマ区切り）」を選択して、「excel-menu-norm.csv」という名前で保存します。するとカンマで区切られた以下のようなファイルが保存されます。

●src/ch2/excel-menu-norm.csv

```
商品名,価格,種別
ナスとベーコンの熱々パスタセット,1200,本日のお勧め
絶品カニのトマトクリームパスタセット,1520,本日のお勧め
フライドポテト,300,通常
絶品ハンバーグ,800,通常
和風おろしハンバーグ,830,通常
懐かしいチーズピザ,700,通常
ゴロゴロじゃがいもカレー,950,通常
和牛の贅沢カレー,1300,通常
シェフ自慢のカルボナーラ,1100,通常
```

手順 4 PythonでCSVを読んでJSONを出力しよう

それでは、CSVファイルを読み込んで、JSON形式で出力するプログラムを作りましょう。以下のプログラムは、先ほどExcelで出力した「excel-menu-norm.csv」というCSVファイルを読み込んで「excel-menu-norm.json」というJSONファイルを生成するプログラムです。

●src/ch2/menu_csv_to_json.py

```
import json, csv
infile = 'excel-menu-norm.csv'
outfile = 'excel-menu-norm.json'
# CSVファイルを読み込む --- (※1)
items = []
with open(infile, 'r', encoding='utf-8') as fp:
    reader = csv.reader(fp)
    # CSVを毎行読む --- (※2)
    for i, row in enumerate(reader):
        if i == 0: continue # ヘッダー行は飛ばす --- (※3)
        # 変数を振り分ける --- (※4)
        name, price, mtype = row
        # 辞書型でメニューを追加 --- (※5)
        items.append({
            'name': name,
            'price': int(price),
            'mtype': mtype
        })
# JSONにシリアライズ ---- (※6)
json_s = json.dumps(items, indent=4, ensure_ascii=False)
print(json_s)
# ファイルに保存 --- (※7)
with open(outfile, 'w', encoding='utf-8') as fp:
    fp.write(json_s)
```

プログラムを確認してみましょう。(※1) では CSV ファイルを読み込みます。ここでは、Python 標準の csv モジュールを使って CSV を読み込みます。

そして、(※2) 以降では一行ずつ CSV ファイルの内容を繰り返し処理します。なお、enumerate（reader）のように書くことで 0 から始まる行番号を得ることができます。つまり、この for 文では、i に行番号、row に実際の一行分の CSV データが得られます。

(※3) では、行番号を確認して先頭の 0 であれば、ヘッダーを意味する行なので読み飛ばします。(※4) では一行分のデータをそれぞれ変数 name、price、mtype に振り分けます。(※5) で変数 items に辞書型でメニューデータを追加します。

そして、(※6) で json.dumps を利用して JSON に変換して (※7) ではファイルに保存します。

手順 5 手順 4 のプログラムを実行しよう

ターミナルからプログラムを実行してみましょう。

```
$ menu_csv_to_json.py
```

すると次のようにCSVファイルを元にしてJSONファイル「excel-menu-norm.json」を出力します。

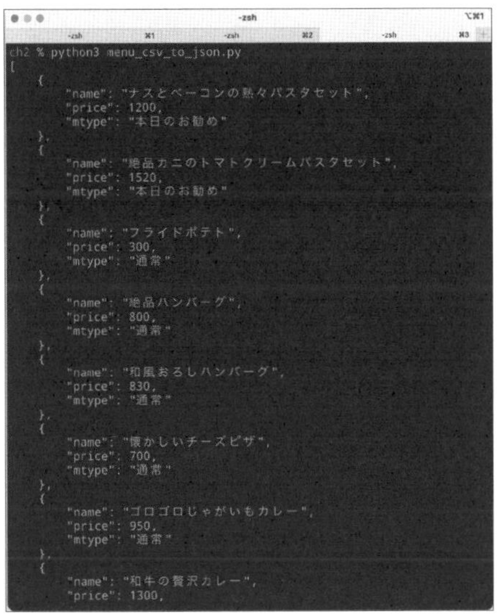

●プログラムを実行してCSVからJSONデータを生成したところ

手順 6 JSONを元にしてネットワーク構造のグラフを描画

次に、生成されたJSONを元にして、ネットワーク構造のグラフを描画しましょう。手順1でインストールしたGraphvizを利用してグラフを描画します。

●src/ch2/menu_graph.py

```
import json, graphviz
# JSONデータを読み込む --- (※1)
with open('excel-menu-norm.json', encoding='utf-8') as fp:
    menu_data = json.load(fp)
# グラフを作成 --- (※2)
g = graphviz.Digraph('G', format='svg', filename='menu_graph')
g.attr(rankdir='LR')
g.attr('node', shape='record')
g.node('メニュー')
mtype_dic = {}
# メニューを一つずつ追加していく --- (※3)
for menu in menu_data:
    # 「本日のお勧め」か「通常」を指定
    if menu['mtype'] not in mtype_dic:
        mtype_dic[menu['mtype']] = True
        g.edge('メニュー', menu['mtype'])
    # メニューを追加
```

```
    g.edge(menu['mtype'], menu['name'])
    g.edge(menu['name'], str(menu['price']) + "円")
g.view()
```

プログラムを確認してみましょう。(※1) では JSON ファイルを読み込みます。

(※2) 以降の部分でネットワーク構造のグラフを描画します。最初に Graphviz の初期設定およびルートとなる「メニュー」を追加します。Graphviz では初期設定の段階で、出力ファイル名やフォーマットを指定します。ここでは、SVG 形式でファイル名「menu_graph」というファイル（拡張子は自動的に追加される）を生成するように指定しています。

そして (※3) では for 文を使って一つずつレストランのメニューをグラフに追加していきます。Graphviz でネットワーク構造のグラフを描画する方法ですが、新規のノードを作る際には、node メソッド、そこから連なる子ノードを作るのに、edge メソッドを使います。『edge(親要素 , 子要素)』のように記述することで、手軽に子となる要素を指定できます。

手順 7 手順 6 のプログラムを実行しよう

ターミナルで次のコマンドを入力して、プログラムを実行しましょう。

```
$ python3 menu_graph.py
```

プログラムを実行すると SVG 画像が生成されます。

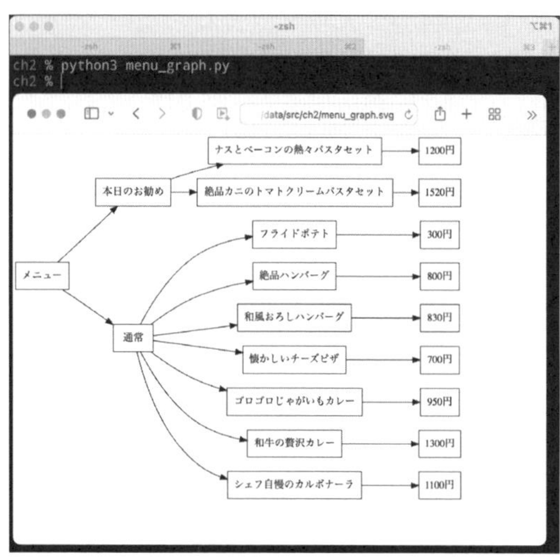

●JSON を元に SVG 画像が生成されたところ

どんな場合にExcelやCSVでどんな場合にJSONが良いのか

Web で公開されている多くのデータが Excel ファイルや CSV ファイルで提供されています。しかし、プログラマーからすると、都合が良いのは JSON 形式のデータです。どんな場合に Excel や CSV 形式のデータが好まれ、どんな場合に JSON が良いのでしょうか。

まず、データの提供側の立場で考えてみた場合、Excel ファイルや CSV ファイルでデータを提供しているのには理由があることでしょう。きっとその理由は単純で、Excel を使ってその提供ファイルを作っているからではないでしょうか。

ではなぜ、利用者側のプログラマーが JSON 形式を求めるのでしょうか。それは、Excel ファイルだから良くないのではなく、提供されるデータ自体がプログラミングで扱いづらい形式で提供されているという点にあるでしょう。

提供時 Excel 形式が望ましい状況

ここで言及する必要もなく、Excel は素晴らしいツールです。普及率も高く取引先とのやりとりで普通に使われています。最近では、Web 版の Excel もあり、少人数での共同利用も考慮されています。小規模チームでは、Excel を介して素晴らしい共同作業が行われています。

つまり、公開データが Excel ファイルで良い場合というのは、ユーザーがそのまま Excel ファイルを編集したり、Excel を使ってデータを閲覧したりすることを想定している場合です。データ提供者と利用者が Excel しか使わないことが分かっている場合、Excel 形式でデータを提供すべきです。双方が Excel を使うことが分かっているのに Excel 以外のデータ形式で提供するのは、面倒以外の何物でもないでしょう。

提供データに JSON 形式を採用するのが望ましい状況

すでに 1 章で紹介した通り、Excel 形式はバイナリーをベースとしたファイル形式です。その点だけを見てもプログラマーから扱いにくい形式と言えます。

また、Excel は非常に自由度が高い表計算ソフトです。セルの結合を使う事で、複数のセルをくっつけたり、フォントサイズを大きくすることで任意のセルを目立たせたりできます。これは、見た目の良さや印刷を想定したデータを作成するのには便利ですが、プログラミングでデータを読み取って使うことを考えていないと、いくら見た目が良かったとしても、使いにくいデータになってしまいます。

利用者にプログラマーがいることが分かっている場合、また、バッチ処理など何かしらの定型作業で利用する場合には、Excel 形式ではなく、JSON 形式を採用する方が喜ばれることでしょう。

なぜプログラマーは JSON を所望するのか

JSON 形式であれば、プログラマーがデータを取得してすぐにプログラム内でデータを処理できます。それだけでも Excel よりも JSON が好まれます。

それに加えて、JSON には、余分な装飾データや空白、不可解なセルの結合などがありません。プログラマーが Excel ファイルをダウンロードして来て、プログラムで利用する際には、大抵、不要な装飾データを削除したり、空白セルを詰めたり、余分なセルの結合を解除したりしてデータを整形する、「正規化」の必要があるのです。

そのため、もとから余分な装飾のない JSON 形式のデータであれば、もともとプログラマーが使うことを想定してデータを用意することになるのです。Excel ファイルよりも使いやすいデータとなるのですからプログラマーから歓迎されるのは当然といえます。

提供データに CSV 形式を採用するのが望ましい状況

しかし、すべての場面で JSON が歓迎されるわけではありません。経費管理などの会計データや銀行の明細、クレジットカードの明細データでは、CSV 形式が採用されています。これは、利用者の利便性のためであり、相応しい形式と言えます。なぜなら、多くの会計ソフトが CSV 形式のインポート、エクスポートに対応しているからです。

このように、データを提供する際には、ユーザーがどのような形式でデータを使うのかを、よく考える必要があります。実際、クレジットカードの明細が JSON データで提供されたとしても、あまり喜ぶユーザーはいないと思います。逆に「JSON とは何だ？」と言う問い合わせが増えてむしろ余分な労力がかかってしまうことでしょう。

また、Excel は多くの PC にインストールされており、オフィスでは欠かせないツールです。しかし、基本的に Excel はマイクロソフトが販売している有料ソフトであり、Excel を持っていない PC ユーザーもいます。そこで、いろいろな表計算ソフトをサポートしている CSV 形式を採用するのが良い場面もあります。

CSV よりも JSON で出力すると良いこと

本節冒頭のプログラムでは、Excel で作成したメニューを元にして JSON ファイルを出力する方法を紹介しました。なぜ、CSV ではなく JSON が良いのでしょうか。まず、一つ目の理由ですが、JSON が簡潔なデータフォーマットだからです。ここまで見てきたように、JSON は XML やその他の形式に比べてずっと無駄の少ないフォーマットです。

二つ目の理由ですが、JSON はデータ型が指定できることです。CSV 形式でも列ごとに整然とデータが入っていれば、プログラムから読み込んで扱いやすいのですが、残念ながら CSV 形式ではデータ型が指定できません。JSON であれば、数値と文字列を区別できます。加えて、Python で読み込んだ時、自動的に Python のデータ型に変換されるので便利です。JSON の構造が最初から Python のデータ型と 1:1 で対応しているため、ファイルを読み込んですぐにデータを処理できる点は大きいと言えます。

まとめ

本節ではよくありそうなシチュエーションとして、Excelで作られたデータを元にして、JSONファイルを出力する方法を紹介しました。ここで確認したように、Excelデータ自身が問題なのではないことも分かるでしょう。プログラマーが利用することを想定して、データを扱い易い形で作成してありさえすれば良いのです。

2章

5

描画ツールを作って画像をJSONで表現しよう

JSON は汎用的なデータフォーマットです。そのため描画ツールのデータを表現することも可能です。ここでは、描画ツールを作って画像を JSON で表現してみましょう。JSON でどのように画像を表現できるでしょうか。

Keyword

- 画像について
- Tkinter
- ラスター画像
- ビットマップ
- ベクター画像

この節で作るもの

- JSONを元に描画するお絵かきツール

本節で作成するのは、JSON でデータを保存する描画ツールです。一筆描画するたびに、自動で JSON に保存するので、再度実行した時に前回の描画が自動的に再現するようにしてみましょう。

●JSON でデータを保存する描画ツール

また、画像が JSON ファイルで描画できる特徴を利用して、簡単な座標生成ツールを作って、幾何学模様を描画してみましょう。

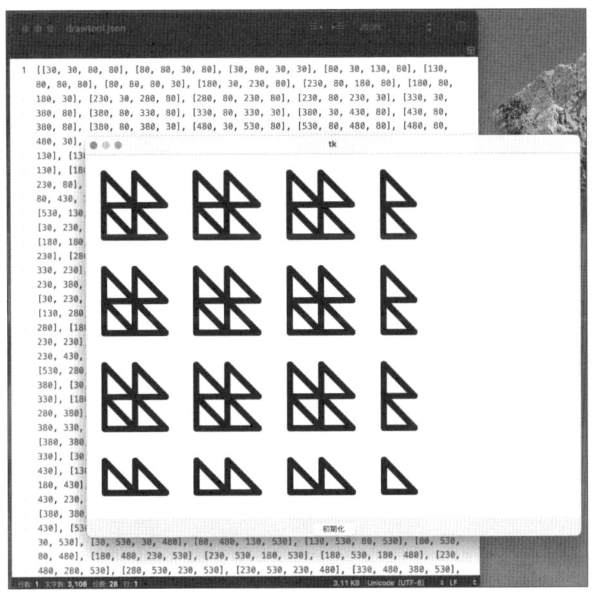

●JSON データをプログラムで生成して描画させたところ

手順 1 プログラムを作成しよう

Python をインストールすると最初から Tkinter と呼ばれる GUI ライブラリーが入っています。これは、ウィンドウやメッセージボックスが利用できるパッケージです。これを利用して JSON を出力する簡単なお絵かきツールを作成します。

●src/ch2/drawtool.py

```
import tkinter as tk, json, os
# 初期設定 --- (※1)
savefile = 'drawtool.json'
is_mouse_down = False # 描画中か判定する
pos = [0, 0] # マウスボタンを押した場所
lines = [] # 描画データ

def main():
    # ウィンドウを作成しキャンバスとボタンを作成 --- (※2)
    global canvas
    app = tk.Tk()
    canvas = tk.Canvas(app, bg='white')
    app.geometry('800x600')
    canvas.pack(fill = tk.BOTH, expand = True)
    button = tk.Button(app, text="初期化", command=clear_draw)
    button.pack()
```

```
    # マウスイベントの設定 --- (※3)
    canvas.bind('<Button-1>', mouse_down) # マウスボタンを押した時
    canvas.bind('<ButtonRelease-1>', mouse_up) # 放した時
    canvas.bind('<Motion>', mouse_move) # カーソルを動かした時
    load_file()
    draw_screen()
    app.mainloop() # --- (※4)

def load_file(): # JSONを読み込む --- (※5)
    global lines
    if not os.path.exists(savefile): return
    with open(savefile, 'r', encoding='utf-8') as fp:
        lines = json.load(fp)

def save_file(): # 描画データをJSONで保存 --- (※6)
    with open(savefile, 'w', encoding='utf-8') as fp:
        json.dump(lines, fp)

def draw_screen(): # データを元に描画 --- (※7)
    canvas.delete('all')
    for v in lines:
        canvas.create_line(v[0], v[1], v[2], v[3],
                fill='black', width=10, capstyle="round")

def mouse_down(e): # マウスボタンを押した時 --- (※8)
    global pos, is_mouse_down
    pos = [e.x, e.y]
    is_mouse_down = True

def mouse_up(e): # マウスボタンを放した時 --- (※9)
    global is_mouse_down
    mouse_move(e)
    save_file()
    is_mouse_down = False

def mouse_move(e): # カーソル移動した時 --- (※10)
    global pos
    if not is_mouse_down: return
    lines.append([pos[0], pos[1], e.x, e.y])
    pos = [e.x, e.y]
    draw_screen()

def clear_draw():
    lines.clear()
    draw_screen()

if __name__ == '__main__': main()
```

プログラムを確認してみましょう。(※1) では変数の初期化を記述しています。ここでは、保存ファイル名を指定するのが変数 savefile、マウスのボタンを押しているかどうか状態を表す変数 is_mouse_down、最初に描画の開始点を表す変数 pos、描画データを記録する変数 lines を初期化します。

(※2) ではウィンドウやキャンバス、ボタンを利用する GUI ライブラリーの Tkinter を利用してウィンドウを作成します。「tk.Tk()」で Tkinter オブジェクトを作成し、「tk.Canvas(...)」で描画用のキャンバスのウィジェットを生成します。ウィジェットは、pack メソッドでウィンドウ上に配置します。同様に「初期化」ボタンを生成するには「tk.Button(...)」のように記述し、pack メソッドで配置します。

(※3) では描画用のキャンバスに対して、bind メソッドでマウスイベントを設定します。<Button-1> でマウスの左ボタンを押した時、<ButtonRelease-1> で左ボタンを放した時、<Motion> でマウスカーソルを動かした時のイベントを設定します。

そして、Tkinter を使う時に忘れてはならないのが、ウィンドウイベントを処理する (※4) の mainloop メソッドです。Tkinter の実行モデルでは、マウスカーソルの移動やクリックなどさまざまなイベントを受け取り、それを順次処理することにより成り立っています。そのため、このメソッドを書かないと正しく動作しません。

(※5) では JSON ファイルを読み込み、(※6) では描画データを JSON で書き込みます。この部分のコードを見ると分かるとおり、ここで変数 lines の内容を読み書きしているだけです。この変数には、描画データが入っています。

描画データを元に画面に描画を行うのが (※7) の draw_screen 関数です。画面の描画では、キャンバス上の描画データを一度全て削除した上で、全ての描画データに対して create_line メソッドで描画します。

(※8) ではマウスボタンを押した時の処理を記述します。ポイントとなるのは、線の起点となる座標を変数 pos に記録することと、マウスボタンが押された状態になっていることを表す変数 is_mouse_down を True に設定することです。

(※9) ではマウスボタンを放した時の処理を記述します。ここでは、ファイルに描画データを保存し、マウスボタンの状態を表す、is_mouse_down を False に設定します。

なお、Python では関数内で記述する変数代入はローカル変数の生成となります。そのため、プログラム全体で使いたい変数 pos や is_mouse_down は、global を指定してグローバル変数にします。

(※10) ではマウスカーソルを動かした時の処理を記述します、描画データである lines は 4 つの座標データのリストとなっています。つまり、線を描画する座標（x1, y1, x2, y2）のリストです。

手順 2 プログラムを実行しよう

プログラムを確認したら、実行してみましょう。ターミナルで実行する場合には、次のコマンドを実行します。

```
$ python3 drawtool.py
```

あるいは、Python をインストールした時に一緒にインストールされる IDLE（Python シェル）からプログラムを実行してみましょう。

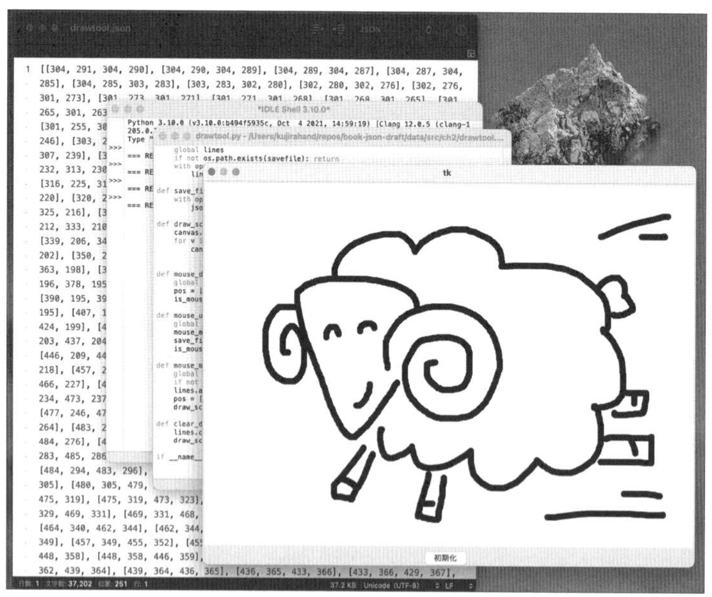

●IDLE から描画ツールのプログラムを実行したところ

コラム

非推奨の警告が出て正しく描画されない場合

Python でプログラムを実行した際、「DEPRECATION WARNING: The system version of Tk is deprecated and may be removed in a future release.（非推奨の警告：その Tk のバージョンは非推奨であり、将来のリリースで削除される可能性があります）」と表示される場合があります。

また、ウィンドウ自体は表示されるものの、真っ黒になり動作がおかしい場合があります。多くの場合、Python の Tkinter と、ライブラリーの Tk のバージョンが一致しないことが原因です。最新の Tk をインストールすることで解決します。

ちなみに、最近の Python3 のインストーラーでは、Python 本体に加えて正しく動作する Tk ライブラリーも同梱しています。そのため、問題があると感じる場合、Windows や macOS のインストーラーを使って Python3 をインストールし、それを使って実行してみてください。

Python 同梱の IDLE（Python シェル）は、Tkinter を利用して作成されているため IDLE が正しく動くかどうか、また、正しく動く IDLE を使って今回のプログラムを実行してみると良いでしょう。

手順 3 生成した JSON データを確認してみよう

手順 2 でプログラムを実行し、適当に描画をすると、JSON ファイル「drawtool.json」が生成されます。これが、描画データです。ブラウザーの JSON Viewer で確認してみましょう。

drawtool.json
ファイル 'src/ch2/drawtool.json
[
  [
    304,
    291,
    304,
    290
  ],
  [
    304,
    290,
    304,
    289
  ],
  [
    304,
    289,
    304,
    287
  ],
  [
    304,
    287,
    304,
    285
  ],
  [
    304,
    285,
    303,
    283
  ],
  [
    303,

●描画データの JSON

これは、キャンバス上の 2 点の座標を表す 4 つの値の配列が記録されているだけのデータです。詳しくは、手順 1 のプログラム「drawtool.py」の (※7) の部分を確認してみてください。

手順 4 幾何学模様を描画するプログラムを作ろう

上記の描画データは、この JSON ファイルから画像を描画するものなので、独自形式ではありますが、「画像フォーマットの一つである」と言うことができます。データの書式だけを記述するなら次のようになるでしょう。

```
[
    [x1, y1, x2, y2],
    [x1, y1, x2, y2],
    [x1, y1, x2, y2],
    ...
]
```

そうであれば、簡単なプログラムでこの形式の JSON データを生成してみましょう。ここでは、たくさんの三角形を描画する幾何学模様をプログラムで生成してみましょう。

●src/ch2/draw_pattern.py

```
import json
lines = []
# y方向、x方向の二重ループを利用して座標を生成する --- (※1)
for y in range(10):
    if y % 3 == 2: continue
    for x in range(10):
        if x % 3 == 2: continue
        # 起点を計算 --- (※2)
        x1 = x * 50 + 30
        y1 = y * 50 + 30
        x2 = x1 + 50
        y2 = y1 + 50
        # 三角形を描画する --- (※3)
        lines.append([x1, y1, x2, y2])
        lines.append([x2, y2, x1, y2])
        lines.append([x1, y2, x1, y1])
# ファイルへJSONを保存 --- (※4)
with open('drawtool.json', 'w') as fp:
    json.dump(lines, fp)
```

プログラムを確認してみましょう。(※1) では y 方向と x 方向の二重に for 構文を記述し、繰り返し座標生成を行うようにします。(※2) では起点となる 2 点の座標を計算します。(※3) では計算した座標を元に直角三角形を描画します。そして、最後 (※4) でファイルに保存します。

手順 5 幾何学模様を描画してみよう

ターミナルから手順 4 で作ったプログラムを実行してみましょう。実行するとファイル「drawtool.json」にファイルを保存します。

```
$ python3 draw_pattern.py
```

続いて、手順 1 で作成した描画プログラム「drawtool.py」を手順 2 と同様の方法で実行してみましょう。すると、たくさんの三角形が表示されます。

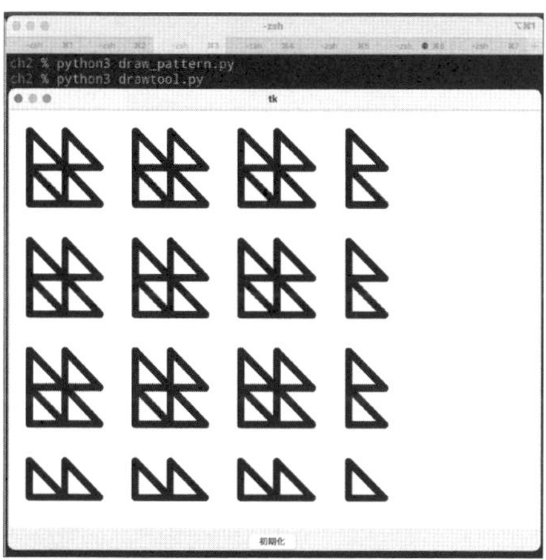

●幾何学模様が描画されたところ

画像フォーマットについて - ラスターとベクター画像について

画像フォーマットには大きく分けて「ラスター画像」と「ベクター画像」の 2 種類があります。それぞれに長所と短所がありますので、この違いについて簡単に解説します。

ラスター画像は、ピクセルデータの集合からできています。写真など複雑な画像表現に向いています。しかし、画像を拡大していくとギザギザになったり、ぼやけたりしてしまうというデメリットがあります。解像度が高いほど（ピクセル数が大きくなるほど）精密な画像の表現が可能です。ラスター画像は「ビットマップ」とも呼ばれます。JPEG/GIF/PNG/BMP などの画像形式がラスター方式を採用しています。

これに対してベクター画像とは、座標の集合からできています。座標の集合であるため、拡大縮小に強く、いくら拡大してもギザギザになったり、ぼやけたりすることはありません。イラストやパンフレット、図形の描画に強いのがメリットです。Adobe Illustrator の AI 形式、SVG などの画像形式がベクター方式を採用しています。

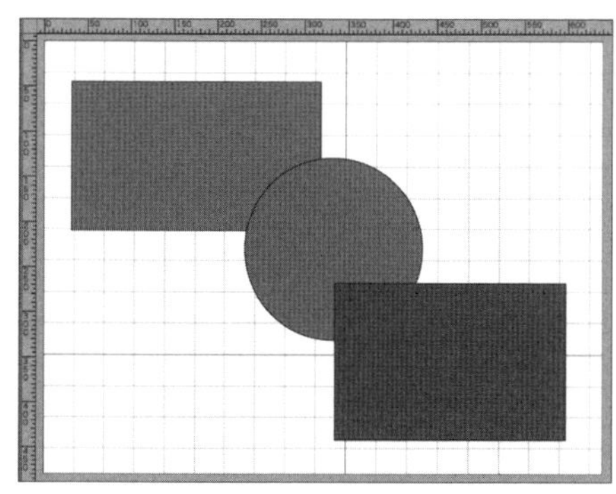

●例えばこの画像

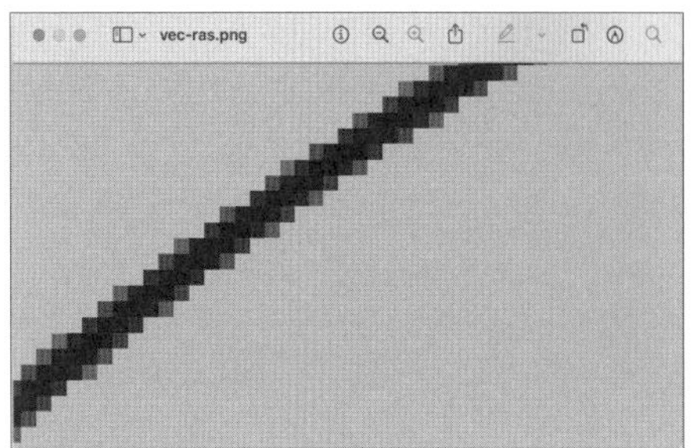

●ラスター画像（PNG 形式で保存した場合）は拡大するとギザギザになる

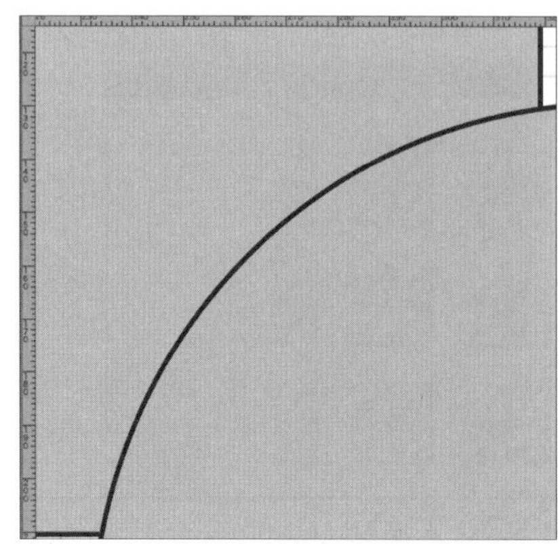

●ベクター画像（SVG 形式で保存した場合）は拡大縮小に強い

独自画像フォーマットを作成しよう

本節の冒頭で作成した描画ツール「drawtool.py」が作成する JSON ファイルは、座標データを記録しただけの形式です。座標データから画像を描画するので、ベクター画像と言えるでしょう。

ただし、今回作った画像形式は黒一色であり、線を描画することしかできませんでした。それでは、長方形を描画したり、塗りつぶしたり、テキストを描画できるようにしたりと、もう少し機能を追加したい場合、どうしたら良いでしょうか。

その場合、描画データを拡張すると良いでしょう。例えば、次のようなデータに改良するのはどうでしょうか。線の描画と長方形（矩形）を描画できる JSON フォーマットを考えてみました。JSON ファイルではあるのですが、せっかくなので「linerect」形式と名付けて、拡張子を「.linerect」としましょう。

```
[書式] 図形を描画するlinerect形式のデータ
[
    {
        "type": "line", // 線を描画する
        "xy": [10, 10, 100, 100], // 座標
         "color": "red", // 色
         "width": 5 // 線の太さ
    },
    {
        "type": "rect", // 長方形を描画する
        "xy": [10, 10, 100, 100], // 座標
        "fill": "red", // 塗りつぶす色
        "border": "black", // 枠線の色
        "width": 3 // 線の太さ
    }
```

```
    …
]
```

それでは、このlinerect形式の画像ファイルを描画するツールを作ってみましょう。

linerect形式を描画するツール

独自の画像形式「linerect」を描画するツールを作成しましょう。とは言っても、先ほどの「drawtool.py」をちょっと改変するだけです。次のようなプログラムを作ることができるでしょう。

●src/ch2/draw_linerect.py

```
import tkinter as tk, json, os, sys

def main():
    # 読み込むファイルを調べる --- (※1)
    if len(sys.argv) <= 1:
        print("[USAGE] python3 draw_linerect.py (file)")
        quit()
    filename = sys.argv[1]
    # ウィンドウを作成 --- (※2)
    global canvas
    app = tk.Tk()
    canvas = tk.Canvas(app, bg='white')
    app.geometry('800x600')
    canvas.pack(fill = tk.BOTH, expand = True)
    # データファイルを読む --- (※3)
    with open(filename, 'r', encoding='utf-8') as fp:
        data = json.load(fp)
    # 読み込んだ画像を描画 --- (※4)
    draw_screen(data)
    app.mainloop()

def draw_screen(data):
    # データを元に描画 --- (※5)
    for v in data:
        # 直線か --- (※6)
        if v['type'] == 'line':
            xy = v['xy']
            canvas.create_line(xy[0], xy[1], xy[2], xy[3],
                fill=v['color'], width=v['width'], capstyle='round')
        # 長方形(矩形)か --- (※7)
        if v['type'] == 'rect':
            xy = v['xy']
            canvas.create_rectangle(xy[0], xy[1], xy[2], xy[3],
                fill=v['fill'], width=v['width'],
```

```
                outline=v['border'])

if __name__ == '__main__': main()
```

プログラムを見てみましょう。(※1) ではコマンドライン引数を確認して、描画する linerect 形式のファイルを確認します。(※2) では図形を描画するウィンドウを作成します。(※3) では JSON ファイルを読み込みます。(※4) では読み込んだ図形を描画します。

そして、このプログラムのポイントは、描画データを元に図形を描画する (※5) の部分です。それでも、このデータは描画指示が配列に入っているだけなので、for 文でリストの中身を描画するだけです。(※6) では type が line のとき、create_line メソッドで直線を描画します。そして、(※7) では type が rect のとき、長方形を描画します。

IDLE から実行する場合には、(※1) のコマンドライン引数を確認する部分を削除して「filename='test.linerect'」と置換すると良いでしょう。

linerect を描画してみよう

ここでは、以下のように線を 2 本、長方形を 1 個描画する linerect 形式の画像データを作りました。

●src/ch2/test.linerect

```
[
    {
        "type": "line",
        "xy": [10, 10, 400, 200],
        "color": "blue",
        "width": 5
    },
    {
        "type": "line",
        "xy": [10, 10, 400, 400],
        "color": "red",
        "width": 5
    },
    {
        "type": "rect",
        "xy": [400, 200, 700, 400],
        "fill": "orange",
        "border": "green",
        "width": 5
    }
]
```

プログラムでこのデータを描画してみましょう。ターミナルでコマンドを入力しましょう。

```
$ python3 draw_linerect.py test.linerect
```

すると、次のような図形が描画されます。それほど、実用性はありませんが、いろいろなデータファイルを実際に作って描画してみると良いでしょう。

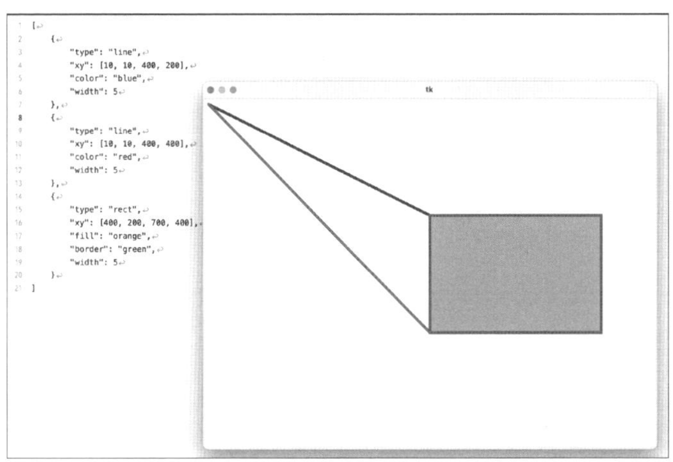

●独自形式の linerect ファイルを読み込んで画像を描画したところ

コラム

SVG について

Web ブラウザーでも表示可能な SVG 形式の画像は、ここで作った linerect と似た形式であり、図形をどのように描画するのか描画コマンドを一つずつ指定する形式となっています。ただし、SVG は JSON ではなく XML をベースにしています。SVG も仕様がオープンなので、仕様書を眺めてみると楽しいでしょう。

URL　SVG 1.1 の仕様書
https://www.w3.org/TR/SVG11/

まとめ

ここでは JSON を元にして、画像を描画する方法を紹介しました。意外にも簡単にベクター画像を描画できることが分かりました。なお、SVG は XML をベースにした画像形式ですが、XML と同等の構造化が可能な JSON でも同様の機能を実現できることを確かめることができました。

2章

6

Web掲示板のデータをJSONで保存しよう

Web 掲示板を作り、そのデータを JSON で保存してみましょう。掲示板の開発はWeb 開発の中では最も基本的なものです。Python で Web アプリ開発の基礎を確認しましょう。

Keyword

●Web掲示板　●Flask
●Webアプリケーション

この節で作るもの

●JSONでログを保存するWeb掲示板

Web アプリ開発の基本を確認できる Web 掲示板を作ってみましょう。掲示板に書き込まれたメッセージは JSON 形式で保存します。

●JSON でログを保存する掲示板を作ってみよう

手順 1 Flask をインストール

Web アプリを開発しようと思った場合、「Web フレームワーク（Web Framework）」と呼ばれるライブラリーを使うのが一般的です。フレームワークとは Web 開発で必要なさまざまな処理をまとめたライブラリーのことです。Python 用の Web フレームワークには「Flask」や「Django」などがあります。

ここでは、軽量で使い勝手の良い「Flask」を使って掲示板を作ってみます。ターミナルで以下のコマンドを入力して、Flask をインストールしましょう。

```
$ python3 -m pip install flask
```

なお、Flaskは開発用のWebサーバーも備えており、このパッケージを一つインストールすれば基本的なWebアプリ開発の環境が整うので便利です。

手順 2 掲示板のプログラムを作ろう

それでは、さっそく掲示板のプログラムを作ってみましょう。次のプログラムが掲示板のプログラムです。

●src/ch2/bbs.py

```
from flask import Flask, request, redirect
import json, os, time, html
from datetime import datetime
# 初期設定  --- (※1)
logfile = 'bbs_log.json' # 保存先のファイルを指定
logdata = {'lastid': 0, 'logs': []}
app = Flask(__name__) # Flaskを生成

# ルートにアクセスした時に実行する処理を指定 --- (※2)
@app.route('/')
def index():
    return make_top_page_html()

# フォームから投稿した時 --- (※3)
@app.route('/write')
def form_write():
    # 投稿されたデータを取得する --- (※4)
    name = request.args.get('name', '')
    msg = request.args.get('msg', '')
    # パラメーターのチェック --- (※5)
    if name == '' or msg == '': return 'パラメーターの指定エラー'
    # データを保存 --- (※6)
    append_log({'name': name, 'msg': msg, 'time': time.time()})
    return redirect('/') # トップページに移動

# JSONファイルを読み込む --- (※7)
def load_log():
    global logdata
    if os.path.exists(logfile):
        with open(logfile, encoding='utf-8') as fp:
            logdata = json.load(fp)
```

```
# JSONファイルにデータを追記する --- (※8)
def append_log(record):
    logdata['lastid'] += 1
    record['id'] = logdata['lastid']
    logdata['logs'].append(record) # データを追記
    with open(logfile, 'w', encoding='utf-8') as fp:
        json.dump(logdata, fp) # ファイルに書き込む

def make_logs():
    # 書き込まれたログを元にしてHTMLを生成して返す --- (※9)
    s = ''
    for log in reversed(logdata['logs']):
        name = html.escape(log['name']) # 名前をHTMLに変換 --- (※10)
        msg = html.escape(log['msg']) # メッセージをHTMLに変換
        t = datetime.fromtimestamp(log['time']).strftime('%m/%d %H:%M')
        s += '''
        <div class="box">
            <div class="has-text-info">({}) {} さん</div>
            <div>{}</div>
            <div class="has-text-right is-size-7">{}</div>
        </div>
        '''.format(log['id'], name, msg, t)
    return s

def make_top_page_html():
    # 掲示板のメインページを生成して返す --- (※11)
    return '''
    <!DOCTYPE html><html><head><meta charset="UTF-8">
    <title>掲示板</title>
    <link rel="stylesheet"
     href="https://cdn.jsdelivr.net/npm/bulma@0.9.4/css/bulma.min.css">
    </head><body>
    <!-- タイトル -->
    <div class="hero is-dark"><div class="hero-body">
        <h1 class="title">掲示板</h1>
    </div></div>
    <!-- 書き込みフォーム -->
    <form class="box" action="/write" method="GET">
    <div class="field">
        <label class="label">お名前:</label>
        <div class="controll">
            <input class="input" type="text" name="name" value="名無し">
        </div>
    </div>
    <div class="field">
        <label class="label">メッセージ:</label>
        <div class="controll">
```

```
            <input class="input" type="text" name="msg">
        </div>
    </div>
    <div class="field">
        <div class="controll">
            <input class="button is-primary" type="submit" value="投稿">
        </div>
    </div>
    </form>
    ''' + make_logs() + '''</body></html>'''

if __name__ == '__main__': # Webサーバーを起動 --- (※12)
    load_log() # ログデータを読み込む
    app.run('127.0.0.1', 8888, debug=True)
```

プログラムを確認してみましょう。(※1) では初期設定を記述します。ここでは保存先のファイル名を指定し Flask のオブジェクトを作成します。

続くプログラムの中に見慣れない記述があるのではないでしょうか。(※2) と (※3) に注目してみましょう。「@app.route(...)」のような記述があります。これは、デコレーターと呼ばれる Python の構文です。デコレーターとは関数を受け取り関数に加工をして返すことのできる機能です。

(※2) では「@app.route('/')」とデコレーターを書きました。このようにして書くと、その直後にある index という関数と URL の「/」を結びつけます。つまり、ブラウザーで「http:// アドレス /」にアクセスした時にこの関数が実行されます。

同様に (※3) で「@app.route('/write')」と書くことにより URL の「/write」と直後の関数 form_write を結びつけます。これにより「http:// アドレス /write」にアクセスした時に、関数 form_write を実行します。

このように、Flask ではこのデコレーターの仕組みを利用することで、指定 URL へのアクセスと実行したい処理（関数）を結びつけることができます。URL と関数が対になるのでとても管理がしやすいのです。

(※2) の関数 index では書き込みデータや書き込みフォームなどの HTML を動的に生成して戻り値として返します。Flask では関数の戻り値を HTML の出力として返す仕組みとなっています。

(※3) では HTML フォームから書き込みがあったときの処理を記述します。(※11) で記述した HTML の投稿フォームは、GET メソッドでデータを送信します。そのため、「request.args.get(パラメーター名)」のように指定して GET メソッドで送信されたデータを受け取ります。(※4) では名前（name）とメッセージ（msg）のパラメーターを取り出します。

(※5) では正しくパラメーターが取得できたかを検証します。もし、パラメーターが空ならばエラーを表示します。問題なければ (※6) でデータを保存します。そして、トップページにリダイレクト（移動）するように指定します。

(※7) では JSON ファイルを読み込む処理を、(※8) では JSON ファイルを保存する処理を記述します。なお、投稿を区別するため、メッセージに連番の ID を割り振ります。そのために、logdata['lastid'] の値を加算し、その値を ID として記録します。

(※9) では書き込まれたログデータを元にして、HTML を生成します。掲示板のような Web アプリでは、データを元にして HTML の文字列を生成するのが主要な処理の一つです。そのため、Web アプリの開発者は HTML や CSS の仕組みに通じている必要があります。

(※10) では html.escape メソッドを利用して、文字列を HTML に変換します。なぜ変換作業が必要なのかと言うと、名前やメッセージの中に、"<" や ">" など HTML のタグを表す文字を含んでいた場合、それ以降、HTML のレイアウトが崩れてしまうからです。この点についてはコラムでも紹介します。

(※11) では HTML を生成して返します。その際、(※9) でログデータを HTML に変換する make_logs 関数の結果を HTML に埋め込んで返します。

最後の (※12) では、ログデータを読み込み Flask のサーバーを起動します。ここでは、起動 URL とポート番号を指定します。このように「127.0.0.1」を指定すると、サーバーを起動した PC からのみアクセスできます。もし LAN 内のほかの端末からもアクセスできるようにしたい場合に「0.0.0.0」を指定します。

手順 3 掲示板を実行してブラウザーでアクセスしよう

それでは、上記の掲示板のプログラムを実行してみましょう。ターミナルで次のコマンドを実行しましょう。

```
$ python3 bbs.py
```

ターミナルの画面にサーバーの URL「http://127.0.0.1:8888」が表示されます。ここでブラウザーを起動し、アドレスバーにこの URL を入力しましょう。

●掲示板を実行してブラウザーでアクセスしたところ

掲示板が起動したら、メッセージを入力して「投稿」ボタンを押しましょう。するとメッセージが掲示板に書き込まれ、書き込んだ内容が画面に表示されます。

手順 4 保存されたJSONデータを確認しよう

掲示板のデータはJSON形式でファイル「bbs_log.json」に保存されます。このデータをJSON Viewerで確認してみましょう。

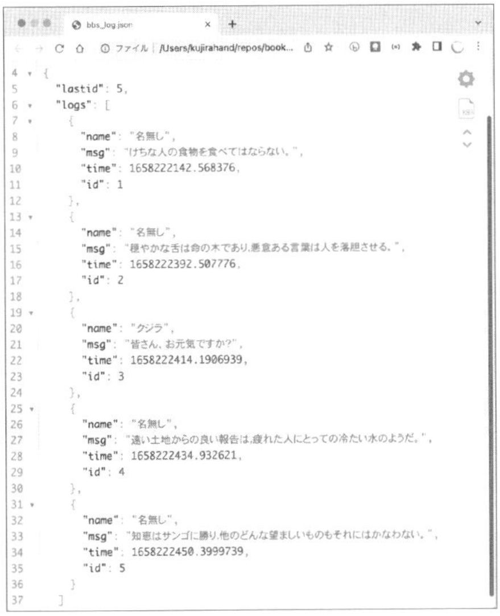

```
bbs_log.json
ファイル | /Users/kujirahand/repos/book...
{
  "lastid": 5,
  "logs": [
    {
      "name": "名無し",
      "msg": "けちな人の食物を食べてはならない。",
      "time": 1658222142.568376,
      "id": 1
    },
    {
      "name": "名無し",
      "msg": "穏やかな舌は命の木であり,悪意ある言葉は人を落胆させる。",
      "time": 1658222392.507776,
      "id": 2
    },
    {
      "name": "クジラ",
      "msg": "皆さん、お元気ですか?",
      "time": 1658222414.1906939,
      "id": 3
    },
    {
      "name": "名無し",
      "msg": "遠い土地からの良い報告は,疲れた人にとっての冷たい水のようだ。",
      "time": 1658222434.932621,
      "id": 4
    },
    {
      "name": "名無し",
      "msg": "知恵はサンゴに勝り,他のどんな望ましいものもそれにはかなわない。",
      "time": 1658222450.3999739,
      "id": 5
    }
  ]
```

●掲示板のログをJSON Viewerで確認しているところ

このJSONデータは基本的にオブジェクト型（Pythonの辞書型）です。オブジェクトの「lastid」に最後に割り振ったIDが指定されており、「logs」に投稿したメッセージが配列で指定されています。これまでは、JSONデータのルートが配列であることが多かったと思いますが、このように、JSONのオブジェクトをそのまま保存する構造にすることで、さまざまな付加データも一緒に保存できます。

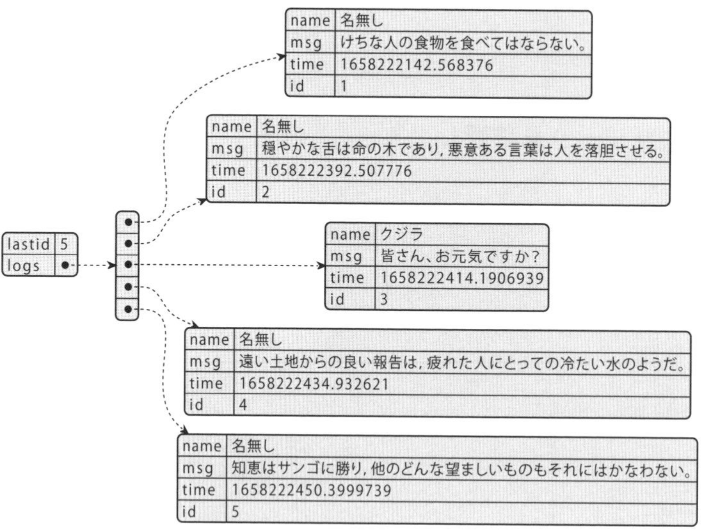

●JSON の構造をグラフで確認したところ

Webアプリケーションの仕組み

Web アプリケーションとは、Web 上で動作するアプリケーションです。Web アプリケーションは、「クライアントサーバーモデル（client-server model）」の構成となっています。

このモデルでは、アプリケーションの機能を「サーバー」と「クライアント」に分離します。そして、それらがネットワーク越しに通信することで成り立っています。次の図にあるように、複数のクライアントがサーバーにアクセスします。

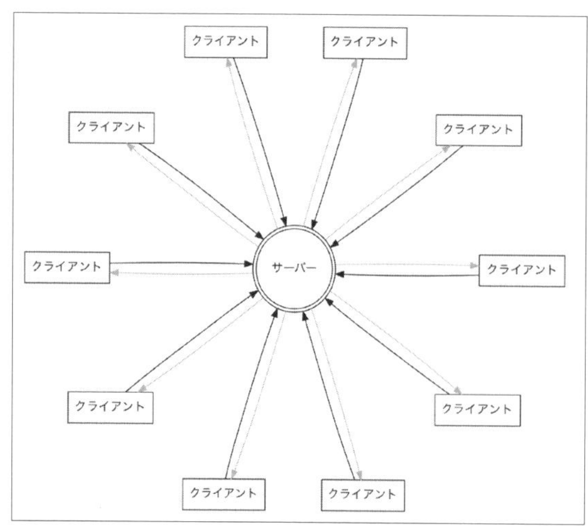

●クライアントサーバーモデル

この時、一般的に「サーバー」は、機能や情報などのサービスを提供します。そして、「クライアント」は、サーバーに接続してサーバーが提供する情報やサービスを受け取ります。

Webアプリケーションにおける「サーバー」とはWebサーバーのことで、「クライアント」とはWebブラウザーになります。Webの仕組みは「HTTP（HyperText Transfer Protocol）」というプロトコル（通信規約）の上に成り立っています。HTTPもRFCで規格化されています。HTTP/1.1の仕様は、RFC 7230／7231／7232／7233／7234／7235で定義されています。

HTTP通信の大きな流れは、次の2ステップで成り立っています。

(1) ブラウザー（クライアント）がサーバーに対して「要求（リクエスト）」を送信
(2) サーバーは要求に応じた情報を「応答（レスポンス）」として返信

Webアプリケーションもこの枠組みの中で動作します。つまり、要求に対して応答を返すという単純なHTTP通信の上に成り立っているのです。

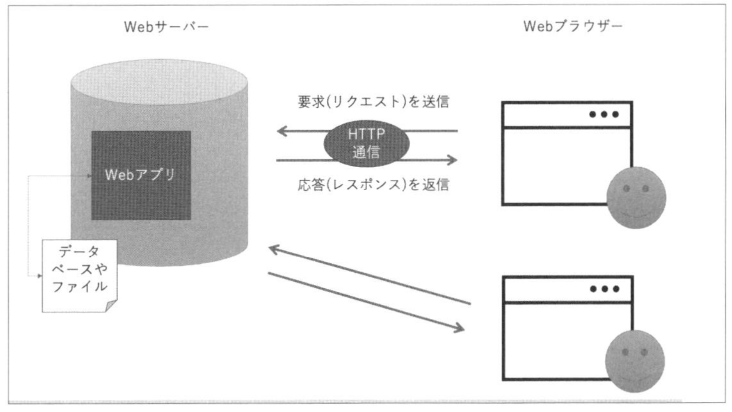

●Webアプリケーションの仕組み

掲示板アプリを通してHTTP通信を考察

本節で作った掲示板「bbs.py」のWebアプリを例に取って、HTTP通信を考察してみましょう。やはり、掲示板の場合もブラウザー（クライアント）からサーバーに要求を送信し、サーバーがそれに対して応答を返すという仕組みです。

ブラウザーからサーバーのルート「/」にアクセスした時には、掲示板のログや書き込みフォームを含むHTMLを応答として返します。

ユーザーがブラウザーの書き込みフォームにメッセージを書き込んで送信します。プログラムの(※11)を見ると分かるのですが、書き込みフォームの<form>タグには「action="/write"」という属性が記述されています。これは、サーバーの「/write」に対してメッセージを送信するという意味です。つまり、ブラウザーはサーバーに対して「/write」に対して要求を送信します。これに対してサーバーではメッセージをログに保存して、「/」へアクセスするようにというリダイレクト指示を応答として返信します。

　このように、サーバーに要求を送信するとブラウザーへ応答を返すという HTTP の仕組みに則って掲示板アプリが動作します。

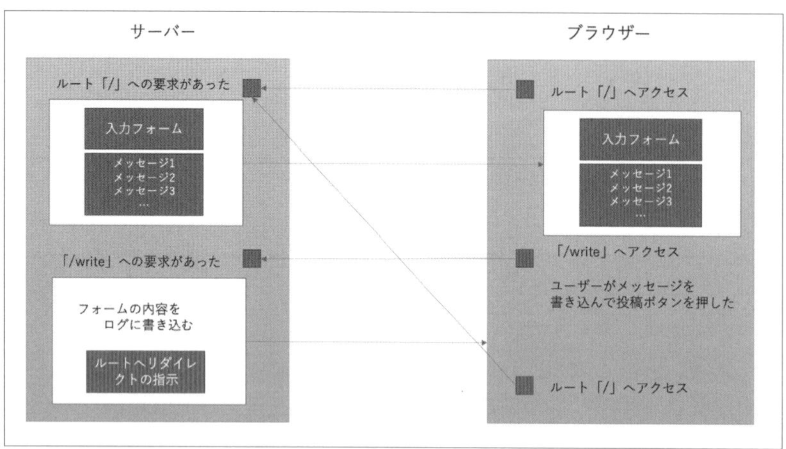

●掲示板におけるサーバーとブラウザーの通信

Web セキュリティの配慮を忘れないようにしよう

　掲示板のプログラム「bbs.py」の (※9) では、書き込まれたログを元にして HTML を生成しています。この時、取り出したログを、html.escape メソッドを使って HTML に変換する処理を加えています。

　この、html.escape メソッドですが、どのような処理を行っているのかというと、次のような置換処理を行います。

・文字列「&」を「&」に置換
・文字列「<」を「<」に置換
・文字列「>」を「>」に置換

　HTML においてこれらの文字は特殊な記号だからです。HTML の基本は「< タグ > テキスト </ タグ >」のようにテキストをタグで装飾することです。そのため、メッセージの中に「(>_<)」のような記号を組み合わせた絵文字がある場合、特殊記号である「>」と「<」が誤解釈されてしまい、レイアウトが崩れてしまうのです。

　しかも、レイアウトが崩れるだけでは済みません。掲示板のユーザーに悪意のある投稿者がいる場合、JavaScript を実行する <script> タグを書き込まれる可能性もあります。

　もし、上記の html.escape メソッドを書き忘れた場合に、「<script>alert('hoge')</script>」などと書き込まれてしまうと、勝手に JavaScript を実行されてしまいます。JavaScript には外部の Web サイトにデータを送信する機能があります。そのため、悪意の攻撃者に <script> タグを埋め込まれて、ほかの利用者の個人情報が漏洩する危険に繋がってしまいます。これは、クロスサイトスクリプティング（XSS）と呼ばれる有名な攻撃手法です。

そのため、ユーザーが投稿したメッセージは、必ず html.escape メソッドを通して HTML に変換すると覚えておきましょう。Web アプリを作る際には、こうした細かい点に気を配る必要があります。

FlaskのWebサーバーは開発用なので注意

Flask をインストールすると、一緒に Web サーバーの機能がインストールされます。そのため、最小限の手間ですぐに開発をはじめることができます。ただし、Flask を起動すると次のようなメッセージが表示されます。

『WARNING: This is a development server. Do not use it in a production deployment. Use a production WSGI server instead.『（警告：これは開発サーバーです。 本番環境では使用しないでください。 代わりに、WSGI サーバーを使用してください。）

```
ch2 % python3 bbs.py
 * Serving Flask app 'bbs' (lazy loading)
 * Environment: production
   WARNING: This is a development server. Do not use it in a produc
tion deployment.
   Use a production WSGI server instead.
 * Debug mode: on
 * Running on http://127.0.0.1:8888/ (Press CTRL+C to quit)
 * Restarting with stat
 * Debugger is active!
 * Debugger PIN: 673-376-458
```

●Flask を起動したときに WARNING が表示される

どういうことかと言うと、Flask に付属している Web サーバーはあくまでも開発で使うための簡易的なものであり、実際に本番環境で使う場合には、WSGI の規格に対応したサーバーを使うことをお勧めするということなのです。

『WSGI（Web Server Gateway Interface）』というのは、Web サーバーと Web アプリケーションを接続するための標準仕様を定義したものです。WSGI を実装しているサーバーであれば、Flask と一緒に利用できます。WSGI に対応している Web サーバーには次のようなものがあります。

・uWSGI または Nginx + uWSGI
・Apache + mod_wsgi
・Microsoft IIS + isapi-wsgi

Web サーバーは高効率で安定していることが必須であり、そのために、さまざまなノウハウが詰め込まれています。上記のような Web サーバーを使って Flask を動かすと、安定した Web アプリケーションを運用できます。

ただし、仲間うちでちょっと使いたい場合や社内の小規模チームで使いたい場合には、高性能な

Web サーバーを使わず、Flask の開発用サーバーでも十分使えます。なお、デフォルト設定の Flask では外部のマシンからのアクセスを遮断する設定になっているので、「bbs.py」の (※12) の説明で書いているように、LAN 内のほかのマシンからアクセスできるように、IP アドレスを「0.0.0.0」に指定する必要があります。

将来的には同時アクセスへの対策が必要

Web アプリケーションを作る場合、自分一人だけが使うのではなく、同時に複数のクライアントがサーバーにアクセスする可能性があることを考えなくてはなりません。特にファイルの読み書きなどは配慮が必要です。読み書きのタイミングで、ファイルが壊れたり、データの不整合が起きたりする可能性があるからです。

今回の掲示板のプログラムでは、プログラムの簡易化のため、この点を考慮していません。それでも、Flask の開発サーバーでは同時アクセスを抑制する仕組みになっているため、問題は起きません。将来的に本格的な Web サーバーを利用する場合には、この点を考慮する必要があるでしょう。

まとめ

ここでは掲示板アプリを作成し、ユーザーが投稿したメッセージを JSON 形式で保存する方法を紹介しました。Web の仕組みについて、また、Flask の使い方について簡単に紹介しました。Web アプリケーションは、Python と JSON データを活用する上でも重要な技術ですので押さえておきましょう。

2章

7

オルゴールを作って音楽をJSONで表現しよう

前節では画像を JSON で表現しましたが、本節では音楽を JSON で表現してみましょう。最初に楽譜情報を JSON で表現し再生してみましょう。それから、オルゴールを作成してみます。

Keyword

- 楽譜
- MIDI
- WAV
- オルゴール

この節で作るもの

- JSONを元に音楽を奏でるツール

ここでは 2 つの音楽ツールを作成します。まずは、JSON から音楽の演奏情報データである MIDI ファイルを生成するプログラム「json2midi」を作ってみます。

そのプログラムを利用するインターフェイスとして、マウスで音階を指定するオルゴールアプリを作ってみましょう。

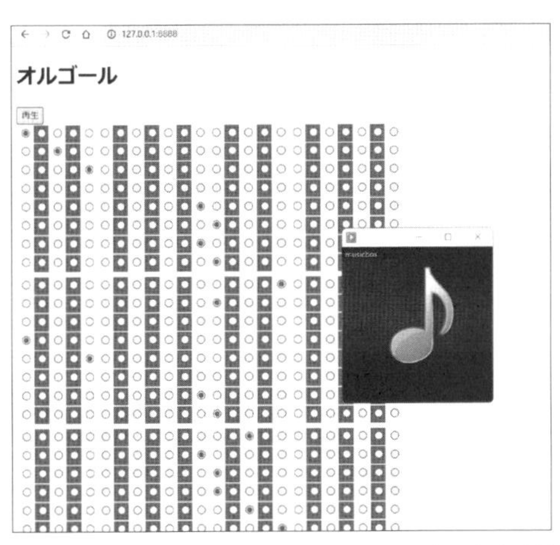

●音階をマウスで指定すると JSON を生成し音楽を演奏する

手順 1 MIDI ライブラリーの mido をインストールしよう

MIDI とは電子楽器同士を接続するための共通規格です。音楽ファイルにはいろいろな形式のものがありますが、MIDI ファイルは手軽に音楽ファイルを作るのに便利です。mido という Python パッケージを使うと手軽に MIDI ファイルを作ることができます。

ターミナルを起動して、mido モジュールをインストールしましょう。

```
$ python3 -m pip install mido
```

手順 2 楽譜情報からJSONを生成しよう

最初に楽譜情報を表すJSONファイルを作成しましょう。MIDIではドレミファソラシの音階情報を数値で表現します。例えば、ドの音が60番、ド#が61番、レが62番、レ#が63番、ミが64番…という具合です。

音階を数値で指定するのはなかなか難しいので、JSONデータを作成するPythonのプログラムを作ろうと思います。

●src/ch2/gakufu2json.py

```
import json
# 楽譜を記述するための変数を宣言
# 音長 --- (※1)
L1 = 480 * 4 # 音長
L2 = int(L1 / 2) # 二分音符
L4 = int(L1 / 4) # 四分音符
L8 = int(L1 / 8) # 八分音符
L16 = int(L1 / 16) # 16分音符
# オクターブ --- (※2)
O3 = 12 * 3
O4 = 12 * 4
O5 = 12 * 5
O6 = 12 * 6
# ノート(ド,ド#,レ,レ#,ミ,ファ,ファ#,ソ,ソ#,ラ,ラ#,シ) --- (※3)
C, Cp, D, Dp, E, F, Fp, G, Gp, A, Ap, B = [i for i in range(12)]
# 楽譜を表すJSONを生成 --- (※4)
data = [
    {'note': O5 + C, 'length': L8},
    {'note': O5 + D, 'length': L8},
    {'note': O5 + E, 'length': L8},
    {'note': O5 + F, 'length': L8},
    {'note': O5 + E, 'length': L8},
    {'note': O5 + D, 'length': L8},
    {'note': O5 + C, 'length': L4},
    {'note': O5 + E, 'length': L8},
    {'note': O5 + F, 'length': L8},
    {'note': O5 + G, 'length': L8},
    {'note': O5 + A, 'length': L8},
    {'note': O5 + G, 'length': L8},
    {'note': O5 + F, 'length': L8},
    {'note': O5 + E, 'length': L4},
]
```

```
# 楽譜データをJSONで保存 --- (※5)
with open('kaeru-uta.json', 'w') as fp:
    json.dump(data, fp, indent=2)
print(json.dumps(data))
```

プログラムを確認してみましょう。プログラムの冒頭では楽譜情報を記述するのに便利な変数を定義します。(※1) では N 分音符を定義します。mido では四分音符の長さを 480 で表現します。そこで、全音符を L1（480 × 4)、二分音符を L2（L1 ÷ 2)、八分音符を L8（L1 ÷ 8）のように定義します。そして、(※2) ではオクターブを、(※3) ではノート（音階）を定義します。(※4) の部分で楽譜情報を指定して、(※5) で JSON データを保存します。

ターミナルからプログラムを実行してみましょう。プログラムを実行すると「kaeru-uta.json」という JSON ファイルが生成されます。

```
$ python3 gakufu2json.py
[{"note": 60, "length": 240}, {"note": 62, "length": 240},
 {"note": 64, "length": 240}, {"note": 65, "length": 240},
 {"note": 64, "length": 240}, {"note": 62, "length": 240},
 {"note": 60, "length": 480}, {"note": 64, "length": 240},
 {"note": 65, "length": 240}, {"note": 67, "length": 240},
 {"note": 69, "length": 240}, {"note": 67, "length": 240},
 {"note": 65, "length": 240}, {"note": 64, "length": 480}]
```

ここで生成した JSON ファイルは次のような構造となっています。オブジェクト {"note": ノート番号 , "length": 音長 } の配列となっています。

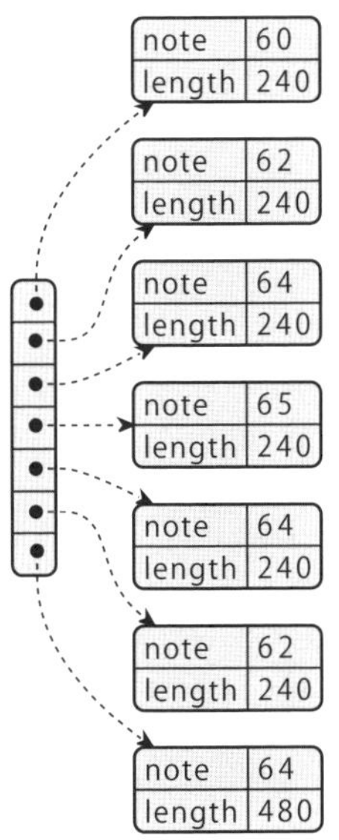

●JSON の構造を図で示したもの

手順 3 JSONからMIDIファイルを生成しよう

それでは、次に作成したJSONファイルを元にMIDIファイルを作成しましょう。そのために、手順1でインストールしたmidoモジュールを使います。

●src/ch2/json2midi.py

```
import json, mido

def main():
    # JSONファイルを読む --- (※1)
    with open('kaeru-uta.json', encoding='utf-8') as fp:
        data = json.load(fp)
    save_to_midi('kaeru-uta.mid')

def save_to_midi(data, midifile):
    # MIDIファイルを準備 --- (※2)
    midi = mido.MidiFile()
    track = mido.MidiTrack()
    # トラックにノート(発音)を追加 --- (※3)
    tm = 0
    for v in data:
        note = v['note']
        length = v['length']
        # 発音か休符か判定 --- (※4)
        if note >= 0:
            track.append(mido.Message('note_on', note=note, time=tm))
            track.append(mido.Message('note_off', note=note, time=length))
            tm = 0
        else:
            tm += length # 休符ならtmを増やす
            continue
    # MIDIファイルを保存 --- (※5)
    midi.tracks.append(track)
    midi.save(midifile)

if __name__ == '__main__': main()
```

プログラムを確認してみましょう。(※1)ではJSONファイルを読み込みます。そして、(※2)以降ではMIDIファイルを生成するmidoモジュールを使って、MIDIファイルを生成します。(※3)以降の部分で繰り返しMIDIイベントを書き込みます。midoの使い方に関しては、後ほど詳しく解説します。

なお、MIDI情報には休符という概念がなく、音符のみを書き込むため、休符であれば時間を表すtmを加算し、音符であれば、(※4)のようにトラックに発音（note_on）と消音（note_off）の2つのイベントを書き込みます。そして、最後(※5)の部分でMIDIファイルに保存します。

手順4 プログラムを実行してみよう

ターミナルからコマンドを入力してMIDIファイルを生成しましょう。コマンドを実行すると「kaeru-uta.mid」というMIDIファイルを生成します。

```
$ python3 json2midi.py
```

正しく実行できたらMIDIファイルを再生してみましょう。Windowsならば最初からMIDIが再生できるので、生成された「kaeru-uta.mid」をダブルクリックするか、Windows Media Playerで再生してみましょう。

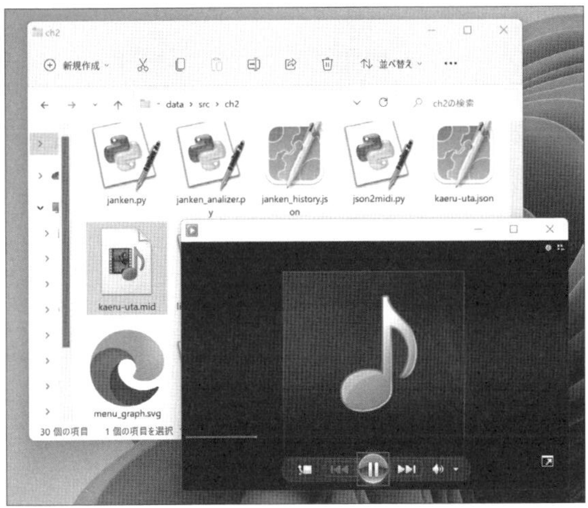

●MIDIファイルをWindowsで再生した

macOSならコマンドラインからMIDIファイルが再生できるTimidity++というライブラリーが使えます。以下のコマンドを実行してMIDIファイルを再生するTimidity++をインストールしましょう。

```
# Timidity++をインストール
$ brew install timidity
# Timidity++を使ってMIDIファイルを再生
$ timidity kaeru-uta.mid
```

手順5 マウスで音階を指定するアプリを作ろう

JSONからMIDIファイルを生成するプログラムを作ったので、これを利用してマウスで音階を指定して音楽を作成するツールを作成しましょう。前回に引き続き、Flaskを使ったWebアプリケーションの形で作ってみましょう。

Web アプリケーションではブラウザー上で操作をすることになりますが、HTML を出力すれば良いので、手軽に画面デザインを行うことが可能です。

●src/ch2/musicbox.py

```
from flask import Flask, request, redirect
import json, os, platform, subprocess
import json2midi
# 初期設定  --- (※1)
root = os.path.dirname(__file__)
logfile = os.path.join(root, 'musicbox.json')
midifile = os.path.join(root, 'musicbox.mid')
print("MIDIファイル=", midifile)
app = Flask(__name__) # Flaskを生成

# ルートにアクセスした時に実行する処理を指定 --- (※2)
@app.route('/')
def index():
    return make_top_page_html()

# フォームから投稿した時 --- (※3)
@app.route('/play')
def form_write():
    # 投稿されたデータを取得する --- (※4)
    gakufu = []
    for row in range(32):
        c = int(request.args.get('g' + str(row), '-1'))
        note = (12 * 5 + c) if c != -1 else -1
        gakufu.append({'note': note, 'length': 240})
    with open(logfile, 'w', encoding='utf-8') as fp:
        json.dump(gakufu, fp)
    json2midi.save_to_midi(gakufu, midifile)
    play_midi(midifile)
    return redirect('/') # トップページに移動

def play_midi(midfile):
    # MIDIを再生する --- (※5)
    if platform.system() == 'Windows':
        os.system(midfile) # 関連付けで開く
    else:
        cmd = ['timidity', midfile]
        subprocess.call(cmd)

def make_top_page_html():
    # 鍵盤に見立てたラジオボックスをたくさん作る --- (※6)
    w, g = ('white', 'gray')
```

```
    colors = [w,g,w,g,w,w,g,w,g,w,g,w]
    mbox = '<table>'
    for row in range(32):
        s = '<tr>'
        for col in range(24):
            s += '''
            <td style='background-color:{};' border=1>
                <input type="radio" name="g{}" value="{}"'>
            </td>
            '''.format(colors[col%12], row, col)
        mbox += s + '</tr>\n'
        if row % 8 == 7: mbox += '<tr><td colspan="24"><tr>'
    mbox += '</table>'
    # HTMLを返す
    return '''
    <!DOCTYPE html><html><head><meta charset="UTF-8">
    <title>オルゴール</title>
    </head><body>
    <h1>オルゴール</h1>
    <form action="/play" method="GET">
    <input type="submit" value="再生"><br>{}
    </form></body></html>
    '''.format(mbox)

if __name__ == '__main__': # Webサーバーを起動 --- (※7)
    app.run('127.0.0.1', 8888, debug=True)
```

プログラムを確認してみましょう。(※1) では初期設定を記述します。なお、変数 logfile と midifile ですが、MIDI ファイルを再生するため、ディレクトリパスを含めたフルパスを取得します。

(※2) ではルートにアクセスした時に実行する処理を指定します。ここでは、入力フォームを HTML で生成して返します。

(※3) ではフォームから送信されたデータを受け取って MIDI ファイルを生成し、演奏を行います。なお、この Web アプリはローカル環境で使うことを目的としているため、MIDI ファイルの再生もサーバー側でやってしまっています。この点に関してはこの後のコラムをご覧ください。

(※4) では投稿されたデータを取得します。投稿データは、マウスでチェックを入れたラジオボックスについて、g0, g1, g2, g3, ... g31 までの値のデータを受け取ります。それぞれ、チェックを入れた箇所のノート番号を得ます。チェックなしだと -1 になります。そうして楽譜情報を作成し、手順 3 で作った「json2midi.py」の関数 save_to_midi を呼び出します。これによって MIDI ファイルが作成されるので、(※5) の部分で MIDI ファイルを再生します。なお、Windows であれば、MIDI ファイルを関連づけで実行します。多くの場合、Windows Media Player が起動することでしょう。macOS では、手順 4 でインストールした Timidity++ を使って再生します。

そして、(※6) では、鍵盤に見立てたラジオボックスをたくさん作って、HTML を生成して戻します。このラジオボックスは投稿フォームの中に作るので、「再生」ボタンを押した時に、ラジオボックスでチェックした音符のデータをサーバー側に送信できます。

(※7) では Flask の Web サーバーをポート 8888 番で起動します。

手順 6 プログラムを実行しよう

上記の手順 5 で作った「musicbox.py」を実行してみましょう。このプログラムでは、手順 3 で作った「json2midi.py」をモジュールとして利用します。そのため、この 2 つのファイルを同じディレクトリに配置していることを確認してから実行しましょう。

```
$ python3 musicbox.py
```

プログラムを実行すると、Web サーバーが起動します。そのため、ブラウザーを起動してアドレスバーに「http://127.0.0.1:8888」を打ち込んでください。すると次のような画面が表示されます。

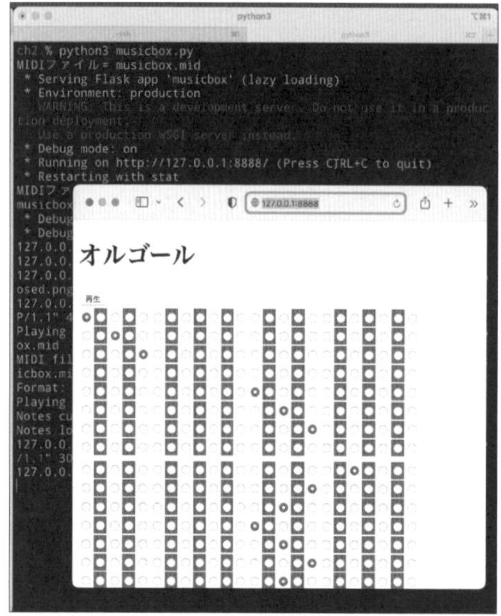

●オルゴールのプログラムを実行したところ

鍵盤を模したものとなっており、マウスでラジオボックスを適当にチェックしてみましょう。チェックしてから「再生」ボタンを押します。すると、MIDI ファイルが生成されて音楽が再生されます。

手順 7 生成した JSON ファイルを確認しよう

オルゴールのプログラムで生成した JSON ファイルは「musicbox.json」という名前です。JSON Viewer で確認してみましょう。

```
[
  {
    "note": 60,
    "length": 240
  },
  {
    "note": 62,
    "length": 240
  },
  {
    "note": 64,
    "length": 240
  },
  {
    "note": -1,
    "length": 240
  },
  {
    "note": 72,
    "length": 240
  },
  {
    "note": 74,
    "length": 240
  },
  {
    "note": 76,
    "length": 240
```

●オルゴールのプログラムで生成した JSON ファイル

この JSON は、{"note": 音階番号 , "length": 音の長さ } のオブジェクトの配列から成り立っています。この構造を持つ JSON ファイルさえあれば、手順 3 で作った「json2midi.py」を使って MIDI ファイルを生成できます。

MIDIファイルを生成するmidoの詳しい使い方

本節のプログラムは、MIDI ファイルを生成する mido モジュールを使いました。もう少し簡単な使い方を紹介します。以下のプログラムは、ドレミと 3 音鳴らす MIDI ファイルを生成するものです。

●src/ch2/miditest.py

```
import mido
# MIDIファイルを準備 --- (※1)
midi = mido.MidiFile()
track = mido.MidiTrack()
midi.tracks.append(track)
# トラックにノート(発音)を追加 --- (※2)
track.append(mido.Message('note_on', note=60, time=0))
track.append(mido.Message('note_off', note=60, time=480))
track.append(mido.Message('note_on', note=62, time=0))
```

```
track.append(mido.Message('note_off', note=62, time=480))
track.append(mido.Message('note_on', note=64, time=0))
track.append(mido.Message('note_off', note=64, time=480))
# MIDIファイルを保存 --- (※3)
midi.save('test.mid')
```

プログラムの (※1) では mido のオブジェクトを作成します。MIDI ファイルには、トラックという概念があり、複数のトラックに音符を並べることが可能です。これにより同時に複数の楽器を鳴らすことができます。それで、トラックを作成して、MIDI 全体を表すオブジェクトにトラックを追加します。

(※2) ではトラックに MIDI イベントを追加します。mido.Message メソッドを使って任意のイベントを生成します。ここでは、発音（note_on）と消音（note_off）のイベントを 3 つずつ、ドレミの音が鳴るように指定します。なお、time に指定するのは曲の最初からのトータルタイムではなく、前回のイベントからの今回のイベントまでの相対的な時間（デルタタイム）を指定します。

そして最後に (※3) で MIDI ファイルをファイルに保存します。

コラム

MIDI をブラウザー側で演奏しよう

今回のオルゴールアプリでは、サーバーとクライアントが同一 PC 上にあることを想定しているため、サーバー側で音楽の再生も行うようにしました。もし、将来的に Web サーバーを別のマシンで実行する場合には、MIDI ファイルの再生をブラウザー側で実装する必要があります。ブラウザー側で MIDI を再生する JavaScript ライブラリーがいろいろありますので、それを活用すると良いでしょう。例えば以下のようなライブラリーがあります。

URL

PicoAudio.js
https://github.com/cagpie/PicoAudio.js

MIDI.js
https://github.com/mudcube/MIDI.js

まとめ

本節では、JSON データを元にして音楽データの MIDI ファイルを作成するプログラムを作ってみました。本節では楽譜情報を JSON で表現しました。このように、JSON を使うと音楽も表現できるのです。

ところで、本節で作ったプログラムは、プログラムを簡易化するため、音楽作成ツールとしてはかなり妥協しています。一般的な MIDI データでは、音の高さ (音階番号)、音の長さ、音の強さ (ボリューム) という 3 要素が基本になりますが v ここでは音階と音長の 2 要素だけにしています。また、和音の再生機能も諦めました。ちょっと工夫すれば、和音や複数トラック対応も難しくありません。改良してみると楽しいでしょう。

3章

データ収集と抽出のテクニック

ひんぱんにJSONが利用されるケースとして、IoTの分野があげられます。IoT機器で収集したデータをJSONで出力して保存し活用するのです。本章では、簡単なIoTの利用例としてRaspberry PiやWebサーバーとの連携方法を紹介します。なお、センサーの利用例として電子工作の作例がありますが、工作なしで使えるよう配慮しています。
さらに、JSONを介してデータの入出力を行うNoSQLについて紹介します。

3章

1

IoTとJSON - Raspberry PiのCPU温度センサーを使おう

手軽に入手できて安価なIoTデバイスと言えば、Raspberry Piです。本節では、Raspberry Piを利用して、CPU温度を取得してJSONファイルを作成してみましょう。端末の入手からセットアップまで紹介します。

Keyword

●IoT　●Raspberry Pi
●電子工作

この節で作るもの

●Raspberry Pi内蔵の温度センサーの値をJSONで出力

Raspberry PiのCPUにはCPU温度を確認するセンサーが備わっています。そして、その値を手軽に取得できる仕組みがあります。そこで、この温度センサーの値をJSONファイルで出力してみましょう。

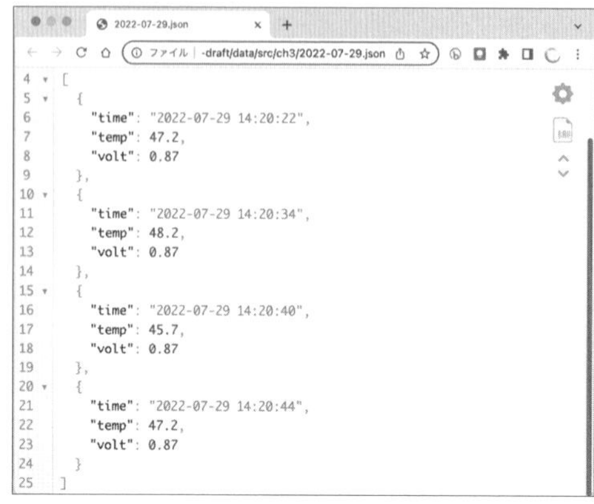

●内蔵CPU温度センサーの値からJSONを生成したところ

手順 1 Raspberry PiでCPU温度を確認しよう

この後で紹介する手順に従って、正しくRaspberry Piが動くことを確認しましょう。Raspberry Pi上でターミナルを起動して、次のコマンドを実行してみましょう。

```
$ vcgencmd measure_temp
temp=46.2'C
```

次の画面のように、Raspberry Pi の CPU 温度を取得して表示します。vcgencmd というコマンドは、Raspberry Pi の標準 OS に搭載されている標準コマンドです。このコマンドを使うと、CPU 温度や消費電力、使用メモリなどのさまざまな情報を取得できます。

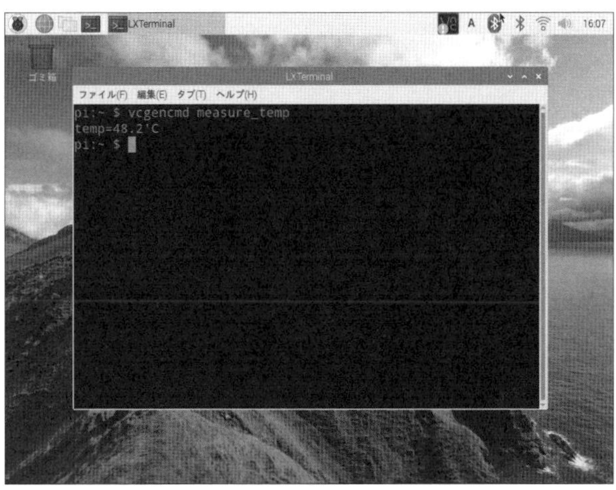

●Raspberry Pi で CPU 温度を取得したところ

コラム

Raspberry Pi の CPU 温度センサーの働き

Raspberry Pi では CPU 温度が 85℃近くまで高くなると、発熱を抑えるために CPU 性能を落とす仕組みになっているようです。そこで、Raspberry Pi の発熱を抑えるヒートシンクやファンが発売されています。

手順 2 Python から CPU 温度を取得して JSON ファイルに保存しよう

正しく温度が取得できることが分かったら、次に、CPU 温度を取得して JSON ファイルに保存するプログラムを作ってみましょう。

●src/ch3/get_temp.py

```
#!/usr/bin/env python3
import subprocess, datetime, json
import time, os
```

```
# 保存ファイル名を決定 --- (※1)
basedir = os.path.dirname(os.path.abspath(__file__))
now = datetime.datetime.now()
fname = basedir + now.strftime('/%Y-%m-%d.json')
dt = now.strftime('%Y-%m-%d %H:%M:%S')

# Raspberry Piでコマンドを実行して標準出力を得る --- (※2)
def exec_cmd(param):
    proc = subprocess.run(['vcgencmd', param],
        stdout = subprocess.PIPE)
    value = proc.stdout.decode('utf8')
    return value

# CPU温度と電圧を得る --- (※3)
def get_temp():
    # ファイルから既存の値を得る --- (※4)
    data = []
    if os.path.exists(fname):
        with open(fname, encoding='UTF-8') as fp:
            data = json.load(fp)
    # 値を取得
    s = exec_cmd('measure_temp') # 温度 --- (※5)
    temp = s.split('=')[1]
    temp = float(temp.replace("'C", '').strip())
    s = exec_cmd('measure_volts') # 電圧 --- (※6)
    volt = s.split('=')[1]
    volt = float(volt.replace('V', '').strip())
    print(temp, volt)
    # JSONファイルに保存 --- (※7)
    data.append({'time': dt, 'temp': temp, 'volt': volt})
    with open(fname, 'w', encoding='UTF-8') as fp:
        json.dump(data, fp)

if __name__ == '__main__': get_temp()
```

プログラムを確認してみましょう。プログラムの冒頭には、プログラムを直接実行できるように「シェバン（shebang）」と呼ばれる宣言を記述します。シェバンを書くと、macOS や Linux などのコマンドラインから「./ ファイル名」と記述することでプログラムを実行できるようになり便利です。

(※1) では、データファイルの保存先を決定します。ここでは「年 - 月 - 日 .json」というファイル名で保存されます。

(※2) では、Raspberry Pi のコマンドラインで、vcgencmd コマンドを実行して各種情報を取得します。

(※3) の get_temp 関数では CPU 温度と電圧を取得して JSON ファイルに保存します。なお JSON ファイルは、(※4) でファイルから JSON データを読み取り、(※5) で CPU 温度、(※6) で電圧を取得して、(※7) で JSON にデータを追記してファイルへ保存します。

手順 3 プログラムを実行してみよう

正しく実行できるか、コマンドラインから実行してみましょう。なお、上記のプログラムでは、CPU 温度と電圧を取得します。そのため、コマンドを実行すると温度と電圧の 2 つの数値が表示されます。

```
$ python3 get_temp.py
39.5 1.35
```

プログラムに問題がなかったら、実行権限を与えましょう。以下のようなコマンドで、直接 Python のプログラムを実行できます。

```
$ chmod +x get_temp.py
$ ./get_temp.py
39.5 1.35
```

先ほど作ったプログラム「get_temp.py」の一行目にシェバンを書きました。このように書いたプログラムに対して、ターミナルから実行権限を与えると、任意のコマンドを直接実行できます。

手順 4 JSON ファイルを確認してみよう

プログラムを実行すると「年 - 月 - 日 .json」のような JSON ファイルが生成されます。上記のプログラムを数回実行してみましょう。すると、JSON ファイルに、日時と CPU 温度と電圧が次々と書き込まれます。この JSON ファイルの内容は次のようなものです。

●src/ch3/2022-07-29.json

```
[
  {"time": "2022-07-29 14:20:22", "temp": 47.2, "volt": 0.87},
  {"time": "2022-07-29 14:20:34", "temp": 48.2, "volt": 0.87},
  {"time": "2022-07-29 14:20:40", "temp": 45.7, "volt": 0.87},
  {"time": "2022-07-29 14:20:44", "temp": 47.2, "volt": 0.87}
]
```

JSON の構造を確認してみましょう。1 つ 1 つのデータは、日時と温度、電圧が書かれたオブジェクトです。そして、このオブジェクトが複数配列として入っているという構造です。

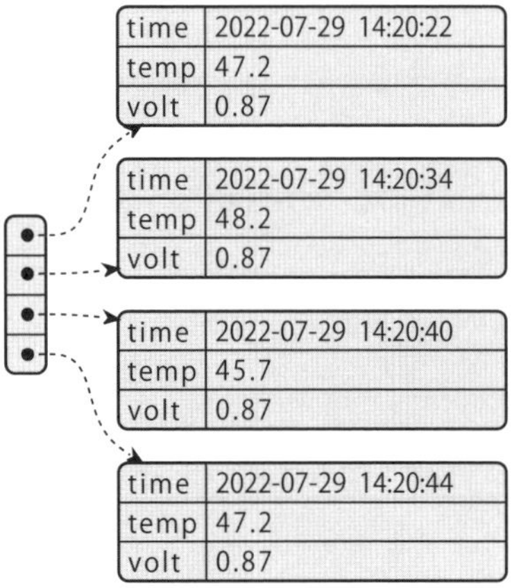

time	2022-07-29 14:20:22
temp	47.2
volt	0.87

time	2022-07-29 14:20:34
temp	48.2
volt	0.87

time	2022-07-29 14:20:40
temp	45.7
volt	0.87

time	2022-07-29 14:20:44
temp	47.2
volt	0.87

●JSONの構造を図で確認したところ

IoTとは？

『IoT (Internet of Things)』を直訳すると「モノのインターネット」になります。さまざまなモノがインターネット上で、相互に情報交換をする仕組みのことを、IoTと呼びます。特に、センサーやカメラなどから取得した情報を、インターネットを通して送受信することにより、より便利な機能を提供します。

IoTの活用事例として、例えば次のようなものがあります。

- センサーの値を確認 --- 遠隔地から部屋の温度を確認する、明るさを確認する、心拍数を確認など
- IoT対応端末を操作 --- 遠隔地から自宅のエアコンを操作する、TV番組を自動録画する、ペットに餌を与える、植物に水やりをするなど
- IoT端末同士で通信 --- センサーで部屋の温度を確認してエアコンをオンにする、人感センサーに反応して危険な機械の動作を停止する、心拍数の異常を家族に連絡するなど

このように、IoTを活用することにより、監視、操作、相互通信のような仕組みが実現できます。

IoTとRaspberry Piについて

本章ではIoT端末として『Raspberry Pi（ラズベリーパイ）』を使う方法を解説します。と言うのも、Raspberry Piは、入手性、普及度、扱いやすさという観点で優れているため、さまざまな分野で活用されているからです。特に工場やオフィスなど産業分野での活用が進んでいます。

Raspberry Piは手のひらサイズの小さなコンピューターです。最新版でも5000円前後と安価であり、ネット通販で手軽に購入できます。また、Debian/Linuxをベースに開発された専用OSが無料で配

布されています。場所を取らず、入手が容易で、Linuxに慣れていれば手軽に活用できるということで人気があります。2012年に発売されて以来、累計4,600万台（2022年2月時点）も販売されています。

Raspberry Piは安価ですが次のように基盤むき出しで、ケースもケーブルもストレージも何もついていません。必要に応じて買い足す必要があります。

●Raspberry Pi 本体

また、Raspberry Piの写真上部にある40本のピンに注目してください。これはGPIOと呼ばれる汎用入出力端子です。このGPIOを使うと、センサーの値を読み取ったり、モーターなどの電子部品を手軽に操作したりできます。Raspberry Piの人気の一つがこのGPIO端子の存在です。

どのモデルのRaspberry Piを買ったら良いか

Raspberry Piには複数のモデルがあります。主流のモデルは、Model Bのシリーズです。原稿執筆時点で4 Model Bが最新です。Model Bシリーズは、ほかのモデルよりもメモリが大きく、CPUが速いのが特徴です。また、より安価なZeroシリーズも、人気があります。2500円前後で販売されていて、本体のサイズがModel Bよりも小さく、性能も抑えられています。

本書の利用範囲であれば、Model BでもZeroシリーズでもどちらでも大丈夫です。しかし、Raspberry Piは安いだけあってマシン性能がそれほど高くありません。そのため、はじめてRaspberry Piに触れる方は、Model Bを買うとストレスが少ないでしょう。

コラム

Raspberry Pi のモデルに注意しよう

Raspbery Piには、Picoというモデルがありますが、これはDebian/Linuxが動かないモデルです。ご注意ください。

Raspberry Piのセットアップに最低限必要なもの

すでに述べたように、Raspberry Piだけ買っても基盤むき出しのボードが一枚だけしか入っていません。そのため、最低限の周辺機器を入手する必要があります。

- USB充電アダプターとUSBケーブル ... Model Bの場合、100円ショップで売っている充電アダプターでは電力不足のことが多いため、Raspberry Pi専用の電源を買う必要があります
- HDMIケーブル ... モニターとRaspberry Piをつなぐケーブルです。モデルにより、HDMIの形状が異なります。4 Model Bでは、micro-HDMIが必要です。HDMIケーブル自体は100円ショップに売っていますがタイプAであることが大半です。micro-HDMIに対応させるためには別途アダプターか専用のケーブルが必要です
- モニター ...HDMIに対応したモニターが必要です。最近の家庭用TVにはHDMI入力がついているのでモニターとして使う事もできるかもしれません
- マウスとキーボード ...USBマウスとキーボードが必要です
- microSDカード ... Raspberry Piのメインストレージとして使われます。Raspberry Pi OS自体は8GBあれば充分ですが少し多めの容量32GB以上を選ぶと良いでしょう

さらに、次の手順で紹介しますが、Raspberry PiのOSイメージをSDカードに書き込むには、Windows/macOS/UbuntuなどのPCとSDカードリーダーが必要です。つまり、OSイメージを作成するのにPCが必要ですので注意が必要です。

本章のプログラムを実行するのに必要な電子部品

本章ではRaspberry Piとセンサーを使って、JSONに関連するプログラムを作ります。そのため、上記周辺機器に加えて、LEDや温度湿度センサーも一緒に購入すると、実際にサンプルを試すことができます。なお、カッコで記した金額は送料別の参考価格と秋月電子の通販コードです。

- 赤色LED 2個（1個あたりおよそ10円 / I-11577）
- 330 Ωの固定抵抗（100本入りでおよそ100円 / R-25331）
- ブレッドボード1枚（およそ200円 / P-05294）
- 温度湿度センサーモジュールDTH11またはDHT22 2個（1個およそ650円）※足が3本（+/-/out）のもの
- ジャンパワイヤ（オス - メス）4～5本（10本でおよそ220円）

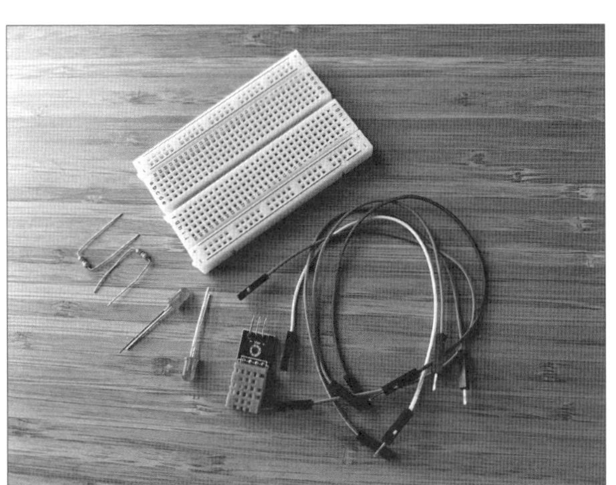

●本章のサンプルで使う電子工作のパーツ

電子工作のパーツ購入時のヒントなのですが、一つ一つの部品は安価なものの、送料が別途かかることが多いので、必要となる部品を忘れずに一度に買うと良いでしょう。また、パーツが壊れてしまうこともあります。それぞれのパーツを予備を含めて少し多めに買っておくと良いでしょう。使い回しもできますので、無駄になることはないでしょう。

なお、本書ではブレッドボードを介してセンサーやLEDをつなぐだけの簡単な電子工作を実践します。ハンダ付けなどは不要で、1つのサンプルを組み立てるのに10分もかからないことでしょう。

Raspberry Pi OSをSDカードに書き込もう

最低限必要なパーツ類を揃えたら、「Raspberry Pi Imager」という公式のツールを使ってmicroSDカードにRaspberry Pi OSをインストールしましょう。

「Raspberry Pi Imager」の登場前は、SDカードにOSイメージを書き込むのが、やや難しかったのですが、このツールの登場により、Raspberry PiのメインストレージであるmicroSDカードの準備が非常に簡単になりました。

まず、以下のURLにアクセスするとOSごとのインストーラーが用意されています。

URL　Raspberry Pi Imager
https://www.raspberrypi.com/software/

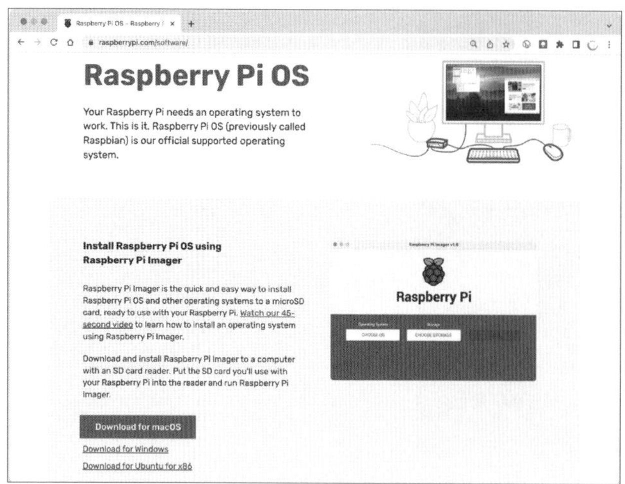

●Imagerをダウンロードしよう

ダウンロードしたらインストーラーをダブルクリックしましょう。特に難しい点はないので、インストーラーの指示に従って「Raspberry Pi Imager」をインストールします。

microSDをPCにセットしたらImagerを起動します。次のような画面が出るので、「OS」と「ストレージ」をそれぞれ選択します。

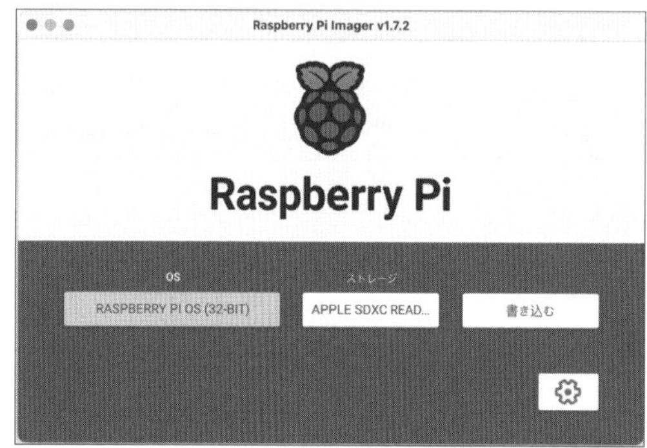

●Imagerを使ってSDカードにOSイメージを書き込もう

いろいろなOSを選択することができますが、慣れるまでは「Raspberry Pi OS」を選択すると良いでしょう。Raspberry Pi OSは、以前「Raspbian」という名前でした。Raspberry Piの名前を冠するだけあって、その機能を最大限活用できるOSとなっています。

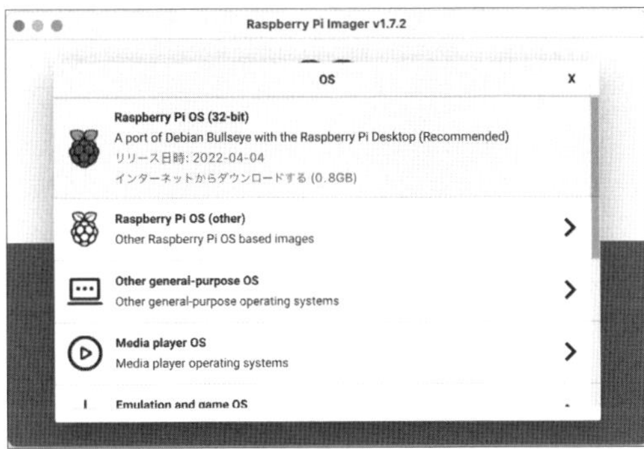

●OS は「Raspberry Pi OS」を選択しよう

OS とストレージを選択したら「書き込む」ボタンを押しましょう。OS のダウンロードと書き込みに少し時間がかかります。

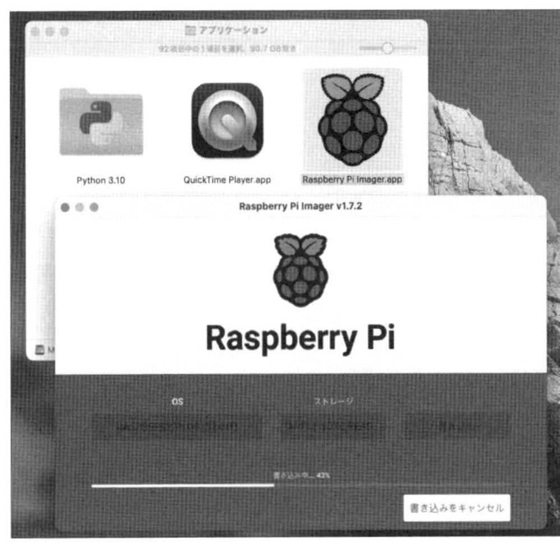

●書き込むボタンを押してしばらく待つだけ

●書き込みが完了

Raspberry Piでは最初からPythonが使える

microSDを本体に差し込んで、電源アダプターとRaspberry Piを接続すると、Raspberry Pi OSが起動します。ターミナルを起動して「python3 --version」とタイプしてみましょう。最初からPythonがインストールされていることが分かります。

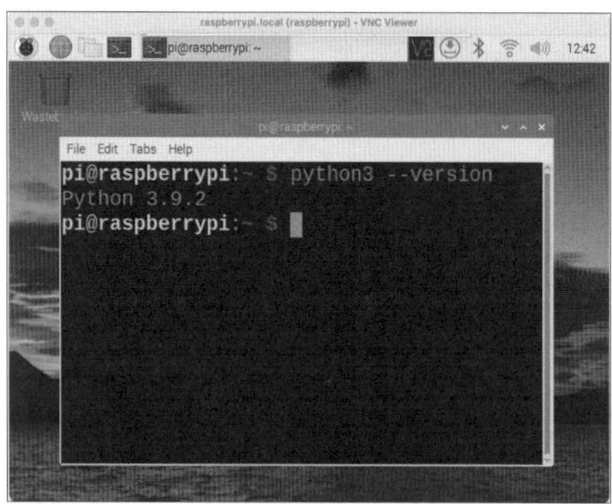

●Raspberry Pi OSには最初からPythonがインストールされている

Raspberry Piで本書のサンプルを実行する方法

上記の手順でRaspberry Pi OSをセットアップした場合、画面左上のメニューから[Internet > Chromium Web Browser]でブラウザーを起動できます。そのため、本書のサンプルもブラウザーを使ってダウンロードできます。

●ブラウザーも最初から入っている

サンプルをダウンロードしたら、画面上部にあるターミナルのアイコンをクリックして、ターミナルを起動しましょう。「cd ~/Desktop」でデスクトップのディレクトリに移動しますし、「cd ~/Downloads」でダウンロードのディレクトリに移動します。

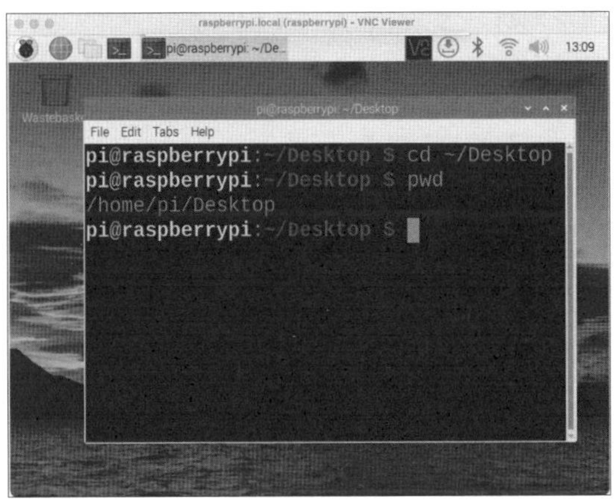

●ターミナルからプログラムを実行できる

まとめ

本節では Raspberry Pi を利用して CPU 温度を元に JSON ファイルを作成する方法を紹介しました。本節では、Raspberry Pi のセットアップの方法を紹介しました。周辺機器を揃えて、SD カードをセットアップしてしまえば、Raspberry Pi をすぐに使うことができます。

3章

2 CRONで定期的にデータを取得してグラフ描画

CRON を使って定期的に Raspberry Pi の CPU 温度を取得して JSON ファイルを作成します。そして、JSON ファイルを元にグラフを描画してみましょう。

Keyword

●CRON ●線グラフ
●温度センサー

この節で作るもの

●Raspberry Pi内蔵のCPU温度センサーのグラフ

前節で紹介した Raspberry Pi の CPU 温度を、温度センサーを使って定期的に測定し、グラフに描画してみましょう。次のように 1 日のグラフを描画します。

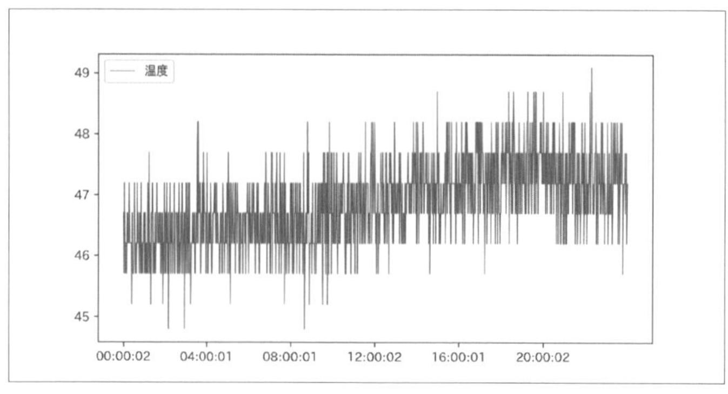

●温度のグラフを描画したところ

グラフを描画するまでの手順ですが、定期的にセンサーの値を取得するために、CRON（クーロン）と呼ばれる仕組みを利用します。1 分に 1 度定期的に温度センサーの値を取得し JSON ファイルに保存します。そして、保存した JSON ファイルを元にグラフを描画します。

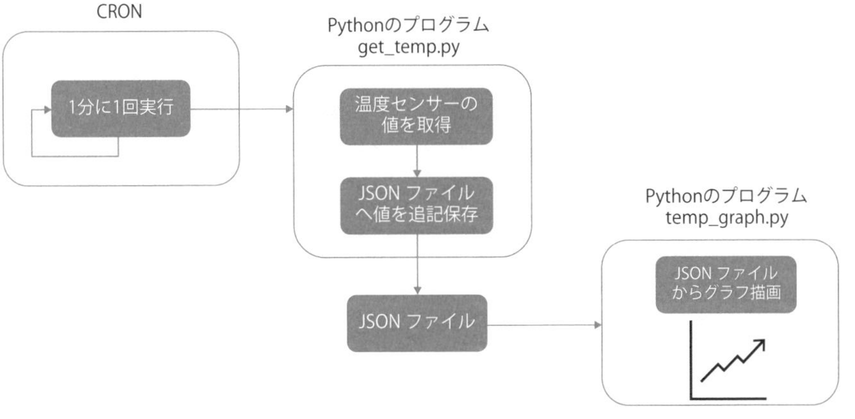

●CRON で定期的に JSON に値を追記する

手順 1 必要なライブラリーをインストールしよう

Raspberry Pi で今回のプログラムを実行する前に、プログラムを実行する上で必要となる Python ライブラリーをインストールしておきましょう。ターミナルを開いて、以下のコマンドを実行しましょう。

```
$ python3 -m pip install matplotlib japanize_matplotlib
```

手順 2 定期的に CPU 温度を取得するよう CRON を設定しよう

CPU 温度を設定して JSON に保存する本節のプログラムは、前節で作った「get_temp.py」をそのまま利用します。念のため、正しく動くか確認してみましょう。コマンドを実行すると温度と電圧の 2 つの数値が表示されます。もし、動かない場合、前節の内容を再度確認してみてください。

```
$ ./get_temp.py
45.7 0.8700
```

手順 3 CRON に登録して定期的な値を取得しよう

Raspberry Pi OS は、Debian/Linux をベースとした OS です。多くの UNIX 系 OS には標準的に「CRON」と呼ばれる仕組みが組み込まれています。これは、定期的に任意のスクリプトを実行する仕組みです。

以下のコマンドを実行すると、スクリーンエディターの nano で設定ファイルの編集画面が出ます。

```
$ crontab -e
```

もし、nano以外のエディターで設定ファイルを開いてしまった場合は、必要に応じて設定ファイルを編集するエディターを変更しましょう。「select-editor」コマンドを実行すると、エディターの一覧画面が出るので数字キーで「/bin/nano」を選びましょう。もちろん、基本的にどのエディターを選んでも大丈夫ですが、vimやemacsなどのスクリーンエディターは操作に癖があるので、慣れていないと操作に悩む可能性があります。

```
$ select-editor

Select an editor.  To change later, run 'select-editor'.
  1. /bin/nano        <---- easiest
  2. /usr/bin/vim.basic
  3. /bin/ed

Choose 1-5 [1]: 1
```

「crontab -e」を実行すると、CRONの設定ファイルの編集画面が出ます。そこで、設定ファイルの末尾に次のような値を書き加えましょう。この設定にすると1分に1度プログラムを実行します。

```
*/1  * * * * (プログラムのパス)
```

設定を書き加えたら保存しましょう。nanoエディターでファイルを保存するには、[Ctrl]+[x]キーを押して、[y]と[Enter]キーを押します。

なお、次の画面では、/var/www/html/json-sampleというディレクトリを作成し、そこに、get_temp.pyをコピーした場合の設定例です。

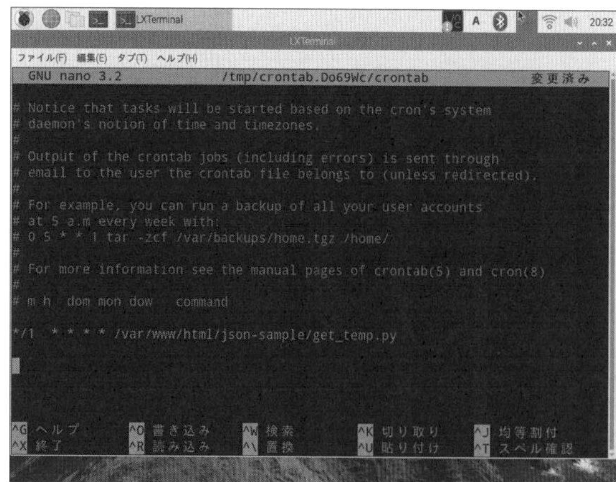

●CRONの設定ファイルを編集しているところ

しばらく実行すると、次のような JSON ファイルが生成されるのを確認できるでしょう。

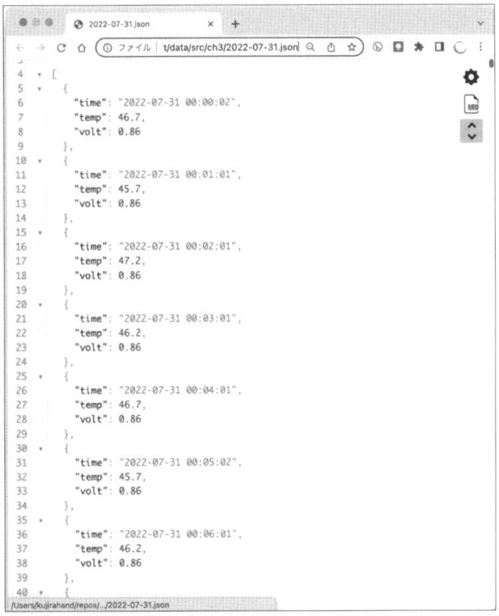

●1 日分の CPU 温度を記録した JSON ファイル

手順 4 JSON ファイルを元にグラフを描画しよう

次に、生成した JSON ファイルを元にグラフを描画するプログラムを作りましょう。

●src/ch3/temp_graph.py

```
import sys, json, japanize_matplotlib, re
import matplotlib.pyplot as plt
# 読み込み対象ファイルを確認 --- (※1)
jsonfile = "2022-07-31.json" # サンプルファイル
if len(sys.argv) >= 2:
    jsonfile = sys.argv[1]
data = json.load(open(jsonfile, encoding='utf-8'))
# 線グラフを描画するようにデータを分割 --- (※2)
x, temp, xx = [],[],[]
for i, row in enumerate(data):
    x.append(row['time'].split(' ')[1]) # 時間
    if (i % (60 * 4) == 0): xx.append(i)
    temp.append(float(row['temp'])) # 温度
# グラフを描画 --- (※3)
fig = plt.figure()
fig.set_size_inches(8, 4)
plt.plot(x, temp, label='温度', linewidth=0.7)
```

```
plt.xticks(xx, rotation=0) # 間引いて表示 --- (※4)
plt.legend() # 凡例を表示 --- (※5)
plt.savefig("temp_graph.png", dpi=300) # --- (※6)
```

プログラムを確認しましょう。(※1) では読み込み対象ファイルを確認します。(※2) では読み込んだJSON データを元にして描画用のデータを作成します。

(※3) の部分で実際にグラフを描画します。今回は毎分ごと 1 日におよぶ CPU 温度の変化をグラフで確認するものです。そのため、グラフを横長にするために、set_size_inches メソッドを使って横長に設定します。

(※4) では X 軸のラベルを間引いて表示するように指定します。(※5) では凡例を表示します。そして、(※6) ではファイルに保存します。このとき、比較的大きな画像を出力するために、savefig の引数に dpi=300 を指定します。

手順 5 グラフ描画プログラムを実行

Raspberry Pi のターミナルを開き、ターミナルで以下のコマンドを実行すると温度グラフを描画して画像ファイル「temp_graph.png」を出力します。

```
$ python3 temp_graph.py
```

画像ファイルが出力されたら、PNG ファイルを確認してみましょう。ここでは次のようなグラフが描画されました。

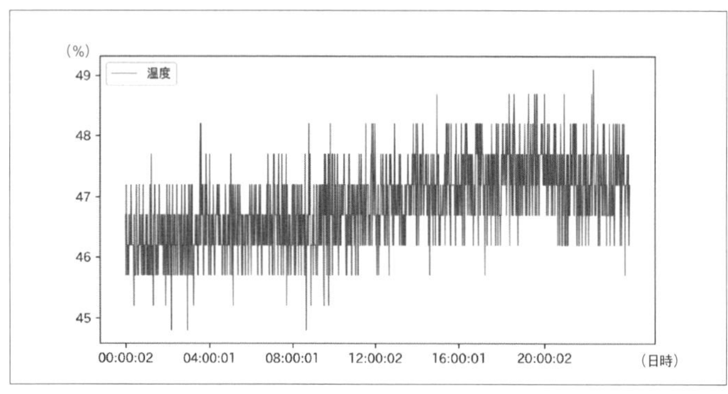

●温度のグラフを描画したところ

上記のグラフを確認すると、夏の暑い日だったことから、お昼過ぎから CPU 温度が上がっていき、夜 21 時になっても、温度が下がらなかったことが分かります。

まとめ

☑ 本節では CRON を利用して定期的に温度センサーの値を取得して、JSON ファイルに保存する方法を紹介しました。このような仕組みを作ることで、定期的にセンサーの値を確認できます。

3章

3 JSONでLEDを制御しよう

Raspberry Pi を使うと手軽に LED のオン・オフを制御できます。そこで、JSON ファイルを元にして複数の LED を制御してみましょう。LED 制御をするデータ構造を定義し、2 つの LED を制御してみます。

Keyword

●LED ●GPIO

この節で作るもの

●JSONに合わせて点灯する2つのLED

Raspberry Pi の GPIO に LED を 2 つ接続します。そして、JSON ファイルに記述したパターンを元にして、2 つの LED を個別に点滅させてみます。

●JSON で作った指示に従って点灯する 2 つの LED

URL

LED2 つを点灯している動画

https://youtu.be/8CxC62IB-sk

手順 1 LED と抵抗を Raspberry Pi に接続しよう

最初に、LED を 1 つだけ Raspberry Pi に接続してみましょう。Raspberry Pi には 40 個（20 行× 2 列）の GPIO のピンが用意されています。このピンは、どこに何をつないでも良いという訳ではなく、40 本のピンにそれぞれ役割が決められています。

次の図は、GPIO のピンごとに割り当てられている機能の説明です。図は Raspberry Pi 4 Model B のものですが、各 Raspberry Pi の機種で共通の配置になっています。（なお、Raspberry Pi Zero の場合、SD カードスロットがこの図の上側に相当します。）

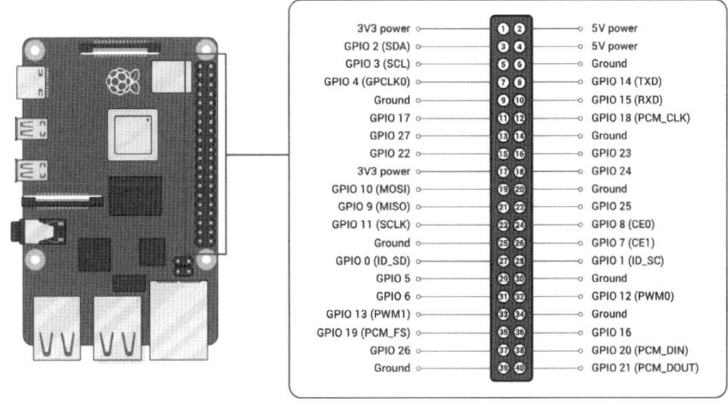

●GPIO のピンごとの機能の説明図 - 公式サイトより

特に、この図のピン番号に注目してください。左上から右下に向けて、1 番、2 番、3 番、4 番 ...40 番までの番号が割り当てられています。この点に注目して LED と抵抗を Raspberry Pi に接続しましょう。

それに際して、LED を確認してみましょう。LED には 2 つの足があり、足の長い方が（+）アノード、短い方が（-）カソードです。

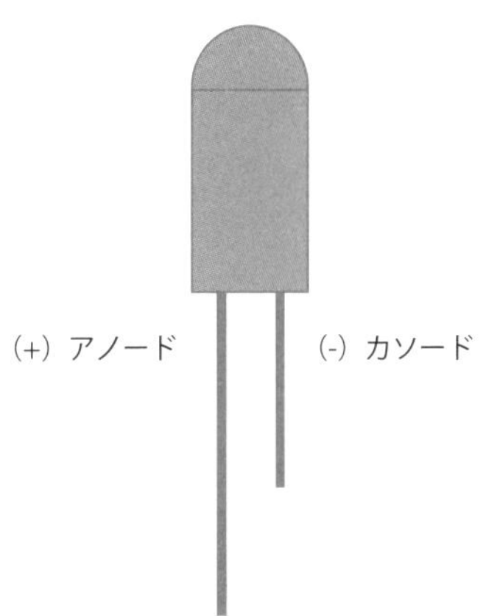

●LED について

LEDと抵抗とRaspberry Pi（以下、ラズパイと略します）を次のように配線をしましょう。基本的には、LEDとRaspberry Piを接続すれば良いのですが、LEDの長い足（+側）に抵抗を接続します。抵抗に極性（向き）はないので、どちら向きにつなげても問題ありません。

次の図のようにブレッドボードに空いている穴は縦につながっています。そのため、ブレッドボードを介することにより、特にハンダ付けなど面倒な作業を行うことなく、ピンを刺すだけで接続できます。

・LEDの（+）アノード > 330 Ωの抵抗 > ラズパイの8番ピン（GPIO 14）
・LEDの（-）カソード > ラズパイの6番ピン（Ground）

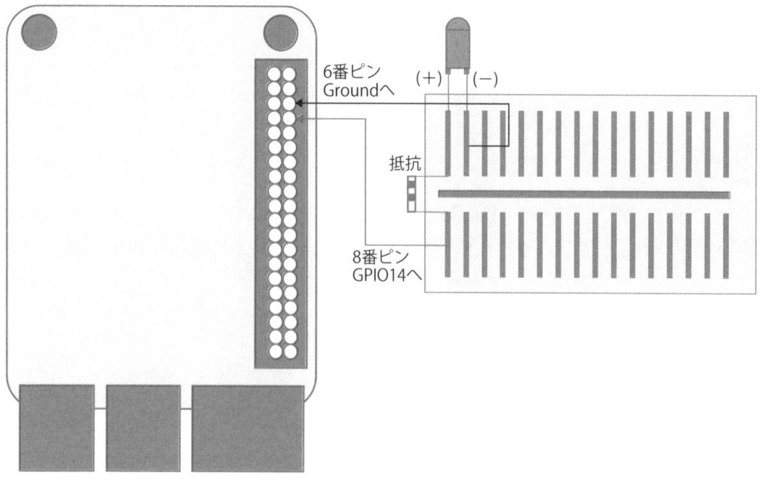

●LEDと抵抗をRaspberry Piに接続しよう

手順 2 LEDを点滅させるプログラムを作ってみよう

まずは、JSONで制御せず、LEDを点滅させるだけのプログラムを作ってみましょう。以下は、Raspberry PiのGPIOを利用して、LEDを点滅させる簡単なプログラムです。

●src/ch3/led1.py

```
import RPi.GPIO as GPIO
import json, time

# 制御するGPIO番号を指定 --- (※1)
gpio_pin = 14

# GPIOの初期化 --- (※2)
GPIO.setwarnings(False)
GPIO.setmode(GPIO.BCM)
```

```
GPIO.cleanup()
# 指定のGPIOピンを出力で使う --- (※3)
GPIO.setup(gpio_pin, GPIO.OUT)

while True:
    GPIO.output(gpio_pin, True) # 点灯 --- (※4)
    time.sleep(1)
    GPIO.output(gpio_pin, False) # 消灯
    time.sleep(1)
```

プログラムを確認してみましょう。(※1) ではどの GPIO を操作するのかを指定します。これはピン番号ではありません。Raspberry Pi 機能の説明図をもう一度確認してみてください。8 番ピンのところに「GPIO 14」という機能が書かれています。つまり、このプログラムでは 8 番ピンをプログラムで制御するよう指定しています。

(※2) では実際に Raspberry Pi の GPIO を制御するための初期化処理を記述します。また、(※3) では GPIO.setup メソッドを利用して GPIO 14 のピンを出力モードで使うように宣言します。そして、(※4) の部分で、LED を点灯させ、1 秒後に消灯します。

プログラムを実行するには、Raspberry Pi のターミナルを起動し、次のコマンドを実行します。

```
$ python3 led1.py
```

●LED の配置図

プログラムの実行を止めるには、ターミナルで [Ctrl]+[c] キーを押します。

手順 3 LEDを2つ接続しよう

次に、LEDを2つ接続してみましょう。先ほど接続したLEDに加えて、もう1つLEDを接続しましょう。2つのLEDを次のように接続します。

・LED1の（+）アノード>330Ωの抵抗>ラズパイの8番ピン（GPIO 14）
・LED1の（-）カソード>ラズパイの6番ピン（Ground）
・LED2の（+）アノード>330Ωの抵抗>ラズパイの10番ピン（GPIO 15）
・LED2の（-）カソード>ラズパイの39番ピン（Ground）

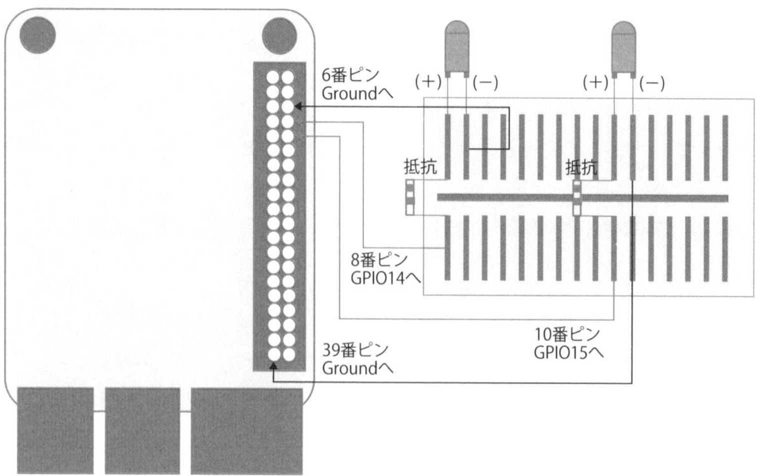

●LEDと抵抗をRaspberry Piに接続しよう

手順 4 JSONファイルを用意しよう

LEDを制御するJSONファイルを用意しましょう。このJSONファイルの指示に従って、2つのLEDの点灯・消灯を制御するようにします。

●src/ch3/led2.json

```
[
  {"led1": true, "led2": true, "delay": 0.5},
  {"led1": false, "led2": false, "delay": 0.5},
  {"led1": true, "led2": false, "delay": 1},
  {"led1": false, "led2": true, "delay": 1}
]
```

それほど難しい構造のJSONではありませんが、図でも確認しておきましょう。led1とled2とdelayの3つの値を持つオブジェクトの配列という構造です。

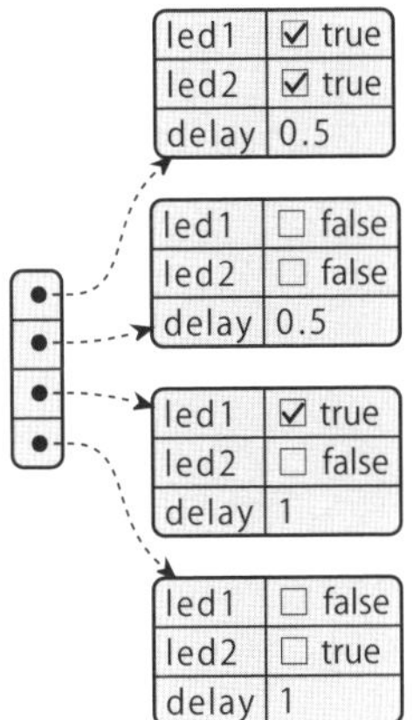

●JSONの構造を図で表したもの

2つのLEDの状態をled1とled2で変更し、delayに指定した秒数だけ待機して、次のオブジェクトにある指示を実行するというものにします。

手順 5 JSONを元にLEDを点灯するプログラム

それでは、JSONファイルを読み込んで、LEDの状態を制御するプログラムを確認してみましょう。

●src/ch3/led2.py

```
import RPi.GPIO as GPIO
import json, time

# データファイルの指定 --- (※1)
datafile = "led2.json"
# GPIO番号を指定 --- (※2)
led1 = 14
led2 = 15

# JSONファイルを読み込む --- (※3)
with open(datafile, encoding='utf-8') as fp:
    data = json.load(fp)

# GPIOを初期化 --- (※4)
GPIO.setwarnings(False)
GPIO.setmode(GPIO.BCM)
GPIO.cleanup()
# GPIOを出力モードに設定 --- (※5)
GPIO.setup(led1, GPIO.OUT)
```

1章 2章 3章 4章 5章 6章 7章 Appendix

```
GPIO.setup(led2, GPIO.OUT)

while True:
    for i in data:
        # LEDの状態を変更 --- (※6)
        v1 = i['led1']
        v2 = i['led2']
        delay = i['delay']
        GPIO.output(led1, v1)
        GPIO.output(led2, v2)
        # 待機 --- (※7)
        time.sleep(delay)
```

プログラムの (※1) では、LED の点灯指示を行う手順 4 で作成した JSON ファイル名を指定します。(※2) では GPIO の番号を指定します。先のプログラムと同様ですが、ピン番号ではなく GPIO の機能番号を指定します。

(※3) では JSON ファイルを読み込みます。(※4) では GPIO を初期化します。そして (※5) で GPIO を出力モードに設定します。LED の点灯消灯を指示する場合、このように、GPIO.OUT を指定します。

(※6) では JSON から読み込んだデータを元に、GPIO の状態を制御します。これにより LED の点灯と消灯を制御します。(※7) では指定秒だけ待機します。そして、while 文と for 文を利用して (※6) の処理を繰り返します。

手順 6 実行してみよう

プログラムを実行するには、Raspberry Pi のターミナルで、以下のコマンドを実行します。

```
$ python3 led2.py
```

プログラムの実行を止めるには、ターミナルで [Ctrl]+[c] キーを押します。

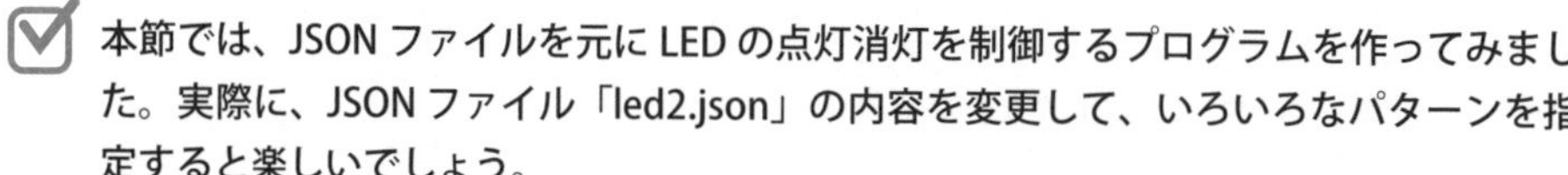

まとめ

本節では、JSON ファイルを元に LED の点灯消灯を制御するプログラムを作ってみました。実際に、JSON ファイル「led2.json」の内容を変更して、いろいろなパターンを指定すると楽しいでしょう。

また、本節では LED2 つだけを制御しましたが、同様の方法で、さらに LED を増やすこともできます。本書は電子工作については、詳しく解説しませんが、Raspberry Pi を使った電子工作についての資料はたくさんあるので、次のステップとして電子工作に進むのも良いでしょう。

3章

4

温度湿度センサーの値をJSON出力してサーバーに送信しよう

ネットワークに接続してデバイスから収集したデータを送信するセンサーをIoTセンサーと呼びます。ここでは、Raspberry Piで得た温度湿度センサーの値を定期的にサーバーに送信するプログラムを作ってみましょう。

Keyword

●IoTセンサー ●温度湿度センサー
●DHT11

この節で作るもの

●温度湿度センサーの値を取得してサーバーに送信

温度湿度センサー（DHT11）の値を取得してサーバーに送信するシステムを作ってみましょう。

●温度湿度センサーの値を取得しよう

Raspberry Pi側ではセンサーの値を取得して、サーバーに送信します。そして、サーバー側では、受信した値をJSONファイルに保存します。

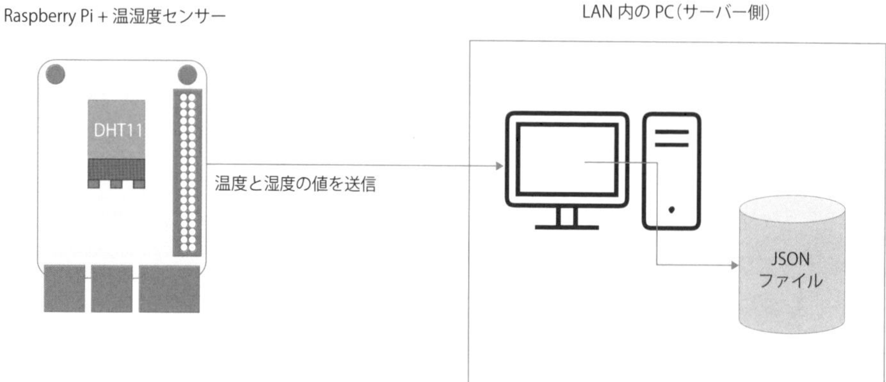

●温度湿度を取得したらサーバーに送信する

温度湿度センサーがない方のために、センサーの値をダミーで出力するプログラムも用意しています。

手順 1 温度湿度センサーを確認しよう

本節で利用するのは、入手が容易なデジタル温度湿度センサー DHT11（あるいは DHT22）です。DHT11 で調べると次の 2 種類が見つかります。両者の違いですが、右側が DHT11 のセンサー単体であり、左側のものは基板に DHT11 が載っており、Raspberry Pi から使いやすくモジュール化されたものです。

右側のセンサー単体のものでもブレッドボード上で抵抗を加えれば同じように使うことができます。それでも利用の容易さを優先して、ここでは左側のモジュール化されたものを使いましょう。左側のモジュール化されたものは、足が 3 本であり、(+)、(out)、(-) と役割が決まっています。

●DHT11 について - 今回は左側のモジュール化されたものを使う

手順 2 温度湿度センサーと Raspberry Pi を接続しよう

DHT11 と Raspberry Pi（以下、ラズパイと省略）は次のように接続します。

- DHT11 の（+）> ラズパイの 1 番ピン（3.3V）
- DHT11 の（out）> ラズパイの 8 番ピン（GPIO14）
- DHT11 の（-）> ラズパイの 6 番ピン（Ground）

図にすると次のようになるでしょう。以下の図ではブレッドボードを介していますが、直接 Raspberry Pi につなげてしまっても問題ありません。

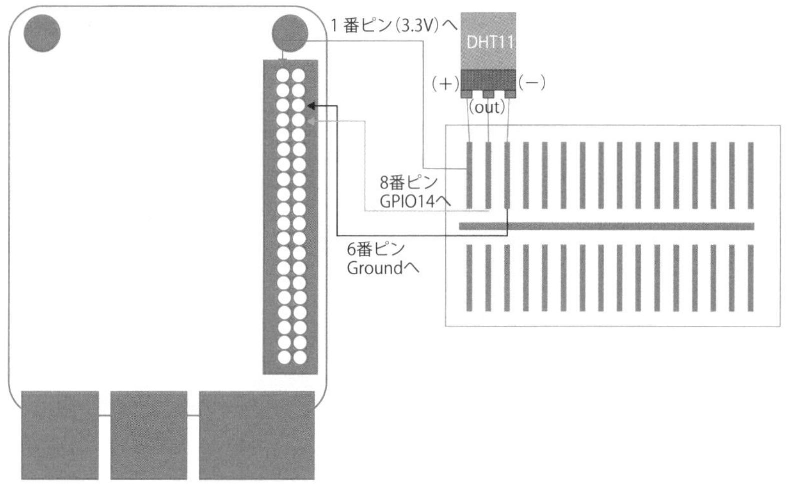

●DHT11 と Raspberry Pi の接続図

また、ここでは、Raspberry Pi をインターネットに接続しておく必要があります。デスクトップ画面の右上にある Wi-Fi のアイコンをクリックして Wi-Fi に接続できます。あるいは、Raspberry Pi の LAN ポートとルーターを接続します。

●Raspberry Pi のデスクトップの右上から無線 LAN に接続できる

手順 3 DHT11 用の Python パッケージをインストール

DHT11 を手軽に利用するための Python パッケージが用意されています。Raspberry Pi のターミナルを起動して、DHT11 と requests をインストールしましょう。次のコマンドを実行してインストールしましょう。

```
$ python3 -m pip install dht11 requests
```

手順 4 Raspberry Pi 側のプログラム

最初に Raspberry Pi 側のプログラムを作りましょう。このプログラムは、DHT11 のセンサーの値を取得して、サーバー側（LAN 内の PC）に送信するプログラムです。そのため、次の (※1) のサーバー側の IP アドレスを調べて書き換えましょう。

●src/ch3/dht11raspi.py

```
import RPi.GPIO as GPIO
import dht11
import json, time, requests

# LAN内にあるサーバーのアドレス --- (※1)
server_url = 'http://192.168.0.103:8787'

# GPIOを初期化 --- (※2)
GPIO.setwarnings(False)
```

```
GPIO.setmode(GPIO.BCM)
GPIO.cleanup()

# GPIO14でDHT11の値を読む --- (※3)
sensor = dht11.DHT11(pin=14)

while True:
    # センサーの値を取得 --- (※4)
    v = sensor.read()
    if v.is_valid(): # 成功の場合
        temp = v.temperature
        humi = v.humidity
        print('温度:{}度/湿度:{}%'.format(temp, humi))
        # サーバーに値を送信 --- (※5)
        api = '{}?t={}&h={}'.format(server_url, temp, humi)
        try:
            requests.get(api)
        except:
            print('送信エラー:', api)
        time.sleep(10) # 10秒に1回値を読む
    else: # 失敗の場合
        print("取得エラー: {}".format(v.error_code))
        time.sleep(1)
```

プログラムの (※1) には LAN 内にある PC のアドレスを指定します。なお、PC の IP アドレスを調べるには、PC でターミナルを起動して次のようなコマンドを実行します。表示された IP アドレス（一般的には 192.168.xxx.xxx のような値）を指定します。

```
# WindowsでIPアドレスを調べる場合
$ ipconfig
# macOS/LinuxでIPアドレスを調べる場合
$ ifconfig | grep inet
```

Raspberry Pi 側のプログラムを確認してみましょう。プログラムの (※2) の部分では、GPIO を初期化します。(※3) では DHT11 で値を読み取るために、dht11 モジュールを使う準備をします。ここでは、GPIO14 を使うように指定します。

(※4) 以降では連続でセンサーの値を取得します。なお、DHT11 のセンサーは安価であるため、正しくデータが読み取れない場合も多くあります。そのため、値を取得したら、その値が正しいかどうか is_valid メソッドで検証します。センサーから正しく値が読み取れた場合、(※5) で requests.get メソッドでサーバーに値を送信します。

手順 5 サーバー側（PC側）のプログラム

次に、Raspberry Piと同じLAN内にあるPCをサーバーにして、センサーの値を受信するWebサーバーのプログラムを作りましょう。このプログラムを起動すると、Webサーバーを起動し、Raspberry Piからデータが送信されるのを待機します。データを受信したら、JSONファイルへセンサーの値を追記します。

●src/ch3/dht11server.py

```
from flask import Flask, request, redirect
import json, os
from datetime import datetime

# 初期設定 --- (※1)
jsonfile = 'dht11.json' # 保存先のファイルを指定
app = Flask(__name__) # Flaskを生成

# アクセスがあったとき --- (※2)
@app.route('/')
def index():
    # 投稿されたデータを取得する --- (※3)
    t = request.args.get('t', '') # 温度
    h = request.args.get('h', '') # 湿度
    if t == '' or h == '': return 'False'
    dt = datetime.now().strftime('%Y/%m/%d %H:%M:%S')
    # 取得した値をJSONに書き込む --- (※4)
    data = []
    if os.path.exists(jsonfile):
        with open(jsonfile, encoding='utf-8') as fp:
            data = json.load(fp)
    data.append({
        'time': dt,
        'temp': float(t),
        'humi': float(h)
    })
    with open(jsonfile, 'w', encoding='utf-8') as fp:
        json.dump(data, fp)
    return 'True'

if __name__ == '__main__': # サーバー起動 --- (※5)
    app.run('0.0.0.0', 8787, debug=True)
```

サーバー側のプログラムを確認してみましょう。(※1)ではJSONファイルの保存先を指定します。(※2)ではRaspberry Piからのアクセスがあったときに、関数indexを実行するように指定します。

(※3)ではRaspberry Piから送信されたデータを取得します。パラメーターのtに温度、hに湿度が

入っています。正しく値が受信できたら、(※4) で JSON ファイルに追記します。

(※5) では、app.run メソッドでサーバーを起動します。この時、ポート番号に 8787 を指定し、サーバーのアドレスに '0.0.0.0' を指定します。サーバーアドレスに '0.0.0.0' を指定することで、LAN 内のほかの端末からのアクセスを許可します。この指定をしないと、他のマシンからのアクセスを遮断してしまいます。

手順 6 プログラムを実行しよう

今回のシステムは、センサーの値を記録するサーバー側と、センサーの値を送信するクライアント側（Raspberry Pi 側）という 2 つのマシンで構成されます。

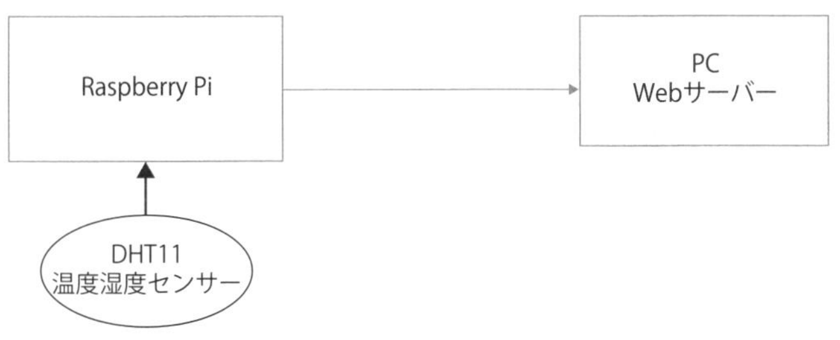

●Raspberry Pi からセンサーの値を PC 側に送信する

まずは、センサーの値を記録するサーバー側のプログラムを実行しましょう。PC 側でターミナルを起動してプログラムを実行しましょう。

```
# サーバー側(PC)で実行
$ python3 dht11server.py
```

続いて、センサーの値を 10 秒に 1 回取得して、サーバーに送信するクライアント側（Raspberry Pi 側）のプログラムを実行しましょう。手順 2 から 4 の準備が整った Raspberry Pi 側で以下のコマンドを実行しましょう。

```
# クライアント側(Raspberry Pi)で実行
$ python3 dht11raspi.py
```

コラム

温度湿度センサーがなくても大丈夫

もし温度湿度センサーを入手していない場合には、上記のプログラムの代わりにサンプルに含まれる「dht11raspi_dummy.py」を実行しましょう。センサーの値の代わりにランダムな値をサーバーに送信します。

上記のコマンドを実行すると、次のような値が表示されることでしょう。DHT11のセンサーの値は毎回正しく取れるわけではないので、時々エラーも表示されます。

```
$ python3 dht11raspi.py
...
取得エラー: 1
取得エラー: 2
温度:27.0度/湿度:48.0%
温度:27.0度/湿度:46.0%
取得エラー: 1
取得エラー: 2
温度:27.0度/湿度:46.0%
...
```

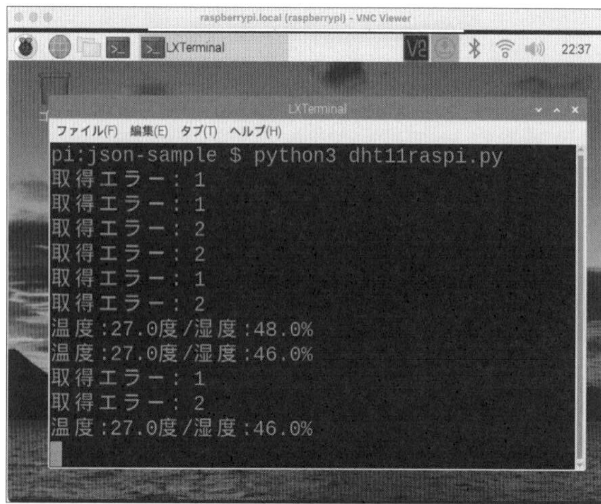

●Raspberry Pi 上で実行しているところ

上記のプログラムで「送信エラー...」と表示される場合には、正しくサーバー側にデータが送信できていません。その場合、改めてPC側のIPアドレスを調べて手順4のプログラム「dht11raspi.py」の(※1)のIPアドレスを書き換えてください。

手順 7 実行結果を確認しよう

プログラムを起動して、そのままにしておくとサーバー側にセンサーの値が送信されます。サーバー側のターミナルを確認してみましょう。Raspberry Piからのアクセスがあると、ターミナルにどんなリクエストが来たのか確認できます。

```
ch3 % python3 dht11server.py
 * Serving Flask app 'dht11server' (lazy loading)
 * Environment: production
   WARNING: This is a development server. Do not use it in a production deployment.
   Use a production WSGI server instead.
 * Debug mode: on
 * Running on all addresses.
   WARNING: This is a development server. Do not use it in a production deployment.
 * Running on http://10.8.0.10:8787/ (Press CTRL+C to quit)
 * Restarting with stat
 * Debugger is active!
 * Debugger PIN: 113-116-739
192.168.0.107 - - [30/Jul/2022 23:16:18] "GET /?t=24.0&h=46.0 HTTP/1.1" 200 -
192.168.0.107 - - [30/Jul/2022 23:16:30] "GET /?t=24.0&h=44.0 HTTP/1.1" 200 -
192.168.0.107 - - [30/Jul/2022 23:16:41] "GET /?t=24.0&h=45.0 HTTP/1.1" 200 -
192.168.0.107 - - [30/Jul/2022 23:16:52] "GET /?t=24.0&h=44.0 HTTP/1.1" 200 -
192.168.0.107 - - [30/Jul/2022 23:17:02] "GET /?t=25.0&h=46.0 HTTP/1.1" 200 -
192.168.0.107 - - [30/Jul/2022 23:17:13] "GET /?t=24.0&h=45.0 HTTP/1.1" 200 -
192.168.0.107 - - [30/Jul/2022 23:17:23] "GET /?t=24.0&h=44.0 HTTP/1.1" 200 -
192.168.0.107 - - [30/Jul/2022 23:17:35] "GET /?t=24.0&h=45.0 HTTP/1.1" 200 -
192.168.0.107 - - [30/Jul/2022 23:17:45] "GET /?t=24.0&h=44.0 HTTP/1.1" 200 -
192.168.0.107 - - [30/Jul/2022 23:17:56] "GET /?t=24.0&h=45.0 HTTP/1.1" 200 -
192.168.0.107 - - [30/Jul/2022 23:18:08] "GET /?t=24.0&h=45.0 HTTP/1.1" 200 -
192.168.0.107 - - [30/Jul/2022 23:18:18] "GET /?t=24.0&h=44.0 HTTP/1.1" 200 -
192.168.0.107 - - [30/Jul/2022 23:18:28] "GET /?t=25.0&h=45.0 HTTP/1.1" 200 -
192.168.0.107 - - [30/Jul/2022 23:18:40] "GET /?t=24.0&h=44.0 HTTP/1.1" 200 -
192.168.0.107 - - [30/Jul/2022 23:18:51] "GET /?t=24.0&h=44.0 HTTP/1.1" 200 -
192.168.0.107 - - [30/Jul/2022 23:19:01] "GET /?t=24.0&h=45.0 HTTP/1.1" 200 -
192.168.0.107 - - [30/Jul/2022 23:19:11] "GET /?t=25.0&h=44.0 HTTP/1.1" 200 -
192.168.0.107 - - [30/Jul/2022 23:19:21] "GET /?t=24.0&h=45.0 HTTP/1.1" 200 -
192.168.0.107 - - [30/Jul/2022 23:19:33] "GET /?t=24.0&h=45.0 HTTP/1.1" 200 -
192.168.0.107 - - [30/Jul/2022 23:19:43] "GET /?t=24.0&h=45.0 HTTP/1.1" 200 -
192.168.0.107 - - [30/Jul/2022 23:19:54] "GET /?t=24.0&h=45.0 HTTP/1.1" 200 -
192.168.0.107 - - [30/Jul/2022 23:20:06] "GET /?t=24.0&h=45.0 HTTP/1.1" 200 -
192.168.0.107 - - [30/Jul/2022 23:20:18] "GET /?t=24.0&h=44.0 HTTP/1.1" 200 -
192.168.0.107 - - [30/Jul/2022 23:20:30] "GET /?t=24.0&h=45.0 HTTP/1.1" 200 -
192.168.0.107 - - [30/Jul/2022 23:20:40] "GET /?t=24.0&h=45.0 HTTP/1.1" 200 -
192.168.0.107 - - [30/Jul/2022 23:20:50] "GET /?t=24.0&h=45.0 HTTP/1.1" 200 -
192.168.0.107 - - [30/Jul/2022 23:21:00] "GET /?t=24.0&h=45.0 HTTP/1.1" 200 -
192.168.0.107 - - [30/Jul/2022 23:21:10] "GET /?t=24.0&h=45.0 HTTP/1.1" 200 -
```

●サーバー側でセンサーの値を受信したところ

そして、JSON ファイル「dht11.json」にセンサーの値が記録されます。JSON ファイルを確認してみましょう。日時（time）と温度（temp）と湿度（humi）というオブジェクトの配列という構造になっています。

```
[
  {
    "time": "2022/08/01 09:43:13",
    "temp": 27.0,
    "humi": 38.0
  },
  {
    "time": "2022/08/01 09:43:23",
    "temp": 27.0,
    "humi": 38.0
  },
  {
    "time": "2022/08/01 09:43:34",
    "temp": 27.0,
    "humi": 39.0
  },
  {
    "time": "2022/08/01 09:43:47",
    "temp": 27.0,
    "humi": 38.0
  },
  {
    "time": "2022/08/01 09:43:57",
    "temp": 27.0,
    "humi": 38.0
  },
  {
    "time": "2022/08/01 09:44:08",
    "temp": 27.0,
    "humi": 39.0
  },
  {
    "time": "2022/08/01 09:44:18",
    "temp": 28.0,
```

●記録された JSON ファイル

まとめ

本節では Raspberry Pi と温湿度センサーの DHT11 を使って、IoT センサーを作ってみました。Raspberry Pi を使う事で簡単にネットワーク対応のセンサーが作成できます。今回利用した温度湿度センサーの DHT11 をはじめ、多くのセンサーは安価で扱いやすいものです。いろいろなセンサーを試してみると良いでしょう。

3章

5 Raspberry Piで収集したセンサーの値をPCでグラフ描画

前節では Raspberry Pi で定期的にセンサーの値をサーバーに送信するプログラムを作りました。そこで本節では手軽にセンサーの値を確認できるように、センサーの値を元にしてグラフを描画するようにしてみましょう。

Keyword

- IoTセンサー
- DHT11
- データの可視化

この節で作るもの

- センサーの値をグラフ描画する

前節で作った温度湿度センサーに加えて、内蔵 CPU 温度センサーの値を記録します。そして、センサーの値を元にしてグラフを描画してみましょう。グラフで可視化することで、センサーの値を直感的に把握できます。

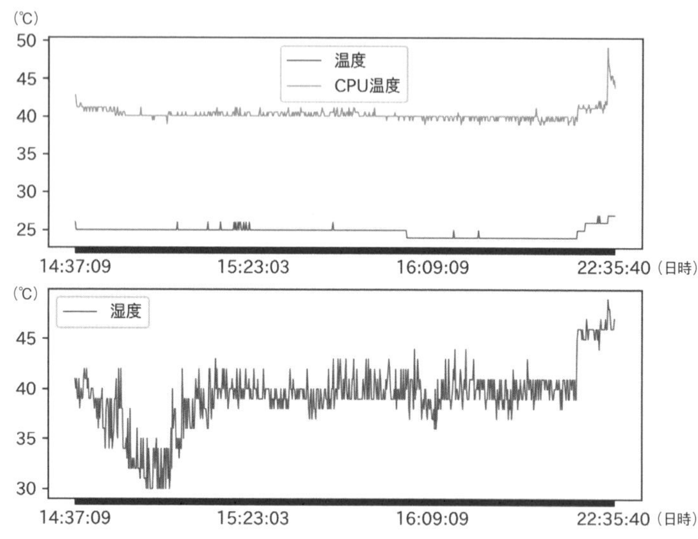

●室温と CPU 温度、湿度のグラフを描画したところ

ここで作るシステムの構成

基本的には前節と同じ構成で、センサーの値をサーバーに送信するRaspberry Piと、送信された値をJSONファイルに保存するWebサーバーのPCという構成です。ただし、今回は、保存したJSONファイルを元にして、グラフを描画してユーザーに直感的にデータを確認してもらえるシステムを作ります。ユーザーがブラウザーでサーバーの「/graph」にアクセスするとグラフが表示されるようにします。

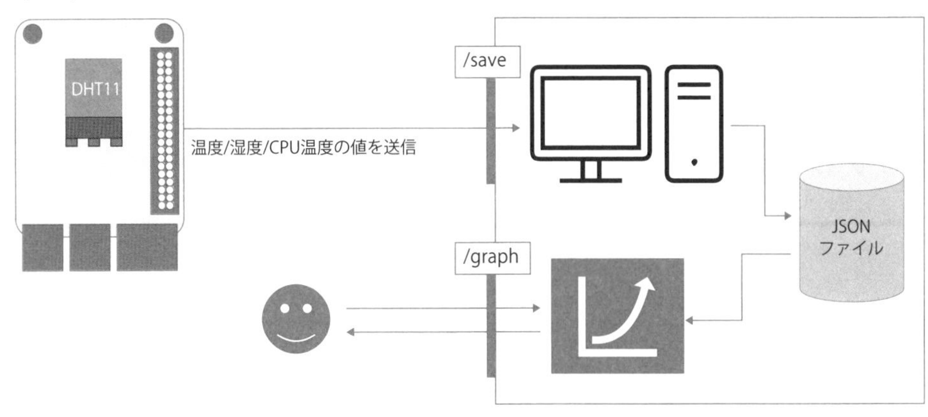

●ここで作るシステムの構成

なお、前節を参考にして、Raspberry PiにDHT11センサーを接続しておきましょう。

手順 1 Raspberry Pi側のプログラム

最初にRaspberry Pi側のプログラムを用意しましょう。ここでは、前節で作った温度湿度センサーDHT11と、本章の最初に作ったCPU温度を取得するプログラムを組み合わせて、室内温度、湿度、CPU温度の3つの値を取得するプログラムを作ります。

そして、取得したセンサーの値をサーバーに送信するようにします。そのため、前節を参考にして、(※1)のLAN内のサーバーアドレスを書き換えましょう。また、Pythonのdht11モジュールやrequestsモジュールもインストールしてあるものとします。

●src/ch3/get_sensor_raspi.py

```
import RPi.GPIO as GPIO
import dht11
import json, time, requests, subprocess

# LAN内にあるサーバーのアドレス --- (※1)
```

```
server_url = 'http://192.168.0.103:8889/save'
# GPIOを初期化 --- (※2)
GPIO.setwarnings(False)
GPIO.setmode(GPIO.BCM)
GPIO.cleanup()

# CPU温度を取得する --- (※3)
def get_cpu_temp():
    try:
        proc = subprocess.run(['vcgencmd', 'measure_temp'],
        stdout = subprocess.PIPE)
        s = proc.stdout.decode('utf8')
        s = s.replace("'C", '').strip()
        temp = s.split('=')[1]
        return float(temp)
    except Exception as e:
        print('CPU温度の取得に失敗', e)
        return 0.0

# GPIO14でDHT11の値の読み取り用に設定 --- (※4)
sensor = dht11.DHT11(pin=14)
while True:
    # DHT11から値を取得 --- (※5)
    v = sensor.read()
    if v.is_valid(): # 成功の場合
        temp = v.temperature
        humi = v.humidity
        # CPU温度の取得
        cpu_temp = get_cpu_temp()
        print('温度:', temp, 'CPU:', cpu_temp, '湿度:', humi)
        # サーバーに値を送信 --- (※6)
        api = '{}?t={}&h={}&c={}'.format(
                server_url, temp, humi, cpu_temp)
        try:
            requests.get(api)
        except:
            print('送信エラー:', api)
        time.sleep(10) # 10秒に1回値を読む
    else: # 失敗の場合
        print("取得エラー: {}".format(v.error_code))
        time.sleep(1)
```

プログラムを確認してみましょう。(※1) では、LAN 内にあるサーバーアドレスを指定します。

(※2) では Raspberry Pi の GPIO を初期化します。そして、(※3) で定義している関数 get_cpu_temp は vcgencmd コマンドを実行して、CPU 温度を取得します。

(※4) では GPIO14 を指定して、温湿度センサー DHT11 を初期化します。その後、繰り返しセンサーの値を取得してサーバーに送信します。

(※5) で温度と湿度の値を取得します。センサーの値の取得に成功した時は続けて、CPU 温度を取得します。

そして (※6) でサーバーにセンサーの値を送信します。ここでは GET メソッドでパラメーターを送信します。

コラム

Raspberry Pi が手元にない場合

基本的には本節で解説するプログラムを実行するには、Raspberry Pi と温湿度センサーの DHT11 が必要です。しかし、Raspberry Pi が手元にない場合でも、プログラムを楽しめるように、ダミーでセンサーの値を出力するプログラム「dummy_sensor.py」を用意しています。Raspberry Pi が手元にない場合「get_sensor_raspi.py」の代わりに、「dummy_sensor.py」を実行すると良いでしょう。

手順 2a サーバー側 PC のプログラム

次にサーバー側のプログラムを確認してみましょう。このプログラムには、Raspberry Pi から送信されたセンサーのデータを JSON ファイルに保存する機能と、JSON ファイルからグラフを描画して出力する 2 つの機能を持たせました。

●src/ch3/get_sensor_server.py

```
from flask import Flask, request, redirect, send_file
import json, os
from datetime import datetime
import sensor_graph

# 初期設定  --- (※1)
jsonfile = 'sensor.json'
pngfile = 'sensor.png'
app = Flask(__name__) # Flaskを生成

# サーバーのルートにアクセスがあった時 --- (※2)
@app.route('/')
def index():
    return "/save or <a href='/graph'>/graph</a>"

# JSONファイルを元にグラフを描画 --- (※3)
@app.route('/graph')
def graph():
    sensor_graph.draw_file(jsonfile, pngfile)
    # 描画したファイルを出力 --- (※4)
```

```
    return send_file(pngfile, mimetype='image/png')

# センサーの値を保存する --- (※5)
@app.route('/save')
def save():
    # 受信したデータを取り出す --- (※6)
    t = request.args.get('t', '') # 温度
    h = request.args.get('h', '') # 湿度
    c = request.args.get('c', '') # CPU温度
    if t == '' or h == '' or c == '': return 'False'
    dt = datetime.now().strftime('%Y/%m/%d %H:%M:%S')
    # 取得した値をJSONに書き込む --- (※7)
    data = []
    if os.path.exists(jsonfile):
        with open(jsonfile, encoding='utf-8') as fp:
            data = json.load(fp)
    data.append({
        'time': dt,
        'temp': float(t),
        'humi': float(h),
        'cpu': float(c),
    })
    with open(jsonfile, 'w', encoding='utf-8') as fp:
        json.dump(data, fp)
    return 'True'

if __name__ == '__main__': # サーバー起動 --- (※8)
    app.run('0.0.0.0', 8889, debug=True)
```

プログラムを確認してみましょう。(※1) では保存する JSON ファイルや PNG ファイルの名前などを指定します。

(※2) ではサーバーのルートにアクセスがあった時に実行する処理を指定します。サーバーが起動しているかチェックするのに使います。

そして、(※3) ではサーバーの「/graph」にアクセスがあった時に実行する処理を指定します。ここでは、JSON ファイルを元にグラフを描画し PNG ファイルを保存します。そして、(※4) で PNG ファイルをブラウザーに出力します。ただし、JSON ファイルからグラフを描画する処理は、少し長くなったので別ファイル「sensor_graph.py」にしました。このプログラムから sensor_graph をモジュールとして使うようにしています。このファイルはこの後手順 2b で紹介します。

(※5) ではサーバーに対して「/save」のアクセスがあった時の処理を指定します。ここでは、Raspberry Pi から送信されたセンサーの値を取得して JSON ファイルに書き込みます。(※6) では受信したデータを取り出し、(※7) では実際に JSON に書き込みます。

(※8) では、ポート 8889 番で Web サーバーを起動します。前節のプログラムでも紹介したように、アドレスに '0.0.0.0' を指定することで、マシン外部からのアクセスを許可します。

手順 2b サーバー側でグラフを描画するプログラム

次に、上記手順 2a からグラフを描画するのに使われるプログラムを確認してみましょう。JSON ファイルを元にグラフを描画するプログラムです。

●src/ch3/sensor_graph.py

```
import os, sys, json, japanize_matplotlib
import matplotlib
import matplotlib.pyplot as plt
matplotlib.use('Agg') # バックエンドで「Agg」に指定 --- (※1)

def draw_graph(data, pngfile):
    # 線グラフを描画するようにデータを分割 --- (※2)
    x, temp, cpu, humi, xx = [],[],[],[],[]
    l_count = int(len(data) / 3)
    for i, row in enumerate(data):
        t = row['time'].split(' ')[1] # 時間
        t2 = t if (i % l_count == 0) else ''
        x.append(i)
        xx.append(t2)
        temp.append(float(row['temp'])) # 温度
        humi.append(float(row['humi'])) # 湿度
        cpu.append(float(row['cpu'])) # CPU温度
    # グラフ上段を描画 --- (※3)
    fig = plt.figure()
    ay1 = fig.add_subplot(2, 1, 1)
    ay1.plot(x, temp, label='温度', linewidth=0.7)
    ay1.plot(x, cpu, label='CPU温度', linewidth=0.7)
    ay1.set_xticks(x)
    ay1.set_xticklabels(xx)
    ay1.legend()
    # グラフ下段を描画 --- (※4)
    ay2 = fig.add_subplot(2, 1, 2)
    ay2.plot(x, humi, label='湿度', linewidth=0.7)
    ay2.set_xticks(x)
    ay2.set_xticklabels(xx)
    ay2.legend()
    plt.savefig(pngfile, dpi=300) # --- (※5)

def draw_file(jsonfile, pngfile):
    # JSONファイルを読む --- (※6)
    if not os.path.exists(jsonfile): return
    with open(jsonfile, encoding='utf-8') as fp:
        data = json.load(fp)
    draw_graph(data, pngfile)
```

```
# コマンドラインから実行する場合 --- (※7)
if __name__ == '__main__':
    draw_file('sensor.json', 'sensor.png')
```

プログラムを確認してみましょう。(※1) では matplotlib の描画用バックエンドエンジンを「Agg」に切り替えます。matplotlib の標準設定では、グラフを描画する場合に、グラフの描画に通常の Tkinter を用いた描画エンジンを使います。それで、show メソッドを呼び出すと、ウィンドウが表示され、その中にグラフが描画されるのです。しかし、この Tkinter の描画エンジンを Web サーバーから使うことはできません。そのため『matplotlib.use('Agg')』と記述することで、描画エンジンを Agg に切り替える必要があります。

(※2) ではグラフを描画するために、JSON から読み込んだデータを時間、温度、湿度、CPU 温度に分けます。

そして、(※3) でグラフ上段を描画します。fig.add_subplot メソッドを使う事で、複数のグラフを描画することを指定します。ここでは温度と CPU 温度を描画します。(※4) ではグラフ下段の湿度を描画します。グラフを描画したら (※5) で PNG ファイルに保存します。

(※6) では JSON ファイルを読み出して関数 draw_graph を呼び出します。(※7) ではコマンドラインから実行した場合の処理を記述します。なお、(※7) のように、__name__ を参照することで、モジュールとして外部のプログラムから読み込んだ場合と、コマンドラインから直接実行した場合で処理を分けることができます。

手順 3 プログラムを実行しよう

それでは、プログラムを実行しましょう。まずは、PC 側のサーバーを実行します。ターミナルを起動して次のコマンドを実行しましょう。

```
# PC側でWebサーバーを起動
$ python3 get_sensor_server.py
```

●Raspberry Pi でセンサーの値を取得して送信しているところ

次に、Raspberry Pi 側のプログラムを実行しましょう。Raspberry Pi のターミナルを起動して次のコマンドを実行しましょう。

```
# Raspberry Piで実行
$ python3 get_sensor_raspir.py
```

上記のプログラムを実行すると、Raspberry Pi から PC 側に対して 10 秒に 1 度センサーの値を送信するようになります。実行してしばらく経つとサーバー側に次のようなログが表示されます。

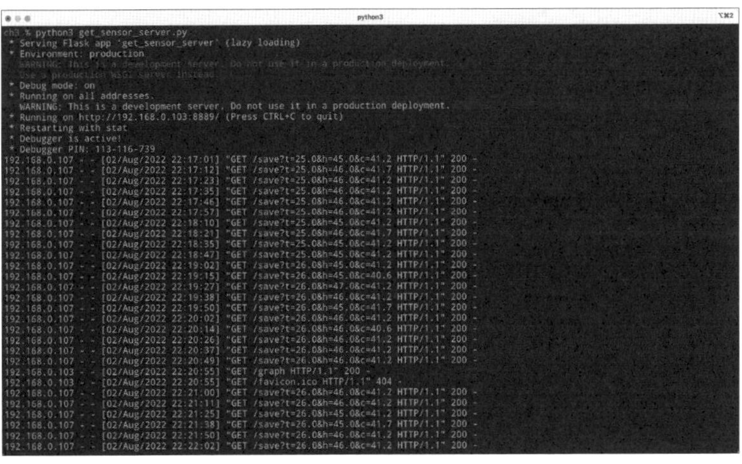

●Raspberry Pi から PC 側に対してセンサーの値が送信される

しばらく時間経過した後で、ブラウザーを起動して次のアドレスにアクセスしましょう。（サーバーアドレス）の部分は、192.168.xxx.xxx のような IP アドレスを指定します。

```
http://(サーバーアドレス):8889/graph
```

するとブラウザー内に次のようなグラフが表示されます。

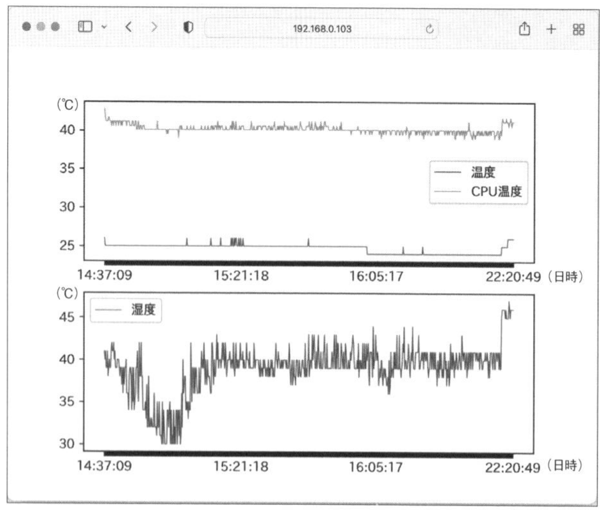

●ブラウザーで /graph にアクセスしたところ

手順 4 JSON ファイルを確認しよう

改めてサーバーに保存された JSON ファイルを確認してみましょう。

time	2022/08/01 14:37:09
temp	26.0
humi	41.0
cpu	42.8

time	2022/08/01 14:37:22
temp	25.0
humi	40.0
cpu	41.7

time	2022/08/01 14:37:34
temp	25.0
humi	41.0
cpu	41.2

time	2022/08/01 14:37:48
temp	25.0
humi	39.0
cpu	41.2

time	2022/08/01 14:38:02
temp	25.0
humi	39.0
cpu	41.2

●JSONファイルの構造を図示したもの

上の図はJSONの構造を図で示したものです。日時（time）、室温（temp）、湿度（humi）、CPU温度（cpu）の値を持つオブジェクトの配列となっています。

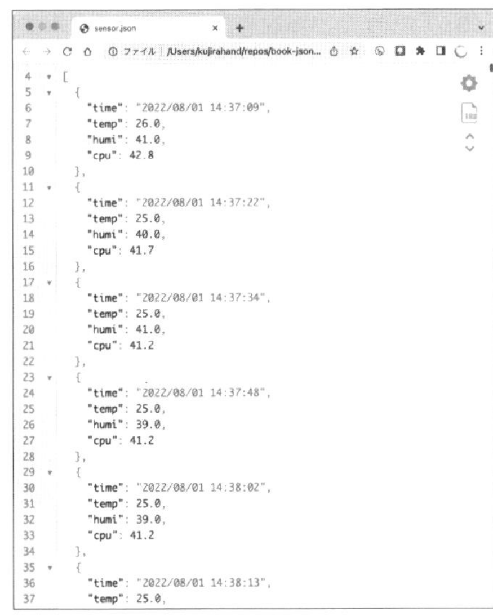

```
[
  {
    "time": "2022/08/01 14:37:09",
    "temp": 26.0,
    "humi": 41.0,
    "cpu": 42.8
  },
  {
    "time": "2022/08/01 14:37:22",
    "temp": 25.0,
    "humi": 40.0,
    "cpu": 41.7
  },
  {
    "time": "2022/08/01 14:37:34",
    "temp": 25.0,
    "humi": 41.0,
    "cpu": 41.2
  },
  {
    "time": "2022/08/01 14:37:48",
    "temp": 25.0,
    "humi": 39.0,
    "cpu": 41.2
  },
  {
    "time": "2022/08/01 14:38:02",
    "temp": 25.0,
    "humi": 39.0,
    "cpu": 41.2
  },
  {
    "time": "2022/08/01 14:38:13",
    "temp": 25.0,
```

●JSONファイルの構造を図にしたもの

これまで見てきたJSONと同じで、単純なオブジェクトの配列となっています。このような無駄を省いた配列データはプログラムから扱い易いものです。このようなデータ構造であれば、JSON形式とCSV形式を相互に変換するのも難しくありません。

次のような簡単なプログラムでCSVに変換できます。

●src/ch3/sensor_json2csv.py

```
import json
# JSONを読む
data = json.load(open('sensor.json', encoding='utf-8'))
# CSVとして出力
print("Time,Temperature,Humidity,CPU")
for r in data:
    print("{},{},{},{}".format(
        r['time'], r['temp'], r['humi'], r['cpu']))
```

このプログラムを実行してCSVファイルを保存するには、コマンドラインから次のように実行します。

```
$ python3 sensor_json2csv.py > sensor.csv
```

本書の前の章では、CSVやExcelファイルをJSONで変換する方法を推奨していますが、場合によってはJSONファイルよりもCSVファイルの方が便利な場面も多いでしょう。特に、データの分析を行いたい場合などは、Excelやその他の表計算ソフトの実力を借りるのが早い場合も多くあるので、JSONファイルをCSVに変換する方法も、必要になることでしょう。

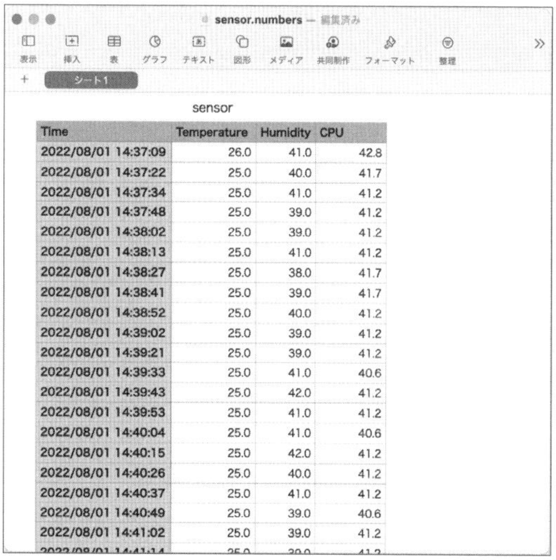

sensor

Time	Temperature	Humidity	CPU
2022/08/01 14:37:09	26.0	41.0	42.8
2022/08/01 14:37:22	25.0	40.0	41.7
2022/08/01 14:37:34	25.0	41.0	41.2
2022/08/01 14:37:48	25.0	39.0	41.2
2022/08/01 14:38:02	25.0	39.0	41.2
2022/08/01 14:38:13	25.0	41.0	41.2
2022/08/01 14:38:27	25.0	38.0	41.7
2022/08/01 14:38:41	25.0	39.0	41.7
2022/08/01 14:38:52	25.0	40.0	41.2
2022/08/01 14:39:02	25.0	39.0	41.2
2022/08/01 14:39:21	25.0	39.0	41.2
2022/08/01 14:39:33	25.0	41.0	40.6
2022/08/01 14:39:43	25.0	42.0	41.2
2022/08/01 14:39:53	25.0	41.0	41.2
2022/08/01 14:40:04	25.0	41.0	40.6
2022/08/01 14:40:15	25.0	42.0	41.2
2022/08/01 14:40:26	25.0	40.0	41.2
2022/08/01 14:40:37	25.0	41.0	41.2
2022/08/01 14:40:49	25.0	39.0	40.6
2022/08/01 14:41:02	25.0	39.0	41.2

●macOSのNumbersでCSVを開いたところ

状況に応じて、データフォーマットを使い分けるのも大切です。加えて、センサーの値を保存する場合には、できるだけ単純なデータ構造にしておくことも大切です。

LAN内ではなくインターネット上のサーバーを使う方法

今回のプログラムはLAN内に配置したパソコンに対してセンサーの値を送信する仕組みにしました。しかし、インターネット上にあるサーバーに対してセンサーの値を送信したい場合も多いことでしょう。いくつかの方法があるので、ここで紹介します。

自宅マシンを安全にインターネットに公開する

一つ目の方法は、自宅のマシンをインターネット上に公開して、そのマシンに対してセンサーの値を送る方法です。

もちろん、ルーターの設定を変更すれば、比較的手軽にWebサーバーを公開できます。しかし、不正アクセスによる攻撃の対象になる可能性があり、昨今セキュリティの観点からこの方法はあまり推奨されません。

そこで、利用したいのが「ngrok」というサービスです。ngrokを使うと、ルーターの設定を変更することなく、安全なトンネルを介してローカルネットワークのポートをインターネットに公開することができます。

URL ngrok
https://ngrok.com/

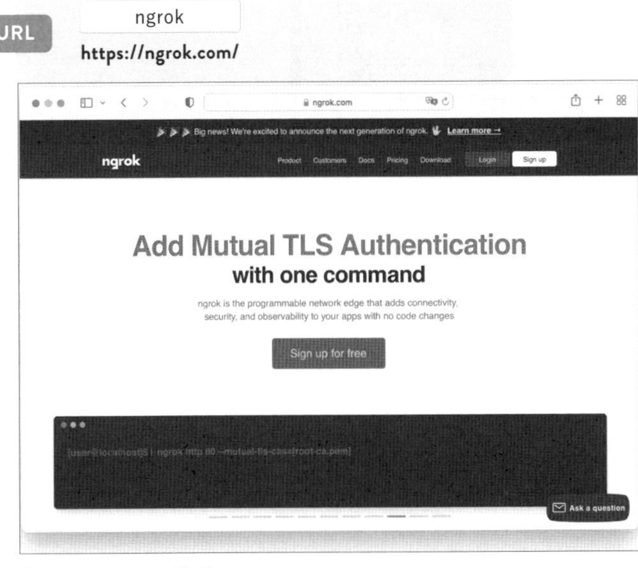

●ngrokのWebサイト

実現方法ですが、上記の Web サイトでアカウントを作成し、OS ごとに用意されている ngrok のコマンドをダウンロードします。そして、指定されているトークンを設定して、設定ファイルを保存します。

その後、本書のプログラムを実行します。そして次のようなコマンドを実行します。以下のように記述すると、ローカル PC のポート 8889 を ngrok により、インターネットに公開します。

```
$ ngrok http 8889
```

ngrok によってランダムな URL が割り振られます。そこで、指定された URL にブラウザーでアクセスします。

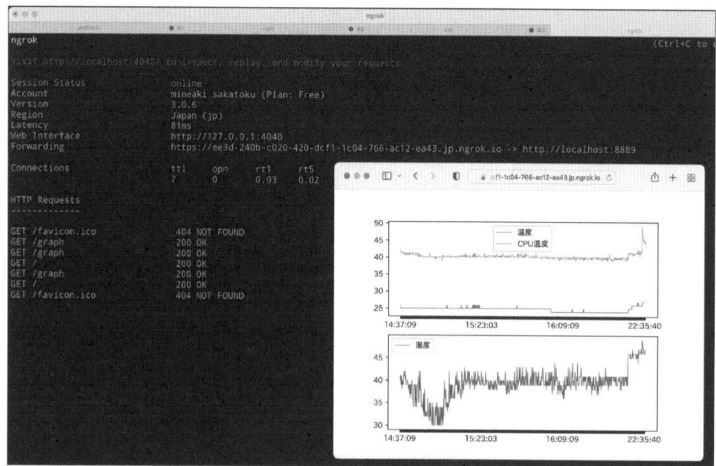

●ngrok でローカル PC をネット上に公開したところ

このように ngrok を使うと、とても手軽かつ安全に、ローカル PC で実行しているサーバーをインターネット上に公開できるので便利です。無料でもある程度利用できますが、有料版に登録すると固定の URL を利用できるようになります。

VPS 上でサーバーを実行する

二つ目の方法は、VPS（Virtual Private Server：仮想専用サーバー）などのホスティングサーバーを利用することです。さくらインターネットや ConoHa など多くの会社が提供しています。一番安いプランでは、月 700 円程度で利用できます。

VPS を使うと好きなアプリケーションをインストールできます。Python で Web サーバーを起動することもできますし、自由な構成でプログラムを動かせます。

他にも、Amazon の EC2 や Google Compute Engine などのサービスを利用することで、VPS と同じようなことが可能です。

ファイル保存の限界について

本節のプログラムでは、Raspberry Pi から送信されたデータを「sensor.json」という 1 つのファイルに保存する仕組みになっています。昨今の PC は性能が高いので、かなりデータを保存しても問題なく扱うことができるでしょう。

しかし、それでも限界はあります。今回のプログラムでは 10 秒に 1 度データを受信する仕組みです。その際に保存される JSON データは 73 バイトです。1 分で 438 バイト、1 日連続で受信すると 616KB、1 ヶ月で 18MB、1 年で 219MB にもなります。

本節で作ったプログラムでは、JSON ファイルを更新するのに、一度全部のデータをメモリに取り込んで、データを追記して JSON で保存するという手順になっているので、ファイルサイズが大きくなると、PC の動作が不安定になる可能性があります。

そのため、本章の CRON で CPU 温度のデータを記録するプログラム（get_temp.py）では、データの保存先 JSON ファイルを「年 - 月 - 日 .json」というように 1 日 1 ファイル生成される仕組みにしました。このように、ある期間でファイルを分けるのが 1 つの方法です。

別の解決策としては、データベースを導入することです。本格的なデータベースを利用するなら、効率的にデータを保存してくれるので、プログラマー側でデータサイズについて考える必要はなくなります。しかし、データベースのインストールや、データベースに接続しデータを格納するプログラムを追加で作る必要があります。それでも、最近ではより手軽にデータベースを活用する NoSQL などの仕組みもあり気軽に使えるようになっています。次節では、データベースを扱う方法を確認しましょう。

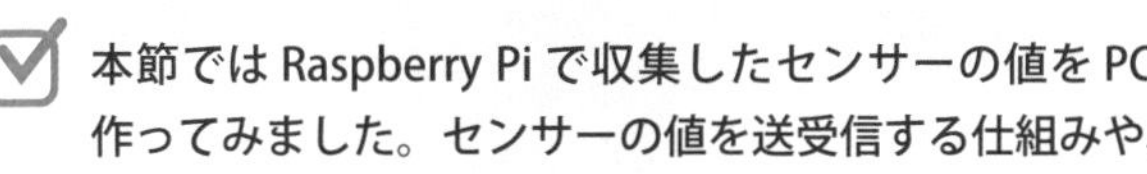

まとめ

本節では Raspberry Pi で収集したセンサーの値を PC でグラフ描画するプログラムを作ってみました。センサーの値を送受信する仕組みや、グラフを描画する方法を紹介しました。しっかり仕組みを確認しておきましょう。

3章

6

センサーの値をNoSQLデータベースに保存しよう

前節ではセンサーの値を JSON ファイルに保存していました。しかし、定期的にセンサーの値をファイルに保存していくと不都合が生じます。そこで、NoSQL データベースを活用してみましょう。手軽に使える NoSQL データベースを紹介します。

Keyword

- NoSQL
- ドキュメント指向データベース
- kudb

この節で作るもの

- センサーの値をNoSQLに保存する

前節で作ったプログラムを利用して、センサーの値をドキュメント指向のデータベースに保存するよう改良してみましょう。また、センサーの値を確認するレポート画面も、自動的に最新の状態が表示されるよう書き換えてみます。

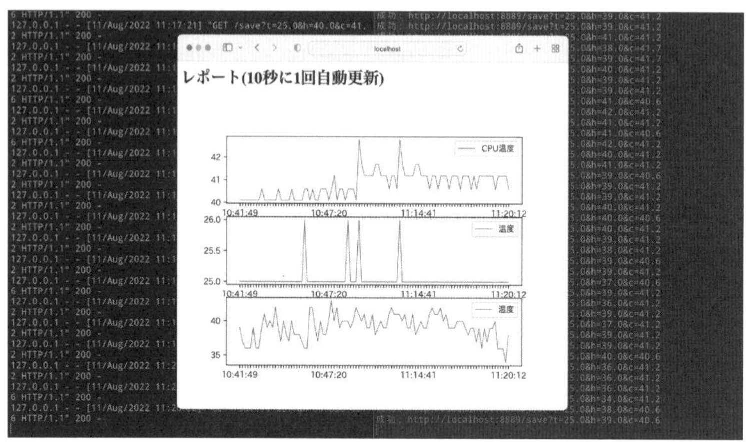

●定期的に更新されるレポート画面

なお、本節の作例も、Raspberry Pi とサーバー PC の 2 台構成となります。Raspberry Pi 側のプログラムは、前節とそのまま同じものを使います。

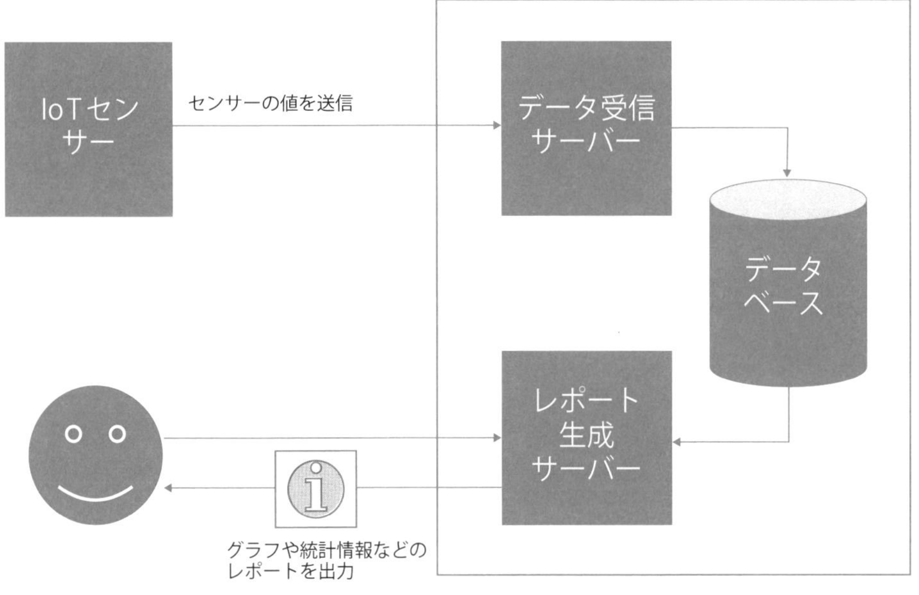

●ここで作成するシステムの仕組み

手順 1 サーバー側に Python の kudb をインストール

サーバー側 PC に kudb をインストールしましょう。kudb は JSON データを手軽に保存できる軽量のドキュメント指向のデータベースです。バックエンドに SQLite という組み込みデータベースを採用しており、一般的な Python 環境には最初からインストールされています。kudb 自体も 30KB に満たない軽量モジュールです。

kudb をインストールするには、次のコマンドを実行します。

```
$ python3 -m pip install kudb
```

手順 2 サーバー側データ保存のプログラム

IoT センサーである Raspberry Pi 側のプログラムは、前節で作った「get_sensor_raspi.py」（あるいはダミーの値を送信する「dummy_sensor.py」）をそのまま利用します。

サーバー側のデータ保存プログラムは次のようなものです。ポート 8889 でセンサーの値が送られてくるのを待ち受けます。そして、データを受信すると、「sensor.db」というデータベースファイルに保存します。

●src/ch3/db_server_save.py

```
from flask import Flask, request
from datetime import datetime
import kudb

# 初期設定 --- (※1)
dbfile = 'sensor.db'
app = Flask(__name__) # Flaskを生成

# サーバーのルートにアクセスがあった時 --- (※2)
@app.route('/')
def index():
    return "Please send data to /save."

# センサーの値を保存する --- (※3)
@app.route('/save')
def save():
    # 受信したデータを取り出す --- (※4)
    t = request.args.get('t', '') # 温度
    h = request.args.get('h', '') # 湿度
    c = request.args.get('c', '') # CPU温度
    if t == '' or h == '' or c == '': return 'False'
    dt = datetime.now().strftime('%Y/%m/%d %H:%M:%S')
    # 取得した値をデータベースに書き込む --- (※5)
    kudb.connect(dbfile)
    kudb.insert({
        'time': dt,
        'temp': float(t),
        'humi': float(h),
        'cpu': float(c),
    })
    return 'True'

if __name__ == '__main__': # サーバー起動 --- (※6)
    app.run('0.0.0.0', 8889, debug=True)
```

プログラムを確認してみましょう、(※1) ではデータベースファイルの指定を行います。kudb（バックエンドの SQLite）では、1 つのファイルが、1 つのデータベースという単位になります。そのため、データベースのファイルパスを指定します。

(※2) ではサーバーのルートにアクセスがあった時の処理を記述します。ここでは何もしません。ダミーのテキストを返すだけです。

(※3) の部分では「/save」に対してセンサーの値が送信された時の処理を記述します。(※4) で受信したデータを取り出し、(※5) で取得した値をデータベースに書き込みます。kudb.connect メソッドでデータベースに接続します。そして、kudb.insert メソッドで Python の辞書型（dict）やリスト型のデータ

をデータベースに保存します。

最後の(※6)ではFlaskのWebサーバーをポート8889で起動します。

手順 3a サーバー側レポート表示のプログラム

次に、サーバー側のレポート表示を行うプログラムを作成しましょう。ポート8888で待ち受け、ユーザーからアクセスがあると、データベースからデータを取り出し、グラフを表示します。そして、一定時間が経過すると再度、グラフを描画して返信します。

●src/ch3/db_server_report.py

```
from flask import Flask, send_file
import sensor_graph2
import kudb

# 初期設定 --- (※1)
dbfile = 'sensor.db'
pngfile = 'db_sensor.png'
app = Flask(__name__) # Flaskを生成

# サーバーのルートにアクセスがあった時レポートを返す --- (※2)
@app.route('/')
def index():
    # HTML/JavaScriptで自動更新する画面を返す --- (※3)
    return """
    <html><meta charset="utf-8"><body>
        <h1>レポート(10秒に1回自動更新)</h1>
        <img id="g" style="width:99%"><br>
        <script>
        // グラフのリロードを行う
        function loadGraph() {
            const f = '/graph.png?r=' + (new Date()).getTime()
            document.getElementById('g').src = f
            console.log(f)
            setTimeout(()=>{ loadGraph() }, 1000 * 10)
        }
        loadGraph()
        </script>
    </body></html>
    """

# データベースから値を取り出しグラフを作成 --- (※4)
@app.route('/graph.png')
def graph_png():
    kudb.connect(dbfile)
```

```
    data = kudb.recent(100) # 最近の100件のみ処理
    sensor_graph2.draw_graph(data, pngfile)
    # 描画したファイルを出力 --- (※5)
    return send_file(pngfile, mimetype='image/png')

if __name__ == '__main__': # サーバー起動 --- (※6)
    app.run('0.0.0.0', 8888, debug=True)
```

上記プログラムを確認しましょう。(※1) の初期設定では、dbfile にデータベースのファイルパス、pngfile に生成する PNG ファイルのパスを指定します。

(※2) ではサーバーのルートにアクセスがあった時の処理を記述します。ここでは、HTML/JavaScript を返します。(※3) の内容ですが、JavaScript の setTimeout を利用して、10 秒ごとに自動でグラフの PNG ファイルを再読み込みするものです。PNG ファイルがブラウザーにキャッシュされないように、ファイル名の末尾にタイムスタンプをつけることで、常に新しいグラフを読み込むようにしています。

(※4) ではデータベースから最新のデータ 100 件を取り出して、それを元にグラフを描画するというものです。グラフの描画処理については、次の手順 3b で解説します。そして、描画したグラフは PNG ファイルで保存されるので、(※5) で PNG ファイルの内容を出力します。

(※6) ではポート 8888 でサーバーの起動を行います。

手順 3b サーバー側グラフ描画のライブラリー

手順 3a のプログラムから読み込まれるグラフの描画を行うライブラリーも確認しておきましょう。次のようなものです。前節で作ったものを改良して、CPU 温度、温度のグラフ、湿度のグラフと 3 段構成で描画するようにしました。

●src/ch3/sensor_graph2.py

```
import os, json, japanize_matplotlib
import matplotlib
import matplotlib.pyplot as plt
matplotlib.use('Agg')

def draw_graph(data, pngfile):
    # 線グラフを描画するようにデータを分割 --- (※1)
    x, temp, cpu, humi, xx = [],[],[],[],[]
    l_count = int(len(data) / 3)
    for i, row in enumerate(data):
        t = row['time'].split(' ')[1] # 時間
        t2 = t if (i % l_count == 0) else ''
        x.append(i)
        xx.append(t2)
        temp.append(float(row['temp'])) # 温度
        humi.append(float(row['humi'])) # 湿度
```

```
        cpu.append(float(row['cpu'])) # CPU温度
    # グラフ上段を描画 --- (※2)
    fig = plt.figure()
    ay1 = fig.add_subplot(3, 1, 1)
    ay1.plot(x, cpu, label='CPU温度', linewidth=0.7)
    ay1.set_xticks(x)
    ay1.set_xticklabels(xx)
    ay1.legend()
    # グラフ中段を描画 --- (※3)
    ay2 = fig.add_subplot(3, 1, 2)
    ay2.plot(x, temp, label='温度', linewidth=0.7)
    ay2.set_xticks(x)
    ay2.set_xticklabels(xx)
    ay2.legend()
    # グラフ下段を描画 --- (※4)
    ay3 = fig.add_subplot(3, 1, 3)
    ay3.plot(x, humi, label='湿度', linewidth=0.7)
    ay3.set_xticks(x)
    ay3.set_xticklabels(xx)
    ay3.legend()
    plt.savefig(pngfile, dpi=300) # --- (※5)
```

グラフ描画を行うプログラムを確認してみましょう。(※1) では引数として渡されたデータを項目ごとに分割します。(※2) ではグラフ上段の CPU 温度を描画します。(※3) ではグラフ中断の温度を描画します。(※4) はグラフ下段の湿度を描画します。そして、最後の (※5) でファイルを PNG ファイルへ保存します。

手順 4 実行してみよう

それでは、プログラムを実行してみましょう。とは言え、たくさんのプログラムが出てきましたので、どのプログラムが何をするのか図で改めて確認しておきましょう。

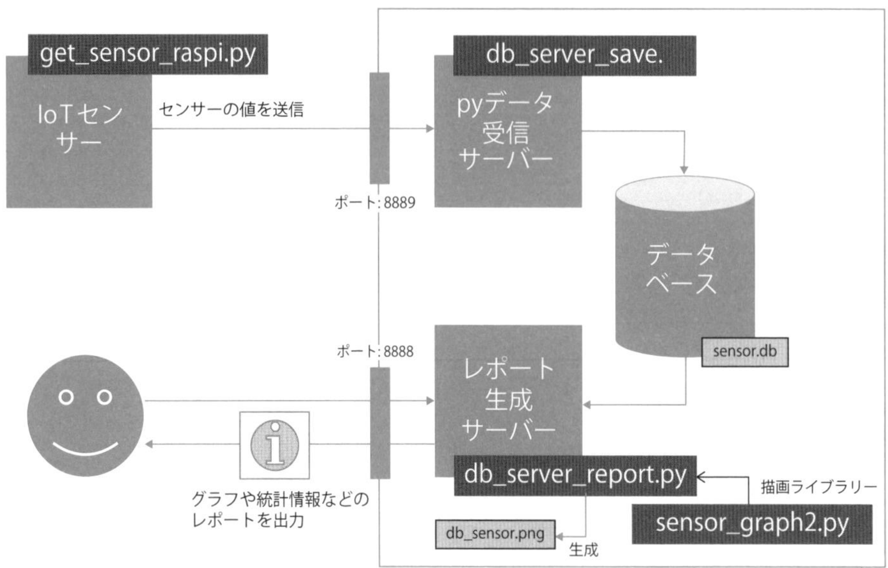

●利用するファイルの構成

それでは、上記の構成図を参考にしながら、プログラムを実行してみましょう。
最初に、サーバーPCで、データの保存サーバーを起動します。

```
$ python3 db_server_save.py
```

その後、Raspberry Piでプログラムを起動します。これは、センサーの値を取得して保存サーバーに送信します。（前節で作ったものです。）

```
# Raspberry Piとセンサーがある場合
$ python3 get_sensor_raspi.py

# Raspberry Piがない場合
$ python3 dummy_sensor.py
```

次に、サーバーPCでレポートの表示プログラムを起動します。

```
$ python3 db_server_report.py
```

その後、ブラウザー側でレポートを表示しましょう。サーバーPCで「http://localhost:8888」にアクセスします。すると、次のようにレポートが表示されます。レポートは10秒毎に再描画されます。

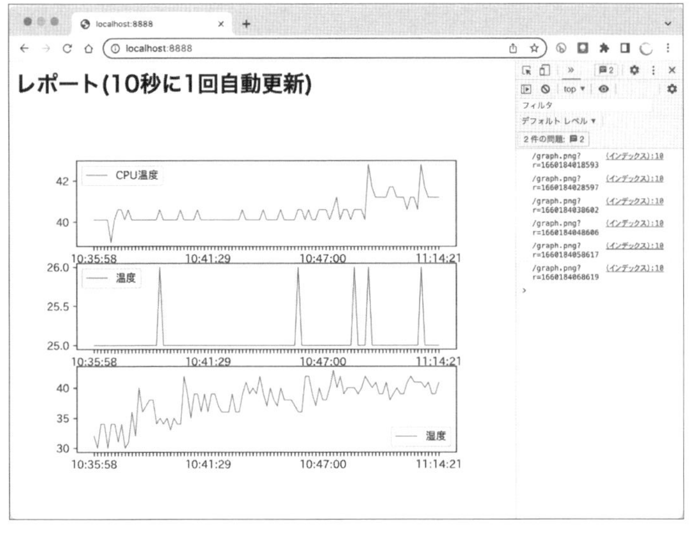

●実行してレポートを表示したところ

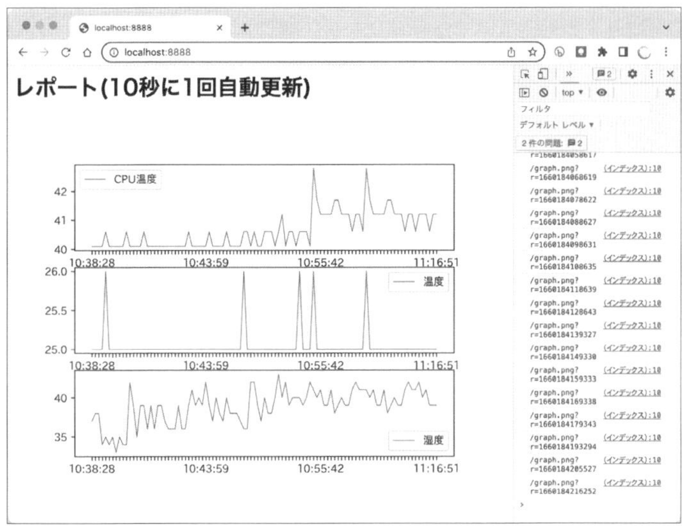

●定期的に画面が更新される

なぜデータベースを使うのか

本節では簡易データベースを利用してセンサーの値を保存するプログラムを作りました。しかし、なぜデータベースを使う必要があるのでしょうか。データベースを利用すると次のようなメリットがあります。

(1) データベースを使うと大量のデータを効率的に扱うことができる
(2) データ操作（検索や編集・削除）が容易にできる
(3) 同時アクセスなどによるファイルの破損を防止できる

前節ではセンサーの値をファイルに保存していましたが、ファイルを使う場合とデータベースを使う方法でどう違うのか比較して考えてみましょう。まず、上記（1）についてですが、今のPCは性能が良いので、ファイルに保存する場合にもそれなりに大量のデータを保存できます。しかし、データベースを使うなら、より効率的に大量のデータを保存することができます。

次に、(2）データ操作についてですが、ファイルに保存したデータを検索するには、データを読み込み、保存されたデータを解析し、そして必要なデータを検索したり削除したりといった処理を行い、変更があれば保存するという手順を踏む必要があります。しかし、データベースでは、そうした一連の面倒な処理をデータベースが担ってくれます。データベースを使う事により、プログラマーはファイルの読み書きやどのようにシリアライズするのかなど考慮する必要がなくなり、データ操作に集中できます。

そして、(3）の同時アクセスの問題はどうでしょうか。昨今では、複数人が同時に一つのファイルにアクセスする可能性があります。また、たとえ一人の人しか操作していないとしても、最近のOSはバックグラウンドで、いろいろなプロセスが動いています。ファイルに書き込みを行うタイミングで、別のバッチ処理がたまたま自動実行されるという可能性もあります。そのような場合に、ファイルの内容に不整合が起きる可能性があります。そのため、データベースを利用するならば、データ読み書きにおける不整合が、起きるのを回避することができます。

こうした点を考慮すると、データベースを使うメリットが見えてくるでしょう。

NoSQLとは

一般的に使われているデータベースを大きく2分類するなら、「関係データベース（RDBMS)」と「NoSQL」に分けることができます。

関係データベース（RDBMS）について

関係データベース（RDBMS）の代表には、MySQLやPostgreSQL、Oracle Databaseなどがあります。RDBMSのデータベースを操作する場合には、SQLと呼ばれる問い合わせ言語を利用します。

例えば、データを挿入する場合「INSERT INTO テーブル名 VALUES（データ1, データ2)」のようなSQLを記述します。SQLを使うことでデータベースへのデータ追加や更新、削除、検索などが実現できます。SQLもそれほど難しいものではありませんが、SQLの記述方法を覚える必要があります。

NoSQLについて

これに対して「NoSQL」とは、SQLを利用せずにデータベースを操作するデータベースの総称です。一口にNoSQLと言っても、キーと値を組み合わせるだけの「キー・バリュー型（Key-Value Store）」と、より複雑なデータを管理できる「ドキュメント指向型」、複数のノードをエッジで接続したグラフ構造を表現できる「グラフ指向型」と複数のタイプがあります。

キー・バリュー型（Key-Value Store）

NoSQLで最もシンプルなデータベースが「キー・バリュー型（Key-Value Store）」です。キーに対する値を保存するデータベースで、Pythonの辞書型のように手軽に扱えます。メモリ上にデータを格納するRedisやGoogleの分散データストアのBigTableが有名です。

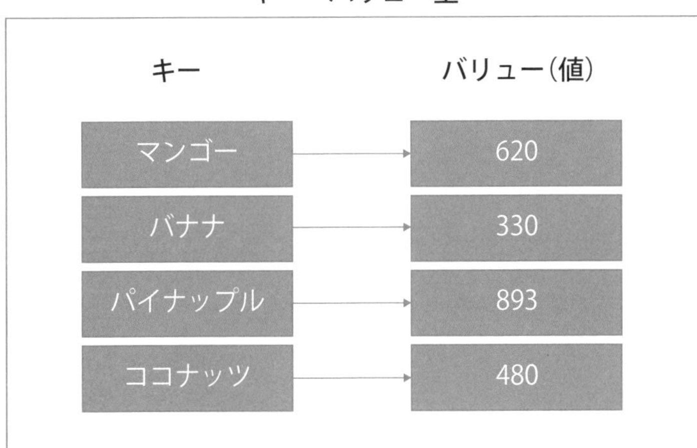

●NoSQL > キー・バリュー型

ドキュメント指向型

より複雑なデータを管理できる「ドキュメント指向型」があります。これは、JSONのような複雑な構造のデータを複数保存できるデータベースです。MongoDBが有名です。本節で使ったkudbも、このドキュメント指向型です。

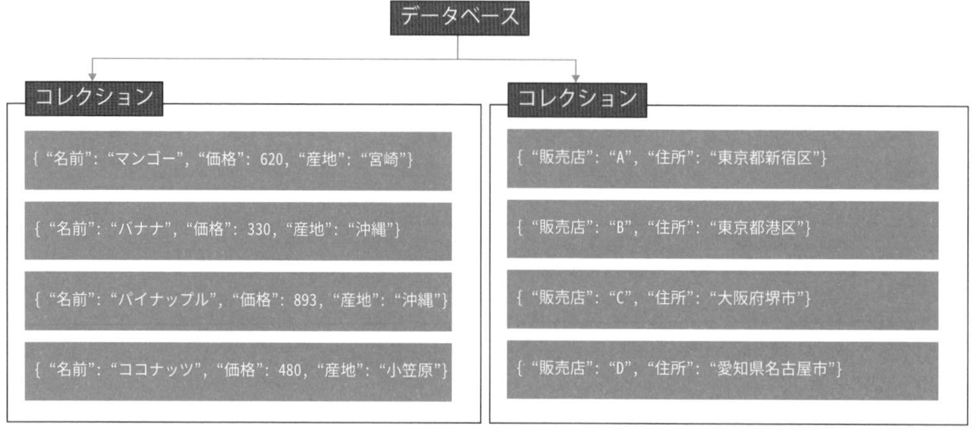

●NoSQL > ドキュメント指向型

グラフ指向型

グラフ指向型のデータベースは、次の図のようなグラフ構造のデータを扱うことのできるものです。複数の「ノード」(データの実体)を「エッジ」(関係性)で相互に接続したものです。データ同士が複雑であっても検索が容易なのが特徴です。代表的なデータベースには、Neo4j や InfiniteGraph があります。

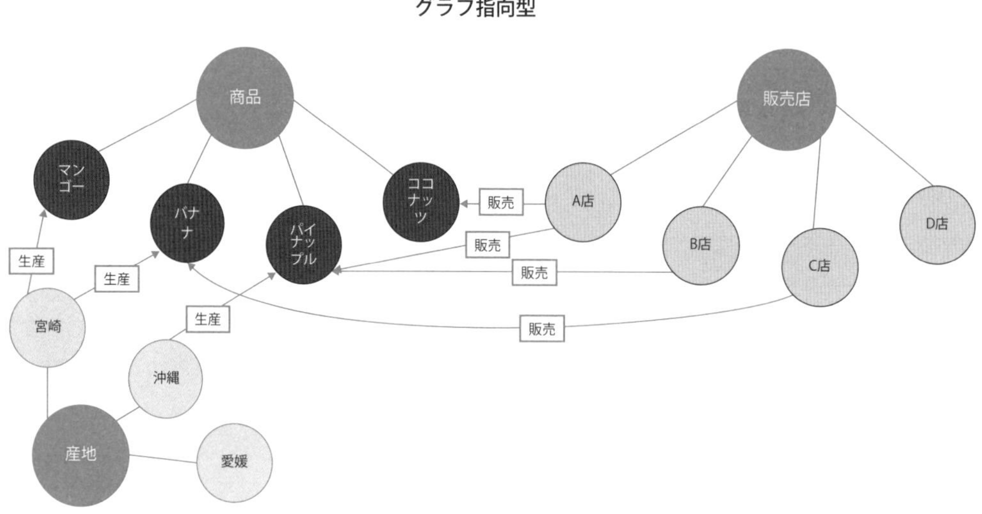

●NoSQL > グラフ指向型

NoSQLを体験できる「kudb」の使い方を確認しよう

本節のプログラムでは、簡易ドキュメント指向のkudbを利用してプログラムを作ってみました。kudbはドキュメント指向、および、キー・バリュー型のデータを読み書きできる簡易データベースです。

次のプログラムが、kudbの簡単な使い方です。簡単なサンプルを確認してみましょう。

●src/ch3/kudb_simple.py

```
import kudb
# データベースに接続 --- (※1)
kudb.connect('test.db')

# データを挿入 --- (※2)
kudb.insert({"name": "マンゴー", "price": 660})
kudb.insert({"name": "バナナ", "price": 320})
kudb.insert({"name": "パイナップル", "price": 830})
kudb.insert({"name": "ココナッツ", "price": 450})

# データを全部取り出して順に表示 --- (※3)
print("--- 全部抽出 ---")
for row in kudb.get_all():
    print(row["name"], row["price"], "円")

# データベースを閉じる --- (※4)
kudb.close()
```

データベースでは最初にconnectメソッドで接続し、読み書きを行って、closeメソッドでデータベースを閉じます。

(※1)ではデータベースに接続します。そして、(※2)でinsertメソッドを利用してデータを挿入します。引数には挿入するデータを辞書型などで挿入します。(※3)では、get_allメソッドを利用して保存したデータを取り出します。最後に(※4)でデータベースを閉じます。

以下のコマンドを実行するとプログラムを実行できます。

```
$ python3 kudb_simple.py
```

```
ch3 % python3 kudb_simple.py
--- 全部抽出 ---
マンゴー 660 円
バナナ 320 円
パイナップル 830 円
ココナッツ 450 円
ch3 %
```

●プログラムを実行したところ

データの検索と更新と削除

次にデータの検索と削除の方法を確認してみましょう。kudbは非常にシンプルなドキュメント指向のデータベースで、データの追加、削除、更新が手軽にできるように配慮されています。

●src/ch3/kudb_find.py

```
import kudb

# データベースに接続
kudb.connect('test.db')
# 既存のデータを全部クリア
kudb.clear()

# データの一括挿入 --- (※1)
kudb.insert_many([
    {"name": "マンゴー", "price": 660},
    {"name": "バナナ", "price": 320},
    {"name": "パイナップル", "price": 830},
    {"name": "ココナッツ", "price": 450},
])

# 最後に挿入した2件を取り出して表示 --- (※2)
for row in kudb.recent(2):
    print('recent =>', row)

# 「バナナ」を検索して表示 --- (※3)
for row in kudb.find(keys={"name": "バナナ"}):
    print('バナナ =>', row)

# idを指定してデータを削除 --- (※4)
kudb.delete(id=1) # マンゴーを削除
```

```
# データを指定して削除 --- (※5)
kudb.delete(doc_keys={"name": "バナナ"}) # バナナを削除

# 残りのデータ数を表示 --- (※6)
print("残り=", kudb.count_doc(), "件")

# データの更新 --- (※7)
kudb.update(id=3, new_value={
    "name": "パイナップル", "price": 600})
print('id=3 =>', kudb.get(id=3))
```

プログラムを確認してみましょう。(※1) ではデータを一括挿入します。insert メソッドでは 1 件ずつ、insert_many メソッドでは複数のデータを一気に挿入できます。

(※2) では recent メソッドを使ってデータを 2 件取り出します。本節でセンサーデータを取り出す際にも利用していますが、直近のデータを取り出すのに便利です。

(※3) では find メソッドを利用して name が「バナナ」のデータを検索します。

(※4) では id を指定してデータを削除します。なお、kudb ではデータを挿入した順に自動的に id が割り振られるので、その id を指定してデータを削除します。

(※5) ではデータを指定して削除します。ここでは、各データの「name」が「バナナ」であるデータを検索して削除します。

(※6) では残りのデータ数を取得して表示します。(※1) では 4 件のデータを挿入し、(※4) と (※5) で 2 件のデータを削除するので、「残り = 2 件」と表示します。

(※7) ではデータを更新します。

プログラムを実行して、表示される結果を確認してみましょう。

```
$ python3 kudb_find.py
recent => {'name': 'パイナップル', 'price': 830, 'id': 3}
recent => {'name': 'ココナッツ', 'price': 450, 'id': 4}
バナナ => {'name': 'バナナ', 'price': 320, 'id': 2}
残り= 2 件
id=3 => {'name': 'パイナップル', 'price': 600, 'id': 3}
```

まとめ

本節ではデータベースについて解説しました。データベースを使うメリットを確認し、実際にデータベースを使ったプログラムを作ってみました。IoT におけるセンサーのデータは、非常に手軽に取得できる反面、膨大なデータをどのように保存するのかという点は問題になります。JSON と相性の良い手軽に利用できる NoSQL データベースを活用すると良いでしょう。

4章

データ収集と抽出

本章ではデータの収集や抽出について紹介します。インターネット上の情報を活用する方法や自動でデータを収集する方法について解説します。

4章 1 Webスクレイピングとクローリング - 画像ダウンローダーを作ろう

インターネット上の Web サイトを巡回して情報を収集することを「クローリング」、Web サイトから必要な情報を抽出することを「スクレイピング」と言います。Web 上の情報を活用する上でこれらの技術は必須です。

Keyword

- スクレイピング
- クローリング
- BeautifulSoup
- requests
- ログファイル

この節で作るもの

- 画像を一気にダウンロード

スクレイピングの利用例として、Web 上の画像掲示板で公開されている画像ファイルを解析してリンクされている画像を一気にダウンロードするプログラムを作ってみましょう。

●画像ファイルを一気にダウンロードしよう

ここでは「Web 書道掲示板」から画像の一括ダウンロードに挑戦してみましょう。この掲示板には「名作作品」のページがあり、ここに掲載されている作品を一気にダウンロードするプログラムを作ります。

URL Web 書道掲示板「書道ル」 > 名作作品
https://uta.pw/shodou/index.php?master

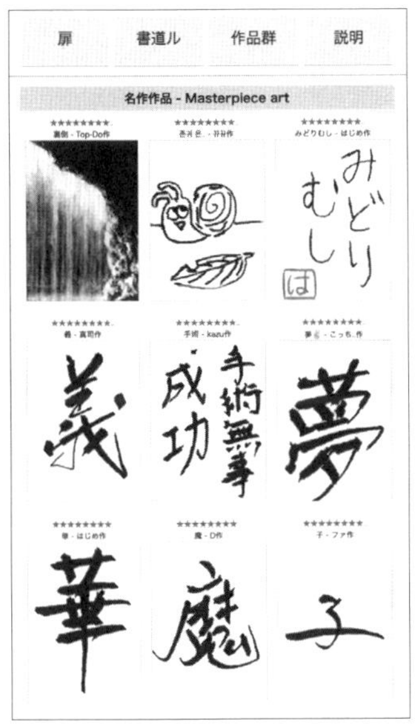

●Web 書道掲示板の画像一覧をダウンロードしてみよう

ここで作る画像ダウンローダーの仕組みを確認してみましょう。次のように、最初に掲示板のHTML をダウンロードし、その HTML を解析して個々の画像の URL を特定して個々の画像をダウンロードします。

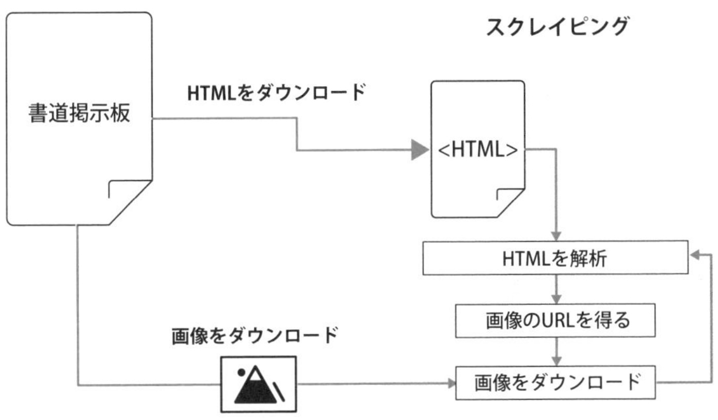

●ここで作る画像ダウンローダーの仕組み

また、ただ画像を保存するだけでなく、ダウンロードした画像の作品名や URL、保存先の情報をJSON 形式で保存することにします。このように作業記録を時系列に記録したファイルのことを「ログファイル」と呼びます。ここでは次のようなログファイルを出力します。

```
{
  "title": "夢 - こっち.. 作",
  "url": "https://uta.pw/shodou/img/1/1551-min.png",
  "file": "images/img_1_1551-min.png"
},
{
  "title": "華 - はじめ 作",
  "url": "https://uta.pw/shodou/img/9/164-min.png",
  "file": "images/img_9_164-min.png"
},
{
  "title": "魔 - D 作",
  "url": "https://uta.pw/shodou/img/5/1307-min.png",
  "file": "images/img_5_1307-min.png"
},
{
  "title": "子 - ファ 作",
  "url": "https://uta.pw/shodou/img/24/892-min.png",
  "file": "images/img_24_892-min.png"
},
{
  "title": "夢 - 夢 作",
  "url": "https://uta.pw/shodou/img/13/1501-min.png",
  "file": "images/img_13_1501-min.png"
},
{
  "title": "夢 - わいわい 作",
  "url": "https://uta.pw/shodou/img/4/4158-min.png",
  "file": "images/img_4_4158-min.png"
},
{
  "title": "書道ル - 作",
  "url": "https://uta.pw/shodou/img/13/1532-min.png",
  "file": "images/img_13_1532-min.png"
```

●ダウンロードした画像の情報を JSON でログファイルに記録

手順 1 Web ページの構造を調べよう

Web ブラウザーの「開発者ツール」を利用して、Web ページの構造を調べましょう。そもそも、Web ページというのは、HTML と呼ばれる記述言語で作成されており、これはテキスト形式のデータファイルです。

Web ブラウザーでは、そのソースコードを確認できます。実際に試してみましょう。上記の書道掲示板を Chrome ブラウザーで表示したら、ページの適当なところを、右クリックして「ページのソースを表示」をクリックしましょう。

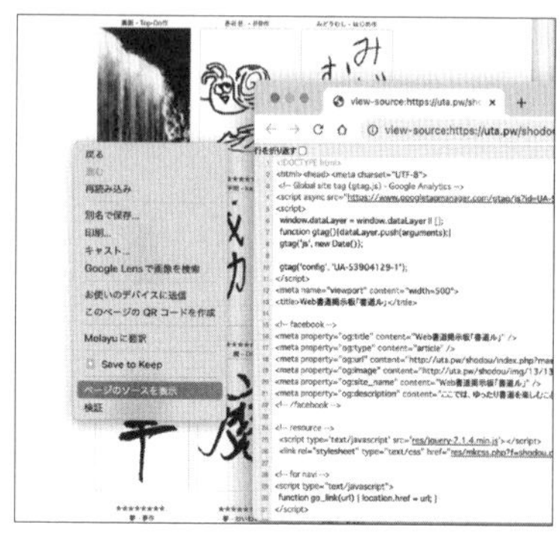

●Web ページのソースは手軽に確認できる

これに加えて、Chrome ブラウザーには、便利な開発者ツールが備わっており、HTML の構造を調べることができます。画像の上にマウスカーソルを移動して、右クリックします。ポップアップメニューが表示されたら「検証」をクリックしましょう。そうすると、次の画面のように、HTML の中の該当要素がハイライトされます。

●ブラウザーの画像を右クリックして「検証」をクリック

引き続き開発者ツールを使ってみましょう。開発者ツールが起動した後、ツール上部にある「要素」タブを開きます。その左側にある矢印のアイコンをクリックします。そして、今回ダウンロードしたい画像の１枚をクリックしてみましょう。すると該当する要素がハイライトされます。

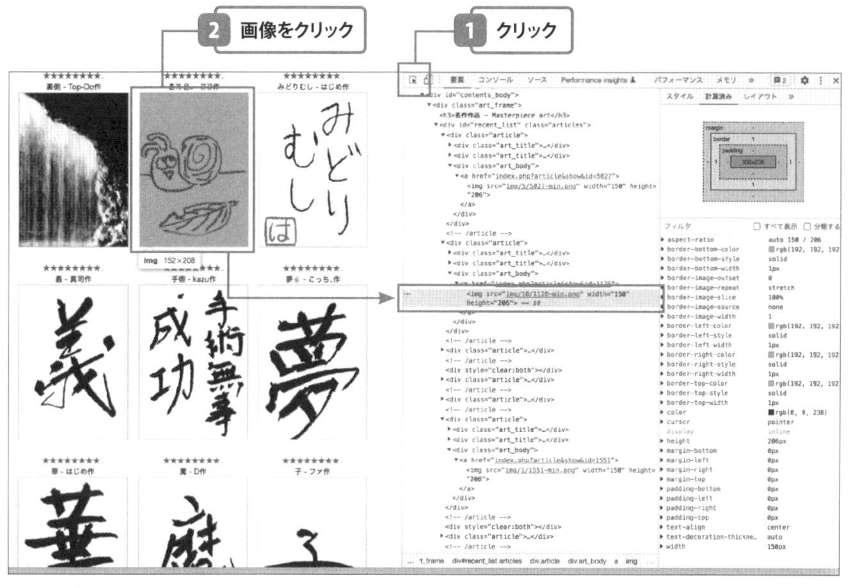

●開発者ツールで画像を選び構造を確認しよう

このように、開発者ツールを使うことで、HTML の構造を確認できます。なお、スクレイピングする際に、注目したいのは、HTML タグの名前、そして、id 属性や class 属性が指定されているかという点です。

HTML タグは次のような書式で記述されます。ただし、多くの場合、id や class の属性は省略されます。これらの要素は、主に「スタイルシート（CSS）」と呼ばれるデザイン情報を指定する用途で使われるものだからです。

```
<タグ名 id="(ID属性)" class="(class属性)"> … </タグ名>
```

この時、id属性が指定されていればしめたものです。多くの場合でID名はHTMLの中で1つだけ付与されるユニークな名前なので、そのIDを利用して要素を特定できます。なお、class属性は見た目のスタイルを指定するもので、複数の要素に指定されます。

手順 2 抽出対象となる範囲を確認しよう

Webページの構造を把握したら、実際にプログラムで抽出したい対象範囲を特定しましょう。ここでは、画像を含む <div class="art_frames"> という部分を抽出すれば、画像の一覧を含んでいることを確認しました。この要素をハイライトしましょう。

●抽出したい対象範囲を決めよう

開発者ツールでハイライトされた行の行頭に「…」というアイコンが表示されているので、これをクリックすると次のようなポップアップメニューが表示されます。ここから「コピー > selectorをコピー」をクリックします。すると、ここでは「#contents_body> div」というDOMセレクターの値が得られます。

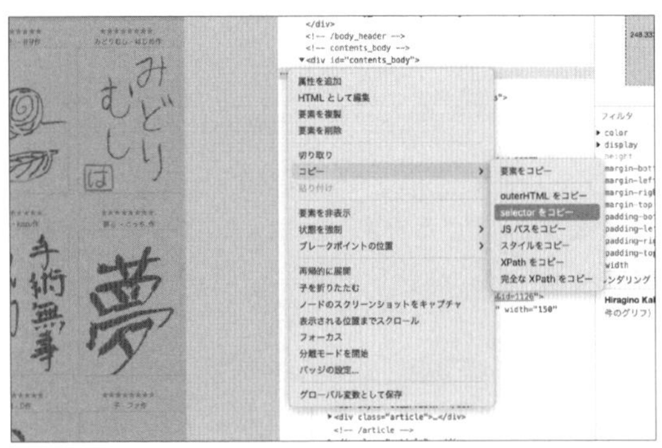

●「コピー > selectorをコピー」をクリック

手順 3 必要なライブラリーをインストールしよう

次に、プログラムの開発に取りかかります。本節のプログラムでは、requests と BeautifulSoup4 という 2 つのライブラリーを使いましょう。ターミナルから以下のコマンドを入力して、インストールしましょう。

```
$ python3 -m pip install requests
$ python3 -m pip install beautifulsoup4
```

「requests」は HTTP 通信を行う Python パッケージです。スクレイピングでよく使われるライブラリーです。そして「BeautifulSoup4」は、HTML を解析して、任意の情報を抽出できるライブラリーです。

手順 4 プログラムを作ろう

これで準備は整いました。プログラムを作りましょう。書道掲示板にアクセスし、HTML を取得し、そこから画像リンクを取得して、1 枚ずつダウンロードします。ここでは次のようなプログラムを作りました。

●src/ch4/image_downloader.py

```
import requests, os, time, json
import urllib.parse
from bs4 import BeautifulSoup

# 初期設定 --- (※1)
shodou_url = 'https://uta.pw/shodou/index.php?master'
save_dir = os.path.join(os.path.dirname(__file__), 'images')
logfile = 'images.json'

# 書道掲示板の画像をダウンロード --- (※2)
def download_shodou(target_url):
    # 保存先のディレクトリがなければ作成 --- (※3)
    if not os.path.exists(save_dir):
        os.mkdir(save_dir)
    # HTMLをダウンロード --- (※4)
    html = requests.get(target_url).text
    time.sleep(1) # アクセスしたら待機 --- (※5)
    # HTMLを解析 --- (※6)
    soup = BeautifulSoup(html, 'html.parser')
    # 画像一覧が配置されている要素一覧を取得 --- (※7)
    a_div = soup.select('#contents_body > div')
```

```
    if len(a_div) == 0:
        print('[エラー] 要素の取得に失敗')
        return
    images = []
    # 抽出範囲からさらに画像の一覧を抽出 --- (※8)
    for img in a_div[0].find_all('img'):
        # <img src="xxx">のsrcを取得 --- (※9)
        src = img.attrs['src']
        alt = img.attrs['alt']
        # 絶対URLに変換 --- (※10)
        a_url = urllib.parse.urljoin(target_url, src)
        # ファイル名を決めてダウンロード
        fname = os.path.join(save_dir, src.replace('/', '_'))
        download_to_file(a_url, fname)
        # データとして保存
        images.append({'title': alt, 'url': a_url, 'file': fname})
    # 作業内容をログとしてJSONに保存 --- (※11)
    with open(logfile, 'w', encoding='utf-8') as fp:
        json.dump(images, fp)

# 実際に画像をダウンロード --- (※12)
def download_to_file(url, file):
    print('download:', url)
    # コンテンツをダウンロード --- (※13)
    bin = requests.get(url).content
    time.sleep(1) # アクセスしたら待機
    # 画像ファイルへ保存 --- (※14)
    with open(file, 'wb') as fp:
        fp.write(bin)

if __name__ == '__main__':
    download_shodou(shodou_url)
```

プログラムを確認してみましょう。(※1) では書道掲示板の URL と画像を保存するディレクトリを指定します。保存ディレクトリはプログラムと同じディレクトリに「images」という新しいディレクトリを作成することにします。

(※2) で定義している download_shodou 関数で HTML の解析と画像ファイルのダウンロードを行います。(※3) では画像を保存するディレクトリを作成します。

(※4) ではインターネットから指定の URL にアクセスして、HTML を取得します。requests.get メソッドを使うと手軽にデータの取得ができるので便利です。この時、取得したデータをテキストとして得るには、次のように text プロパティを利用します。

```
# requestsを使って指定URLからHTMLを取得する
html = requests.get( url ).text
```

そして大切な点ですが (※5) では「time.sleep(1)」と記述して処理を 1 秒停止します。これにより、相手 Web サーバーに与える負荷を軽減できます。

次に (※6) では取得した HTML の解析処理を行います。これを行うのが、BeautifulSoup です。(※7) では手順 2 で取得した DOM セレクターの値を利用して任意の要素を取得します。

ここで簡単に BeautifulSoup を使う方法を確認してみましょう。以下は、HTML を解析して、DOM セレクターを指定して任意の要素一覧を抽出する例です。

```
# HTMLからBeautifulSoupのインスタンスを生成
soup = BeautifulSoup(html, 'html.parser')
# DOMセレクターを指定して任意の要素一覧を表示する
for e in soup.select('DOMセレクター'):
    print(e)
```

(※8) では (※7) で抽出した画像一覧を含む要素からさらに、画像（<img> タグ、つまり img 要素）だけを取り出します。(※9) では取り出した img 要素から src 属性を取り出します。その後、画像に設定されている alt 属性を取り出します。都合の良いことに、書道掲示板では alt 属性には画像のタイトルと作者の情報が記述されています。そのため、この情報をログファイルに書き出します。

(※10) では src 属性から得た画像を絶対パスに変換します。というのも、(※9) で取得した画像の URL は相対 URL で記述されています。例えば「img/0/1643-min.png」とか「img/5/67-min.png」のように書かれています。requests を利用してデータを取得する場合、絶対 URL を指定する必要があります。そこで、urljoin メソッドを使って相対 URL を絶対 URL に変換します。

```
# 相対URL(rel_url)を絶対URLに変換
abs_url = urllib.parse.urljoin(base, rel_url)
```

(※11) では画像の URL と保存先ファイルの一覧を記したログファイルをファイルへ保存します。なおログファイルの形式は JSON 形式でファイルに保存します。

そして、(※12) では実際に画像をダウンロードする download_to_file 関数を記述します。(※13) の部分ではコンテンツをダウンロードし、(※14) でファイルに保存します。open メソッドの第 2 引数に 'wb' を指定しています。w はファイルを書き込みモードで開くことを表し、b はバイナリーファイルであることを指定します。

メモ

BeautifulSoup のより詳しい使い方について

本節では、クローラーとスクレイピングの例を紹介するため、HTML の解析と画像ファイルの一括ダウンロードのサンプルを紹介しました。ここでは、基本的な手順を一気に紹介しており、少し複雑に感じたかもしれません。

次節でもう少し簡単な例を取り上げます。先に次節を確認して、改めてこちらの解説を見るといっそう理解が、深まるでしょう。

手順 5 実行しよう

それでは、プログラムを実行してみましょう。ターミナルで次のコマンドを実行すると、images というディレクトリが作成され、そこに次々と画像をダウンロードします。

```
$ python3 image_downloader.py
```

次のように、ダウンロードする画像の URL を表示して、画像をダウンロードします。書道掲示板と見比べて、すべての画像がダウンロードできていることを確認しましょう。

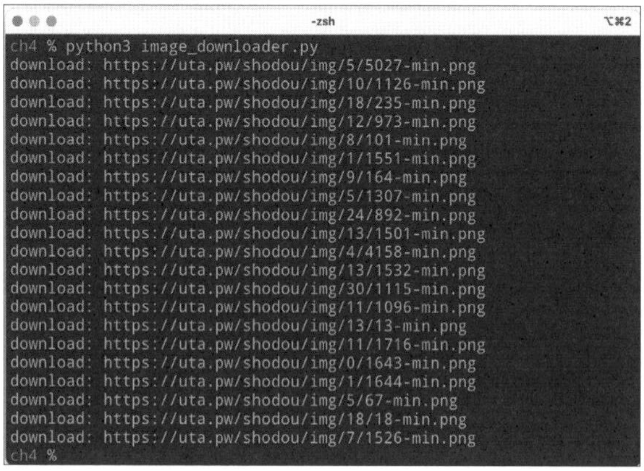

```
ch4 % python3 image_downloader.py
download: https://uta.pw/shodou/img/5/5027-min.png
download: https://uta.pw/shodou/img/10/1126-min.png
download: https://uta.pw/shodou/img/18/235-min.png
download: https://uta.pw/shodou/img/12/973-min.png
download: https://uta.pw/shodou/img/8/101-min.png
download: https://uta.pw/shodou/img/1/1551-min.png
download: https://uta.pw/shodou/img/9/164-min.png
download: https://uta.pw/shodou/img/5/1307-min.png
download: https://uta.pw/shodou/img/24/892-min.png
download: https://uta.pw/shodou/img/13/1501-min.png
download: https://uta.pw/shodou/img/4/4158-min.png
download: https://uta.pw/shodou/img/13/1532-min.png
download: https://uta.pw/shodou/img/30/1115-min.png
download: https://uta.pw/shodou/img/11/1096-min.png
download: https://uta.pw/shodou/img/13/13-min.png
download: https://uta.pw/shodou/img/11/1716-min.png
download: https://uta.pw/shodou/img/0/1643-min.png
download: https://uta.pw/shodou/img/1/1644-min.png
download: https://uta.pw/shodou/img/5/67-min.png
download: https://uta.pw/shodou/img/18/18-min.png
download: https://uta.pw/shodou/img/7/1526-min.png
ch4 %
```

●プログラムを実行したところ

また、ダウンロードした画像の情報について、「images.json」というログファイルを出力します。ダウンロードした画像の情報を知りたい場合、このログファイルを見ると、誰が書いた何という作品かを確認できます。

クローリングとスクレイピングについて

本節の冒頭で簡単に要約していますが、クローリングとは何か、スクレイピングとは何か、語句をしっかり掴んでおきましょう。また、これらを行う際に気をつけるべき点についても確認してみましょう。

Web を巡回する「クローリング」について

「クローリング（crawling）」とは自動的に Web サイトを巡回して情報を収集することです。Web サイトを巡回するプログラムのことを「クローラー（crawler）」とか「スパイダー（spider）」と呼びます。Web を海に見立てるなら、泳ぎの得意な漁師が Web という大海を泳ぎまわり、情報という魚を狩っている様子をイメージすると良いでしょうか。

具体例を見てみましょう。Webサイトを運営する人にとって、検索エンジンのクローラーは一般的な存在かもしれません。くまなくサイト内のコンテンツを巡回し、コンテンツが検索できるように、情報を検索エンジンに登録します。このクローラーによって実現するのは、検索エンジンというシステムです。これと同じようにして、Webサイト内の特定の情報を定期的に巡回するなら、価値ある情報を取得できます。

情報を削り取る「スクレイピング」について

「スクレイピング（scraping）」とはWebサイトから必要な情報を抽出する処理のことを言います。もともと、スクレイピングには、「こする」とか「かき集める」という意味があります。つまり、クローリングによって収集したデータの中から、必要な部分だけを抽出したり、加工したりすることを言います。

多くの場合、スクレイピングの作業とは、ダウンロードしたHTMLを解析し、そこに書かれている情報から必要な部分を抽出することです。そのため、クローリングによりダウンロードしたHTMLファイルからスクレイピングして、データの抽出を行います。

スクレイピングのメリット

クローリングとスクレイピングによって、インターネット上で公開されている有益な情報を短時間に収集することができます。政府や企業、ボランティアが公開している情報やニュースの中には付加価値の高い情報がたくさんあります。そうした付加価値の高い情報を効率的に収集し、分析したり蓄積したりすることで、独自のデータベースを構築することができます。

スクレイピングは悪いことか？

Webサイトから自動的に情報を集めるスクレイピングは非常に便利なものですが、「それは違法なことなのでは？」という疑問を持つ方もいらっしゃるかもしれません。スクレイピングは悪いことなのでしょうか？

結論から言うと、スクレイピングは悪いことではありません。それでも、利用規約と著作権に配慮が必要です。また、相手サーバーに過剰な負荷を掛ける行為は厳禁です。

利用規約を確認しよう

そもそも、Webサイト側からすると、Web上に公開されている情報に対して、人間がブラウザーでアクセスするのと、プログラムによって自動でアクセスするのには違いがありません。そのため、スクレイピングが悪いこととは言えません。

ただし、クローリングやスクレイピングを禁止しているWebサイトもあります。AmazonやTwitter、Wikipediaは明示的にクローリングやスクレイピングを禁止しています。こうして、禁止しているサイトもあるため、クローリングを行おうと思った時には、サイトの利用規約を確認し明示的に禁じられていないかどうかを調べましょう。

Amazon や Twitter では Web API を公開しており、スクレイピングをすることなく、サービス内の情報にアクセスできる方法を提供しています。また、Wikipedia もデータのダウンロード用のページを設けており、それを利用することで自由にデータを活用できます。

クローリングはサーバー負荷に配慮しよう

また、もう一つ注意が必要なのは、クローリングの速度や頻度に関する問題です。プログラムによってクローリングする場合には、人間の何倍もの速度でリンクを辿ってデータを収集できます。そうすると、断続的に対象の Web サーバーにアクセスすることになります。それが頻繁に行われる場合には、サーバーに対する攻撃と誤解されてしまう可能性があります。

そのため、クローラーを作成する場合には、必ずプログラム内に実行待機時間を設け、連続でアクセスすることがないように気をつける必要があります。

コラム

スクレイピングで逮捕された例

この点で、教訓にしたいのが 2010 年に起きた「Librahack 事件」と呼ばれる事件です。これは、ある男性が偽計業務妨害容疑で逮捕された事件です。その人は、岡崎市立図書館の蔵書検索システムの使い勝手に不満があり、図書情報をクローラーによって取得していました。

そのこと自体が悪いことではないのですが、問題となったのは蔵書検索システムに対して、過剰にアクセスを行い蔵書検索システムにアクセス障害を生じさせたという点です。

ここから学べる点ですが、クローリングにより対象 Web サイトに障害を引き起こす可能性があるということです。クローラーを作成する際には、貴重な情報を公開している対象サービスに対して敬意を払いつつ、アクセス頻度を落としサーバーに負荷を与えないようにする必要があります。

著作権への配慮について

当然ですが、取得したデータには著作権があります。著作権のある著作物を許諾なしに無断で利用すれば著作権侵害となります。つまり、取得したデータを無断で再配布したり、その内容を勝手に改変して配布したりすることは、著作権侵害に当たります。

ただし、データをダウンロードすること自体には何の問題もありません。もちろん、上述の通り、サービス規約で禁止されている場合や取得元のサーバーの迷惑になる場合は、問題となりますが、クローリングやスクレイピングは合法であり、悪いことではありません。

例えば、本節で紹介した書道掲示板は筆者が運営しているサービスですが、本書のサンプルを利用して画像をダウンロードすることに何の問題もありません。スクレイピングの練習として、積極的に利用してください。

まとめ

本節では、クローリングとスクレイピングについて解説しました。また、スクレイピングして画像ファイルを連続でダウンロードする方法についても紹介しました。スクレイピングはその手順さえ覚えてしまえば、難しいものではありません。本章のプログラムを一つずつ確認して、手法を身につけましょう。

4章

2 住所データをスクレイピングしてJSONファイルへ保存しよう

前節ではクローリングとスクレイピングについて概要を確認しました。本節ではBeautifulSoupを利用してより具体的なスクレイピング手法について解説します。

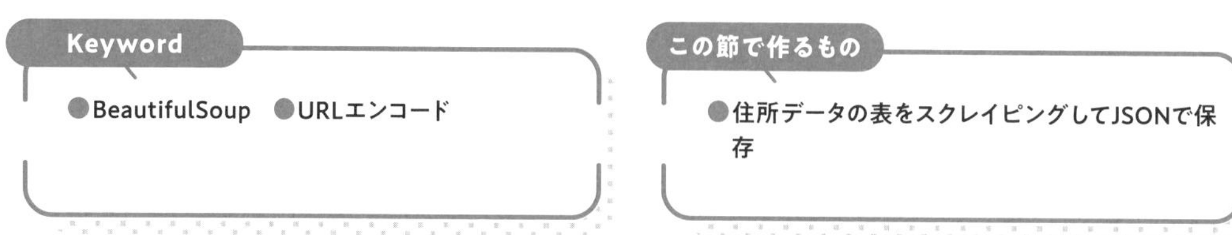

Keyword
●BeautifulSoup ●URLエンコード
この節で作るもの
●住所データの表をスクレイピングしてJSONで保存

Webサイトに掲載されている住所などの表からデータを抽出して、JSONファイルに保存するプログラムを作ってみましょう。

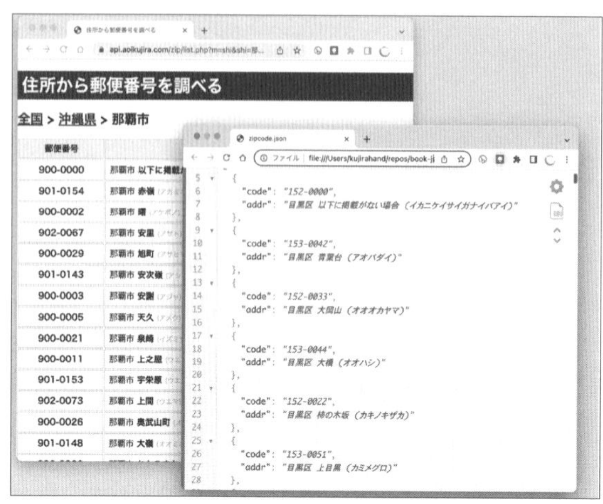

●Webサイトに掲載されている住所情報を抽出しJSONファイルに保存しよう

本節ではWebサイト上にある表の例として「住所と郵便番号の対応表」を処理してみましょう。もちろん、郵便局のWebサイトで郵便番号データをダウンロードできます。これは、Pythonを使ったスクレイピングの練習として、とても良い例なので挑戦してみましょう。

ここで挑戦するのは「住所から郵便番号を調べる」というWebサイトです。このサイトは、郵便局のものではなく、本書のために急遽用意したものです。このサービスでは、都道府県＞市区と選んでいくと、その市区にある郵便番号の一覧を確認できます。

URL　住所から郵便番号を調べる
https://api.aoikujira.com/zip/list.php

上記の URL より「東京都 > 目黒区」とクリックしていきましょう。すると、次のような「郵便番号と住所」の表が表示されます。今回は、この「郵便番号と住所」の表からデータを抽出して JSON ファイルを生成するのが目的です。

●住所から郵便番号を調べるページ

手順 1 Web ページの構造を確認しよう

ブラウザーに搭載されている開発者ツールを利用して、Web ページの構造を確認しましょう。

表の上にマウスカーソルを移動し、右クリックしてポップアップメニューの「検証」をクリックしましょう。

●表の上にマウスカーソルを移動し、右クリック>「検証」

開発者ツールが起動し、HTML の構造を確認できます。うまく表示されなかった場合は、開発者ツールを起動して [要素] タブをクリックしてアクティブにしましょう。そして、前節を参考にして該当箇所をクリックしましょう。

●HTML の構造を確認しているところ

上記の図のように、<tr> 要素を右クリックして、ポップアップメニューから「コピー > selector をコピー」をクリックしましょう。すると、「#ziplist > tbody > tr:nth-child(2)」のようなセレクターがコピーされます。

この郵便番号と住所の表が <table> タグを利用して表示されていることが分かります。HTML の構造を確認すると、次のようになっていることが分かるでしょう。

```
<table id="ziplist">
  <tbody>
    <tr>…</tr>
    <tr>…</tr>
    <tr>…</tr>
   ….
  </tbody>
</table>
```

そして、開発者ツールで <tr> を開いてみましょう。

●tr タグの内側を確認しよう

構造を確認しましょう。次のようなデータが連続して配置されていることがわかります。

```
<tr>
  <td>郵便番号</td>
  <td>住所</td>
</tr>
```

HTML の構造がかなりわかってきました。この分析を元にして、プログラムを作っていきましょう。

手順 2 プログラムを作ろう

それでは、「住所から郵便番号を調べる」の Web ページからデータを取り出して、JSON 形式で保存するプログラムを作ってみましょう。

●src/ch4/zipcode-scraping.py

```
import requests, time, json
from bs4 import BeautifulSoup
import urllib.parse

# 初期設定 --- (※1)
datafile = './zipcode.json'
ken = '東京都'
shi = '目黒区'
target_url = 'https://{}?m=shi&ken={}&shi={}'.format(
    'api.aoikujira.com/zip/list.php',
    urllib.parse.quote(ken),
    urllib.parse.quote(shi),
)

# HTMLファイルをダウンロード --- (※2)
html = requests.get(target_url).text
time.sleep(1) # アクセスしたら待機 --- (※3)
# HTMLを解析 --- (※4)
soup = BeautifulSoup(html, 'html.parser')
# 郵便番号と住所が記述された要素を取得 --- (※5)
tr_list = soup.select('#ziplist tr')
if len(tr_list) == 0:
    print('[エラー] 要素の取得に失敗')
    quit()
result = []
# テーブルの各行を取得 --- (※6)
for tr in tr_list:
    children = list(tr.children) # 子要素を取得 --- (※7)
```

```
        code = children[0].text
        addr = children[1].text
        print(code, addr)
        # ヘッダー行なら飛ばす --- (※8)
        if code == '郵便番号': continue
        result.append({'code': code, 'addr': addr})
# ファイルへ保存 --- (※9)
with open(datafile, 'w') as fp:
    json.dump(result, fp)
```

プログラムを確認してみましょう。(※1) では初期設定を記述します。データファイルのパスや、取得するページの URL を指定します。

このサイトの URL の規則を確認してみると次のような形式となっています。そのために、変数 ken や shi の内容を任意のものに変更することで、異なるページも同じように処理できることが分かります。このように、URL パラメーターを変化させることで、異なるデータが表示される Web サイトが多くあります。

```
「住所から郵便番号を調べる」のURL規則
https://api.aoikujira.com/zip/list.php?m=shi&ken=(都道府県)&shi=(市区)
```

URL パラメーターに日本語を指定する場合は、少し注意が必要です。そのまま日本語を指定するとうまくパラメーターを指定できない場合もあります。そこで、urllib.parse.quote メソッドで「URL エンコード」(あるいは、パーセントエンコーディングとも呼ばれる)を使って符号化を行います。

URL エンコードを行うと、日本語(UTF-8)の文字列が次のように変換されます。

日本語	URL エンコード
いろは	%E3%81%84%E3%82%8D%E3%81%AF
愛知県	%E6%84%9B%E7%9F%A5%E7%9C%8C
豊橋市	%E8%B1%8A%E6%A9%8B%E5%B8%82

UTF-8 では多くの漢字やひらがなは 3 バイトで表現することになるため、URL エンコードすると、このように 1 文字 9 バイトほどになります。

次に、プログラム中の (※2) を確認してみましょう。ここでは、request.get メソッドを使って Web から HTML ファイルをダウンロードします。その後 text プロパティにアクセスして HTML 文字列を取得します。

(※3) では 1 秒待機時間を入れています。今回は、連続でサーバーにアクセスしないので、この sleep は削除しても問題ないのですが、Web からデータを取得する場合には、できるだけ相手サーバーに迷惑をかけないように、データを 1 回取得したら sleep 処理を入れると習慣づけると良いでしょう。

(※4) では取得した HTML 文字列を BeautifulSoup で解析します。

(※5) では、select メソッドを使って郵便番号と住所が記述されている要素を抽出します。

手順 1 で table 要素の tr 要素を取得してみましたが、「#ziplist > tbody > tr:nth-child(2)」のようなセレクターが得られたことでしょう。これは、2 番目の tr 要素のみを取り出すという意味になります。そのため、「#ziplist > tbody > tr」のように全ての tr 要素を取り出すように変更してプログラムに指定します。

セレクターで「>」は直下の構造であることを明示するのですが、#ziplist の下にある tr という緩い条件でも同じように取り出せるので、プログラムの (※5) では「#ziplist tr」を指定しています。

(※6) では (※5) で取得した tr の一覧を for 構文で順に抽出していきます。

(※7) では子要素を取得します。先ほど確認した通り、今回の表で <tr> の下には、<td> が 2 つあることが分かっています。そのため、children[0] から郵便番号、children[1] から住所を抽出します。text プロパティでアクセスすることにより、手軽に文字列データを取り出せます。

(※8) では <tr> の子要素にあるヘッダー要素を考慮しています。ここで code が「郵便番号」であるときヘッダー行なので、データへの追加処理を飛ばします。ヘッダーでなければ、変数 result に結果を追記します。

最後の (※9) では JSON 形式でデータを保存します。

手順 3 実行してみよう

それでは、上記手順 2 で作ったプログラムを実行してみましょう。ターミナルから次のようなコマンドを実行しましょう。

```
$ python3 zipcode-scraping.py
```

プログラムを実行すると、次のように Web ページをダウンロードし、HTML を解析して、郵便番号と住所のデータを取得します。そして、「zipcode.json」という JSON ファイルを出力します。

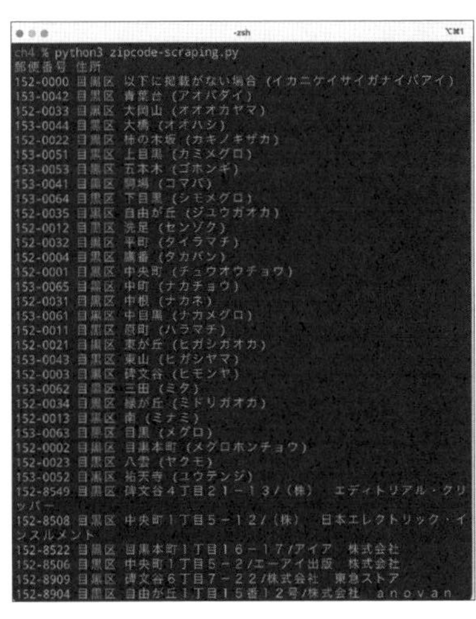

●データを抽出したところ

手順 4 JSON ファイルを確認しよう

ここで作成した JSON ファイルを確認してみましょう。JSON ビューワーで「zipcode.json」を確認すると、code と addr というプロパティを持つ配列データが書かれていることを確認できます。

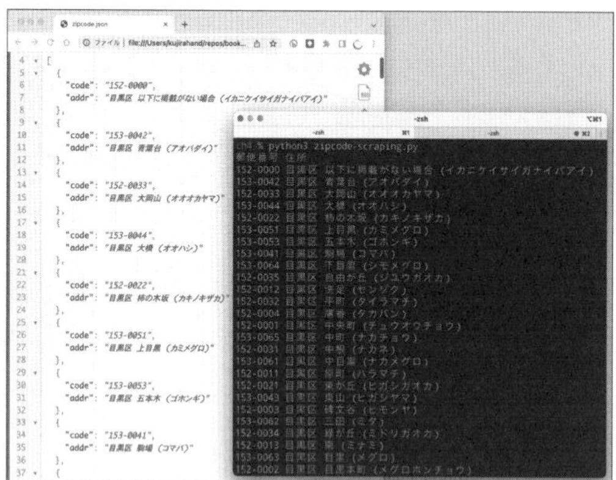

●JSON ファイルを確認したところ

データ構造を確認すると、{"code": " 郵便番号 ", "addr": " 住所 "} が連続する配列です。

手順 5 Excel をデータビューワーとして使おう

今回出力した単純なデータであれば、JSON 形式でなくても CSV ファイルで出力して Excel などで閲覧するのも便利でしょう。CSV ファイルで出力すれば、手軽に Excel で開くことができます。Excel で読めれば、データの検索や修正もしやすいことでしょう。

ここでは、簡単なプログラムを利用して、JSON ファイルを CSV ファイルで出力してみましょう。単純な JSON ファイルであれば、容易に CSV へ変換できます。

●src/ch4/zipcode-json2csv.py

```
import json, csv
# JSONを読み込む --- (※1)
with open('zipcode.json', 'r', encoding='utf-8') as fp:
    data = json.load(fp)
# CSVを出力 --- (※2)
with open('zipcode.csv', 'w', encoding='cp932') as fp:
    writer = csv.writer(fp)
    writer.writerow(['郵便番号', '住所'])
    for row in data:
        writer.writerow([row['code'], row['addr']])
```

プログラムの (※1) で JSON ファイルを読み込み、(※2) で CSV ファイルを出力します。ここでポイントとなる点ですが、Excel で CSV ファイルを開く場合、文字コードは、Shift_JIS にしなくてはなりません。しかも、郵便番号データには、Shift_JIS では扱えない文字を含んでいることがあるため、(※2) に指定する文字エンコーディングを「cp932」にします。なお「CP932」とは、マイクロソフトが中心となって制定した文字エンコーディングで、Shift_JIS を独自に拡張したものです。

次のコマンドを実行すると「zipcode.json」を元にして「zipcode.csv」を生成します。

```
$ python3 zipcode-json2csv.py
```

生成した CSV ファイル「zipcode.csv」を Excel で開くと次のように表示されます。

	A	B
1	郵便番号	住所
2	152-0000	目黒区 以下に掲載がない場合 (イカニケイサイガナイバアイ)
3	153-0042	目黒区 青葉台 (アオバダイ)
4	152-0033	目黒区 大岡山 (オオオカヤマ)
5	153-0044	目黒区 大橋 (オオハシ)
6	152-0022	目黒区 柿の木坂 (カキノキザカ)
7	153-0051	目黒区 上目黒 (カミメグロ)
8	153-0053	目黒区 五本木 (ゴホンギ)
9	153-0041	目黒区 駒場 (コマバ)
10	153-0064	目黒区 下目黒 (シモメグロ)
11	152-0035	目黒区 自由が丘 (ジユウガオカ)
12	152-0012	目黒区 洗足 (センゾク)
13	152-0032	目黒区 平町 (タイラマチ)
14	152-0004	目黒区 鷹番 (タカバン)
15	152-0001	目黒区 中央町 (チュウオウチョウ)
16	153-0065	目黒区 中町 (ナカチョウ)
17	152-0031	目黒区 中根 (ナカネ)
18	153-0061	目黒区 中目黒 (ナカメグロ)
19	152-0011	目黒区 原町 (ハラマチ)
20	152-0021	目黒区 東が丘 (ヒガシガオカ)
21	153-0043	目黒区 東山 (ヒガシヤマ)
22	152-0003	目黒区 碑文谷 (ヒモンヤ)
23	153-0062	目黒区 三田 (ミタ)
24	152-0034	目黒区 緑が丘 (ミドリガオカ)
25	152-0013	目黒区 南 (ミナミ)
26	153-0063	目黒区 目黒 (メグロ)
27	152-0002	目黒区 目黒本町 (メグロホンチョウ)
28	152-0023	目黒区 八雲 (ヤクモ)
29	153-0052	目黒区 祐天寺 (ユウテンジ)

●出力した CSV ファイルを Excel で開いたところ

BeautifulSoupでよく使うメソッド

本節のプログラムでも、BeautifulSoup を使って HTML の解析と抽出を行う方法を解説しました。ここで、BeautifulSoup の使い方と便利なメソッドをまとめてみましょう。

下記のプログラムは、BeautifulSoup で HTML のリストとリンクを抽出して表示するプログラムです。

●src/ch4/soup_basic.py

```
from bs4 import BeautifulSoup

# HTML文字列を指定 --- (※1)
html = '''
<html><body><h1>Link</h1>
<ul>
```

```
  <li><a href="https://sakuramml.com/">Sakura</a></li>
  <li><a href="https://nadesi.com/">Nadesiko</a></li>
</ul>
</body></html>
'''

# BeautifulSoupでHTMLを解析 --- (※2)
soup = BeautifulSoup(html, 'html.parser')

# <li>タグのテキストを抽出する --- (※3)
print('--- <li> ---')
for li in soup.find_all('li'):
    print(li.text)

# <a>タグからリンクの一覧抽出する --- (※4)
print('--- <a> href ---')
for a in soup.find_all('a'):
        print(a.attrs['href'])
```

最初にプログラムを実行して何をしているのか確認してみましょう。ターミナルで上記プログラムを実行すると、次のようにリスト <li> のテキストと、リンク <a> タグの href 属性を表示します。

```
$ python3 soup_basic.py
--- <li> ---
Sakura
Nadesiko
--- <a> href ---
https://sakuramml.com/
https://nadesi.com/
```

プログラムの (※1) では HTML 文字列を指定します。当然ですが、このようにソースコードに記述した HTML 文字列も BeautifulSoup で解析できます。BeautifulSoup のサンプルを試すにはもってこいです。

次に、(※2) では BeautifulSoup のオブジェクトを作成します。この時、html.parser という名前の標準パーサーを利用して解析を行います。ここに指定できるパーサーには次のものがあります。

指定するパーサー	解説
html.parser	標準の HTML パーサー (追加インストール不要)
lxml	高速に HTML の解析が可能なパーサー
html5lib	HTML5 に沿ったパーサー

なお、「lxml」や「html5lib」を使う場合には、以下のように別途パーサーをインストールする必要があります。

```
$ python3 -m pip install lxml
$ python3 -m pip install html5lib
```

基本的には標準のパーサーで問題ないのですが、うまく HTML が解析できない場合や速度にこだわりたい場合には、上記パーサーを試してみると良いでしょう。

そして、上記プログラムの (※3) では HTML の <li> のテキストを取得し、(※4) では <a> のリンク先である href 属性の値を取得して表示します。そのために利用しているのが、find_all メソッドです。このメソッドを使うと特定の要素を一気に抽出できます。

CSS セレクターで要素を検索

前節と本節で紹介したように、CSS セレクターを利用して複雑に入り組んだ HTML 階層を抽出することも可能です。以下のプログラムでは (※1) の部分に少し入り組んだ HTML を記述しています。この HTML を解析して商品一覧や値段を検索してみましょう。

●src/ch4/soup_select.py

```
from bs4 import BeautifulSoup

# HTML文字列を指定 --- (※1)
html = '''
<html><body>
  <ul id="a1">
    <li class="name">リンゴ</li>
    <li class="price">710円</li>
  </ul>
  <ul id="a2">
    <li class="name">バナナ</li>
    <li class="price">320円</li>
  </ul>
  <ul id="a3">
    <li class="name">マンゴー</li>
    <li class="price">630円</li>
  </ul>
</body></html>
'''

# BeautifulSoupでHTMLを解析 --- (※2)
soup = BeautifulSoup(html, 'html.parser')
```

```
# セレクターで商品の一覧を表示 --- (※3)
print('--- 商品名の一覧を得る ---')
for li in soup.select('ul > li.name'):
    print(li.text)

# セレクターでバナナの値段を調べる --- (※4)
print('---')
price = list(soup.select('#a2 > li.price'))[0]
print("バナナの値段", price.text) # --- (※4a)
price = list(soup.select('ul:nth-child(2) > li.price'))[0]
print('バナナの値段', price.string) # --- (※4b)
prices = list(soup.select('li.price'))
print('バナナの値段', prices[1].text) # --- (※4c)

# selectとfindを組み合わせてマンゴーの値段を調べる --- (※5)
for ul in soup.select('ul'):
    name = ul.find('li', {'class': 'name'}).text
    price = ul.find('li', {'class': 'price'}).text
    if name == 'マンゴー':
        print('マンゴーの値段', price)
```

最初にプログラムを実行してみましょう。以下のように表示されます。

```
$ python3 soup_select.py
--- 商品名の一覧を得る ---
リンゴ
バナナ
マンゴー
---
バナナの値段 320円
バナナの値段 320円
バナナの値段 320円
マンゴーの値段 630円
```

プログラムの (※1) では複数のリストを記述しています。なお、この HTML 部分だけをブラウザーで表示すると次のようになります。

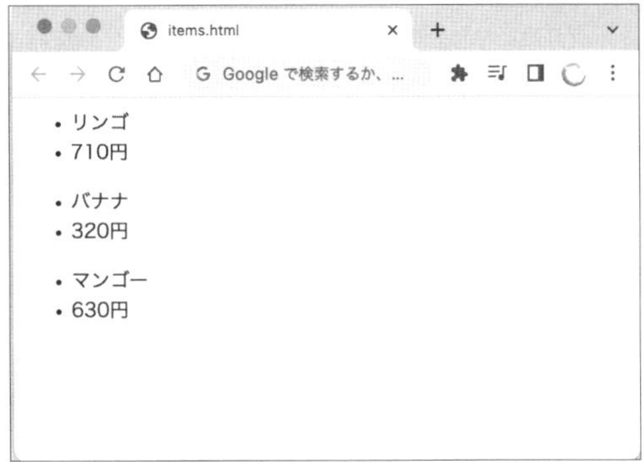

●今回操作対象の HTML をブラウザーで確認したところ

(※2) では BeautifulSoup のオブジェクトを生成します。

(※3) では、select メソッドを利用して、商品の一覧を表示します。ここで指定したセレクターは「ul> li.name」です。つまり、ul タグの直下にある li 要素で class が name のものを列挙するという意味になります。セレクターでは次のようなルールがあります。

セレクターの例	セレクターの説明
ul	タグ名が ul であるもの
#a1	id 属性が a1 であるもの
.price	class 属性が price であるもの
ul #a2	ul タグで id 属性が a2 であるもの
li.price	li タグで class 属性が price であるもの
ul > li	ul 直下の li 要素
ul li	ul 以下にある li 要素
ul:nth-child(2)	ul 要素で 2 番目に出てくるもの

(※4) ではセレクターを利用して、バナナの値段を表示します。いろいろな方法で指定が可能です。

(※4a) では「#a2 > li.price」を指定しました。つまり、id 属性が a2 のもの、その直下にある li 要素で class 属性が price のものという指定です。そのため、この指定でバナナの値段を記述した li 要素を特定できます。

(※4b) ではセレクター「ul:nth-child(2) > li.price」で検索します。これは、ul 要素で 2 番目に出てくるもの、その直下にある li 要素で class 属性が price のものです。

(※4c) ではセレクター「li.price」を指定しているので、全ての商品の price を抽出し、その中の 0 から数えて 1 番目（つまり 2 番目）にある要素であるバナナの値段を表示します。

そして、(※5) では select メソッドと find メソッドを組み合わせて利用する例です。ここではマンゴーの値段を調べます。敢えて愚直に ul 要素を for 構文で一つずつ列挙します。そして、その際、find

メソッドを利用してその ul 要素の下にある li 要素を取得します。

find メソッドの第 2 引数に、{'class': 'name'} のような辞書型のデータを与えると、検索条件として要素の属性値が指定できます。ここでは、class 属性が name の li 要素と class 属性が price の li 属性を取得してみました。

このように、select メソッドと find メソッドを組み合わせることで、手軽にデータの抽出が可能であることが分かると思います。

まとめ

本節では、HTML をダウンロードし、そこに書かれているデータを抽出する「スクレイピング」を行う手法を紹介しました。BeautifulSoup を利用すると手軽に HTML を解析して、必要なデータを抽出できることが分かったことでしょう。また、データの抽出では、CSS セレクターを利用して複雑な構造のデータを特定可能です。

4章

3 バグトラッキング掲示板から複数ページを取得し集計しよう

次にサイト内にあるページを巡回してダウンロードするプログラムを作ってみましょう。特に、掲示板などの複数ページにわたるログデータを取得してみます。スクレイピングによってデータの抽出とリンク先の取得を行います。

Keyword

- BeautifulSoup
- 複数ページの自動巡回
- TypeScript
- JSONの型宣言

この節で作るもの

- Web掲示板のデータを全部ダウンロードしてJSONで保存

Web掲示板のデータを全部ダウンロードしてJSONで保存してみましょう。ここではあるアプリのバグトラッキングに使っている掲示板を対象にしてみます。

●バグトラッキングに使っている掲示板のデータを全部ダウンロードしよう

bbs_logs.json


```
[
  {
    "id": "0982",
    "title": "Luaのバージョン (choco)",
    "date": "2022-08-14",
    "priority": "低",
    "status": "未処理",
    "link": "https://nadesi.com/cgi/bug/index.php?m=thread&threadid=982"
  },
  {
    "id": "0981",
    "title": "Indyの最新版に対応する (クジラ飛行机)",
    "date": "2022-08-03",
    "priority": "高",
    "status": "未処理",
    "link": "https://nadesi.com/cgi/bug/index.php?m=thread&threadid=981"
  },
  {
    "id": "0980",
    "title": "なでしこv1の『ブラウザ部品』サポート終了を明記.. (クジラ飛行机) --> WebView対応について(クジラ飛行机)",
    "date": "2022-07-05",
    "priority": "低",
    "status": "未処理",
    "link": "https://nadesi.com/cgi/bug/index.php?m=thread&threadid=980"
  },
  {
    "id": "0979",
    "title": "メール送信がエラーになります (アヴァンス) --> 二段階認証を有効にし、アプリパスワードを発行する(クジラ飛行机)",
    "date": "2022-06-23",
    "priority": "中",
    "status": "告知",
    "link": "https://nadesi.com/cgi/bug/index.php?m=thread&threadid=979"
  },
  {
    "id": "0976",
    "title": "Windows 10でカーソルが消える (NON) --> 修正感謝です(NON)",
    "date": "2022-05-20",
    "priority": "中",
    "status": "解決",
    "link": "https://nadesi.com/cgi/bug/index.php?m=thread&threadid=976"
  },
  {
    "id": "0978",
    "title": "消しました (使ってます)",
    "date": "2022-05-19",
    "priority": "低",
    "status": "解決",
```


●複数ページに分かれた掲示板のデータを巡回して全部抽出する

そして、バグトラッキング掲示板に書き込まれた報告を集計して、優先度ごとにどの程度解決に至っているのかを確認するプログラムも作ってみましょう。

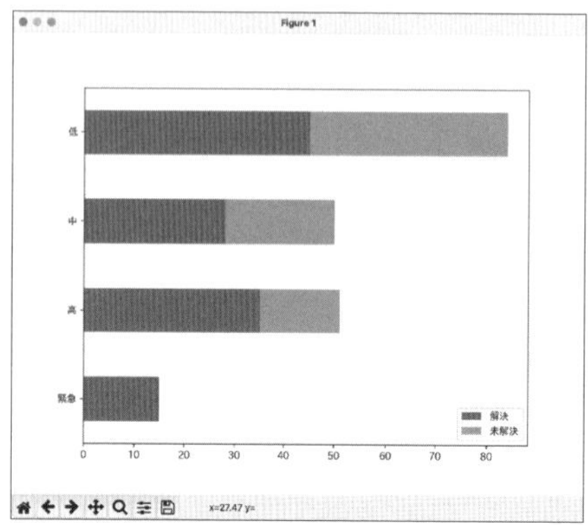

●集計結果をグラフで表示したところ

手順 1 Web ページの構造を確認しよう

最初に、Google Chrome を使って掲示板の Web ページの構造を確認してみましょう。ここで確認したい点は次の２点です。

(1) 掲示板に書かれているデータがどのような構造か
(2) 掲示板ログの続きのページのリンクはどうなっているのか

まずは、掲示板のデータがどのような構造で記述されているのか確認しましょう。ブラウザーで必要なデータの上にマウスカーソルを移動し、右クリックします。ポップアップメニューの［検証］をクリックします。すると、取得したいデータはHTMLの<table>タグ（table要素）を利用して表が記述されていることが分かりました。

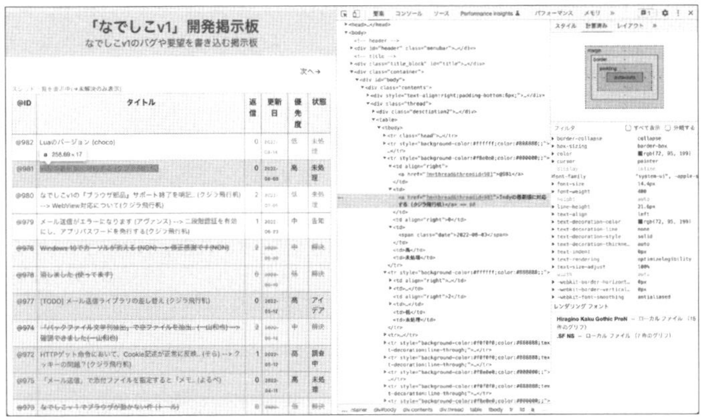

●掲示板データの構造を確認しているところ

Webページの構造を確認したら、開発者ツールで実際に取得したい要素を選択し、右クリックして「コピー > selectorをコピー」をクリックしましょう。すると、ここでは、次のようなセレクターが取得できました。

```
#body > div > div.thread > table > tbody > tr:nth-child(3) > td:nth-child(2) > a
```

これを使えば、正確に選択したデータを抽出できますが汎用性がありません。5階層目にあるtbodyまではそのまま使えるでしょう。この後の手順で作るプログラムでは、このセレクターの値を修正して利用します。

手順 2 次のログを表示するリンクを調べよう

続いて、掲示板ログの続きのページを表示する「次へ→」のボタンを確認してみましょう。開発者ツールで確認してみると、ボタンの形状をしているものの、HTMLでリンクを表現する<a>タグ(a要素)で次のページのリンクが記述されていました。そして、分かりやすいことに、<span class="pager">の直下にあることも分かります。

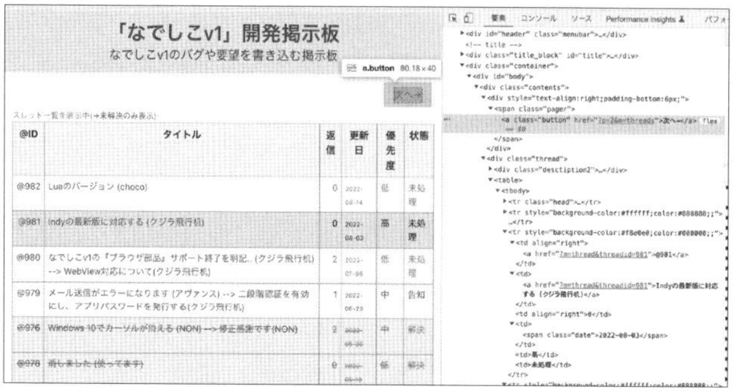

●開発者ツールで掲示板の続きページを表示する「次へ→」ボタンを確認しているところ

実際にこのボタンを押して次のページを確認してみましょう。すると、掲示板に続きのログがある場合には、「次へ→」のボタンが表示されることを確認できました。つまり、「次へ→」のボタンがある限り掲示板のログに続きがあるということが分かります。

手順 3 プログラムを作ろう

上記の点を踏まえてプログラムを作ってみましょう。HTMLを一度ダウンロードして終わりではなく、掲示板のログが書かれている全てのページを取得するために、リンクを探してページを巡回するプログラムを作ります。

●src/ch4/bbs_downloader.py

```
import requests, os, time, json
import urllib.parse
from bs4 import BeautifulSoup

# 初期設定 --- (※1)
BBS_URL = 'https://nadesi.com/cgi/bug/index.php'
LOGFILE = 'bbs_logs.json'
MAX_PAGES = 5 # 最大ページ数
logs = [] # 収集済みログデータ保存用
pages = [] # ダウンロード済みページ管理用

# 掲示板にアクセスしてデータを取り出す --- (※2)
def get_logs(target_url):
    # 最大ページ数の確認 --- (※3)
    if len(pages) > MAX_PAGES:
        return # 最大ページ数を超えたなら戻る
    # 二重にページを取得していないかチェック --- (※4)
    if target_url in pages:
        return # すでにダウンロード済みなら戻る
    pages.append(target_url)
```

```
    # HTMLをダウンロード --- (※5)
    html = requests.get(target_url).text
    time.sleep(1) # アクセスしたら待機
    # HTMLを解析 --- (※6)
    soup = BeautifulSoup(html, 'html.parser')
    # 掲示板のログデータを抽出 --- (※7)
    for row in soup.select('#body div.thread > table tr'):
        # trの下のtd要素を抽出 --- (※8)
        td_list = list(row.children)
        # ログページのURLを取得 --- (※9)
        a = td_list[0].find('a')
        if a is None: continue
        # ログのURLを絶対URLに変換 --- (※10)
        href = a.attrs['href']
        href = urllib.parse.urljoin(target_url, href)
        # ログの各種情報を辞書型に入れる --- (※11)
        info = {
            'id': td_list[0].text,
            'title': td_list[1].text,
            'date': td_list[3].text,
            'priority': td_list[4].text,
            'status': td_list[5].text,
            'link': href,
        }
        print(info['id'], info['title'], info['link'])
        logs.append(info) # ログに追加
    # 次へボタンのリンクを求める --- (※12)
    for e in soup.select('.pager > a'):
        if e.text != '次へ→': continue
        link = e.attrs['href']
        # リンクを絶対URLに変換
        link = urllib.parse.urljoin(target_url, link)
        # 再帰的に掲示板の内容をダウンロード --- (※13)
        get_logs(link)

def save_logs():
    # ログの内容をファイルに保存 --- (※14)
    with open(LOGFILE, 'w', encoding='UTF-8') as fp:
        json.dump(logs, fp, ensure_ascii=False)
    print('ログの数:', len(logs))

if __name__ == '__main__':
    get_logs(BBS_URL) # データを取得
    save_logs() # データを保存
```

プログラムを確認してみましょう。(※1) では初期設定を行います。掲示板の URL や保存先のログファイル、取得する最大ページ数などを指定します。

(※2) では Web 掲示板にアクセスしてログデータを抽出する関数 get_logs を定義します。この関数は連続で呼び出される可能性があります。そのため、関数の最初で、ダウンロードを行う最大ページの確認や、重複ダウンロードのチェックを行います。

(※3) では最大ページ数を確認します。ダウンロードしたページは、リスト型の変数 pages に追加します。そのため、pages の要素数が MAX_PAGES を超えている時には関数から抜けます。そして、(※4) では二重ダウンロードのチェックを行います。具体的には、変数 pages に今回ダウンロード対象の URL が含まれるかを確認し、含まれるなら関数を抜けます。

(※5) では requests.get メソッドを使って HTML ファイルをダウンロードします。そして、(※6) では BeautifulSoup を使って HTML を解析します。

(※7) 以降では掲示板のログデータを抽出します。手順 1 で確認したセレクターの値を修正して指定します。ここでは、表の一行を表す tr 要素を for 文で繰り返し処理します。

(※8) では tr の下にある td 要素を取り出します。そして (※9) では実際の掲示板データの URL を抽出します。抽出した URL は相対パスで記述されているため、(※10) で絶対 URL に変換します。

(※11) でログの各種情報を抽出して辞書型のデータにセットします。(※8) で抽出した tr 要素の下の td 要素を参照して各情報を参照します。

(※12) では「次へ→」のリンクが書かれているボタンを抽出します。手順 2 で確認したように、class 属性に "pager" が指定されている要素の直下の a 要素を取り出し、リンクテキストが「次へ→」であれば、掲示板ログの続きが書かれているページであると特定します。

(※13) では、特定したリンクを指定して、再帰的に掲示板からデータを取り出す get_logs 関数を呼び出します。これにより、掲示板の続くページをくまなく巡回することができます。

(※14) では収集したログデータを JSON ファイルに保存します。

手順 4 実行してみよう

ターミナルを起動して、以下のコマンドを実行しましょう。

```
$ python3 bbs_downloader.py
```

プログラムを実行すると、掲示板に掲載されている全てのスレッド（ただし最大 5 ページ）をダウンロードして JSON ファイルに書き出します。

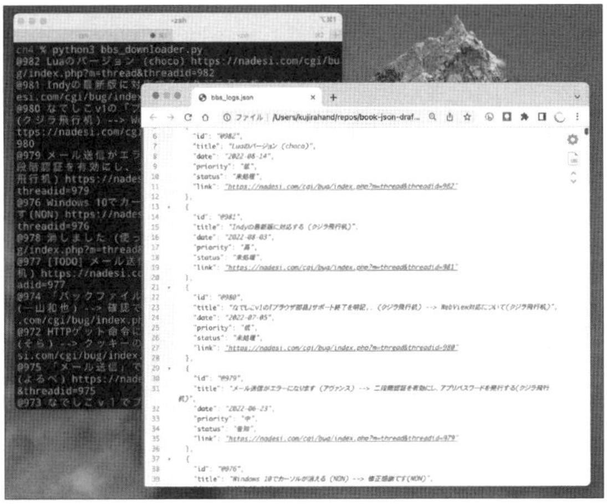

●プログラムを実行してログを抽出したところ

手順 5 JSONファイルを確認してみよう

それでは、作成したJSONファイル「bbs_logs.json」を確認してみましょう。以下は、JSONファイルを抜粋したものです。IDやタイトル、日付などの情報が連続で書かれています。これまで見てきたようなオーソドックスな構成です。

```
[
  …省略…
  {
    "id": "@981",
    "title": "Indyの最新版に対応する (クジラ飛行机)",
    "date": "2022-08-03",
    "priority": "高",
    "status": "未処理",
    "link": "https://nadesi.com/cgi/bug/index.php?m=thread&threadid=981"
  },
  {
    "id": "@980",
    "title": "なでしこv1の『ブラウザー部品』サポート終了を明記.. (クジラ飛行机)...",
    "date": "2022-07-05",
    "priority": "低",
    "status": "未処理",
    "link": "https://nadesi.com/cgi/bug/index.php?m=thread&threadid=980"
  },
   …省略…
]
```

この JSON データの構造を手軽に確認する方法を考えてみましょう。と言うのも、JSON データはあらかじめデータの構造を定義する必要がありません。これをスキーマレスと言います。スキーマレスで、自由にデータ構造を表現できるのが JSON のメリットの一つです。

しかし、ここまで本書に登場した JSON ファイルを考えてみてください。値だけは異なるものの構造自体は同じものが連続して登場するという構造になっていることがほとんどでした。そのため、データ型を一目で確認できるように何かしらの型定義を行うと便利な場面も多くあります。

その際、TypeScript を使うなら、JSON データの構造を手軽に表現できます。TypeScript は JavaScript の上位互換で、JavaScript でデータ型を定義できるようにしたものと言えます。

TypeScript では interface を使うことでオブジェクトの型を定義できます。これを利用して、先ほどの JSON のデータ型を LogsType として定義すると次のようになるでしょう。

```
// TypeScriptでJSONのデータ型を定義したもの
interface LogObject {
  id: string;
  title: string;
  date: string;
  priority: string;
  status: string;
  link: string;
}
type LogsType = Array<LogObject>;
```

手順 6 JSON ファイルを集計してみよう

JSON ファイルの構造も分かったところで、簡単に集計してみましょう。バグトラッキング掲示板に書かれた案件の優先度（priority）と状態（status）を集計して円グラフを描画してみましょう。これは単純に値の個数を数えるだけの集計です。

●src/ch4/bbs_summary.py

```
import json, japanize_matplotlib
import matplotlib.pyplot as plt

# JSONを読む --- (※1)
data = json.load(open('bbs_logs.json', encoding='utf-8'))
# データを数える --- (※2)
priority = {}
status = {}
for row in data:
    pr = row['priority']
    st = row['status']
    if pr not in priority: priority[pr] = 0
```

```
        if st not in status: status[st] = 0
        priority[pr] += 1
        status[st] += 1
    print(priority)
    print(status)
    # グラフを描画 --- (※3)
    fig = plt.figure()
    # 優先度の円グラフを描画
    ax1 = fig.add_subplot(1, 2, 1)
    values = [v for _,v in priority.items()]
    labels = [k for k,_ in priority.items()]
    ax1.pie(values, labels=labels, autopct="%.1f")
    ax1.set_title('優先度')
    # 状態の棒グラフを描画
    ax2 = fig.add_subplot(1, 2, 2)
    values = [v for _,v in status.items()]
    labels = [k for k,_ in status.items()]
    ax2.barh(labels, values)
    ax2.set_title('状態')
    plt.legend()
    plt.show()
```

簡単にプログラムを確認してみましょう。(※1) では JSON ファイルを読みます。(※2) では優先度と状態の数を数えます。そして、(※3) では円グラフと横棒グラフを描画します。サブプロットを使って、左右の 2 つのグラフを描画します。

ターミナルで「python3 bbs_summary.py」のコマンドを実行すると次のようなグラフが描画されます。

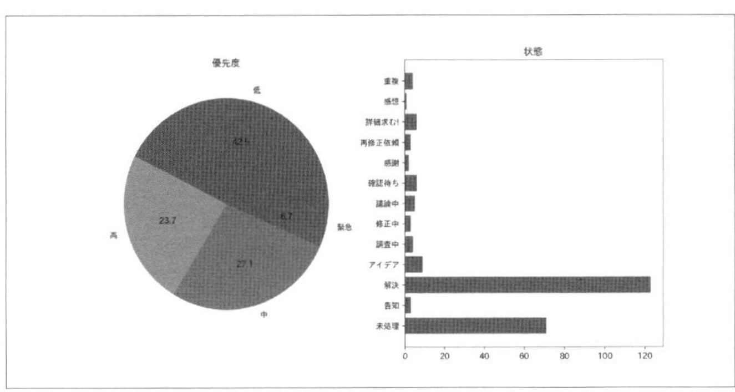

●集計結果をグラフで表示したところ

上記のグラフを見て気付く点ですが、せっかく優先度と状態を確認しているのに、それぞれを個々に確認しても、それほど得るものがありません。そこで、優先度ごとに案件がどの程度解決しているのかを調べることにしましょう。つまり、優先度（緊急、高、中、低）ごとに、解決と未解決の数を調べて、スタックバーのグラフで出力してみましょう。

手軽にスタックバーのグラフを描画するために、Pandasライブラリーを利用しました。下記のコマンドを実行してPandasをインストールしましょう。

```
$ ptyhon3 -m pip install pandas
```

優先度ごとに解決・未解決を調べてグラフに描画するプログラムは次のようになります。

●src/ch4/bbs_summary2.py

```
import json, japanize_matplotlib
import matplotlib.pyplot as plt
import pandas as pd

# JSONを読む --- (※1)
data = json.load(open('bbs_logs.json', encoding='utf-8'))
# 以下のデータを埋めるように数える --- (※2)
result = {
    '緊急': {'解決': 0, '未解決': 0},
    '高':{'解決':0, '未解決': 0},
    '中':{'解決':0, '未解決': 0},
    '低':{'解決':0, '未解決': 0},
}
for row in data:
    st = row['status']
    pr = row['priority']
    if st == '解決': result[pr]['解決'] += 1
    if st == '未処理' or st == '修正中' or st == '再修正依頼':
        result[pr]['未解決'] += 1
print(result)
# グラフを描画 --- (※3)
df = pd.DataFrame({
    '解決': [v['解決'] for k,v in result.items()],
    '未解決': [v['未解決'] for k,v in result.items()]
}, index=[k for k,_ in result.items()])
df.plot(kind="barh",stacked=True,figsize=(10,8))
plt.show()
```

プログラムを確認してみましょう。(※1)ではJSONファイルを読み込みます。そして、(※2)では優先度ごとに解決と未解決の数を数えます。そして、(※3)ではPandasを利用してスタックバーのグラフを描画します。Pandasを利用するとデータを一定の形式で指定し、plotメソッドを呼ぶことで手軽にグラフを描画できて便利です。

ターミナルから「python3 bbs_summary2.py」のコマンドを実行すると次のようなグラフを描画します。グラフを見てみると、やはり優先度が「低」のものには未解決の案件が多く残っているという状況が浮き彫りになりました。

●Pandasを使ってスタックバーを描画したところ

また、ここでは作りませんが、元のJSONデータには、日付情報も含まれています。そこで、日付データを元にして、月ごとの投稿数を数えるなど、他にもさまざまな集計方法が考えられるでしょう。

コラム

JSONから自動的に型定義を生成する

JSONデータの型定義を行うという点で、便利なツールがあります。プログラミング向けのテキストエディター『Visual Studio Code』（VSCodeと略する）の拡張には『Paste JSON as Code』という拡張機能があります。この拡張機能を使うと、JSONデータからTypeScriptの型定義を自動的に生成できます。

URL

Visual Studio Code（エディター本体）

https://azure.microsoft.com/ja-jp/products/visual-studio-code/

Paste JSON as Code（拡張機能）

https://marketplace.visualstudio.com/items?itemName=quicktype.quicktype

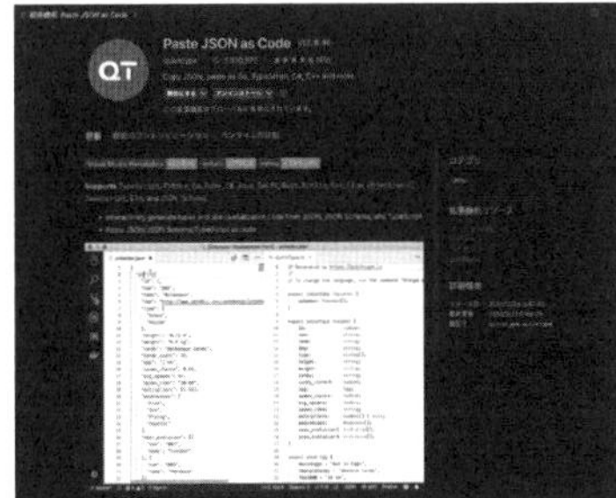

●VSCodeの拡張機能「Paste JSON as Code」

VSCodeで「Paste JSON as Code」をインストールすると、JSONファイルからTypeScriptの型定義を自動生成できます。JSONファイルをVSCodeで開き、右クリックして「コマンドパレット」を開きます。そして、「Open quicktype for JSON」を実行します。すると、JSONデータからTypeScriptの宣言を自動的に生成できます。

●JSONファイルからTypeScriptの宣言を生成できる

本節で作成したJSONファイル「bbs_logs.json」からTypeScriptの型定義を生成してみましょう。すると次のようなTypeScriptの型宣言を生成します。

●src/ch4/bbs_logs_types.ts

```
export interface BBSLogs {
    id:       string;
    title:    string;
    date:     string;
    priority: Priority;
    status:   Status;
    link:     string;
}

export enum Priority {
    中 = "中",
    低 = "低",
    緊急 = "緊急",
    高 = "高",
}

export enum Status {
    アイデア = "アイデア",
    修正中 = "修正中",
    再修正依頼 = "再修正依頼",
```

```
    告知 = "告知",
    感想 = "感想",
    感謝 = "感謝",
    未処理 = "未処理",
    確認待ち = "確認待ち",
    解決 = "解決",
    詳細求む = "詳細求む!",
    調査中 = "調査中",
    議論中 = "議論中",
    重複 = "重複",
}
```

TypeScriptでは単に文字列型（string）を指定するだけでなく、列挙型enumを使って、任意の値を選択できる仕組みがあります。enumを利用する事で、そのフィールドに指定できる値が一目瞭然になります。

まとめ

本節では掲示板など複数ページにまたがったページを自動巡回し、データを抽出しJSONファイルで保存する方法を紹介しました。また、保存したJSONファイルを解析し、自動的にTypeScriptの型定義を生成する方法も紹介しました。そして、簡単にデータを集計してグラフも描画しました。いずれもWeb上のデータを活用する上で欠かせないテクニックです。

4章

4 ログインの必要なサイトからダウンロード

昨今多くの Web サイトはログインしてはじめて情報が見られるようになっています。そのため、スクレイピングで考慮すべきポイントの一つにログインがあります。ログインがどのような仕組みで実現されているかを学び、それに対応するプログラムの作り方を解説します。

この節で作るもの

●会員制Webサイトにログインしてファイルをダウンロードしよう

会員制の作詞掲示板にログインして、自分の作品一覧と、作品一覧に付けられたコメントを取得するプログラムを作ってみましょう。


```
[
  {
    "name": "この先はオーロラ",
    "link": "https://uta.pw/sakusibbs/post.php?mml_id=1269",
    "comments": [

    ]
  },
  {
    "name": "ブームのニュース",
    "link": "https://uta.pw/sakusibbs/post.php?mml_id=1268",
    "comments": [
      " クジラ飛行机 (2022/08/22) 「強すぎる俺はオレンジ」ってところが良いです。素晴らしいですね。",
      " PAD-BOOK (2022/08/22) 結局、オレンジのロボットに関する歌詞なんですね。美味しそうで良いですね。",
      " PAD-BOOK (2022/08/22) 突然「秋田で米農家」が出てくるのが良い。"
    ]
  },
  {
    "name": "ライオンマン",
    "link": "https://uta.pw/sakusibbs/post.php?mml_id=1267",
    "comments": [
      " クジラ飛行机 (2022/08/22) ライオンマン、タイトルが強烈で良いですね。頑張ってください。",
      " PAD-BOOK (2022/08/22) 広がりのある歌詞が良いです。夢を見ているような唐突な感じが良いです。"
    ]
  }
]
```


●作品一覧とコメントを取得して JSON 形式で保存したところ

今回、利用するのは「作詞掲示板」です。手軽に誰でも詞を投稿できる掲示板です。

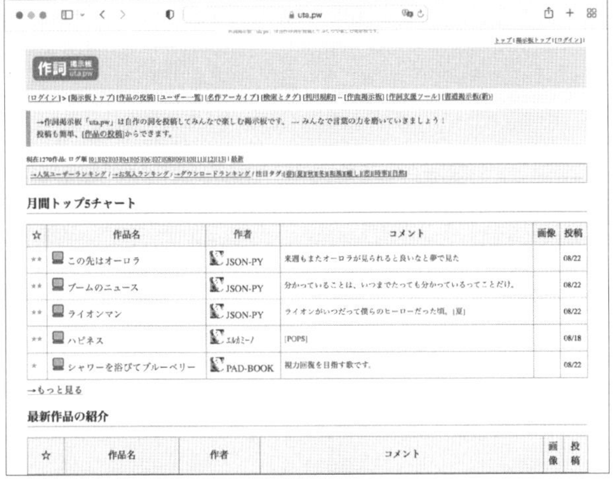

●会員制の作詞掲示板

URL 作詞掲示板
https://uta.pw/sakusibbs/

この作詞掲示板にログインすると、自分の投稿した作品の一覧やお気に入りに追加した作品を確認できます。今回は、Pythonのプログラムで作詞掲示板にログインして、自分の作品一覧を取得します。

●作詞掲示板にログインしてマイページを見ているところ

この作詞掲示板では、作品ごとにコメントがつけられるようになっています。そこで、Pythonのプログラムで作品を巡回して書き込まれたコメントの一覧も同時に取得するようにしましょう。

●作品にコメントがつけられるようになっている

手順 1 サイトの構造を確認しよう

今回特に確認したいのは会員制のWebサイトにログインするという点です。そこで、最初にWebサイトのログインページを確認しましょう。このサイトでは、「ユーザー名」と「パスワード」をフォームに入力して「ログイン」ボタンを押すことでログインできます。

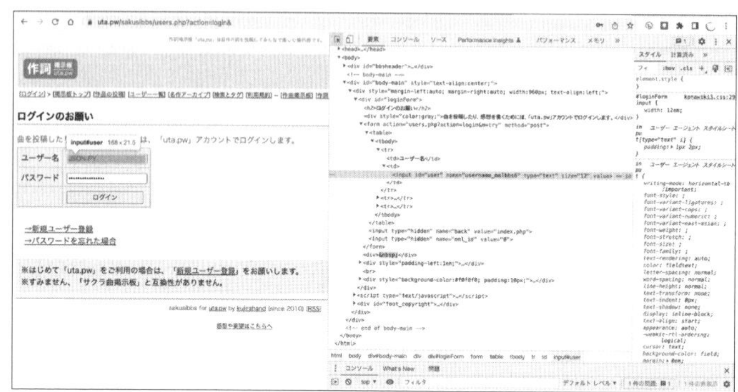

●ログインページを開発ツールで確認しているところ

大抵の場合、ログインフォームは、<form>タグ（form要素）を利用して作成されています。form要素はaction属性にログイン情報の送信先が指定されており、method属性にGETかPOSTのどちらかが指定されています。このフォームを見ると、method="post"と記述されており、postメソッドを利用してログイン処理を送信する必要があることが分かります。

なお、正しくログインできると、画面上部にマイページへのリンクが表示されます。そこで、このリンク先を取り出して、URLにアクセスしましょう。

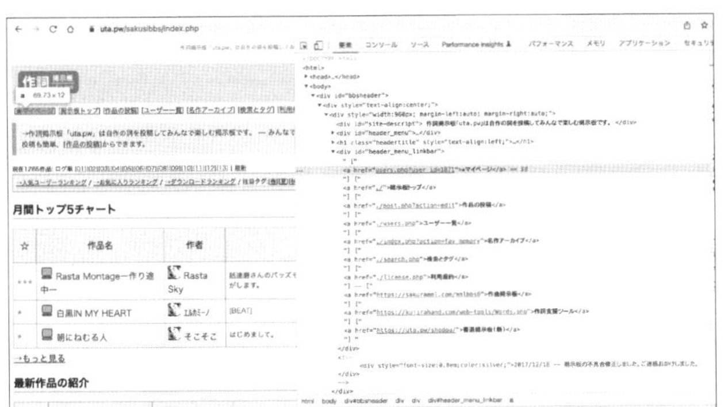

●ログインするとマイページのリンクが表示される

マイページにアクセスすると、自分の作品一覧が表示されます。開発者ツールで構造を確認してみましょう。作品一覧のリストを選択して、ポップアップメニューの「コピー > selectorをコピー」を実行してみましょう。すると、「#mmlist > li:nth-child(1)」が得られます。このセレクターの値をプログラムで利用してみます。

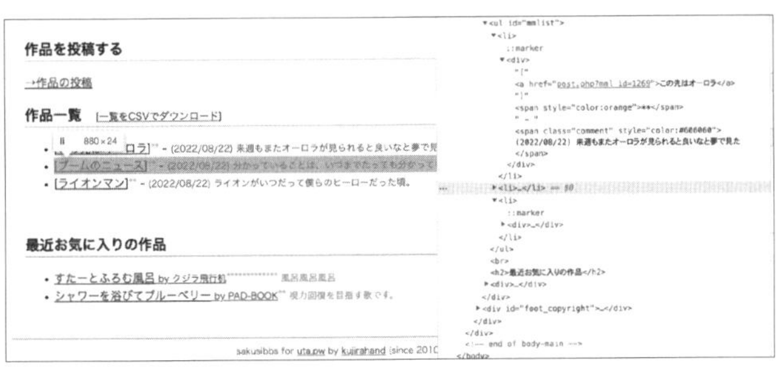

●マイページの作品一覧の部分の構造を確認したところ

作品ページでは自由なコメントが投稿できます。そこで、ここでは投稿されているコメントの一覧を取得してみましょう。開発者ツールで、コメントのメッセージ部分を選んで「コピー > selectorをコピー」をクリックすると「#commentArea > center > table > tbody > tr > td > div:nth-child(3)」という値が得られました。このセレクターの値を調整してプログラム内で利用してみます。

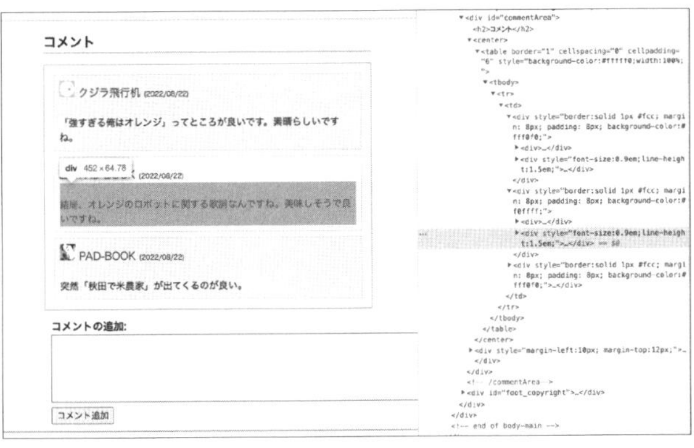

●作品ページではコメントが書き込める

手順 2 プログラムを作ろう

ログインして作品一覧の情報をダウンロードするプログラムを作ってみましょう。手順１で検証した内容を一つずつプログラムで実装していきます。

●src/ch4/login_downloader.py

```
import requests, os, time, json
import urllib.parse
from bs4 import BeautifulSoup

# 初期設定 --- (※1)
LOGIN_URL = 'https://uta.pw/sakusibbs/users.php?action=login&m=try'
JSON_FILE = 'login_data.json'
# サンプルアカウント --- (※2)
USER_ID = 'JSON-PY'
PASSWORD = 'zR78fGp_zTSlgzLb'
# セッションを開始する --- (※3)
session = requests.session()

def login_to_site():
    # ログイン処理 --- (※4)
    html = session.post(LOGIN_URL, {
        'username_mmlbbs6': USER_ID,
        'password_mmlbbs6': PASSWORD,
    }).text
    time.sleep(1)
    # マイページのURLを得る --- (※5)
    mypage = None
    soup = BeautifulSoup(html, 'html.parser')
    for a in soup.select('#header_menu_linkbar > a'):
        if a.text == '★マイページ': mypage = a.attrs['href']
    if mypage is None:
        print('ログインに失敗しました')
        quit()
    # 絶対URLに変換
    mypage = urllib.parse.urljoin(LOGIN_URL, mypage)
    print('mypage=', mypage)
    # マイページを取得 --- (※6)
    html = session.get(mypage).text
    time.sleep(1)
    soup = BeautifulSoup(html, 'html.parser')
    # 作品一覧を取得 --- (※7)
    works = []
    for li in soup.select('#mmlist > li'):
        # 作品ページを取得 --- (※8)
```

```
        a = li.find('a')
        link = urllib.parse.urljoin(mypage, a.attrs['href'])
        name = a.text
        print(name, link)
        comments = get_comments(link)
        # 作品を追加 --- (※9)
        works.append({
            'name': name,
            'link': link,
            'comments': comments,
        })
    return works

def get_comments(artwork_url):
    # 作品ページを取得 --- (※10)
    html = session.get(artwork_url).text
    time.sleep(1)
    soup = BeautifulSoup(html, 'html.parser')
    # コメントを取得 --- (※11)
    comments = []
    for div in soup.select('#commentArea .comment'):
        print('comment=', div.text)
        comments.append(div.text)
    return comments

if __name__ == '__main__':
    works = login_to_site()
    # JSONファイルに保存 --- (※12)
    with open(JSON_FILE, 'w', encoding='utf-8') as fp:
        json.dump(works, fp)
```

プログラムを確認してみましょう。プログラムの (※1) ではログインのための URL や巡回したデータを保存する JSON ファイルのパスを指定します。なお、LOGIN_URL はログインフォームの action 属性に指定されていた値です。

(※2) はサンプルアカウントです。本書のプログラムを使うために、新規で取得したものです。自由にお使いいただいて構いませんが、このアカウントは定期的にリセットされますので、作品を残したり、お気に入り機能を使ったりする場合にはご自身でユーザー登録して、その ID とパスワードをここに指定してください。

(※3) ではセッションを開始します。この後、ここで得た session のオブジェクトを利用して、post や get メソッドを実行します。それにより、Cookie の値が引き継がれるため、ブラウザーで次々とアクセスするのと同じように、ログイン状態が持続します。

(※4) でログイン処理を実行します。(※5) ではログインに成功したかどうかを確認します。ヘッダーのメニューに「★マイページ」のリンクがあれば、ログインに成功しています。そこで、このマイページの URL を取得します。

(※6) では取得したマイページの URL から HTML をダウンロードします。マイページには作品一覧が掲載されています。そこで、(※7) では作品一覧の情報を抽出します。

(※8) では作品リストから、リンクの a 要素を取得します。それにより、作品名と作品 URL が取得できます。そこで、get_comments 関数 (※10) を呼び出して、作品についているコメントを取得します。それから、(※9) では作品の情報をリスト型の変数 works に追加します。

(※10) の get_comments 関数の定義では作品ページをダウンロードして、コメントの一覧を取得します。BeautifulSoup で HTML を解析して (※11) の部分でコメントの一覧を抽出します。コメントには、class 属性で "comment" が記載されているため、手軽にコメントを抜き出せます。

最後の (※12) では JSON ファイルに取得した作品一覧を保存します。

手順 3 プログラムを実行しよう

ターミナルを起動して、次のコマンドを実行しましょう。

```
$ python3 login_downloader.py
```

実行すると、作詞掲示板にログインして、作品一覧とコメントの一覧を取得して、JSON ファイル「login_data.json」に保存します。

●会員制の作詞掲示板にログインし作品一覧をダウンロードしたところ

手順 4 JSON データを確認しよう

生成された JSON ファイル「login_data.json」を確認してみましょう。すでに生成した JSON ファイルは本節の冒頭に掲載しました。そこで、グラフ化してみましょう。次のようになります。

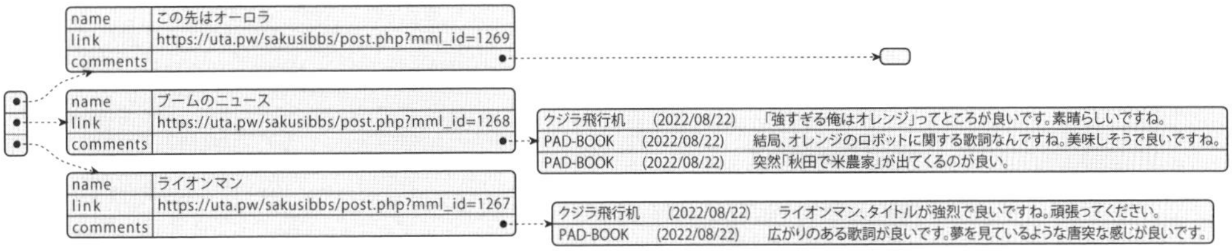

●JSONファイルの形式をグラフ化したところ

さらに、前節で紹介したように、TypeScriptの型定義を確認してみましょう。こうして見ると簡潔なデータ構造であることが分かります。このように、nameやlinkなどの情報オブジェクトの配列となっていることが分かります。

●src/ch4/login_data.ts

```
interface LoginData {
    name:     string;
    link:     string;
    comments: string[];
}
type LoginDataArray = Array<LoginData>
```

Webアプリにおけるログインとセッションの仕組み

多くのWebアプリやWebサービスではログインして初めて重要なデータが見られるようになっています。インターネットは世界中に開かれていますが、ログインすることにより、そのユーザーだけが見られる情報、そのユーザーにカスタマイズされた内容になります。

ログインの仕組みを実現するために「セッション」と呼ばれる仕組みが使われています。セッションを利用することで、サイト内の複数ページで共有のデータを利用できます。

例えば、通販サイトを考えてみましょう。ユーザーは最初にサイトのログインページに行きます。そして、ログインした後、商品ページで商品を購入し、最終的に決済を行います。決済ページでは、誰がログインしているのか、どんな商品を購入したのかなどの情報が分かっている必要があります。

つまり、セッションを使う事で、はじめてログインしたことをサイト内の他のページでも判別できます。セッションのデータはサーバー側に保存されるため、ブラウザー側ではサーバー側が内部で扱う情報を秘匿できます。

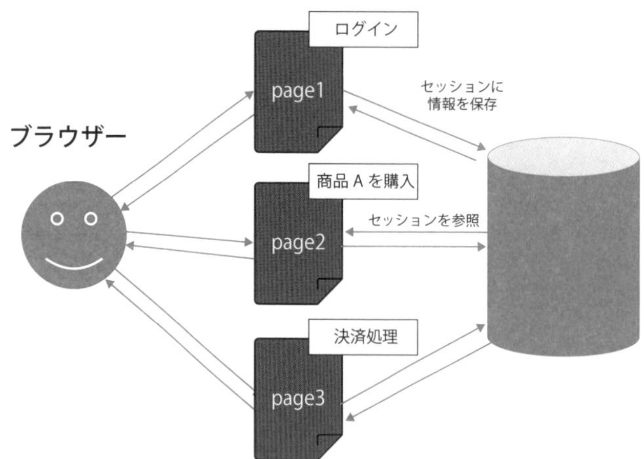

●Webアプリではセッションの仕組みが使われている

HTTPは基本ステートレス

もともと、HTTP通信はステートレスです。ステートレスというのは状態管理などの仕組みがないことを意味します。ブラウザー（クライアント）側がサーバーに対して要求を送信し、サーバーがそれに対する応答を返します。サーバーはクライアントの要求に対して応答を返したらコネクションを切断します。Webアプリを使っていると、一度接続したら、そのまま繋がったままになっているように感じるのですが、アクセスごとに接続と切断が行われています。

Cookieを利用してセッションを実現する

HTTP通信の中で前回の接続の続きを再現するために考案されたのが、Cookieの仕組みです。セッションはCookieの仕組みを利用して実現されています。

Cookieはブラウザーに保存されます。そして、ブラウザーではサーバーにアクセスするたびに、サーバーにCookieを送信します。サーバー側ではブラウザーに対してCookieに保存すべき内容を指定できます。それで、サーバーではCookieに保存されている内容を元に前回の通信の続きを再現することができるのです。

セッションの仕組みですが、サーバー側ではセッションIDと呼ばれる一意のIDを生成して、Cookieに値を保存します。ブラウザー側では2度目のアクセスでは、セッションIDを元にして前回保存した値を復元するのです。

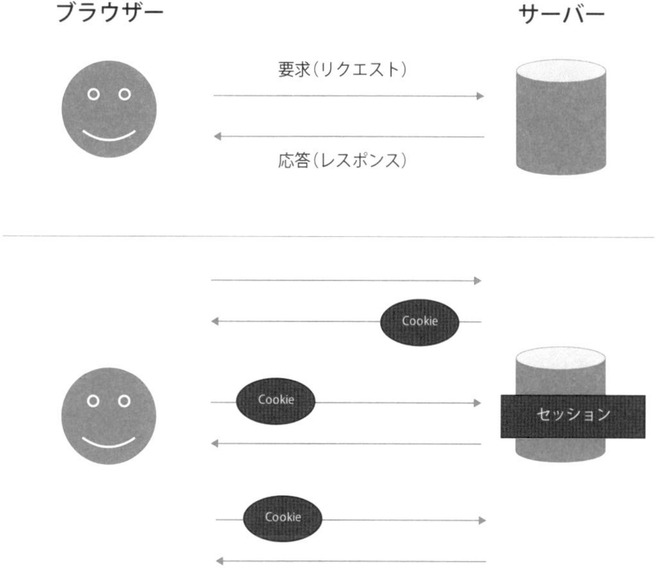

●セッションの仕組み

なお、Cookieには接続を復元するセッションIDのみが記録されています。そのため、ユーザーの情報や商品などの情報はセッション側（つまりサーバー側）に保存されます。これによりパスワードなどの秘匿情報をブラウザー側に保存する必要がなく安全なWebアプリを実現できます。

Python の requests でセッションを使う方法

本節のプログラムで紹介しましたが、Pythonのrequestsを使ってセッションなしの場合と、セッションを利用した場合を見てみましょう。

●src/ch4/session_basic.py

```
import requests, time
# ページを指定
SET_API = 'https://api.aoikujira.com/session_test/set-data.php'
GET_API = 'https://api.aoikujira.com/session_test/get-data.php'

print('=== セッションなし ===') # --- (※1)
# set-dataのページにアクセス
print(requests.get(SET_API + '?data=12345').text.strip())
time.sleep(1)
# get-dataのページにアクセス
print(requests.get(GET_API).text)
time.sleep(1)
```

```
print('=== セッション利用 ===') # --- (※2)
# セッションを開始する
session = requests.session()
# set-dataのページにアクセス
print(session.get(SET_API + '?data=12345').text.strip())
time.sleep(1)
# get-dataのページにアクセス
print(session.get(GET_API).text)
time.sleep(1)
```

最初にプログラムを実行して動作の違いを確認してみましょう。ターミナルからコマンドを実行しましょう。すると次のように表示されます。

```
$ python3 session_basic.py
=== セッションなし ===
ok, set data=12345
data=
=== セッション利用 ===
ok, set data=12345
data=12345
```

このプログラムでは、requests ライブラリーを利用して (※1) と (※2) で同じ URL に対して同じリクエストを送信します。しかし、(※1) ではセッションの機構を使いませんが、(※2) ではセッションを利用します。

サーバー側の仕様ですが、「set-data.php」に URL パラメーター data に任意の値を指定するとセッションに値を保存します。そして、「get-data.php」にアクセスすると、セッションに保存したデータを読み出して値を表示するというものです。

つまり、プログラムの (※1) で、requests.get メソッドでアクセスする場合には、Cookie の値が利用できません。しかし、(※2) のように、requests.session メソッドでセッションを開始して、session.get を利用してアクセスすることで、Cookie が利用できるようになり、サーバー側のセッションの機構を利用できます。

まとめ

本節ではログインの必要なサイトから情報をダウンロードする方法を解説しました。ログインやセッションの仕組みについても解説しました。また、Python の requests ライブラリーでセッションを有効にする方法も確認しました。

4章

5

Seleniumでブラウザーを自動操縦してJSONを生成しよう

前節までは、HTML を直接ダウンロードして解析する方法でスクレイピングを行いました。本節ではブラウザーを自動操縦する方法を紹介します。ブラウザーを使うことで、JavaScript で生成されるページも処理できます。

Keyword

●Selenium　●自動処理

この節で作るもの

●画像のダウンローダー

最近の Web アプリケーションは、JavaScript で画面が構成されることが増えています。JavaScript を用いて画面レイアウトを整えたり、データを後から動的に読み込んで画面に表示したりします。この場合、HTML をダウンロードして解析するだけでは、正しくサイトの内容を読み取れない事も増えています。せっかく読み込んだ HTML には JavaScript を読み込むコードだけが書かれており、肝心のデータが入っていないのです。

そこで、Web ブラウザーを遠隔操作してデータを読み取りましょう。ブラウザーを自動操作することで、JavaScript で生成されているデータも正しく抽出できます。そのために、Selenium というライブラリーを利用します。

ここでは、Selenium を使って、本章 4-1 で作った画像のダウンロードツールを作り直してみましょう。

●Selenium を使って画像のダウンロードツールを作り直してみよう

1章 2章 3章 4章 5章 6章 7章 Appendix

手順 1 Selenium と webdriver-manager のインストール

最初に、ターミナルを開いて、Selenium と webdriver-manager をインストールしましょう。

```
$ python3 -m pip install selenium -U
$ python3 -m pip install webdriver-manager -U
```

なぜ、2 つのパッケージが必要なのかと言うと、ブラウザーを自動化する Selenium ライブラリーは、さまざまなブラウザーを自動化するためのライブラリーとなっており、特定のブラウザーを自動化するためには、ブラウザーごとのドライバが必要になります。そこで、webdriver-manager パッケージの出番です。これを使うと自動で最新ブラウザーに対応したドライバをインストールできます。

webdriver-manager が対応しているのは、Chrome（Chromium）、Brave、Firefox、Edge、Opera です。幅広いブラウザーに対応しており便利です。

簡単なプログラムを実行して、ブラウザーが自動化できるか確認してみましょう。ここでは、Chrome を自動化してみます。前提条件として、Google Chrome をインストールしておいてください。

●src/ch4/selenium_check.py

```
from selenium import webdriver
from selenium.webdriver.chrome.service import Service as ChromeService
from webdriver_manager.chrome import ChromeDriverManager
import time

# Chromeを起動 --- (※1)
driver = webdriver.Chrome(service=ChromeService(ChromeDriverManager().install()))
# Googleのページを開く --- (※2)
driver.get('https://google.com')

# スクリーンショットを撮影 --- (※3)
time.sleep(5)
driver.save_screenshot('test.png')
driver.quit() # 終了
```

プログラムを確認しましょう。(※1) では Chrome を起動します。(※2) では Google の Web サイトを開きます。(※3) ではスクリーンショットを撮影してブラウザーを閉じます。

それでは、ターミナルでコマンドを入力して、プログラムを実行してみましょう。

```
$ python3 selenium_check.py
```

次のようにChromeが起動して、画面をキャプチャして「test.png」に保存します。

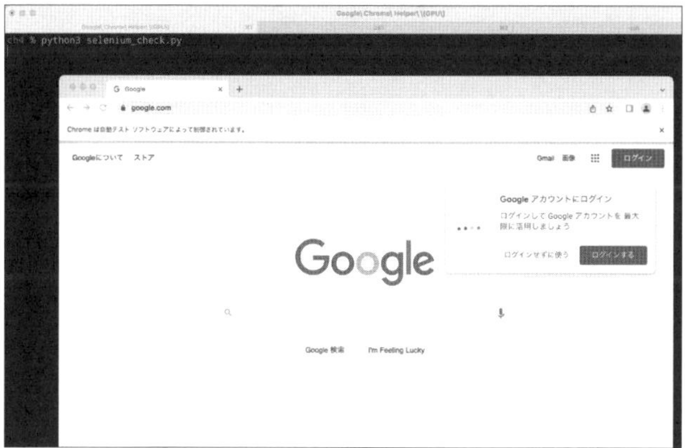

●Chromeを自動操作しているところ

ポイントとしては、Google Chromeがそのまま起動するという点と、画面上部に「Chromeは自動テスト ソフトウェアによって制御されています。」と情報が表示されるという点です。なお、画面キャプチャした画像には、この「自動テスト…制御されています」のメッセージは入っていません。

手順 2 プログラムを作ろう

それでは、実際にプログラムを作ってみましょう。Chromeを起動し画像をダウンロードします。以下がプログラムです。

●src/ch4/selenium_image_dl.py

```
from selenium import webdriver
from selenium.webdriver.common.by import By
from selenium.webdriver.chrome.service import Service as ChromeService
from webdriver_manager.chrome import ChromeDriverManager
import time, os, json

# 画像の保存先を指定
SAVE_DIR = './s_images'
if not os.path.exists(SAVE_DIR): os.mkdir(SAVE_DIR)
result = []

# Chromeを起動 --- (※1)
driver = webdriver.Chrome(
    service=ChromeService(ChromeDriverManager().install()))
# 書道掲示板の一覧ページを開く --- (※2)
driver.get('https://uta.pw/shodou/index.php?master')
```

```
time.sleep(1)
# 画像一覧を得る --- (※3)
arts = driver.find_elements(By.CSS_SELECTOR,
    '#recent_list > .article')
for art in arts:
    # img要素を得る --- (※4)
    img = art.find_element(By.CSS_SELECTOR, 'img')
    src = img.get_attribute('src')
    alt = img.get_attribute('alt')
    print(alt, src)
    # 画像が切れるのを防ぐために少しずつスクロールする --- (※5)
    driver.execute_script('window.scrollBy(0,100)')
    # 画像をファイルに保存 --- (※6)
    png_file = os.path.join(SAVE_DIR, os.path.basename(src))
    with open(png_file, 'wb') as fp:
        fp.write(img.screenshot_as_png)
    result.append({
        'title': alt,
        'url': src,
        'file': png_file,
    })
# JSONを保存 --- (※7)
with open('s_images.json', 'w', encoding='utf-8') as fp:
    json.dump(result, fp)
```

プログラムを確認してみましょう。(※1) では Chome を起動します。もし、はじめて Selenium での自動化を行う場合、ここで Chrome 用のドライバがインストールされます。

(※2) では Chrome で書道掲示板の作品一覧ページを開きます。そして、(※3) では CSS セレクターを指定して、作品一覧を取得します。そして、for 文を利用して 1 枚ずつ作品を処理します。

(※4) では、さらに find_element を用いて、img 要素を絞り込みます。そして、画像 URL を表す src 属性と、画像の説明を表す alt 属性を取得します。Selenium の便利なメソッドについては後ほどまとめます。

(※5) は JavaScript を直接実行します。これは、少し特殊な処理なのですが、Chrome でこのプログラムを実行したとき、いくつかの画像が欠ける現象が起きたので、少しずつウィンドウをスクロールするようにして、画像が欠けるのを防いでいます。

(※6) では画像をファイルに保存します。ここでは、ブラウザー画面に表示した画像を PNG 形式でキャプチャしてファイルに保存するという処理を記述しています。もちろん、改めて画像をダウンロードすることもできるのですが、このようにすでに表示した画像をキャプチャして保存するなら、ダウンロードする手間が省けます。

最後に (※7) で収集したデータを JSON ファイルに保存します。

手順 3 実行してみよう

ターミナルを起動して、以下のコマンドを実行しましょう。

```
$ python3 selenium_image_dl.py
```

すると、Chrome が起動して、次々と画像をダウンロードしていきます。画像は「s_images」というディレクトリに保存します。

●実行すると Chrome が起動し画像をダウンロードする

Seleniumについて

Selenium は Web アプリケーションをテストするためのフレームワークです。Python、Java、C#、Ruby など、いろいろなプログラミング言語で利用できます。

テスト用のライブラリーなのですが、上記の例で見たように、Selenium を使うならブラウザーを遠隔操作して、スクレイピングやクローリングに利用することもできます。遠隔操作することで、JavaScript を使って動的に画面を構築している Web サイトにも対応できます。

なお、Selenium だけではブラウザーを操作することはできず、ブラウザーごとに Selenium 対応ドライバをインストールすることで、遠隔操作が可能になります。

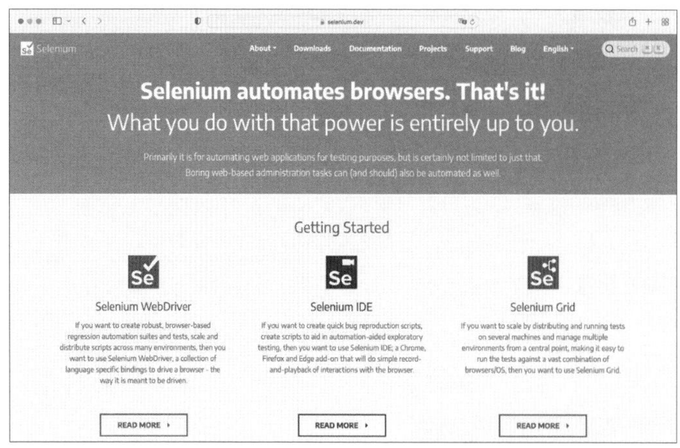

●Selenium の Web サイト

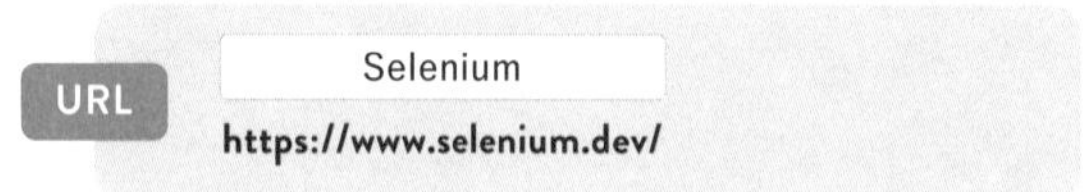

Selenium を使うことで、ブラウザーを遠隔操作して、任意の要素をクリックしたり、画面をキャプチャーしたり、表示されているテキストを抽出したりと、いろいろな操作が可能です。

Selenium の便利なメソッドやプロパティ

すでに、手順 1 にて、Selenium のインストールと基本的な使い方については紹介しました。そこで、実践で利用する際に参考になる、便利なメソッドやプロパティを確認しておきましょう。

まず、ブラウザーで特定の URL を表示するには次のように get メソッドを使います。

```
driver.get('https://google.com')
```

ブラウザーの戻るボタンや進むボタンを押した動作を再現したい場合には、次のように back と forward メソッドを使います。また、画面をリロードしたい場合には、refresh メソッドを使います。close メソッドでウインドウを閉じます。なお、全てのウィンドウを閉じたい場合には、quit メソッドを使います。

```
driver.back() # 1つ戻る
driver.forward() # 1つ進める
driver.refresh() # リロード
driver.close() # ウィンドウを閉じる
driver.quit() # 全てのウィンドウを閉じる
```

タイトルや現在の URL を確認したいときには、title や current_url プロパティを参照します。HLML のソースも表示できます。

```
print(driver.title) # タイトルを表示
print(driver.current_url) # 現在のURLを表示
print(driver.page_source) # HTMLソースを表示
```

また、スクリーンショットを保存したり、JavaScript を実行したりできます。

```
driver.save_screenshot('test.png') # スクリーンショットを保存
driver.execute_script('alert("Hello")') # JavaScriptを実行
```

そして、特定の要素を検索したい場合には、次のメソッドを使います。find_element では要素を 1 つ取得し、find_elements メソッドでは複数の要素の一覧を取得します。

```
# 要素を1つ検索
element = driver.find_element(By.ID, 'id')
# 複数の要素を検索
elements = driver.find_elements(By.CLASS_NAME, 'class')
```

第 1 引数には検索方法を指定しますが、次のような値を指定できます。

引数の値	意味
By. TAG_NAME …	タグ名で検索
By.ID …	ID 属性で検索
By.CLASS_NAME …	class 属性で検索
By.CSS_SELECTOR …	CSS セレクターで検索

検索した要素については次のようなメソッドやプロパティが参照できます。

参照できるメソッド・プロパティ	意味
(要素).text …	テキストを得る
(要素).get_attribute(' 属性 ') …	要素に含まれる属性値を得る
(要素).find_element(検索方法 , 値) …	値を 1 つ検索
(要素).find_elements(検索方法 , 値) …	複数の値を検索
(要素).click() …	要素をクリックする
(要素).send_keys(キー) …	キーを送信する

特殊キーを送信したい場合には、次のようなプログラムを作ります。

```
from selenium.webdriver.common.keys import Keys
element.send_keys(Keys.ENTER) # エンターキー
element.send_keys(Keys.ARROW_LEFT) # 左カーソルキー
element.send_keys(Keys.SHIFT, 'a') # SHIFTキーを押しながらaを押す
```

まとめ

本節では Selenium フレームワークを利用して、ブラウザーを遠隔操作することで、スクレイピングを実践する方法を解説しました。実際に、画像の一覧をダウンロードするプログラムを作りました。また、基本的な Selenium の使い方をまとめました。

4章

6

Seleniumで会員制サイトを巡回して為替情報を保存しよう

前節で Selenium を使ってブラウザーを自動化する方法を解説しました。本節では、ブラウザーを自動操作して、会員制サイトにログインし、サイト内を巡回してデータを収集するプログラムを作ってみましょう。

Keyword

●Selenium ●為替
●ログイン ●会員制サイト

この節で作るもの

●会員制の情報サイトから複数通貨の為替情報を収集してJSONで保存しよう

今回作るのは、前節に引き続き Selenium でブラウザーを操作するプログラムです。会員制の情報サイトへログインし、サイト内で取得できる為替情報を収集して JSON 形式で保存するプログラムを作ってみましょう。

ここでは、例として本書のために用意した「為替情報」の Web サイトにログインし、サイト内にある、USD（米ドル）、EUR（ユーロ）、SGD（シンガポールドル）などのページを巡回して、為替情報を取得して、JSON ファイルに保存します。

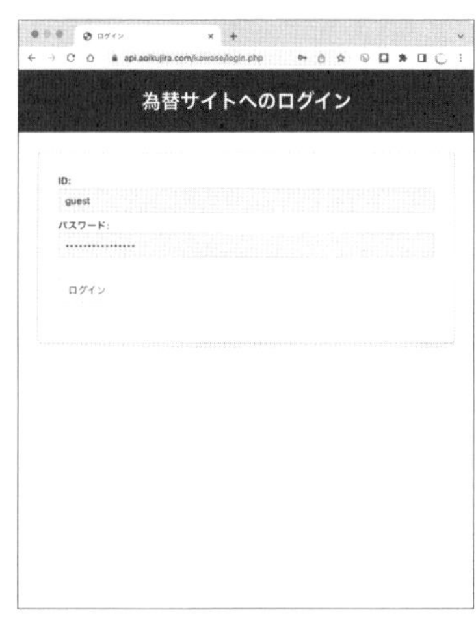

●会員制の為替情報のサイトにログイン

●USD(米ドル) の為替情報を巡回

●EUR（ユーロ）の為替情報を巡回

```
// 20220824161614
// file:///Users/kujirahand/
/src/ch4/kawase.json

{
  "usd": 136.6235,
  "eur": 135.82264,
  "aud": 94.3967,
  "sgd": 98.4019,
  "myr": 30.40944,
  "php": 2.43317
}
```

●為替レート一覧を取得して JSON で保存

URL
会員制の為替情報サイト
https://api.aoikujira.com/kawase/login.php

サイト自体は本書のために仕立てた仮想的なものです。以下の ID とパスワードでログインできるようになっています。サイトにログインしたり、リンクをたどってサイト内を巡回したりと、Selenium を使う練習をしてみましょう。

アカウント ID	guest
パスワード	0u1eirYwfkuqmRF0

手順 1 サイトの構造を確認しよう - ログイン画面

冒頭で紹介した会員制の為替情報サイトの URL にアクセスすると、ログインページが表示されます。実際に Chrome でアクセスしてみましょう。会員情報の入力フォームを右クリックして、ポップアップメニューの［検証］をクリックして、開発者ツールを起動しましょう。

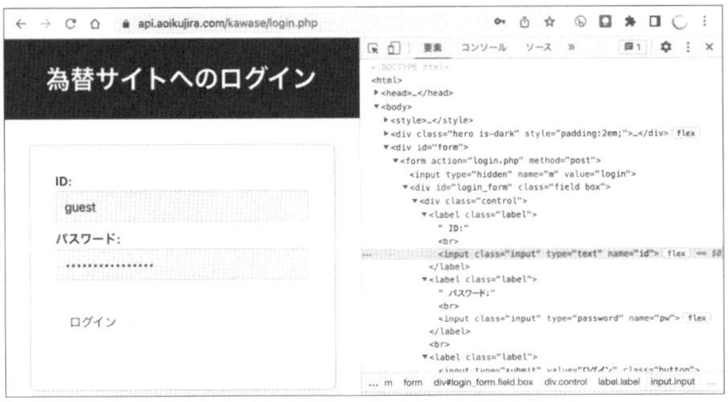

●ログインページの構造を確認しよう

ログインフォームの構造を確認すると、ID の入力ボックスに name 属性の "id" が指定されており、パスワードの入力ボックスに name 属性で "pw" が指定されていることが分かりました。また、form 要素のすぐ上に id 属性で "form" という値が設定されていることが確認できます。プログラムでは、この情報を利用して、フォームにログイン情報を自動入力します。

手順 2 サイトの構造を確認しよう - 通貨の一覧リンク

続いて、通貨の一覧リンクを確認しましょう。ログイン後、［詳細を見る］のボタンが出るので、これをクリックします。すると為替レートの画面が出ます。最初に米ドル（usd）のページが表示されます。その後、画面の下の方にスクロールすると、通貨の一覧が表示されています。この三文字のアルファベットが通貨を表すコードです。

そこで、「通貨の一覧」の部分で、「eur（ユーロ）」ボタンの上にマウスカーソルを移動して右クリックし、ポップアップメニューから［要素］のメニューをクリックします。そして、HTML の構造を確認しましょう。「eur」のボタンですが、開発者ツールで確認すると、a タグ（a 要素）であることが分かります。

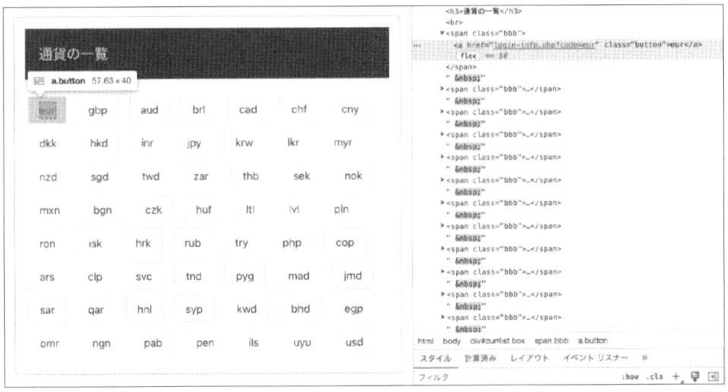

●為替通貨の一覧の構造を確認しよう

CSS セレクターをコピーして値を確認してみましょう。以下のようなセレクターが得られます。この値を参考にプログラムを作ろうと思います。

```
#currlist > span:nth-child(3) > a
```

手順 3 サイトの構造を確認しよう - 通貨レートを取得しよう

次に、適当な通貨コードをクリックして、通貨レートを確認しましょう。ここでは、eur（ユーロ）をクリックしてみました。すると、画面の上に「為替レート - eur」と表示されます。そして、タイトルのすぐ下に、1 ユーロが何円かを表すレートが表示されます。この数字が表示されているレートを選択して HTML の構造を確認してみましょう。すると、変換レートの値は input 要素であることが分かります。そして、都合が良いことに、id 属性が "f_rate" となっています。ID 属性がついていれば手軽に値を取り出すことができます。

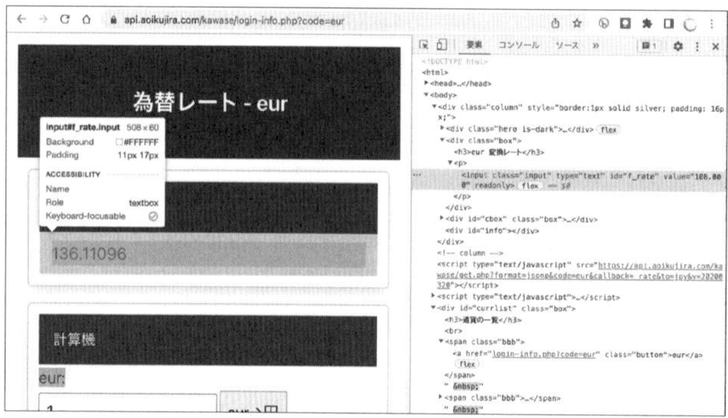

●通貨の変換レートの構造を確認しよう

手順 4 プログラムを作ろう

上記の調査によりサイトの構成が分かりました。それでは、これを元にしてブラウザーを自動操縦するプログラムを作りましょう。以下がそのプログラムです。なお、前節を参考にして、Selenium と webdriver-manager をインストールしているものとします。

●src/ch4/selenium_kawase.py

```
from selenium import webdriver
from selenium.webdriver.common.by import By
from selenium.webdriver.chrome.service import Service as ChromeService
from webdriver_manager.chrome import ChromeDriverManager
import time, os, json
```

```
# 初期設定
JSON_FILE = './kawase.json'
# 取得したい通貨を小文字で指定
CHECKLIST = ['usd', 'eur', 'aud', 'sgd', 'myr', 'php']
WAIT_TIME = 5 # エラーが出るようなら大きな値を指定
result = {}

# Chromeを起動 --- (※1)
driver = webdriver.Chrome(
    service=ChromeService(ChromeDriverManager().install()))
# 為替情報のログインページを開く --- (※2)
driver.get('https://api.aoikujira.com/kawase/login.php')
time.sleep(WAIT_TIME)
# IDとパスワードを入力 --- (※3)
id = driver.find_element(By.CSS_SELECTOR, '#form input[name=id]')
pw = driver.find_element(By.CSS_SELECTOR, '#form input[name=pw]')
id.clear()
id.send_keys('guest')
pw.clear()
pw.send_keys('Ou1eirYwfkuqmRFO')
# 送信ボタンを得てクリック --- (※4)
btn = driver.find_element(By.CSS_SELECTOR, '#form input[type=submit]')
btn.click()
print('--- ログインします ---')
time.sleep(WAIT_TIME)
# 通貨ごとのリンク一覧を取得 --- (※5)
driver.get('https://api.aoikujira.com/kawase/login-info.php')
time.sleep(WAIT_TIME)
curr_dict = {}
for a in driver.find_elements(By.CSS_SELECTOR, '#currlist a'):
    href = a.get_attribute('href')
    text = a.text.lower() # 小文字にする
    curr_dict[text] = href
print('取得可能な通貨の一覧:', curr_dict)
# 必要な通貨のページを巡回 --- (※6)
print('--- 指定通貨を巡回します ---')
for curr in CHECKLIST:
    if curr not in curr_dict:
        print('通貨', curr, 'が一覧に存在しません')
        continue
    # 指定通貨のページを表示 --- (※7)
    try:
        driver.get(curr_dict[curr])
        time.sleep(WAIT_TIME)
        f_rate = driver.find_element(By.ID, 'f_rate')
        result[curr] = float(f_rate.get_attribute('value'))
```

```
        print('通貨', curr, '=', result[curr])
    except Exception as e:
        print('通貨', curr, 'でエラー。', e)
# 結果をJSONで保存 --- (※8)
with open(JSON_FILE, 'w', encoding='utf-8') as fp:
    json.dump(result, fp)
print('巡回を終えました。')
```

プログラムを確認しましょう。(※1) では Chrome を起動します。前節で紹介した通り、Selenium を利用するには、ブラウザーごとのドライバが必要となります。webdriver-manager を利用する事で自動的にドライバがインストールされます。

ちなみに、ブラウザーのバージョンごとに異なるドライバが必要です。webdriver-manager の登場以前は、ブラウザーがバージョンアップするごとに異なるドライバを探してきてインストールするという面倒な作業が必要でした。そのため、webdriver-manager の登場は画期的なのです。本書の執筆中にもブラウザーが自動的にバージョンアップしたのですが、それに伴い自動的に最新のドライバがインストールされました。webdriver-manager を利用するために 2 行のコード（import 文と ChromeDriverManager の部分）を記述しなくてはなりませんが、たった 2 行であの面倒な作業が不要になるのですから積極的に利用したいものです。

そして、(※2) では、会員制の為替情報サイトのログインページにアクセスします。なお、Chrome を自動操縦する場合にも、アクセス先のサーバーに迷惑をかけないように配慮する必要があります。driver.get メソッドで新しいページを開いたら、time.sleep メソッドを呼び出して連続してサーバーにアクセスしないよう配慮しましょう。

(※3) ではログインフォームに ID とパスワードを入力します。フォームに値を書き込むときには、find_element メソッドで要素を検索して、send_keys メソッドで任意のテキストを送信するという手順を踏みます。その際、フォームにすでにテキストが書き込まれている可能性があります。そのため、clear メソッドで一度既存のテキストを空にするのを忘れないようにしましょう。

ここで、ID の入力フォームを検索するのに、CSS セレクターに新しい書き方が出てきました。「'#form input[name=id]」のような記述方法です。これは、CSS セレクターで「#form」と書くことで、id 属性が "form" のものを探します。続けて「input」とあるので input タグを探します。その後に「[name=id]」と書かれています。これは、name 属性が「id」のものを探すという意味になります。

同様に、パスワードの入力ボックスを探す場合には、「#form input[name=pw]」と指定しています。これは、name 属性が「pw」という意味になります。

(※4) では送信ボタン（submit ボタン）を探してこれをクリックします。要素をクリックするには、click メソッドを呼びます。

(※5) では、通貨ごとのリンク一覧を取得します。通貨一覧が書かれているページにアクセスします。そして、手順 2 で確認したように、通貨の一覧リンクを「#currlist a」というセレクターで特定します。それで for 構文で一つずつリンク先と通貨コードを抽出します。

(※6) 以降の部分では必要な通貨のページを巡回します。通貨の書かれているリンクは、(※5) で取得しています。この通貨全てを巡回しても良いのですが、ここでは、プログラム冒頭にある初期設定で、変数 CHECKLIST に指定した通貨のみを巡回します。

(※7) では指定通貨のリンクにアクセスします。そして、手順3で確認したように、通貨レートの情報を取り出します。input 要素に id 属性「f_rate」が振られており、手軽に値を取り出せます。

最後の (※8) では巡回して取得した通貨レートを JSON 形式でファイルに書き出します。

手順 5 実行してみよう

プログラムを実行してみましょう。ターミナルで以下のコマンドを実行しましょう。

```
$ python3 selenium_kawase.py
```

すると、Chrome が起動して、ログイン画面を表示します。そして、ログイン画面に自動で ID とパスワードを入力してログインを行います。その後、通貨の一覧を取得し、通貨を一つずつ自動で巡回します。最後に JSON ファイルを出力します。

●Chrome を自動操縦して通貨情報のページを自動的に巡回しているところ

Seleniumでファイルをダウンロードする方法

本節では、会員制のサイトにログインして、HTML 内のリンクを解析してページを巡回するプログラムを作りました。前節と本節を参考にすれば、いろいろな Web サイトをスクレイピングするノウハウが得られることでしょう。

しかし、ブラウザー自動化にもいくつか制約があり不満に思う点もあります。その一つがファイルのダウンロードに関する点です。原稿執筆時点では、Selenium と Google Chrome では、ファイルをどこに保存するのかを指定することができません。ブラウザーがダウンロードしたファイルを保存する先は「ダウンロード」フォルダーと決まっています。

例えば、Chromeブラウザーを利用して、ファイルをダウンロードしたとしましょう。すると、ファイルはどこにダウンロードされるでしょうか。当然、ブラウザーの設定（あるいはOS標準の設定）で指定した「ダウンロード」フォルダーに保存されます。この仕組みを利用することで、ダウンロードしたファイルを処理できます。

そのため、Seleniumでファイルをダウンロードした後、ダウンロードフォルダーを確認することで、ダウンロードしたファイルを処理できます。ちょっと手間がかかりますが、以下の手順でダウンロードしたファイルを特定できます。

（準備）あらかじめ、Webブラウザーのダウンロード先フォルダーを把握する
（1）ダウンロードフォルダーにどんなファイルがあるかを記憶する
（2）Seleniumでファイルのダウンロードリンクをクリックする
（3）ダウンロードフォルダーを監視する
　（3a）定期的に上記1で調べたフォルダーの状態と現在のフォルダーの状態を比較
　（3b）比較の結果、新しく増えたファイルがあれば、それがダウンロードしたファイル

また、大抵の場合、ファイルをダウンロードした場合に、ダウンロードフォルダーに保存されるファイル名が分かっています。その場合には、次のような方法でダウンロードしたファイルを特定できます。

（準備1）ダウンロードフォルダーを把握する
（準備2）ファイルをダウンロードした場合のファイル名を調べてFとする
（1）ダウンロードフォルダーにあるファイルFを削除する
（2）Seleniumでファイルのダウンロードリンクをクリック
（3）ダウンロードフォルダーにファイルFがあるか調べる、あればそれがダウンロードしたファイル

なお、Chromeを起動する際に、オプションを指定することで、ダウンロードフォルダーを指定することもできますが、実験的なオプションであり頻繁に指定方法が変わりますのでここでは割愛します。加えて、ダウンロードフォルダーを指定できるだけで、ファイル名を指定できるわけではありません。

百人一首のJSONファイルをダウンロードしてみよう

簡単な例で確認してみましょう。百人一首のデータをダウンロードできるサービスがあります。

URL　百人一首のダウンロード
https://api.aoikujira.com/index.php?hyakunin-data

ブラウザーでこのサイトにアクセスし、「JSON 形式でダウンロード」という部分をクリックすると、百人一首のデータを「hyakunin.json」という名前でファイルがダウンロードされます。

●百人一首のダウンロードの Web サイト

Selenium でこの JSON ファイルをダウンロードし、JSON データから、ランダムデータを表示するプログラムを作ってみましょう。

●src/ch4/selenium_dl_json.py

```
from selenium import webdriver
from selenium.webdriver.common.by import By
from selenium.webdriver.chrome.service import Service as ChromeService
from webdriver_manager.chrome import ChromeDriverManager
import time, os, json

# ブラウザーで指定するダウンロードフォルダーを以下に指定する --- (※1)
if 'USERPROFILE' in os.environ:
    HOME_DIR = os.environ['USERPROFILE'] # Windowsの場合
else:
    HOME_DIR = os.environ['HOME'] # Macの場合
DOWNLOAD_DIR = os.path.join(HOME_DIR, 'Downloads')
# ダウンロードした時のファイル名 --- (※2)
DOWNLOA_FILE = os.path.join(DOWNLOAD_DIR, 'hyakunin.json')
# ダウンロード前に以前ダウンロードしたファイルがあれば削除 --- (※3)
if os.path.exists(DOWNLOA_FILE): os.unlink(DOWNLOA_FILE)
WAIT_TIME = 5

# Chromeを起動 --- (※4)
driver = webdriver.Chrome(
    service=ChromeService(ChromeDriverManager().install()))
# 百人一首のダウンロードページを開く --- (※5)
driver.get('https://api.aoikujira.com/index.php?hyakunin-data')
time.sleep(WAIT_TIME)
# ダウンロードリンクを探してクリック --- (※6)
```

```
for a in driver.find_elements(By.CSS_SELECTOR, '#download-data li a'):
    if a.text == 'JSON形式でダウンロード':
        a.click() # クリックしてダウンロード
        time.sleep(WAIT_TIME)
# ダウンロードしたデータの内容を確認 --- (※7)
rows = json.load(open(DOWNLOA_FILE, 'r', encoding='utf-8'))
for row in rows:
  print(row['kami'], row['simo'])
```

プログラムを確認してみましょう。(※1) では変数 DOWNLOAD_DIR に、ブラウザーのダウンロード先のディレクトリを指定します。ここでは Windows/macOS の標準のダウンロードフォルダーを自動的に指定していますが、保存先が異なる場合は直接プログラムを書き換えてください。

(※2) ではダウンロードフォルダーに保存されるファイル名を指定します。なお、上記の百人一首のダウンロードサイトでダウンロードした場合「hyakunin.json」という名前です。そして、(※3) ではすでにダウンロードしたファイルがある場合に備えて削除します。というのも、ブラウザーはダウンロードした時に同名ファイルがあると、「hyakunin (2).json」「hyakunin (3).json」のように自動的にファイル名を変更してしまうからです。

(※4) では Chrome を起動します。(※5) では百人一首のダウンロードサイトを表示します。(※6) ではダウンロードリンクを探してクリックします。(※7) ではダウンロードした JSON ファイルを読み込んで画面に結果を表示します。

プログラムを実行するには、ターミナルで「python3 selenium_dl_json.py」を実行します。すると、Chrome が起動して JSON ファイルをダウンロードして、その内容を表示します。なお、今回のプログラムでは、Windows と macOS で処理を分けていますので、両方で正しく動くか確認してみました。

●Windows の Chrome で JSON ファイルをダウンロードしたところ

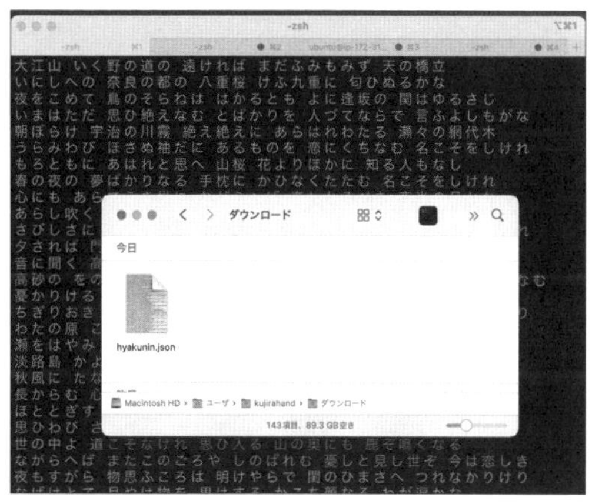

●macOS の Chrome で JSON ファイルをダウンロードしたところ

別解として Selenium と requests を組み合わせて使うアプローチがあります。これについては次のコラムで具体的な手法を解説します。

まとめ

本節では Selenium で Chrome を自動操縦することで、会員制サイトにログインする方法や、サイト内を巡回する方法、データをダウンロードする方法を紹介しました。ブラウザーの自動操縦ができると、スクレイピングだけでなく、Web アプリケーションのテストや自動化が可能なので、身につけておいて損のない技術です。本節のプログラムを参考にしてみてください。

コラム

Selenium と requests を組み合わせよう

本章の前半では requests モジュールを使ってデータをダウンロードする方法を紹介し、後半では Selenium を使ってブラウザーを自動操縦してデータをダウンロードする方法を紹介しました。どちらもデータのダウンロードが可能ですが、この両者の違いはなんでしょうか。
まず、一番大きな違いは、requests では JavaScript など動的に画面をレンダリングすることができないという点です。そして、requests とブラウザーではサーバーにリクエストを送信する際ヘッダー情報の「User-Agent」が異なります。Web サーバー側ではこのヘッダー情報を確認して、どのようなデバイスでアクセスしているのかを判定しています。

User-Agent を書き換えて reqeusts を使う方法

requests で JavaScript のレンダリングを行うのは大変ですが、User-Agent の変更は難しくありません。

以下のようなプログラムを作ることで、requests の User-Agent を変更できます。ポイントは、reqeusts の get や post メソッドを使う時に、ヘッダー情報の headers を指定する点です。

●src/ch4/requests_ua.py

```
import requests
# User-Agentを指定
ua = 'Mozilla/5.0 (Macintosh; Intel Mac OS X 10_15_7) AppleWebKit/537.36 (KHTML, like Gecko) Chrome/104.0.0.0 Safari/537.36'
# ヘッダーを指定してアクセス
header = { 'User-Agent': ua }
response = requests.get('https://api.aoikujira.com/ip/ini', headers=header)
print(response.text)
```

ブラウザーの Cookie を requests に渡す方法

Web サーバーから見た場合、requests とブラウザーに大きな違いはありません。ですから、ブラウザーでしか表示できない情報の取得に関してはブラウザーを使って、ブラウザーではうまく小回りが利かない場合には、requests を使うという手もあります。
例えば、本章の最後で確認したように、ブラウザーではダウンロードするファイルのファイル名を細かく指定できません。そのため、ダウンロードの直前まではブラウザーを使い、ダウンロード自体は requests を使うと便利です。
ただし、問題となるのが会員制サイトでしょう。ブラウザーでスクレイピングを行う際、ダウンロードリンクの URL が分かったとしても、requests でダウンロードすると認証エラーとなってしまう場合があります。
それでも、本章の 4 節で紹介したように、会員制サイトでは Cookie の値を元にユーザーを判別しています。そのため、ブラウザーのCookieをrequestsに指定すれば問題なくダウンロードできます。例えば、本章の6節で為替情報の会員制サイトにログインした後、各通貨のページを巡回しましたが、通貨の一覧をJSON形式でダウンロードすることもできます。
まずはログイン処理をしないで、直接requestsを使って通貨一覧のダウンロードリンクにアクセスしてみましょう。

●src/ch4/kawase_login_dl_nologin.py

```
import time, requests
URL_JSON = 'https://api.aoikujira.com/kawase/login-download.php?format=json'
# リクエストで通貨一覧をダウンロードしようとするが…
json_str = requests.get(URL_JSON).text
print('download=', json_str)
```

ターミナルから上記のプログラムを実行してみましょう。すると、以下のように「Please login.」と表示されてしまいます。

```
$ python3 kawase_login_dl_nologin.py
download= Please login.
```

上記のプログラムに、ブラウザーを使ったログイン処理を行うプログラムを追加してみましょう。

●src/ch4/kawase_login_dl.py

```
from selenium import webdriver
from selenium.webdriver.common.by import By
from selenium.webdriver.chrome.service import Service as ChromeService
from webdriver_manager.chrome import ChromeDriverManager
import time, os, json, requests
# 初期設定
WAIT_TIME = 5
URL_LOGIN = 'https://api.aoikujira.com/kawase/login.php'
URL_JSON = 'https://api.aoikujira.com/kawase/login-download.php?format=json'
# Chromeを起動
driver = webdriver.Chrome(
    service=ChromeService(ChromeDriverManager().install()))
# 為替情報のログインページを開く --- (※1)
driver.get(URL_LOGIN); time.sleep(WAIT_TIME)
# IDとパスワードを入力してログイン
id = driver.find_element(By.CSS_SELECTOR, '#form input[name=id]')
pw = driver.find_element(By.CSS_SELECTOR, '#form input[name=pw]')
id.clear(); id.send_keys('guest')
pw.clear(); pw.send_keys('Ou1eirYwfkuqmRFO')
```

```
btn = driver.find_element(By.CSS_SELECTOR, '#form input[type=submit]')
btn.click()
time.sleep(WAIT_TIME)
# ブラウザーのCookie一覧を変数に書き出す --- (※2)
cookies = { c['name']: c['value'] for c in driver.get_cookies() }
# リクエストで通貨一覧をダウンロード --- (※3)
json_str = requests.get(URL_JSON, cookies=cookies).text
print('download=', json_str)
# ファイルに保存 --- (※4)
with open('kawase_all.json', 'w', encoding='utf-8') as fp:
    fp.write(json_str)
```

プログラムの解説の前に、正しく動くか確かめてみましょう。上記のプログラムを実行するにはターミナルから「python3 kawase_login_dl.py」を実行しましょう。すると、ブラウザーが起動してログイン処理を行います。その後、ブラウザーの Cookie が requests に引き渡され、JSON ファイルを「kawase_all.json」というファイルに保存します。

●ブラウザーと requests を併用して為替情報を一気にダウンロードしたところ

プログラムを確認してみましょう。(※1) では Chrome でログインページにアクセスし、フォームに ID とパスワードを入力しログイン処理を行います。この部分は本章の 6 節で紹介したプログラムと変わりません。
(※2) がこのプログラムの最大のポイントです。ブラウザーの Cookie 情報をすべて取り出します。そして、(※3) で通貨一覧の URL にアクセスして JSON データを取得します。
最後の (※4) では取得した JSON データをファイル「kawase_all.json」に保存します。

このように、Selenium と requests を組み合わせることで、かなり小回りの利くプログラムを作ることができます。

5章

QR コードと JSON で Web アプリを作成する

QRコードには1000文字を超えるデータを埋め込むことができます。JSONは複雑な構造のデータを最小限の文字数で表現できるため、QRコードの中に埋め込むデータとしても向いています。本章では、QRコードとJSONを組み合わせる手法を解説します。QRコードを使った便利なツールを作ってみましょう。

5章

1 JSONデータをQRコードに埋め込もう

最初に JSON データを QR コードに埋め込んで表示する方法を確認してみましょう。本節ではブラウザーから使える QR コードの生成 Web アプリを作ってみます。また、QR コードの特徴や制限についても考えてみます。

Keyword

- QRコード　●JSONデータ
- 「pyqrcode」パッケージ
- 「flask」パッケージ

この節で作るもの

- QRコードを生成するWebアプリ

入力ボックスに文字列を入力すると、QR コードの画像を生成するアプリを作ってみましょう。ブラウザーから気軽に使えるように、Flask を使って Web アプリとして作ってみましょう。

●QR コードを生成する Web アプリを実行したところ

本章では QR コードに JSON データを埋め込んで、これを活用するアイデアを紹介します。このアプリでも文字列に JSON を指定して、JSON が入った QR コードが作れます。

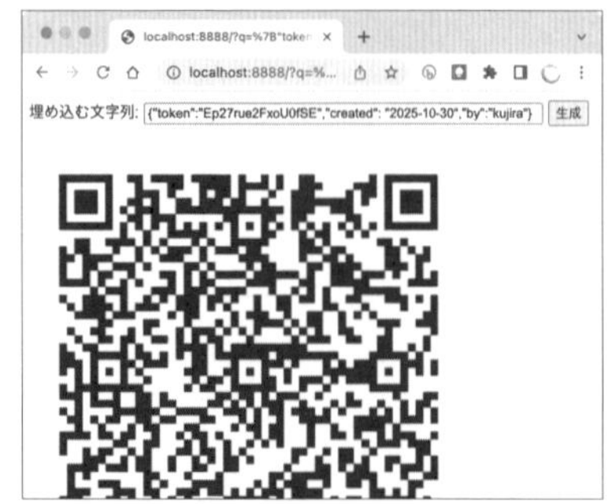

●JSON データを QR コードに埋め込んだところ

スマートフォンのカメラなどで QR コードをスキャンすると正しく JSON データをコピーできます。

●QR コードをスマートフォンでスキャンしたところ

手順 1 必要なライブラリーをインストールしよう

ここでは、QR コードの作成ライブラリーである、pyqrcode と pypng をインストールしましょう。また、2 章ですでにインストールしましたが、もしインストールしていなければ、Web フレームワークの Flask もインストールしましょう。

```
$ python3 -m pip install pyqrcode pypng
$ python3 -m pip install flask
```

手順 2 プログラムを作ろう

ライブラリーをインストールしたらプログラムを作りましょう。次のプログラムが QR コードを生成する Web アプリです。実際のところ QR コードの生成自体は 2 行でできてしまうので、Web アプリにしても 30 行前後で完成します。

●src/ch5/qrcode_maker_server.py

```
from flask import Flask, request, send_file
import os, pyqrcode, time, html

# 初期設定
ROOT_DIR = os.path.dirname(__file__)
PNG_FILE = os.path.join(ROOT_DIR, 'qrcode.png')
```

```
app = Flask(__name__) # Flaskを生成

@app.route('/')
def index():
    # パラメーターを得る --- (※1)
    q = request.args.get('q', 'https://example.com')
    if q != '':
        # QRコードをファイルに保存 --- (※2)
        qrcode = pyqrcode.create(q)
        qrcode.png(PNG_FILE, scale=8)
    # HTMLの入力フォームを出力 --- (※3)
    return '''
        <html><meta charset="UTF-8"><body>
        <p><form action="/" method="GET">
        埋め込む文字列:
        <input type="text" name="q" size="60" value="{}">
        <input type="submit" value="生成">
        </form></p>
        <img src="/qrcode.png?r={}">
    '''.format(html.escape(q), time.time())

@app.route('/qrcode.png')
def send_qrcode(): # PNGファイルを出力 --- (※4)
    return send_file(PNG_FILE, mimetype='image/png')

if __name__ == '__main__': # サーバー起動 --- (※5)
    app.run('0.0.0.0', 8888, debug=True)
```

プログラムを確認しましょう。(※1) では Flask で URL パラメーターの q の値を取得します。そして、(※2) で q の値を元にして QR コードを生成してファイルに保存します。

(※3) では入力フォームと QR コードの画像を表示する HTML を動的に生成します。そして、それを Web サーバーの応答（レスポンス）として返します。

(※4) では QR コードの PNG ファイルを出力するようにします。(※5) では Web サーバーをポート 8888 で起動します。

手順 3 実行してみよう

それでは、ターミナルを開いて、次のコマンドを実行してみましょう。すると、Web サーバーが起動します。

```
$ python3 qrcode_maker_server.py
```

ブラウザーを開いて「http://localhost:8888」にアクセスしましょう。するとブラウザー画面に QR コードの生成アプリが表示されます。埋め込む文字列を適当に入力して「生成」ボタンを押すと QR コードが生成されます。

●ブラウザーで localhost:8888 にアクセスするとアプリが表示される

念のため、正しく QR コードが生成されているか、スマートフォンのカメラで確認してみましょう。iPhone の iOS11 以降では標準のカメラを起動するだけで自動的に QR コードを認識します。最近の Android であれば同様に認識しますが、もし自動で読めない場合はアプリの「Google レンズ」などを使うことで読み込めます。

●スマートフォンのカメラで QR コードを読み込んだところ

QRコードについて

「QR コード」は 1994 年に株式会社デンソー（現在のデンソーウェーブ）が開発した技術です。もともとは、自動車部品工場や配送センターで、部品や商品管理の目的で開発されたそうです。そもそも、QR とは「Quick Response」の頭文字であり、素早く高速なデータ読み取りができることを目指して開発されました。なお「QR コード」はデンソーウェブの登録商標となっていますが、デンソーは QR コードの普及のため特許をオープンにしています（注 1）。

※注1 QRコードドットコム > FAQ > 知的財産権について 2「QRコードの使用に対するライセンス等は必要なく、誰でも自由にお使い頂けます」と明記されている --- https://www.qrcode.com/faq.html

●デンソーウェーブによる QR コードのサイト

今や QR コードは生活になくてはならない存在になっています。看板や広告、名刺、チケットなど、さまざまな場所に印刷されています。それらの QR コードにはどんな情報が埋め込まれているのでしょうか。

広告であればお店や通販サイトの Web サイトの URL が埋め込まれています。また、飛行機の搭乗券や映画のチケットであれば、チケットの識別コードが埋め込まれています。会員証であれば顧客番号、クーポンであればクーポンコードが埋め込まれています。加えて、動的に生成される電子決済のための QR コードもあります。

しかも、スマートフォンのカメラにも自動的に QR コードを認識するリーダーがついていることから分かる通り世界中で使われています。カメラを QR コードに向ければ手軽にデータを読み取ることができるので便利です。

QRコードを生成する方法

QRコードを生成する方法を確認してみましょう。pyqrcodeモジュールを使うことで、非常に簡単にQRコードを生成できます。以下は、筆者のWebサイトのQRコードを生成するプログラムです。pyqrcodeを使えば2行でQRコードが生成できるので便利です。

●src/ch5/qrcode_gen.py

```
import pyqrcode
qrcode = pyqrcode.create('https://kujirahand.com')
qrcode.png('url.png', scale=8)
```

ターミナルで以下のコマンドを実行するとPNG画像「url.png」を生成します。

```
$ python3 qrcode_gen.py
```

次のようなPNG画像が生成されます。

●プログラムを実行するとQRコードを生成する

QRコードに埋め込める情報量について

QRコードには複数サイズがあります。QRコードのサイズはバージョン（種類）と呼ばれており、セル（マス）のサイズに応じて、1から40まで設定されています。バージョン1では21×21セル、バージョン40では177×177セルとなっています。

当然、セルが大きくなれば、それだけ多くの情報を埋め込めます。レベル40で誤り訂正レベルがL（一番低い）の場合の最大文字数は次の通りです。

QRコードのバージョン	40
誤り訂正レベル	L
数字のみ	7089文字
英数字	4296文字

バイナリー（8bit）	2953バイト
漢字（Shift_JIS）	1817文字

QRコードに何の情報を埋め込むべきか

本節で確認したように、QR コード自体を生成するのは非常に簡単です。しかしながら、QR コードに何の情報を埋め込むのかという点に関しては、一考の余地があります。

特に、スマートフォンのカメラでデータを読み込んでもらう場合、読み込んだ QR コードのデータが、「http:」や「https:」で始まる URL であれば、カメラに写った QR コードをタップすることで、指定の Web サイトを開くことができます。つまり、Web アプリを作った場合、アプリの URL を QR コードにすれば、そのままアプリを開いて使ってもらうことができます。

また、直接 JSON データを埋め込んだ場合にも、データ自身をコピーすることが可能なので、一手間かかるものの、コピーしたデータをアプリに入力してもらうこともできます。しかし、アプリと連携する場合には、URL の形式になっている方が便利です。

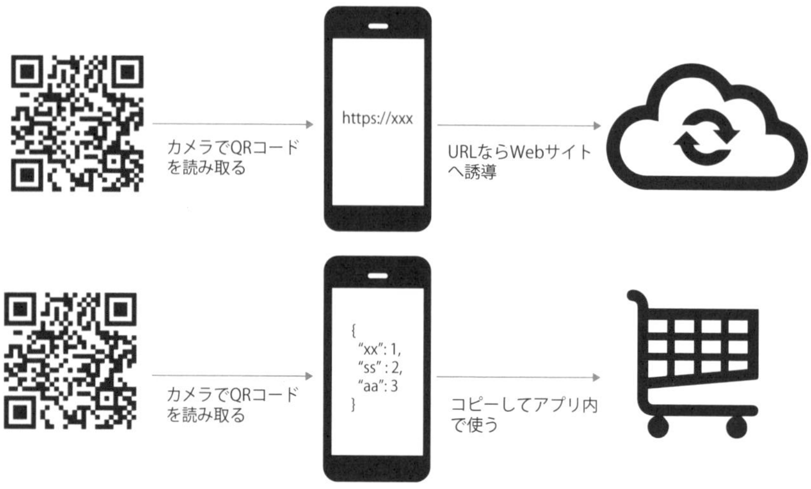

●QR コードの活用方法を考えよう

専用アプリで QR コードを読み取る場合

最近では、HTML/JavaScript からカメラに映った QR コードを読み取る「jsQR」などのライブラリーも公開されています。これを使えば、ブラウザーから手軽に QR コード内に書かれたデータを読み取ることができます。

QR コードの読み込み機能を持った専用アプリを作成する場合には、QR コードにどんなデータが埋め込まれていようが困ることはありません。

実際のところ QR コードが URL であるとユーザーが誤って QR コードをカメラで読んでしまう可能性があります。QR コードを見ただけでは、URL なのかデータなのかを判断することはできません。

そこで、敢えて URL ではない JSON データや何かしらのトークンを QR コードに埋め込んでおくなら誤って意味のある URL を開いてしまうトラブルを防ぐことができます。

また、ユーザーが誤って QR コードを読み込んでも良いように、データの前半部分には、自社サイトへのリンクを記述しておき、本当にアプリに必要なデータは URL パラメーターに埋め込んでおくという使い方もできます。

例えば、以下のような URL から QR コードを作成できます。「https://example.com/qr」がサイトへのリンクであり「?data=」以降のデータがアプリ内で使いたいデータです。Web サイトでは、data= 以降のデータを無視するようにしておき、アプリでは data= 以降を取り出して活用するのです。

```
https://example.com/qr?data=data0123456789abcdefgh..
```

文章を直接 QR コードに埋め込むケース

また、QR コードには漢字も埋め込めるため、URL やデータではなく何かしらの単語や文章を埋め込むことも一つの方法です。1 つのコードに漢字 1817 文字を埋め込めるため、複数の QR コードを生成して、一つずつ読んでもらうことで長文を読んでもらうこともできるでしょう。

動物園や博物館の活用例ですが、カメラで QR コードを読み込むことで、補足的な説明を読むことができるようにしています。また、QR コードのみが印刷された本があり、カメラで読み取ることで小説が読めるというアイデアもあります。

キングジムが製造販売しているデジタルメモ「Pomera」では、Pomera 端末に入力した文章をスマートフォンで読み取る方法の一つとして QR コードが使われています。複数の QR コードを順に読んでいくことで、インターネットや Bluetooth など特別な仕組みを介することなく、長文をスマートフォンに移すことができます。

まとめ

本節では、いろいろな QR コードを生成するプログラムを作ってみました。QR コードを生成して、スマートフォンのカメラで読み込んでみるところまでセットで紹介しました。また、QR コードの簡単な仕様やどれほどの情報を埋め込めるのかも確認しました。

5章

2 QRコードでクーポン発行システムを作ろう

QR コード活用の最初の例として、QR コードを使ったクーポンの仕組みを考えてみましょう。QR コードに URL を埋め込み、お客さんにアクセスしてもらいます。本章で使う VPS のセットアップ方法も解説します。

Keyword

- QRコード
- クーポン
- VPS（仮想専用サーバー）
- Flask
- UUID

この節で作るもの

- QRコードを使ったクーポンシステムを作ってみよう

QR コードの簡単な利用例としてクーポンシステムを作ってみましょう。お店の経営者は、チラシやパンフレットに QR コードを印刷しておきます。お客さんは、チラシを見てスマートフォンで QR コードを読み込みます。すると、クーポンが現れる仕組みにしておきます。お店の人はクーポンが正しいことを確認して記念品を贈呈します。

```
=== 基本的な仕組み ===
[お客さん] QRコードを読む → クーポンのWebサイトを表示 → お店で見せる
[お店の人] 提示されたクーポンのWebサイトを確認 → 記念品を贈呈
```

このシステムを構成する上で必要になるのは、クーポンを表示するための Web サイトだけです。基本的に、QR コードに Web サイトの URL を埋め込むだけで目的は達成できます。そのため、前節で作成した QR コードを発行するプログラムを使って、クーポンのある URL を QR コードとして生成したら完成です。

毎回クーポンのサイトを作るのは面倒です。そこで、Python を使って自動でクーポンの URL を生成できるようにしましょう。本節では次のような機能を備えた Web アプリを作りましょう。

(1) クーポンの使用条件を記した Web ページ（URL）を自動生成
(2) 上記 URL を記した QR コードを生成する
(3) スマートフォンなどで QR コードを読み込み、ブラウザーでクーポンを表示

●クーポンの発行と表示を行うアプリを作ろう

QR コードに埋め込む URL はインターネット上に公開している必要がある

さて、このアプリを作る際に重要な点なのですが、パンフレットなどに印刷する QR コードに埋め込む URL は、インターネット上に公開されている Web アプリの URL である必要があります。そうでなければ、お客さんのスマートフォンから QR コードを読み込んでも、クーポンのページを表示できません。

そこで、ここでは、格安の VPS（仮想専用サーバー）のサービスを利用してクーポンシステムのサイトを構築してみましょう。もちろん、VPS ではなく、一般的な格安レンタルサーバーでも Python が使えるのですが、Python ライブラリーのインストールが面倒であったり、自由にプログラムが実行できなかったり、と難点があります。特に、Python の Web フレームワークの Flask を使って Web サーバーを構築したい場合には、VPS を使う方が手軽です。

また、本章では他にも Python と Flask を使った QR コード連携アプリを作ります。そこで、最初に VPS（仮想専用サーバー）をセットアップする方法を紹介し、その後でプログラムを作ります。

手順 1 VPS サーバーを選ぼう

VPS（仮想専用サーバー）というのは、1 台のサーバーを複数のユーザーで共有して利用するサービスです。低価格でサーバーを利用できるという点は、レンタルサーバーと同じです。しかし、仮想的に専用サーバーを使うことができるので、好きなソフトウェアを自由にインストールできるのが特徴です。レンタルサーバーよりも断然自由度が高く、Python で作ったアプリを簡単に動かすことができます。当然、好きな Python のモジュールもインストールできます。

国内では次のような VPS の提供業者があります。また、VPS よりも高くなりますが、Amazon EC2 や Google Compute Engine なども同じように使うことができます。

VPS 提供業者の例

提供者	価格	URL
KAGOYA VPS	1 日 20 円 / 月 550 円	https://www.kagoya.jp/cloud/vps/
ConoHa VPS	1 時間 1.1 円 / 月 682 円	https://www.conoha.jp/vps/
ServersMan@VPS	月 385 円（最低 2 ヶ月）	https://dream.jp/vps/
サクラの VPS	月 643 円（最低 2 ヶ月）	https://vps.sakura.ad.jp/

手順 2 VPS サーバーのインスタンスを作成しよう

ここでは、手軽に 1 日単位で使える KAGOYA VPS を使ってみたいと思います。本章のプログラムを試すという目的だけであれば数日あれば十分なので 100 円未満で試すことができるでしょう。

VPS のインスタンスを作成すると課金が始まり、インスタンスを削除することで課金が止まります。なお、上記の「ConoHa VPS」も KAGOYA と同じで使った時間だけの課金なので、同等の値段で試せます。サクラの VPS は他と比べると少し割高に感じますが、その分、2 週間のお試し期間があります。

●Kagoya の最安プランを契約し 2 日使ったところ - 40 円課金されたことが分かる

上記 KAGOYA VPS のページより申し込みを行います。筆者が原稿執筆時に試したところ、メール確認と SMS 認証、クレジットカード登録の作業が必要でした。

登録と認証を終えて、VPS のコントロールパネルが表示されたら「+ インスタンス作成」ボタンをクリックします。すると、次のような OS テンプレートの選択画面になります。ここでは、「Ubuntu20.04LTS」を選びます。スペックは最安の 20 円 / 日（550 円 / 月）を選択しました。

そして、「ログイン用認証キーを追加」を押して SSH ログインに必要なキーを作成します。すると、秘密鍵（.key）ファイルがダウンロードされます。お使いの PC のダウンロードフォルダーを開いて、ダウンロードしたこの秘密鍵のファイルに名前をつけましょう。ここでは、分かりやすく「kagoya_vps.key」というファイル名に変更しておきましょう。

任意の「コンソールログインパスワード」を入力し、インスタンス名に「qrcode-server」などと名前を付けて「インスタンス作成」ボタンをクリックします。

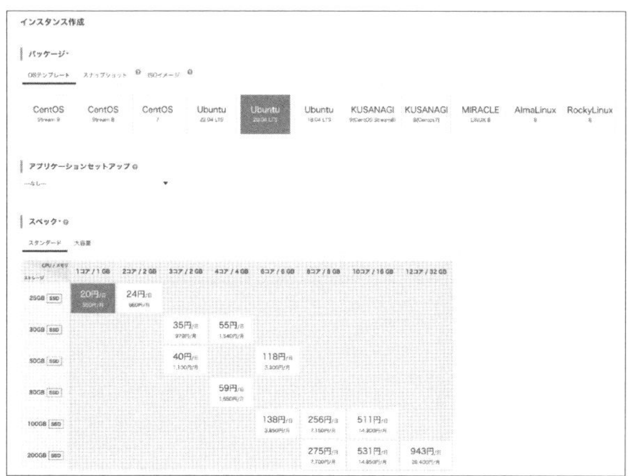

●KAGOYA VPS でインスタンスを作成

しばらく待っているとインスタンス一覧に作成したインスタンスが表示されます。ここで必要になるのは、「IP アドレス」と先ほどダウンロードした「秘密鍵（kagoya_vps.key）」ファイル、そしてインスタンス作成時に指定したコンソールログインパスワードです。

●サーバーにログインするために IP アドレスを確認しよう

ターミナルを起動して次のコマンドを入力すると VPS のサーバーにログインできます。

```
# 先ほどダウンロードした秘密鍵のパーミッションを変更(macOS/Linuxの場合)
$ chmod 400 kagoya_vps.key

# サーバーにSSHで接続
$ ssh -i kagoya_vps.key root@(IPアドレス)
# ここでインスタンス作成時のコンソールログインパスワードを入力
```

macOSとWindows10以降では、最初からSSHがインストールされています。WindowsでPowerShellを利用してサーバーに接続できます。それ以前の方は、オープンソースのターミナルである「PuTTY」などを利用することでログインできます。

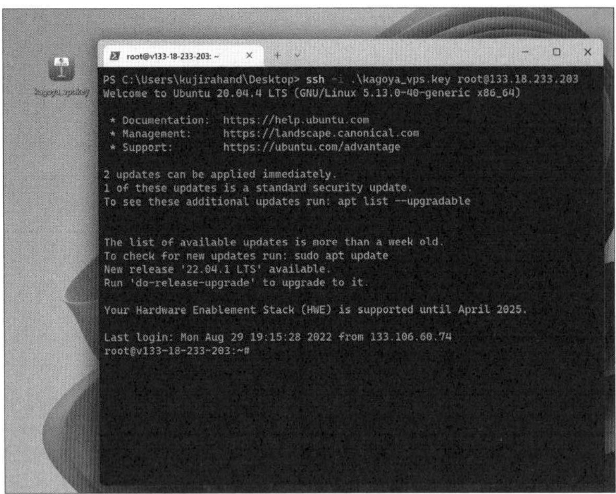

●WindowsでVPSサーバーに接続したところ

手順 3 VPSで最低限の設定をしよう

rootユーザーでログインしてUbuntuを使うのはあまり推奨されません。そこで、一般ユーザーを作成してログインし直しましょう。

```
# ユーザーを追加
$ adduser (ユーザー名)
# ここでパスワードなどの入力を行う

# sudoグループに追加
$ sudo gpasswd -a (ユーザー名) sudo

# 接続を終了
$ exit
```

一般ユーザーでVPSに接続するには次のようにします。

```
# 改めて一般ユーザーでVPSに接続
$ ssh -i kagoya_vps.key (ユーザー名)@(IPアドレス)
# ユーザー作成時に指定したパスワードを入力
```

手順 4 必要に応じてドメインを取得しよう

本書の内容を試すだけであれば、IPアドレスを直接QRコードに埋め込んでも問題ありません。ただし、実際にキャンペーンで使うのであれば、ドメインを取得してIPアドレスを登録すると良いでしょう。「お名前.com」や「ムームードメイン」「Google Domains」などが有名です。また信頼性が高くありませんが無料で取得できるドメインもあります。必要に応じてドメインを取得しましょう。

本書の例では、すでに筆者が取得した「uta.pw」というドメインに「qrcode」というサブドメインを作り、VPSのインスタンスに割り当てられたIPアドレスを、サブドメインの宛先に割り当てました。これで「qrcode.uta.pw」にアクセスすることで、手順2で取得したVPSのインスタンスにアクセスできます。

次の画面は「ムームードメイン」のもので、ドメインを取得したら「ムームーDNS」を利用して設定を行います。ムームードメインはレンタルサーバーのロリポップとヘテムルとの連携が強固なので間違えないようにしましょう。

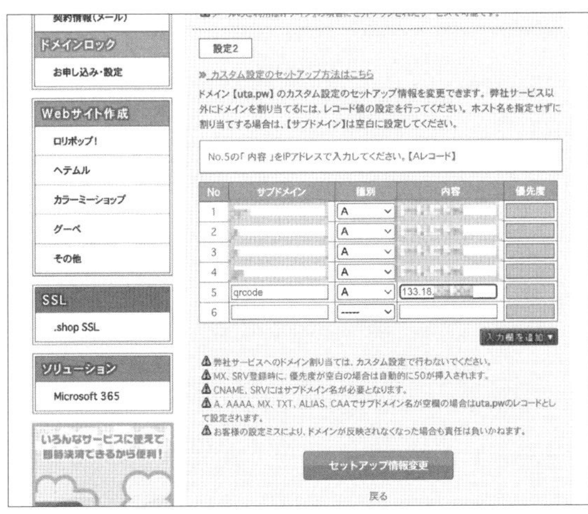

●VPSインスタンスにドメインを割り当てたところ

手順 5 VPSで必要なパッケージをインストールしよう

VPSの環境が整ったところで、プログラムの実行に必要なパッケージをインストールしましょう。筆者がVPSでUbuntu20.04を選択してログインしたところ、Python3.8が最初からインストールされていました。しかし、パッケージマネージャーのpipはインストールされていません。そこで、pipコマンドと本節で必要なパッケージをインストールしましょう。

```
# pipをインストール
$ sudo apt install python3-pip -y
# Pythonのパッケージをインストール
$ pip3 install flask pyqrcode pypng Pillow
```

1章 2章 3章 4章 5章 6章 7章 Appendix

手順 6 クーポン発行プログラムを作ろう

それでは、クーポンを発行するプログラムを作りましょう。ここでは、次のようなプログラムを作りました。

●src/ch5/coupon.py

```
# クーポン発行システム
from flask import Flask, request, send_file
import os, pyqrcode, json, uuid, html

# 初期設定 --- (※1)
ROOT_DIR = os.path.dirname(__file__)
COUPON_JSON = os.path.join(ROOT_DIR, 'coupon.json')
QRCODE_PNG = os.path.join(ROOT_DIR, 'qrcode.png')
PORT_NO = 8888
ADMIN_PASSWORD='abcd' # パスワード
# Flaskを起動
app = Flask(__name__)

# 管理ページ
@app.route('/')
def index():
    # パラメーターを得る --- (※2)
    param_pw = request.args.get('pw', '')
    if param_pw != ADMIN_PASSWORD:
        return "パスワードが違います"
    # クーポンの発行フォームを表示 --- (※3)
    return '''
    <html><meta charset="utf-8"><body>
    <h1>クーポンの発行</h1>
    <form action="/issue-coupon">条件を指定:<br>
    <textarea name="memo" rows="8" cols="60"></textarea><br>
    <input type="submit" value="発行">
    <input type="hidden" name="pw" value="{}">
    '''.format(html.escape(param_pw))

# クーポンの発行処理
@app.route('/issue-coupon')
def issue_coupon():
    # パラメーターを得る --- (※4)
    param_pw = request.args.get('pw', '')
    param_memo = request.args.get('memo', '')
    if param_pw != ADMIN_PASSWORD or param_memo == '':
        return "パラメーターが間違っています"
    # UUIDとURLを生成する --- (※5)
```

```
        id = str(uuid.uuid4())
        url = request.host_url + 'q?id=' + id
        # QRコードを作成 --- (※6)
        qrcode = pyqrcode.create(url)
        qrcode.png(QRCODE_PNG, scale=8)
        # JSONファイルにUUIDとメモを追記 --- (※7)
        data = {}
        if os.path.exists(COUPON_JSON):
            with open(COUPON_JSON, encoding='utf-8') as fp:
                data = json.load(fp)
        data[id] = {'memo': param_memo}
        with open(COUPON_JSON, 'w', encoding='utf-8') as fp:
            json.dump(data, fp)
        return '''
        <html><meta charset="utf-8"><body><h1>QRコード</h1>
        <img src="/qrcode.png?r={}"><br>{}</body></html>
        '''.format(id, url)

# PNGファイルを返す
@app.route('/qrcode.png')
def send_qrcode():
    return send_file(QRCODE_PNG, mimetype='image/png')

# クーポンの表示ページ
@app.route('/q')
def show_coupon():
    # パラメーターを得る --- (※8)
    param_id = request.args.get('id', '')
    # JSONを読み出す --- (※9)
    with open(COUPON_JSON, encoding='utf-8') as fp:
        data = json.load(fp)
    if param_id not in data:
        return '不正なクーポンです'
    memo = data[param_id]['memo']
    return '''
    <html><meta charset="utf-8"><body>
    <h1>クーポンのご利用ありがとうございます</h1><hr>
    <h3>[利用条件]:<br>{}</h3><hr>id:{}</body></html>
    '''.format(html.escape(memo), html.escape(param_id))

if __name__ == '__main__': # サーバー起動
    app.run('0.0.0.0', PORT_NO, debug=True)
```

プログラムを確認してみましょう。プログラムの冒頭(※1)ではデータファイルのパス（変数 COUPON_JSON）や出力するPNGファイルのパス（QRCODE_PNG）やサーバーの起動ポート（PORT_NO）、パスワード（ADMIN_PASSWORD）を指定します。

(※2) では管理ページにアクセスがあったときの処理を記述します。勝手にクーポンが発行されないようにパスワードで保護しています。パラメーターを取得して、URL パラメーターの pw に入っているパスワードを確認します。そして、パスワードが正しければ (※3) のクーポン発行フォームを表示します。

(※4) ではクーポンの発行処理を行います。URL パラメーターからパスワード（pw）とクーポンの使用条件（memo）を取得します。ここでパスワードが違っていれば、クーポンを発行しないようにします。

(※5) では QR コードに埋め込む URL を発行します。ここでは、クーポンごとに異なる UUID と呼ばれる識別番号を生成して URL に埋め込むことにします。ここでは次のような URL を生成して QR コードに埋め込みます。UUID については後で改めて解説します。

```
http://(サーバーのIP):8888?id=(UUID)
```

(※6) では QR コードを生成します。(※5) で作成した URL を元に QR コードを生成し PNG ファイルに書き出します。

(※7) では JSON ファイルに UUID とクーポンの使用条件のメモを記録します。ここでの処理は、JSON ファイルを読み込んで、UUID をキーにしてメモを追記しファイルに保存します。

(※8) 以降の部分では QR コードのクーポンを読み込むと URL の「/q?id=xxx」が表示された時の処理を記述します。まず、URL パラメーターの「id」の内容を取得します。そして、(※9) では JSON ファイルからデータを読み出し、UUID が存在するかを確認します。もしも辞書型のデータでキーが存在しなければ無効な値のクーポンです。値が存在すれば、データから取り出した memo の値を画面に出力します。

手順 7 サーバーにプログラムを転送しよう

プログラムを作ったら、サーバーにアップロードしましょう。ファイルのアップロードに使うのは、scp コマンドです。scp コマンドを使うと、SSH 経由でファイルをサーバーにアップロードできます。scp は次の書式で使います。

```
$ scp (コピー元) (コピー先)
```

ファイルのコピーを行う cp コマンドと似ています。ただし、scp では接続先のサーバー（リモートホスト）のファイルを指定できます。リモートホストを指定する場合に「ユーザー名 @ ホスト名 : ファイルパス」のように指定します。

ローカルにある Python ファイルを VPS にアップロードするには次のようなコマンドを実行します。例えば、ユーザー名が「kujira」、IP アドレスが「118.27.16.240」の場合、以下のように記述します。

```
$ scp -i kagoya_vps.key *.py kujira@118.27.16.240:/home/kujira/
# ここでパスワードを入力
```

他の方法としては、FileZilla などのツールを利用すると、手軽に SSH 経由でファイルの送受信ができます。FileZilla（Client）を使うとマウス操作で送受信するファイルの指定ができます。

URL
FileZilla
https://filezilla-project.org/

手順 8 VPS 上でプログラムを実行しよう

クーポンのプログラムを転送したら、SSH で VPS に接続して、次のコマンドを実行しましょう。

```
$ python3 coupon.py
```

Web サーバーが起動します。サーバーが起動したらブラウザーで次の URL にアクセスしましょう。以下の IP アドレスの部分は、手順 2 の VPS で取得した IP アドレスを指定しましょう。

```
http://(IPアドレス):8888/?pw=abcd
```

●クーポンの発行ページを表示したところ

クーポン発行ページが不正利用されないように「?pw=abcd」のパラメーターを付与して簡単なパスワードで保護しています。パラメーターをつけずにアクセスするとエラーが表示されます。

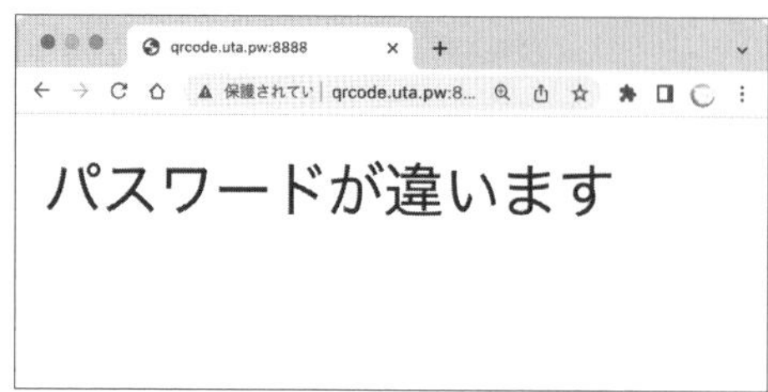

●パラメーターを付けないでアクセスするとエラーになる

それでは、クーポンQRコードを発行してみましょう。「クーポンの発行」の画面が表示されたら、条件を入力して「発行」ボタンを押しましょう。

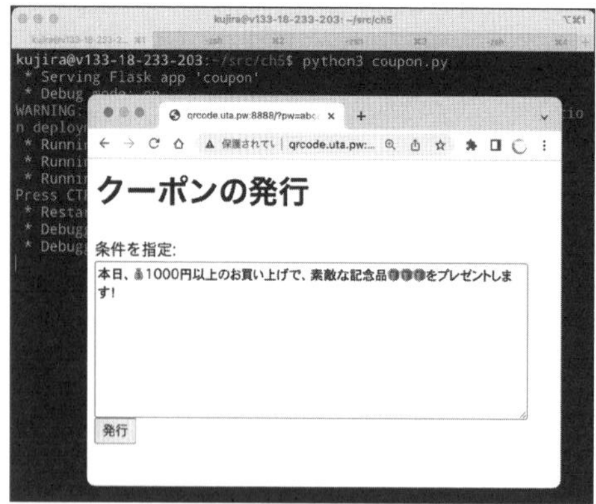

●クーポンの発行画面で条件を入力して「発行」ボタンを押しましょう

すると、QRコードが生成されます。このQRコードを保存して、パンフレットやチラシなどにクーポンとしてQRコードを印刷して配布します。

●するとQRコードが生成される

お客さんは自分のスマートフォンでクーポンのQRコードを読み込みます。

●スマートフォンのカメラでQRコードを読み込んだところ

次のようなクーポンページが表示されます。なお、QRコードを発行したページで、画面下部にURLが表示されますが、そのURLにアクセスしても同じページが表示されます。

●正しくクーポンが表示されたところ

クーポンの発行画面からいくつでもクーポンのQRコードを発行できます。

UUIDとは？

今回は、UUIDと呼ばれる識別番号を利用して、クーポンを発行しました。UUIDをクーポン番号として利用しています。『UUID（英語:Universally Unique Identifier）』とは、ソフトウェアでオブジェクトを一意に識別するための識別子です。UUIDとは重複や偶然の一致が起こらないことを前提で用いることができる値です。

UUIDはRFC 4122で定義されており、PythonのUUIDモジュールでは、バージョン1/3/4/5が利用可能です。今回のプログラムでは、uuid4メソッドを使ってUUIDを生成します。これは乱数を用いてUUIDを生成するメソッドです。なお、バージョン1ではタイムスタンプ（時刻）とネットワークのMACアドレスを利用してIDを生成し、バージョン5では指定したネームスペースの文字列などを用いてUUIDを生成すると定められています。

今回はそれらしいURLが生成できれば良いので、UUIDのバージョン4を使ってランダムにUUIDを生成しQRコードに埋め込むことにしました。

本当に重複したUUIDが生成されないのか簡単なプログラムで検証してみましょう。次のような簡単なUUIDを生成して表示するプログラムを実行してみましょう。

●src/ch5/test_uuid.py

```
import uuid
for i in range(20):
    print(str(uuid.uuid4()))
```

プログラムを実行すると次のような値が生成されます。

```
$ python3 test_uuid.py
97b3b401-a99f-4cd6-8af7-fd86cbeb44b6
005e9647-ad34-4edc-949b-8c1184bb7e19
83075531-3967-4ed7-930b-10fac56412a9
039fd456-3a5d-4ea9-a14c-386d6068a099
f8a0ad78-e592-4082-8431-00e6fae4ef62

…(省略)…
```

確かにランダムなUUIDが生成されていることが分かります。生成されるUUIDの桁が決まっており完全に類推が不可能という訳ではないですが32桁（128ビット）のUUIDの値の類推は難しいでしょう。

イベントのチケットや会員証などに使う場合には、もう少しセキュリティを考慮した仕組みを採用すると良いでしょう。この点については、次節以降、改めて考えます。

JSON データについて

今回のアプリで作成した JSON ファイル「coupon.json」を確認してみましょう。今回の JSON では、UUID をキーにした複数のオブジェクトの構造です。各オブジェクトには、memo というプロパティがあり、そこにクーポンの使用条件を指定しています。

coupon.json
ファイル | /Users/kujirahand/repos/b...

```
{
  "73ab9332-2fed-11ed-92dd-e2c61d8467b0": {
    "memo": "1000円以上のお買いもので、素敵な記念品をプレゼントします!"
  },
  "e67aa29a-2fed-11ed-894b-e2c61d8467b0": {
    "memo": "1500円以上のお買いもので、素敵な記念品をプレゼントします!"
  },
  "eb14adc8-2fed-11ed-a050-e2c61d8467b0": {
    "memo": "5000円以上のお買いもので、素敵な記念品をプレゼントします!"
  },
  "9452098a-3020-11ed-a327-e2c61d8467b0": {
    "memo": "4月末日まで、店内で3000円以上の飲食をされた方に、ソフトドリンク一杯プレゼントします"
  },
  "b4a05926-3020-11ed-a327-e2c61d8467b0": {
    "memo": "5月末日まで、1000円以上お買い上げされた方に、素敵なネクタイをプレゼントします"
  }
}
```

●クーポンの UUID をキーにした JSON ファイル

まとめ

☑ 本節では QR コードを使用したクーポン発行システムを作ってみました。URL とパラメーターに UUID を指定した QR コードを生成しました。また、スマートフォンのカメラから読み込んで使えるように、VPS を利用する方法も紹介しました。

5章

3 入場チケットをQRコードで発行しよう

最近では、イベントの入場券を電子発行する場面も増えています。映画館やイベントの入り口に QR コードリーダーが設置されており、QR コードをかざすことで入場できるような仕組みです。ここでは QR コードを使った入場システムを作ってみましょう。

Keyword

- QRコード
- VPS
- ハッシュ関数
- SHA-25

この節で作るもの

- QRコードによるイベントの入場管理システム

ここでは QR コードを使ったイベントの入場管理システムを作ってみましょう。次のようなシナリオで利用することを考えました。

（1）イベント期日前
あるイベントのチケットを QR コードで発行します。イベントの開催者は、イベント期日前に QR コードをメールなどで来場者に送信します。

（2）イベント当日
イベント会場の入り口で、来場者は開催者に QR コードを見せます。開催者は QR コードをスマートフォンのカメラでスキャンします。そして、その QR コードのチケットが正当なものであれば来場者を会場に案内します。

このシナリオに必要となるのは次の 2 つのアプリケーションです。

（A）イベントチケットの QR コードを発行するアプリ
（B）来場者の QR コードが正当なものかを判断するアプリ

● （A）チケットを発券するアプリを実行しているところ

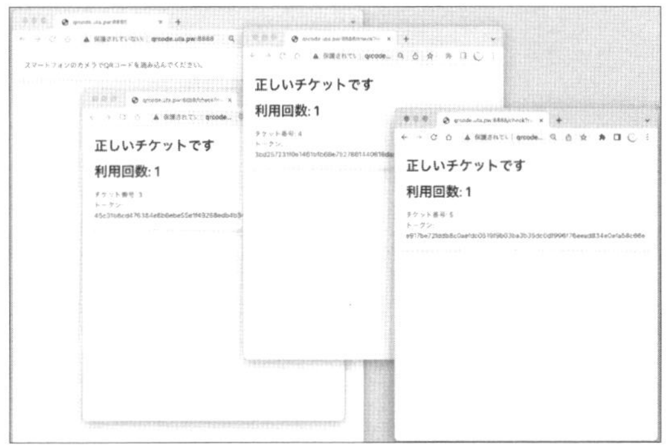

● （B）QR コードが正当なものかを判断するアプリを実行しているところ

開催者はチケットが売れるたびに、（A）のアプリを使って QR コードを発行して、イベントの来場者に送信します。そして、イベント当日に（B）のアプリを起動します。来場者は受信した QR コードを当日、開催者に見せます。開催者は QR コードをスマートフォンのカメラで読み取り、（B）のアプリを使ってチケットの正当性をチェックします。

なお、（A）のアプリで入場チケットの QR コードの中には、座席番号と不正回避のためのトークンを埋め込むことにします。発行したトークンは JSON 形式でファイルに保存します。これにより、チケットの正当性を確認できます。

そして、イベント開催者が使う（B）のチケット正当性判断アプリでは、（A）のアプリが保存したトークンを確認するものにします。

（A）で発行した QR コードは URL の形式にしておきます。入場者が誤って QR コードを読み込んだ時には、イベントの告知画面が出るようにします。そして、開催者はサイトにログインした状態で QR コードを読み込むと、正当性のチェックができるものにします。イベントの開催者はカメラ付きのスマートフォンを持っていれば良く、特別な機器が必要ありません。

手順 1 VPSサーバーをセットアップしよう

本節でも、VPS（仮想専用サーバー）を利用して、Flask で Web アプリを作成します。前節の手順を元に VPS をセットアップしているものとします。

手順 2 (A) QR コードを発行するプログラムを作ろう

それでは、QR コードで入場チケットを発券する Web アプリのプログラムを作ってみましょう。発券ボタンをクリックするごとに、ユニークな QR コードを生成するのが次のプログラムです。

●src/ch5/ticket_system/a_make_qrcode.py

```
from flask import Flask, request
import os, pyqrcode, json, secrets, hashlib

# 初期設定 --- (※1)
ROOT_DIR = os.path.dirname(__file__)
TICKET_JSON = os.path.join(ROOT_DIR, 'ticket.json')
QRCODE_DIR = os.path.join(ROOT_DIR, 'qrcode')
if not os.path.exists(QRCODE_DIR): os.mkdir(QRCODE_DIR)
PORT_NO = 8888
TOKEN_SALT = 'CprRbjI#uO_yt7kbcE' # ランダムな文字列を指定

# 静的ディレクトリを指定してFlaskを生成 --- (※2)
app = Flask(__name__, static_folder=QRCODE_DIR)

# 発券ボタンを表示する --- (※3)
@app.route('/')
def index():
    return show_html('''
    <h1 class="title">新規チケットの発券</h1>
    <a class="button" href="/issue">新規発行</a>
    ''')
# QRコードを発券する --- (※4)
@app.route('/issue')
def issue():
    # 既存のJSONデータを読み出す --- (※5)
    data = []
    if os.path.exists(TICKET_JSON):
        with open(TICKET_JSON, 'r', encoding='utf-8') as fp:
            data = json.load(fp)
    no = len(data)
    # 不正対策用のトークンを生成する --- (※6)
    random_password = secrets.token_hex(16) # ランダムなパスワードを生成
    token_str = str(no) + '::' + random_password + '::' + TOKEN_SALT
```

```
    token_hash = hashlib.sha256(token_str.encode('utf-8')).hexdigest()
    # QRコードに埋め込むURLを決定する --- (※7)
    url = 'http://' + request.host + \
        '/check?no={}&token={}'.format(no, token_hash)
    # チケットのQRコードを生成 --- (※8)
    fname = '{}_{}.png'.format(no, token_hash)
    qrcode = pyqrcode.create(url)
    qrcode.png(os.path.join(QRCODE_DIR, fname), scale=8)
    # JSONファイルに情報を保存 --- (※9)
    data.append({'no': no, 'password': random_password})
    with open(TICKET_JSON, 'w', encoding='utf-8') as fp:
        json.dump(data, fp)
    # 画面にQRコードを表示する --- (※10)
    return show_html('''
    <h1 class="title">発券したチケット - {}番</h1>
    <img src="/qrcode/{}"><br>
    <p>QRコード: <input value="{}" size="60"></p>
    <a class="button" href="/">戻る</a>
    '''.format(no, fname, url))

def show_html(msg):
    return '''
    <html><meta charset="UTF-8">
    <meta name="viewport" content="width=device-width,initial-scale=1">
    <link rel="stylesheet"
        href="https://cdn.jsdelivr.net/npm/bulma@0.9.4/css/bulma.min.css">
    <body style="margin:0.5em">
        <div class="box">{}</div>
    </body></html>
    '''.format(msg)

if __name__ == '__main__': # サーバー起動
    app.run('0.0.0.0', PORT_NO, debug=True)
```

プログラムを確認してみましょう。(※1) ではチケット情報を記録するJSONファイルのパス（TICKET_JSON）やQRコードを書き出すディレクトリ（QRCODE_DIR）を指定します。また、サーバーのポート番号（PORT_NO）や、チケット生成時に使うランダムな文字列（TOKEN_SALT）を指定します。

そして、(※2) ではFlaskを起動しますが、QRコードを保存するディレクトリにアクセスできるように、static_folder引数を指定します。これで「/qrcode/xxx.png」のようなパスにアクセスがあったとき、自動的にPNGファイルを静的ファイルとして返信するようにします。

(※3) ではブラウザーからルート「/」にアクセスがあった時の処理を記述します。ここでは「新規発券」ボタンを表示するHTMLを返します。

(※4) では「/issue」にアクセスがあったときの処理、つまり「新規発券」ボタンを押した時に実行する処理を記述します。(※5) ではチケット情報を記述した JSON ファイル「ticket.json」を読み取ります。

(※6) では QR コードのチケットに埋め込む不正対策用のトークンを生成します。不正対策用ですから、容易に類推できる値では困ります。ここでは、secrets モジュールの token_hex メソッドを使ってランダムなパスワードを生成します。この secrets モジュールは機密情報を扱うことを想定したメソッドを提供しています。そのため、このモジュールを使うことで比較的安全なパスワードを生成できます。

QR コードに埋め込むトークンは「チケット番号 :: パスワード :: アプリ固有の値」と 3 つの情報を要約した値にしました。ここでデータの要約値であるハッシュ値を求めるのに hashlib.sha256 メソッドを使います。これは、SHA-256 というハッシュ関数を用いて要約値を求めることができます。この点に関しては後ほど解説します。

(※7) では QR コードに埋め込む URL を決定し、(※8) で実際に QR コードを生成しファイルに保存します。QR コードのファイル名は外部から類推が難しくなるように「{ チケット番号 }_{ トークン }.png」のような形式にしました。

(※9) の部分にて、チケット番号とランダムキーを JSON ファイルに保存します。

(※10) では画面にチケットの QR コードを表示します。

手順 3 (B) QR コードを読み込んでチェックするプログラムを作ろう

イベント当日に QR コードの正当性を確認するプログラムを作ってみましょう。上記のプログラムでチケット発券時に生成する「ticket.json」を参照してチケットの正当性を確認します。

●src/ch5/ticket_system/b_check_ticket.py

```
from flask import Flask, request
import os, json, hashlib

# 初期設定 --- (※1)
ROOT_DIR = os.path.dirname(__file__)
TICKET_JSON = os.path.join(ROOT_DIR, 'ticket.json')
PORT_NO = 8888
TOKEN_SALT = 'CprRbjI#uO_yt7kbcE' # a_make_qrcode.pyと同じものを指定

app = Flask(__name__) # Flaskを生成

@app.route('/')
def index():
    return show_html('スマートフォンのカメラでQRコードを読み込んでください。')

# QRコードの正当性をチェックする --- (※2)
@app.route('/check')
def check():
```

```
    # パラメーターを得る --- (※3)
    param_no = request.args.get('no', '')
    param_token = request.args.get('token', '')
    try:
        no = int(param_no)
    except:
        return error_html('不正なチケットです。')
    # 正しいチケットかどうかを確認する --- (※4)
    data = []
    if os.path.exists(TICKET_JSON):
        with open(TICKET_JSON, 'r', encoding='utf-8') as fp:
            data = json.load(fp)
    if no >= len(data): error_html('不正なチケットです。')
    # トークンの値を計算する --- (※5)
    password = data[no]['password']
    token_str = str(no) + '::' + password + '::' + TOKEN_SALT
    token_hash = hashlib.sha256(token_str.encode('utf-8')).hexdigest()
    if param_token != token_hash:
        return error_html('不正なチケットです。')
    # 正しいチケット - 利用回数を示す --- (※6)
    if 'times' not in data[no]: data[no]['times'] = 0
    data[no]['times'] += 1
    with open(TICKET_JSON, 'w', encoding='utf-8') as fp:
        json.dump(data, fp)
    return show_html('''
        <h1 class="title">正しいチケットです</h1>
        <h2 class="title">利用回数: {}</h2>
        <p>チケット番号: {}</p>
        <p>トークン: {}</p>
        '''.format(data[no]['times'], param_no, param_token))

def error_html(msg): # エラーを表示
    return show_html('<h1 class="title has-text-danger">'+msg+'</h1>')

def show_html(msg): # HTMLを表示
    return '''
    <html><meta charset="UTF-8">
    <meta name=”viewport” content=”width=device-width,initial-scale=1”>
    <link rel="stylesheet"
        href="https://cdn.jsdelivr.net/npm/bulma@0.9.4/css/bulma.min.css">
    <body style="margin:0.5em">
        <div class="box">{}</div>
    </body></html>
    '''.format(msg)

if __name__ == '__main__': # サーバー起動
    app.run('0.0.0.0', PORT_NO, debug=True)
```

プログラムを確認してみましょう。(※1) では初期設定を記述します。先ほど作ったプログラム「a_make_qrcode」と同じ値を指定します。

(※2) では「/check」にアクセスがあった時の処理を記述します。これはカメラでQRコードを読み取った時に表示されるURLです。ただし、QRコードのURLには、URLパラメーターで「no」と「token」が埋め込まれています。そこで、(※3) でパラメーターを取得します。

(※4) 以降の部分でチケットが正しいものかどうかを確認します。そのためにJSONファイルの「ticket.json」を読み込みます。(※5) ではJSONファイルに記述した情報からトークンの値（SHA-256の値）を計算します。それで、(※3) で取得したトークンの値と、(※5) で計算したトークンの値が合致していれば、正しいチケットであることが分かります。

(※6) では正しいチケットであった場合に、このURLを読み込んだ回数を表示します。また、表示した回数に+1してJSONファイルに保存します。

手順 4 プログラムをサーバーにアップロードしよう

プログラムを作ったら、scpコマンドを使ってファイルをサーバーにアップロードしましょう。前節で詳しく紹介しましたが、以下のようなコマンドを実行しましょう。

例えば、ユーザー名が「kujira」、IPアドレスが「118.27.16.240」の場合、次のようなコマンドを入力します。

```
$ scp -i kagoya_vps.key *.py kujira@118.27.16.240:/home/kujira/
# ここでパスワードを入力
```

手順 5 チケット発券のプログラムを実行しよう

プログラムをアップロードしたら、前節の手順2で説明した通り、ターミナルからVPSにSSHで接続してプログラムを実行しましょう。以下のコマンドを実行すると、チケット発券サーバーが起動します。

```
$ cd (アップロードしたディレクトリ)
$ python3 a_make_qrcode.py
```

そこで、ブラウザーで「http://(VPSのアドレス):8888」にアクセスしましょう。すると次のような画面が出ます。

●チケットの発券画面が表示されたところ

ここで「新規発行」ボタンをクリックしましょう。すると、チケット用 QR コードが発券されます。この QR コードをメールなどでイベントの参加者に送信します。

●QR コードのチケットが発券されたところ

その後「戻る」ボタンを押して、改めて「新規発行」ボタンを押すと新規チケットを発行します。

●いくつでも QR コードのチケットを発券できる

ターミナルで [Ctrl]+[C] をクリックすると Web サーバーを終了します。

手順 6 チケット確認用のプログラムを実行しよう

イベント当日になったと仮定して、チケット確認用のプログラムを実行してみましょう。同様に、VPS サーバー上で次のコマンドを実行します。なお、先ほど実行した発券プログラムを確実に終了させてからコマンドを実行してください。

```
$ python3 b_check_ticket.py
```

そして、先ほど生成したQR コードをスマートフォンのカメラで読み込んでみましょう。すると、「正しいチケットです」「利用回数 :1」と QR コードが正当であることが表示されます。

●スマートフォンのカメラに QR コードをかざしたところ

●読み取った URL を開いたところ

チケット発券を生成した際に、QR コードの下に URL が表示されます。この URL をコピーして、ブラウザーで開いても同じことです。試しにブラウザーで開いてみましょう。当然ですが、「正しいチケットです」と表示されます。

URL に手を加えて不正なチケットを指定するとどうなるでしょうか。敢えて不正な URL にアクセスしてみましょう。例えば次のような URL にアクセスしてみます。

```
# 不正なURL
http://(VPSのアドレス):8888/check?no=0&token=e917be72fddb8c0aefdc
```

すると、次の図のように「不正なチケットです。」とエラー画面が表示されます。

●適当なトークンを勝手に指定するとエラーになる

チケットの確認サーバーを停止するには、ターミナル上で［Ctrl］+［C］キーを押します。

JSONファイルを確認してみよう

入場チケットを管理するJSONファイル「ticket.json」を確認してみましょう。以下はJSON ViewerでJSONファイルを確認したところです。

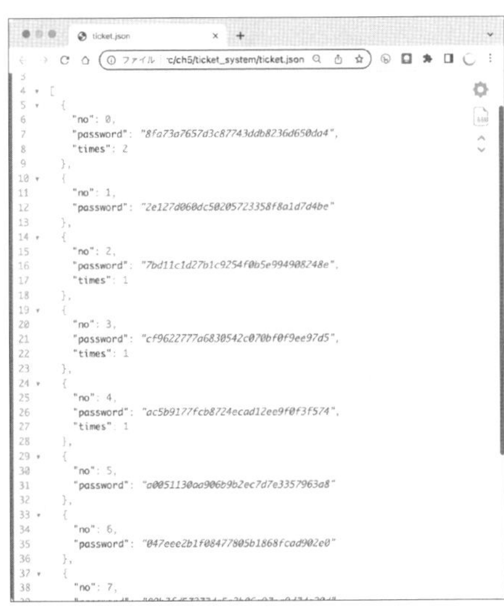

●ticket.jsonを確認したところ

JSONを確認すると、チケット情報が配列で配置されています。チケット情報には、チケット番号を表す"no"と、トークンを生成するためのパスワード"password"、チケットを使った回数"times"のプロパティがあります。

ここで、チケット番号を表す "no" プロパティを見ると分かりますが、チケット番号はチケットを発行した順番に 1,2,3…と連番で割り振るようにしています。連番で番号を発行した場合、簡単にチケット番号を推測されてしまうため、番号だけでなくパスワードを自動的に生成して JSON に記録します。

不正対策のトークンについて

人間が QR コードを視認しただけでは、そのチケットが不正なのかどうかは分かりません。ここまで紹介したように、誰でも手軽に QR コードを生成することができてしまいます。そのため、QR コードを利用するとしても、チケットの不正対策が必ず必要となります。

ここでは、不正対策として QR コードに次のような URL を埋め込みました。

```
http://(アドレス):8888/check?no=(チケット番号)&token=(不正確認トークン)
```

先ほど JSON ファイルを確認した時に、チケットごとに「password」のプロパティがありました。このパスワードを利用してトークンを計算し、チケット内に指定された不正確認トークンを比較することで、チケットが本当に正しいものかを確認しました。

なぜトークンの値をそのまま JSON ファイルに保存しないのでしょうか。これは、不正アクセスなどがあって、万が一チケット管理のための JSON ファイルが外部に流出した時の対策です。というのも、実際の不正確認トークンは計算で求めるものとなっています。そのため、チケットのパスワードだけが流出しても、どんな計算をしているのかが分からなければ、トークンを求めることはできないのです。簡単な仕組みですが、これだけでセキュリティを担保できます。

ハッシュ関数とは

パスワードからトークンを計算するのに SHA-256 というハッシュ関数を利用しました。ハッシュ関数（英語 : hash function）とは、任意のデータを元にして要約した値を得るための操作をするものです。

有名なハッシュ関数には、MD-5 や SHA-1、SHA-256 などがあります。これらのハッシュ関数は、データのサイズに関わらず、固定長のハッシュ値（要約値）を生成できます。

まとめ

本節では QR コードを使ったイベントの入場管理システムを作ってみました。前節のように、単に ID を QR コードに埋め込んだチケットを生成するのではなく、パスワードをランダムに生成し、ハッシュ関数を利用して簡単な不正対策を行うところまで作りました。QR コードに埋め込んだ文字列は人間の目には分からないものの、読み込んだ URL を悪用されないような配慮も必要になります。

5章

4 FlaskアプリをHTTPS化して公開しよう

本章ではVPS上でFlaskを動かしQRコードに関連したWebアプリを作ってみました。しかしFlaskの開発用サーバーを使っていました。そこで、NginxとuWSGIを使ってHTTPS化する方法を紹介します。

Keyword

●HTTPS ●SSL
●SSLサーバー証明書 ●Let's Encrypt
●Nginx ●uWSGI ●Flask ●WSGI

●WebアプリをHTTPS化して公開

ここまでVPS上でさまざまなWebアプリを自由に動かしてきました。しかし、気になる点が2点あります。

まず、Flaskの開発用サーバーを使ってきたことです。FlaskのWebアプリを実行すると毎回「Use a production WSGI server instead.（本番環境ではWSGIサーバーを使うように）」という警告が表示されます。次に、せっかくVPS上でWebアプリを動かしているのに、ブラウザーのアドレスバーには「保護されていない通信」と表示されることです。

そこで、これらの点を解消するために、本番環境でFlaskアプリを安心して動かす設定をしてみましょう。まず、1点目の問題を解決するために、uWSGIというアプリケーションサーバーを使います。そして、2点目の問題を解決するために、WebサーバーのNginxを利用してブラウザーとHTTPS通信を行うように設定します。

●Flaskを使って作ったアプリをNginxとuWSGIでHTTPS化したところ

1章 2章 3章 4章 5章 6章 7章 Appendix

ここで設定するサーバー構成

最初に、本節で設定するサーバー構成を確認しておきましょう。Flask アプリ、uWSGI、Nginx と複数のライブラリーやアプリが出てきます。

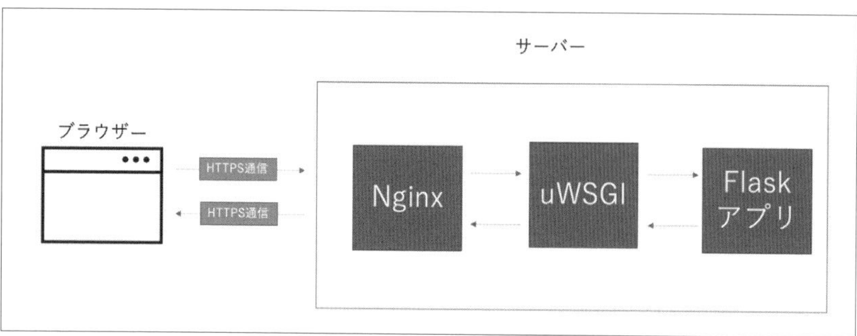

●サーバー構成

ブラウザーから来たアクセスを Nginx が受け取ります。そして、Nginx が uWSGI を介して Flask アプリにアクセスが来たことを伝えます。そして、Flask アプリが実行されて、その実行結果を、uWSGI を介して Nginx がブラウザーに戻します。

一つ一つの作業は難しくありませんが、手順が多いので簡単にまとめてみます。

手順1　必要なアプリやライブラリーをインストール
手順2　簡単な Flask アプリを作る
手順3　uWSGI を使って Flask アプリを動かす
手順4　uWSGI をサービスに登録する
手順5　Nginx と uWSGI を連携する設定を行う
手順6　certbot を使って HTTPS 化の作業を行う

すでに本章で解説していますが、事前に以下の作業は完了しているものとします。

・VPS（仮想専用サーバー）
・OS: Ubuntu20.04
・ドメインの取得

コラム 「WSGI」と「uWSGI」の関係は？

本節では「WSGI」と「uWSGI」というキーワードが出てきました。「WSGI（英語：Web Server Gateway Interface）」は、WebサーバーとWebアプリケーションを接続するための標準化されたインターフェイスのことです。
そして「uWSGI」はWSGIを実装したアプリケーションコンテナの一種です。つまり、WSGIの規格に対応したWebサーバーであれば、uWSGIを使わなくてもプログラムにほとんど変更を加えることなくWebアプリを動かせます。

手順 1 必要なアプリやライブラリーをインストールしよう

最初に必要なアプリとライブラリーをインストールしましょう。SSHでVPSにログインしたら、以下のコマンドを実行します。

```
# NginxとPython関連のライブラリーをインストール
$ sudo apt update
$ sudo apt install nginx \
    python3-pip python3-dev build-essential python3-setuptools \
    libssl-dev libffi-dev

# FlaskとuWSGIパッケージをインストール
$ python3 -m pip install flask uwsgi

# HTTPS化のためのツールをインストール
$ sudo apt install certbot python3-certbot-nginx
```

手順 2 プログラムを作って転送しよう

ここでは、Helloと表示するだけの最も簡単なFlaskのアプリを作ってみます。すでにここまでFlaskを使ったWebアプリをいくつも作っていますが、最小限の構成です。

●src/ch5/flask_https/server.py

```
from flask import Flask
app = Flask(__name__)

@app.route("/")
def index():
    return '<h1>Hello</h1>'
```

```
if __name__ == '__main__':
    app.run('0.0.0.0', 8888)
```

このまま、いつものように「python3 server.py」を実行するとポート 8888 で Flask の開発用サーバーが起動します。ただし、今回、Flask の開発用のサーバーは使いません。代わりに『uWSGI』というサーバーを使います。これは、アプリケーション・コンテナ・サーバーと呼ばれ、Web サーバーと Flask で作ったアプリを結びつける働きをします。

次のような WSGI 用のエントリーポイントを作ります。

●src/ch5/flask_https/wsgi.py

```
from server import app
if __name__ == '__main__':
    app.run()
```

今回のプログラムは以上で、2 つの Python ファイルだけです。これらのファイルを VPS にアップロードしましょう。scp コマンドか FileZilla を使ってアップロードします。なお、本書のサンプルプログラムから本節のプログラム一式（src/ch5/flask_https）をアップロードしておくと便利です。

手順 3 プログラムを動かしてみよう

今回のプログラムは、/var/www/flask_https というディレクトリに配置することにしましょう。SSH で VPS に接続します。そして、次のコマンドを実行してアプリを配置するフォルダーを作成します。

```
# アプリを配置するディレクトリを作成して権限を変更
$ sudo mkdir -p /var/www/flask_https
$ sudo sudo chown $(whoami) /var/www/flask_https
```

続いて、次のコマンドを実行して、アプリが uWSGI で正しく動作するかを確認してみましょう。このコマンドは、ポート 8888 で Flask のアプリを実行するものです。

```
$ uwsgi --socket 0.0.0.0:8888 --protocol=http -w wsgi:app
```

起動したらブラウザーで「http://(アドレス):8888/」にアクセスしましょう。無事に Flask のアプリが動くでしょうか。問題なく動くことが確認できたら、ターミナル上で［Ctrl］+［C］を押して uWSGI を終了します。

●uWSGI で Flask のアプリが動くか確かめよう

uWSGI でアプリが動くのを確認したら、次に uWSGI の起動設定ファイルを作成しましょう。次のような設定ファイルを作ってアプリディレクトリ（/var/www/flask_https）に配置しましょう。

●src/ch5/flask_https/flask_https.ini

```
[uwsgi]
module = wsgi:app
master = true
process = 1
socket = /tmp/uwsgi.sock
chmod-socket = 666
vacuum = true
die-on-term = true
logto = /var/www/flask_https/uwsgi.log
```

手順 4 アプリをサービスに登録しよう

次に、uWSGI のアプリをシステムのサービスとして登録します。なお「サービス」とは「デーモン」とも呼ばれ、システムに常駐するアプリのことを言います。アプリをサービスとして登録すれば、何かしらの問題でアプリが強制終了しても自動的にアプリが再起動します。また、システムを再起動した時にも自動的に起動するようになります。

Ubuntu でアプリをサービスとして登録するには、次のような設定ファイルを作成し、設定ディレクトリにコピーした上で、systemctl コマンドを実行します。下記の「User=kujira」の部分をご自身で設定した Ubuntu のユーザー名に書き換えて使いましょう。

●src/ch5/flask_https/flask_https.service

```
[Unit]
Description=uWSGI instance to serve flask_https
After=network.target
```

```
[Service]
User=kujira
Group=www-data
WorkingDirectory=/var/www/flask_https
ExecStart=uwsgi --ini /var/www/flask_https/flask_https.ini

[Install]
WantedBy=multi-user.target
```

この設定では Web アプリをディレクトリ「/var/www/flask_https」に配置したことを前提に記述しています。もしも別のディレクトリにアプリを配置した場合は「WorkingDirectory」と「ExecStart」の項目を書き換えてください。

上記の設定ファイルを作成したら、ディレクトリ「/etc/systemd/system/」以下にコピーしましょう。以下のコマンドを実行します。なお、このディレクトリを操作するには、管理者権限が必要なので、コマンドの先頭に sudo をつけています。

```
$ sudo cp flask_https.service /etc/systemd/system/
```

ファイルをコピーしたら、以下のコマンドを実行して uWSGI のサービスを起動しましょう。

```
# サービスの設定を再読み込みする
$ sudo systemctl daemon-reload
# サービスを起動して有効にする
$ sudo systemctl start flask_https
$ sudo systemctl enable flask_https
```

上記のコマンドを実行してエラーが出なかったとしても、正しくサービスが動いていない場合があります。以下のコマンドを実行して正しくサービスが起動したかどうかを確認しましょう。

```
# 正しく起動したか確認する
$ sudo systemctl status flask_https
```

サービスが正しく起動すると次の画面のように緑色の文字で「active (running)」と表示されます。[Q] キーを押すとこの画面から抜けます。

```
kujira@v133-18-233-203:~/flask_https$ sudo systemctl status flask_https
● flask_https.service - uWSGI instance to serve flask_https
     Loaded: loaded (/etc/systemd/system/flask_https.service; enabled; vendor preset: enabled)
     Active: active (running) since Sun 2022-09-11 23:15:28 JST; 43s ago
   Main PID: 125050 (uwsgi)
      Tasks: 2 (limit: 1015)
     Memory: 18.0M
     CGroup: /system.slice/flask_https.service
             ├─125050 /usr/local/bin/uwsgi --ini /home/kujira/flask_https/flask_https.ini
             └─125052 /usr/local/bin/uwsgi --ini /home/kujira/flask_https/flask_https.ini

 9月 11 23:15:28 v133-18-233-203 uwsgi[125050]: *** Python threads support is disabled. You can enable it with --enable-threads ***
 9月 11 23:15:28 v133-18-233-203 uwsgi[125050]: Python main interpreter initialized at 0x56375321f7f0
 9月 11 23:15:28 v133-18-233-203 uwsgi[125050]: your server socket listen backlog is limited to 100 connections
 9月 11 23:15:28 v133-18-233-203 uwsgi[125050]: your mercy for graceful operations on workers is 60 seconds
 9月 11 23:15:28 v133-18-233-203 uwsgi[125050]: mapped 145840 bytes (142 KB) for 1 cores
 9月 11 23:15:28 v133-18-233-203 uwsgi[125050]: *** Operational MODE: single process ***
 9月 11 23:15:28 v133-18-233-203 uwsgi[125050]: WSGI app 0 (mountpoint='') ready in 0 seconds on interpreter 0x56375321f7f0 pid: 125050>
 9月 11 23:15:28 v133-18-233-203 uwsgi[125050]: *** uWSGI is running in multiple interpreter mode ***
 9月 11 23:15:28 v133-18-233-203 uwsgi[125050]: spawned uWSGI master process (pid: 125050)
 9月 11 23:15:28 v133-18-233-203 uwsgi[125050]: spawned uWSGI worker 1 (pid: 125052, cores: 1)
lines 1-20/20 (END)
```

●サービスが正しく動いている場合の表示

もしも、設定にエラーがあると、Active の部分に赤字で「Failed」と表示されます。正しく動かないときは、画面下部に表示されるエラーメッセージを詳しく確認しましょう。

よくあるのは、パスの設定ミスです。設定ファイル「flask_https.service」に指定したディレクトリやファイルが存在するかどうかを確認しましょう。また ExecStart に指定したコマンドが実際に動くかどうか実際にターミナル上で実行してみると良いでしょう。

それでも動かない場合、メッセージをコピーして検索エンジンで調べてると理由が分かる場合があります。

手順 5 Nginx を設定しよう

次に、Nginx を設定します。Nginx は高性能な Web サーバーです。先ほど uWSGI だけでも Web アプリを動かせたので、なぜ改めて Web サーバーの Nginx が必要なのだろうと不思議に思うかもしれません。

Nginx は外部から来たアクセスを uWSGI を介してアプリに伝える役割を担います。この後紹介しますが、HTTPS 化の作業においても Nginx が役立ちます。Nginx と uWSGI を組み合わせて使う事で安全で高速な Web アプリを実現できます。

それでは、Nginx の設定をしましょう。次のような設定ファイルを作成します。このファイルを Nginx の設定ファイルにコピーします。なお、以下の「server_name qrcode.uta.pw;」の部分は筆者の設定なので、「qrcode.uta.pw」の部分を読者の皆さんが取得したドメインに書き換えてください。

●src/ch5/flask_https/default

```
server {
    listen 80;
    server_name qrcode.uta.pw;
```

```
    location / {
        include uwsgi_params;
        uwsgi_pass unix:///tmp/uwsgi.sock;
    }
}
```

ファイルを用意したら、次のコマンドを実行して設定ファイルを Nginx の設定ディレクトリにコピーします。

```
# Nginxオリジナルのデフォルト設定ファイルをバックアップ
$ sudo cp /etc/nginx/sites-enabled/default /etc/nginx/_default.bak
# 上記で作った設定ファイルをNginxの設定ディレクトリにコピー
$ sudo cp default /etc/nginx/sites-enabled/default
```

上記の手順で設定ファイルをコピーしたら、Nginx の設定ファイルが正しいかどうかを確認し、その上で Nginx を再起動しましょう。

```
# 設定ファイルに間違いがないかチェック
$ sudo nginx -t
# Nginxを再起動
$ sudo systemctl restart nginx
```

ここで、念のため、ブラウザーで「http://(アドレス)」にアクセスしてみましょう。無事にアプリが実行され Hello と表示されれば成功です。

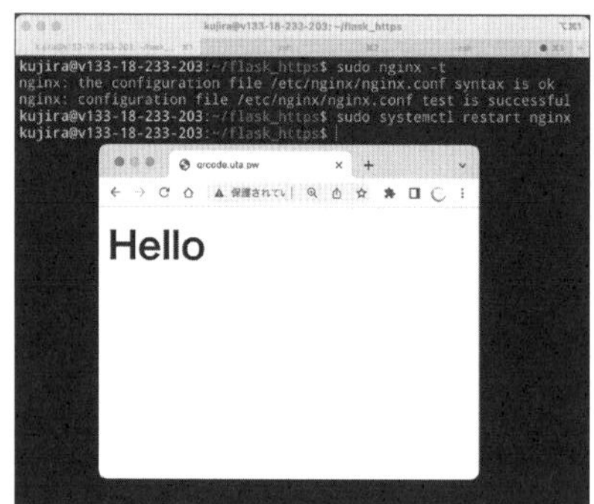

●Nginx を介してアプリにアクセスしたところ

正しく Nginx が動かないときは、ログファイルなどを確認して原因を追及しましょう。以下のコマンドを実行すると、Nginx のエラーログを確認できます。

```
$ sudo tail /var/log/nginx/error.log
```

今回、uWSGI と Nginx を連携させるのに「Unix Domain Socket」と呼ばれる仕組みを利用しています。そのために「/tmp/flask_https.sock」というファイルを uWSGI から Nginx に受け渡しています。手順 3 で uWSGI の設定ファイル「flask_https.ini」と手順 5 の Nginx の設定ファイル「default」で同じソケットファイルを指定しています。

そのため、うまく動かない場合、「ls /tmp/flask_https.sock」を実行して、このソケットファイルが正しく作成されているかも確認してください。もし、このファイルがなければ、正しく uWSGI が起動していません。手順 3 と 4 からやり直してください。

手順 6 HTTPS 化しよう

最後に、HTTPS 化の作業を行いましょう。通信を HTTP から HTTPS へ変更するには、単に設定を変えるだけでなく、しかるべき機関から SSL サーバー証明書を発行してもらう必要があります。そもそも「SSL サーバー証明書」とはブラウザーとサーバーの間で通信の暗号化を行うための電子証明書です。かつては、HTTPS 対応のために、自分で作成した「自己署名証明書」を使うことができたのですが、昨今セキュリティが厳しくなりこれを使うのが難しくなっています。

SSL サーバー証明書を発行しているさまざまな認証局がありますが、今回は、無料で手軽に証明書を取得できる「Let's Encrypt」を使う方法を紹介します。なんとコマンド一発で証明書の発行から Nginx の設定までが可能です。

このために、certbot というコマンドを使います。以下のコマンドを実行しましょう。

```
$ sudo certbot --nginx -d (ドメイン名)
```

例えば、「qrcode.uta.pw」の SSL サーバー証明書を取得する場合、以下のようなコマンドを実行します。

```
$ sudo certbot --nginx -d qrcode.uta.pw
```

コマンドを実行すると英語でいくつか質問があります。翻訳ツールなどを使えば、容易に答えられる簡単な質問です。筆者が実行した時には、次のようなものでした。

まず「Enter email address（メールアドレスを入力）」と言われるので、メールアドレスを入力します。次に「Please read the Terms of Service（利用規約を読んでください）」と言われます。規約に同意する場合、[A] をタイプして [Enter] キーを押します。続いて、入力したメールアドレスに対して暗号化などの情報をメールして良いかを尋ねられますので、はい [Y] かいいえ [N] キーで選択して [Enter] キーを押します。

最後に Nginx の自動設定のための質問があります。それは「http:// アドレス」に来たアクセスを自動的に「https:// アドレス」にリダイレクトするかどうかというものです。ここはリダイレクトするように [2] をタイプして [Enter] キーを押します。少し待っていると証明書の取得と Nginx の設定が完了します。

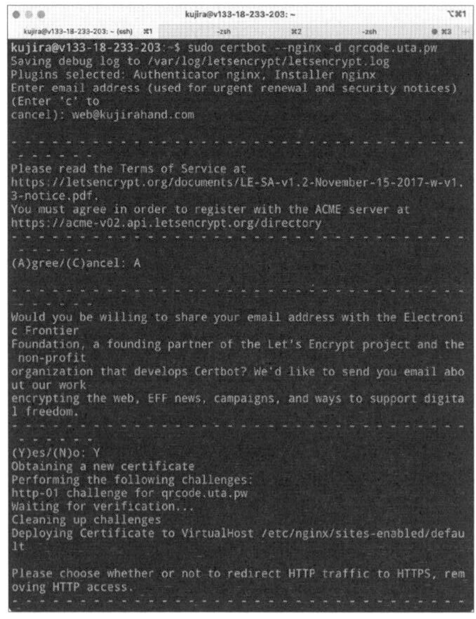

●HTTPS 化のために certbot コマンドを実行したところ

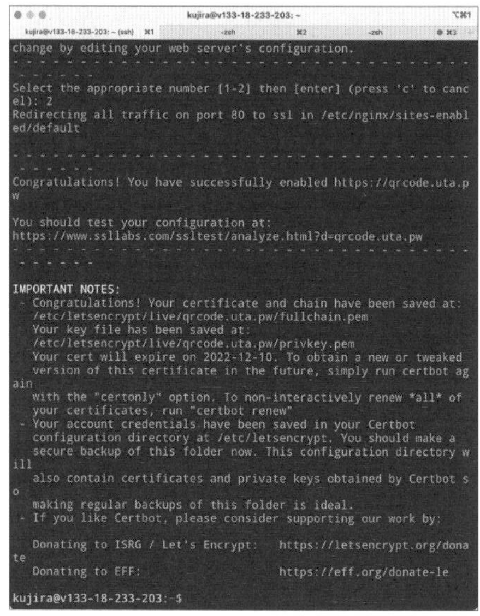

●メールアドレスを入力したら選択肢をいくつか入力するだけ

これで設定は完了です。実際にブラウザーを起動して「https://(ドメイン)/」にアクセスしてみましょう。そして、ブラウザーのアドレスバーに鍵アイコンがついたことを確認します。これをクリックして「この接続は保護されています」と表示されれば HTTPS 化できています。

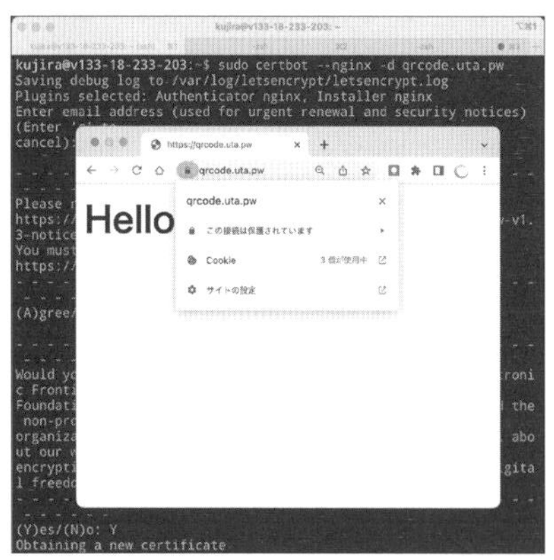

●HTTPS 化が完了した

このように、Nginx と certbot コマンドを使うことで比較的簡単に HTTPS 化の作業が完了します。

アプリ公開のために作成したファイル一覧

アプリ公開のために設定したファイルの一覧を確認してみましょう。

解説箇所	ファイル名	説明
手順 1	/var/www/flask_https/server.py	Web アプリ本体
手順 2	/var/www/flask_https/wsgi.py	uWSGI 用のエントリーポイント
手順 3	/var/www/flask_https/flask_https.ini	uWSGI 用のアプリ設定ファイル
手順 4	/etc/systemd/system/flask_https.service	uWSGI のサービス設定ファイル
手順 5	/etc/nginx/sites-enabled/default	Nginx の設定ファイル

まとめ

Flask を利用して作ったアプリを、一般公開するために必要な作業をまとめました。まず、uWSGI を使って Flask アプリを動くようにし、uWSGI を OS のサービスとして登録します。そして、Nginx と uWSGI を連携するように設定しました。最後に、certbot を使って、Nginx が HTTPS 通信を行うように設定します。

設定の流れが分かってしまえば難しくはないのですが、はじめて設定する場合には、ちょっとしたミスでうまくいかないことがあるかもしれません。また、基本的にターミナルから操作することになるので、いろいろな Linux コマンドに慣れる必要もあります。慌てずゆっくり一つずつ設定してみてください。

コラム

QR コードと JSON を使ったアイデア

本書で扱ったQR コードですが、他にもアイデア次第でさまざまな分野で活用できます。QR コード誕生のきっかけとなった工場での物流管理や、配送管理、入出荷の管理はもちろんのこと、URL やいろいろなアプリと連携させることで、さまざまな分野で活用できます。
本章で見たとおり、QR コードに URL を埋め込んでおいて、URL と Web アプリを連携させる手法は実装も容易です。また、特別な機器やシステムを利用することなく、QR コードとスマートフォンが一台あれば完結できるというメリットもあります。

マラソン大会のゼッケンに QR コード

ページ数の問題で割愛することになったのですが、マラソン大会の順位付けに QR コードを利用するシステムを考えていました。各走者に QR コード入りのゼッケン（番号を書いた布）を配布します。そして、チェックポイントやゴールで、そのゼッケンを読み込むことで、現在の順位をリアルタイムに確認できるというシステムです。
実装方法としては、イベントのチケットシステムと同じで、QR コードに管理アプリの URL とパラメーターとして選手番号と不正防止トークンを埋め込みます。そして、スマートフォンなどで QR コードを読み込み URL にアクセスした順番で、タイムの記録と順位付けを行います。もちろん、誰がアクセスしても順位付けができてしまうようでは困ります。そこで、あらかじめログインしている大会管理者のみ正規の順位付けができるようにと配慮します。

QR コードで料理の注文

その他に、QR コードで料理の注文システムを作るのも楽しそうです。お店側では、お客さんが来店した時に、そのお客さんが座った席の情報を入れた QR コードを印刷してお客さんに渡します。そして、お客さんは QR コードをスマートフォンで読み込みます。するとメニューの一覧が表示されるので、メニューをタップして注文を行うというものです。
今のレシートプリンターは QR コードも印刷できるものが安価で入手できます。これを使うなら安全に料理の注文ができそうです。最近では、回転寿司や多くのレストランで注文用のタブレット端末を見かけるようになりましたが、他人が食事中に触ったタブレットを使って注文したくないと思うこともあるので、自分のスマートフォンから注文できたら嬉しいものです。

なお、座席ごとに固定の QR コードを使うことで印刷の手間が不要になるのですが、お客が QR コードに書かれている URL をブックマークした場合、お店にいない時にも遠隔で注文できてしまうので、座席ごとの QR コードは更新できる仕組みが望ましいでしょう。

QR コードの活用はアイデア次第

このように、QR コードを使うことで、生活のさまざまなことの他にも、ポスターやパンフレット・看板に印刷して、会員登録やキャンペーンへの参加の促進や、大規模イベントでの利用など、いろいろなアイデアが考えられます。本書を参考に作成してみると良いでしょう。

6章

JSONデータの視覚化と地図データ

本章ではTwitterやFacebookなど、SNSデータの抽出やデータの集計、グラフ描画について紹介します。また、地図データの活用法についても解説します。

6章 1

SNS/Facebookの履歴JSONデータを活用しよう

Facebook や Twitter などの SNS では過去に自分が投稿したデータを JSON 形式でダウンロードする機能が備わっています。そこで、この機能を活用してダウンロードしたデータを解析してグラフを描画してみましょう。

Keyword

●SNS　●Facebook
●URL　●UTF-8

この節で作るもの

●FacebookのJSONデータを元にグラフを描画

本章では、Facebook と Twitter で過去自分が投稿した全データを元にして、グラフを描画してみましょう。SNS での活動の振り返りができます。最初に、Facebook の投稿ログを元に、月にどれくらい投稿したのか統計を出して、グラフを描画してみましょう。いつどれくらい Facebook を活用していたのか確認できます。

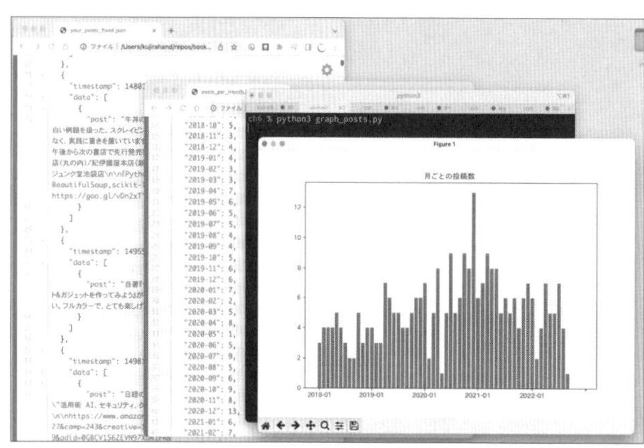

●月々の投稿の統計を出してグラフを描画してみよう

月ごとの投稿回数だけではなく、投稿本文の中で引用している URL ドメインの回数も調べてグラフに描画してみましょう。

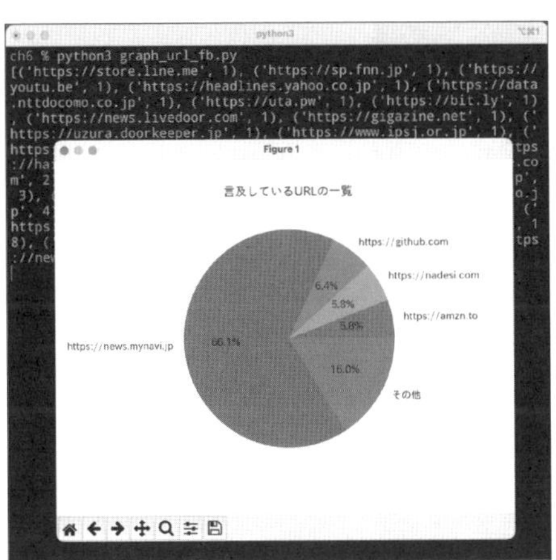

●投稿の中で参照しているURLの回数をグラフに描画しよう

手順 1 Facebookの投稿データをダウンロードしよう

Facebookで自分が過去に投稿したデータをダウンロードするには、Facebookにログインして、「設定とプライバシー＞設定＞あなたのFacebook情報＞個人データをダウンロード」をクリックします。

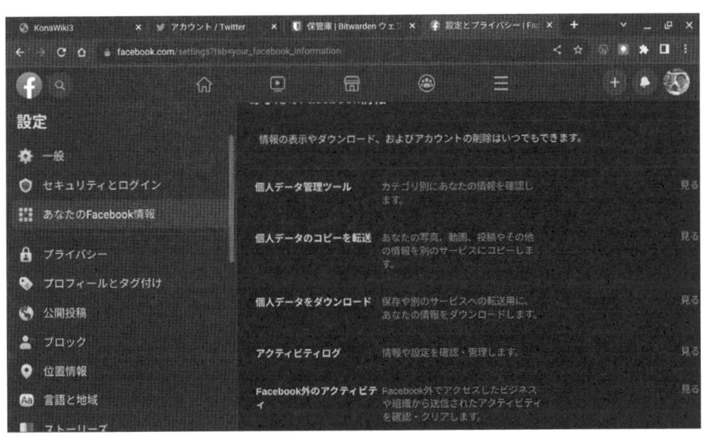

●Facebookで「個人データをダウンロード」をクリック

ファイルフォーマットにJSONを選び、期間に「全期間」を選択して、「ダウンロードをリクエスト」のボタンをクリックします。ダウンロードの準備にすこし時間がかかります。原稿執筆時に試したところ数分でダウンロードが可能になりました。

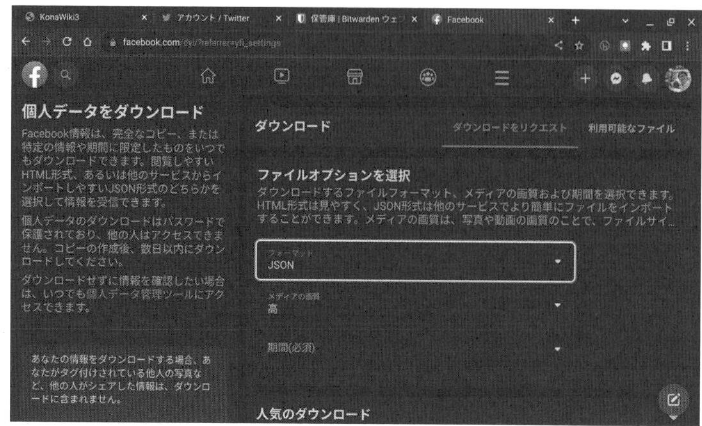

●ファイル形式などを選んでダウンロードをリクエスト

ファイルをダウンロードすると、ZIP ファイルとなっています。ZIP ファイルを解凍すると、いくつものフォルダーがあって、その下に JSON ファイルがたくさん保存されています。筆者が試したところ、259 のディレクトリに、439 のファイルが入っていました。

Facebook にログインして、直前に投稿フォームへ投稿したデータは「posts/your_posts_1.json」に記録されていました。ディレクトリ構成やファイル名は多少変わる可能性がありますので、ZIP ファイルを解凍してみて類似するファイルを確認してください。

手順 2 Facebook 独自仕様の JSON ファイルを変換しよう

原稿執筆時点で、Facebook からダウンロードした JSON ファイルの日本語が独自方式でエンコードされており、Python 標準ライブラリーで正しく読み込むことができません。そこで、最初にデータを正しいデータに置換してから読み込むことにしましょう。

この独自仕様が興味深いので、一体どうなっているのか紹介しましょう。まず、Facebook の JSON では、日本語の文字列を UTF-8 で表現しているのですが、その際、文字コードが 0x80 以上のものを 1 バイトごとに「\uXXXX」のようにエンコードしています。例えば日本語の「" あ "」を表現する場合、次のような JSON データとなります。

```
"\u00E3\u0081\u0082" ------- "あ"をFB独自仕様でエンコードしたもの
```

JSON の本来の仕様では「\uXXXX」の形式でエンコードする場合は、UTF-8 の 1 バイトごとに「\u00XX」と変換するのではなく、16 ビットの Unicode に変換して、そのコードポイントを記述する必要があります。参考までに、JSON の仕様に則った「" あ "」のデータは次のようにエンコードする必要があります。

```
"\u3042" ---------------- JSONの仕様に沿って"あ"をエンコードしたもの
```

Facebook の独自仕様 JSON の仕組みが分かってしまえば、以下のような簡単なプログラムで、文字列を標準的な JSON ファイルに変換できます。

●src/ch6/fix_fb_json.py

```
import sys, re

def fix_json(filename):
    # ファイルを開く --- (※1)
    with open(filename, 'r', encoding='utf-8') as fp:
        text = fp.read()
    # 正規表現で\uXXXXの連続部分を抽出 --- (※2)
    text = re.sub(r'(\\u[0-9a-fA-F]{4})+', conv_chars, text)
    print(text)

def conv_chars(m):
    # 正規表現で\uXXXXの部分をバイト配列に追加 --- (※3)
    ch = bytearray(b'')
    for n in re.findall(r'[0-9a-fA-F]+', m.group(0)):
        ch.append(int(n, 16))
    return bytes(ch).decode('utf-8') # 文字列に戻す --- (※4)

if __name__ == '__main__':
    if len(sys.argv) < 2:
        print('[USAGE] python3 fix_fb_json.py filename')
        quit()
    fix_json(sys.argv[1])
```

プログラムを確認してみましょう。(※1) では関数の引数に指定されたファイルを開いて文字列として全て読み込みます。(※2) では正規表現で「\uXXXX」が連続する部分を抽出して、(※3) で定義している関数 conv_chars を使って実際の文字に変換して画面に出力します。なお、Python では文字列とバイト配列は明確に区別されるため、(※3) で「\uXXXX」の表記を int 関数でバイトデータに変換しバイト配列に追加した後、(※4) で文字列に戻します。

このプログラムを使うには、コマンドラインで次のようなコマンドを実行します。

```
# 使い方
$ python3 fix_fb_json.py (対象JSONファイル) > (保存先ファイル名)
```

Facebook へ投稿したデータが記録されている「posts/your_posts_1.json」をこのプログラムで変換してみましょう。

```
$ python3 fix_fb_json.py your_posts_1.json > your_posts_fixed.json
```

上記コマンドを実行して、JSONファイルを変換すると次のようになります。

●Facebook独自仕様のJSONデータをUTF-8の文字エンコードに変換したところ

これで、ダウンロードしたファイルの日本語文字がPython標準ライブラリーで読めるようになりました。

手順 3 JSONデータの構造を把握しよう

手順2でFacebookに投稿したJSONデータを、Pythonの標準ライブラリーで読めるように修正し「your_posts_fixed.json」というファイル名で保存しました。それでは実際にデータを読み込んで統計を取ってみましょう。

本書のサンプルプログラムに、筆者のFacebookの投稿データから個人情報データを削除した「your_posts_fixed.json」が入っています。もし、ほとんどFacebookに投稿したことがなければ、このデータを利用してください。

ところで、「your_posts_fixed.json」は、どのようなJSONデータなのでしょうか。確認してみましょう。

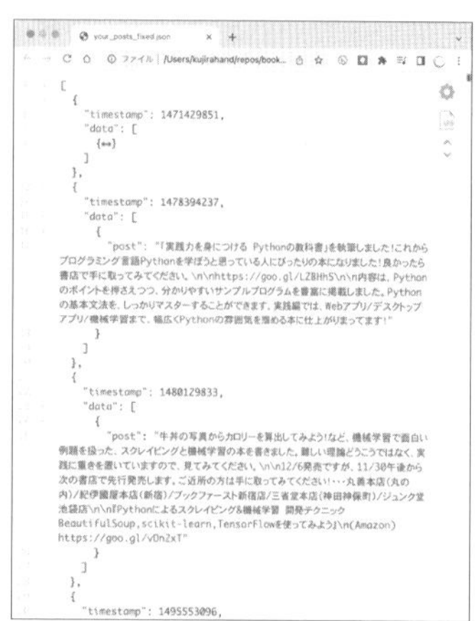

●JSON ViewerでFacebookの投稿ログのJSONを確認したところ

画面を見て分かると思いますが、データサイズが大きい上に、かなり複雑な構造となっています。人間がデータ構造を目視で確認しようとすると大変な時間がかかるため、データの全体構造を掴むのは難しいでしょう。

そこで、4 章 3 節で紹介した「Paste JSON as Code」を使って、JSON を TypeScript の型定義に変換してみましょう。JSON ファイルを Visual Studio Code で開き、メニューから「表示 > コマンドパレット」を実行します。そして「Open quicktype for JSON」を実行します。すると JSON ファイルから TypeScript の定義を自動で生成してくれます。

次の画面が JSON データを単に TypeScript に変換したものですが、やはり結構複雑な構造であることが分かります。なお、プロパティの末尾に「?」が付いている項目は省略が可能なプロパティです。かなりの要素が省略可能です。これを見ると、投稿した写真や動画についているメタデータや、緯度経度の情報、IP アドレスなどさまざまな情報が確認できます。Facebook がいろいろな情報を解析して利用していることが分かります。

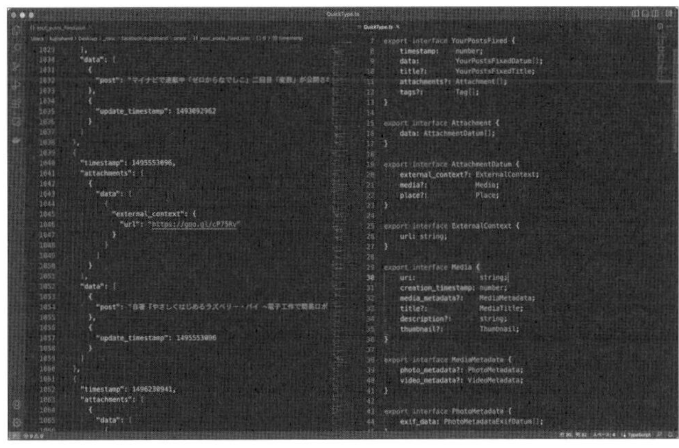

●Paste JSON as Code で TypeScript の型定義に変換したところ

ただし、今回解析したい情報は、いつどんな投稿があったかという部分です。そこで、余分なデータをそぎ落とし次のような構造の JSON データとして扱うことにします。

```
interface YourPostsFixed {
    timestamp: number;
    data:      Datum[];
}

interface Datum {
    post: string;
}
```

余分な情報を落として、かなりスッキリさせました。タイムスタンプと投稿データを持つオブジェクトの配列として扱えます。

手順 4 JSON データを読み込んで統計を取ろう

それでは JSON ファイルを読み込んで、統計をとってみましょう。月ごとに何件の投稿があったかを数えてみましょう。ここでは、2018 年 1 月から 2022 年 12 月までのデータを集計します。

●src/ch6/posts_per_month.py

```
import json
from datetime import datetime

# 入力ファイルと出力ファイルを指定
IN_FILE = 'your_posts_fixed.json'
OUT_FILE = 'posts_per_month.json'
# いつからいつまでの統計をとるか
YEAR_FROM = 2018
YEAR_TO = 2022

# 月ごとの投稿数を数えるためにカウンターを初期化 --- (※1)
counter = {}
for year in range(YEAR_FROM, YEAR_TO+1):
    for month in range(1, 12+1):
        counter['%d-%02d' % (year, month)] = 0
# JSONファイルを読み込む --- (※2)
data = json.load(open(IN_FILE, 'r', encoding='utf-8'))
# データを一つずつ確認 --- (※3)
for line in data:
    # 投稿以外のデータを読み飛ばす --- (※4)
    if 'data' not in line: continue
    timestamp = line['timestamp']
    data = line['data']
    # 空のデータを読み飛ばす
    if len(data) == 0: continue
    if 'post' not in data[0]: continue
    post = data[0]['post']
    # タイムスタンプをdatetimeに変換 --- (※5)
    dt = datetime.fromtimestamp(timestamp)
    # datetimeを「年-月」に変換 --- (※6)
    dt_key = dt.strftime('%Y-%m')
    # 「年-月」ごとに投稿を数える --- (※7)
    if dt_key not in counter: continue # 範囲外なら数えない
    counter[dt_key] += 1 # カウント
# 結果をJSONで出力 --- (※8)
json.dump(counter, open(OUT_FILE, 'w', encoding='utf-8'))
```

プログラムを確認してみましょう。(※1) ではカウント用の辞書型変数 counter を初期化します。集計範囲の 2018 年から 2022 年までの各月を「2018-01」「2018-02」「2018--03」のように表現し、それぞれの月を 0 で初期化します。

(※2) では JSON ファイルを読み込み、(※3) では for 文を使って投稿を一つずつ確認します。(※4) では投稿以外のデータを読み飛ばします。

そして、(※5) では数値で表現されるタイムスタンプを Python の datetime 型に変換します。一般的にタイムスタンプと言えば、UNIX タイムスタンプと呼ばれる値であり、これは 1970 年 1 月 1 日からの経過秒数です。Python では datetime.fromtimestamp メソッドを利用して datetime 型に変換できます。(※6) では datetime 型を「2018-01」のような「年 - 月」の書式に変換します。

(※7) では「年 - 月」のキーを元にして辞書型変数 counter をカウントします。ただし、集計月以外のデータであれば読み飛ばします。

最後に (※8) で集計結果を「posts_per_month.json」というファイルに保存します。

手順 5 月ごとの統計プログラムを実行しよう

それでは、上記プログラムを実行してみましょう。次のコマンドを実行します。すると、「your_posts_fixed.json」を読み込んで統計データを JSON ファイル「posts_per_month.json」に保存します。

```
$ python3 posts_per_month.py
```

生成された JSON ファイル「posts_per_month.json」は次のようなものです。うまくカウントできています。

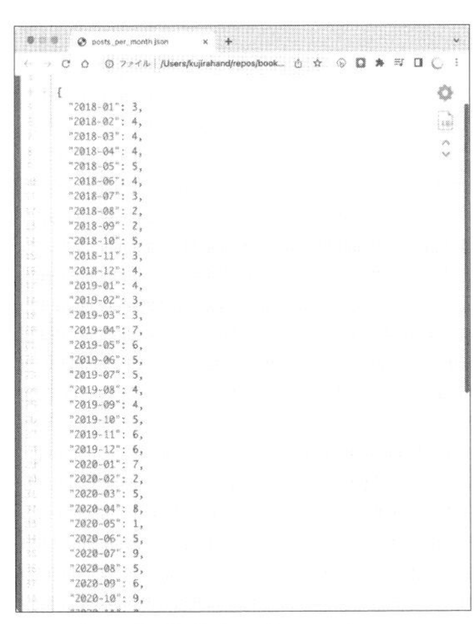

●月ごとの投稿数をカウントした JSON ファイル

手順 6 月ごとの投稿数をグラフするプログラム

それでは、このデータを元にグラフを描画してみましょう。次のようなプログラムを作ります。

●src/ch6/graph_posts.py

```
import json, japanize_matplotlib
import matplotlib.pyplot as plt

INFILE = 'posts_per_month.json'

# JSONファイルを読む --- (※1)
data = json.load(open(INFILE, 'r', encoding='utf-8'))
# データをラベルとデータに分割 --- (※2)
labels = [t for t,v in data.items()]
values = [v for t,v in data.items()]
# 毎年1月のみラベルを表示する --- (※3)
show_labels = [(k if (i % 12 == 0) else '') for i,k in enumerate(data)]
# グラフを描画 --- (※4)
plt.bar(labels, values)
plt.xticks(show_labels, rotation=0)
plt.title('月ごとの投稿数')
plt.show()
```

プログラムを確認してみましょう。(※1) では月ごとの投稿数の JSON データを読み込みます。

(※2) ではグラフを描画するために、辞書型のデータをラベル（年 - 月の形式）とデータ（値）に分離します。

データ数が多いため、X 軸のラベルを全て描画するとラベルが真っ黒になってしまいます。そこで、(※3) では毎年 1 月のみラベルを表示するように指定します。

(※4) ではデータを指定して棒グラフを描画します。

手順 7 プログラムを実行しよう

上記のプログラムを実行してみましょう。

```
$ python3 graph_posts.py
```

次のようなグラフを描画します。

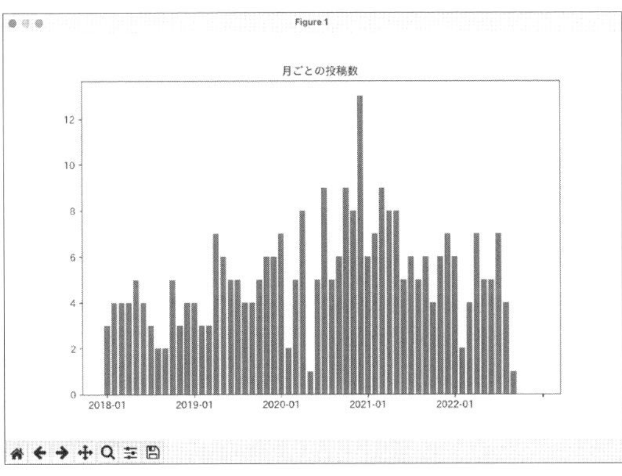

●月ごとの投稿数をグラフにしたところ

手順 8 どの記事の引用が多いか調べてみよう

手順3で確認したように、JSONデータの構造さえ掴んでしまえば、さまざまな統計を取ることができます。例えば筆者がFacebookに投稿したデータからURLを取り出して、ドメインごとに統計をとって、どのサイトを一番引用しているかを確認してみましょう。

以下がFacebookのJSONデータを元にして、本文の中にあるURLを抽出して出現回数を数えて円グラフを描画するプログラムです。

●src/ch6/graph_url_fb.py

```
import json, japanize_matplotlib
import matplotlib.pyplot as plt
import re

INFILE = 'your_posts_fixed.json'

# FacebookのJSONファイルを読む --- (※1)
data = json.load(open(INFILE, 'r', encoding='utf-8'))
# 投稿からURLを収集する --- (※2)
total = 0
count_dic = {}
for p in data:
    # 投稿データ(data.post)がなければ飛ばす
    if 'data' not in p: continue
    if 'post' not in p['data'][0]: continue
    post = p['data'][0]['post']
    # 投稿の中にあるURLを調べる --- (※3)
    urls = re.findall(r'https?\:\/\/[a-zA-Z0-9\.\-\_]+', post)
    for url in urls:
        if url not in count_dic: count_dic[url] = 0
        count_dic[url] += 1
```

```
        total += 1
# カウントした内容を出力 --- (※4)
count_list = sorted(count_dic.items(), key=lambda v:v[1])
print(count_list)
# その他をまとめつつ、データをラベルとデータに分割 --- (※5)
labels, values = [], []
other = 0 # その他の数
for url, v in count_list:
    if v > total * 0.05: # 比率0.05以上ならまとめない
        labels.append(url)
        values.append(v)
    else:
        other += v
labels.append('その他')
values.append(other)
# グラフを描画 --- (※6)
plt.pie(values, labels=labels, autopct="%1.1f%%")
plt.title('言及しているURLの一覧')
plt.show()
```

プログラムを確認してみましょう。(※1) では Facebook の JSON ファイルを読み込みます。この JSON ファイルは上記の手順 2 でエンコードを修正し、Python から読み込める形式にしたものです。

(※2) では投稿を一つずつ調べて URL を抽出します。実際に投稿データにある URL を正規表現で抽出しているのが (※3) の部分です。Python の正規表現モジュール re の findall メソッドを使うと本文中にあるパターンを全て抽出できます。これは一つの投稿の中に複数の URL が書かれていることがあるため、全てを抽出しています。もし、最初の一つだけで良ければ、re.search メソッドを使うと良いでしょう。

(※4) ではカウントした内容を元にしてデータをソートします。sorted 関数を使うと手軽にデータの並べ替えが可能です。ここでは、辞書型データに対して items メソッドを使って、[URL, カウント] のリストに変換した上で、カウントをキーにして並べ替えを行います。

(※5) では円グラフを描画するために、データとラベルに分割します。ただし、何も考えずにグラフ化したところ円グラフが細分化されすぎて非常に読みにくいものになってしまいました。Facebook の投稿で自由にいろいろな URL を引用しているためです。そこで、比率が 5% 以下のものは「その他」に分類することにしました。これにより、それなりに見やすい円グラフに仕上げることができました。そして、最後に (※6) で実際に円グラフを描画します。

手順 9 引用 URL のグラフを描画しよう

それでは、手順 8 のプログラムを実行して引用 URL のグラフを描画してみましょう。次のコマンドを実行します。

```
$ python3 graph_url_fb.py
```

次のようなグラフを描画します。

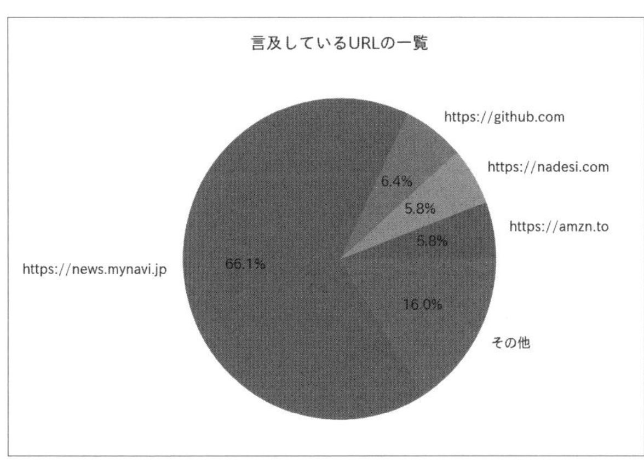

●引用 URL の円グラフを描画したところ

サンプルにも収録している筆者のデータで試すと、圧倒的にマイナビニュースが多いのですが、これは筆者がマイナビニュースに連載を持っており、Facebook にその連載について書くことが多いためです。次が Github で、続いて筆者が開発しているアプリのサイトと続きます。このように見ていくと面白いですね。皆さんも自身のデータで試してみてください。

まとめ

本節では、Facebook からダウンロードした過去データの一覧を活用する方法を紹介しました。ここでは、投稿数と投稿内にある URL からグラフを描画するプログラムを作ってみました。ダウンロードしたデータには、他にもさまざまな情報が入っています。アイデア次第でいろいろな統計がとれますので試してみると良いでしょう。

6章 2 SNS/Twitterの履歴データを活用しよう

前節では Facebook の履歴データを解析しましたが、本節では Twitter の履歴データを活用する方法を紹介します。前節と同じく投稿数や引用 URL の統計をとってグラフにしてみましょう。また、Twitter の履歴データには「いいね」された回数なども記録されているので解析してみましょう。

Keyword

- Twitter
- いいね
- JavaScript

この節で作るもの

- Twitterで月ごとの投稿数と時間ごとの投稿数グラフを作ろう

Twitter の過去データのアーカイブをダウンロードし、そのデータを解析して月ごとの投稿数と時間ごとの投稿数グラフを作ってみましょう。

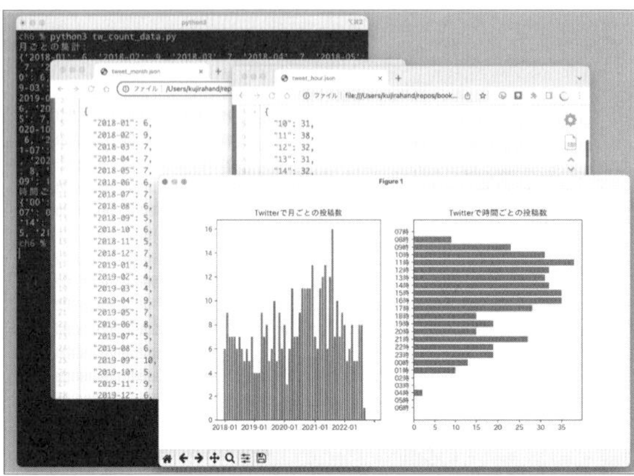

●Twitter のアーカイブを調べて月ごとの投稿数と時間ごとの投稿数のグラフを描画しよう

手順 1 Twitter から全履歴データをダウンロードしよう

Twitter で全履歴データをダウンロードするには、まず、「もっと見る > 設定とプライバシー > アカウント > データのアーカイブをダウンロード」をクリックします。

●データのアーカイブをダウンロードしよう

アカウント正当性の確認があります。パスワードを入力し、メールか SMS で二段階認証を行います。すると次のような画面が表示されるので右側にある「アーカイブをリクエスト」のボタンをクリックします。

●認証してアーカイブをリクエストしよう

すると、Twitter 側でアーカイブ作成作業が始まるのでしばらく待ちます。なお、筆者が試したところ 1 日ほどかかりましたので、気長に待つと良いでしょう。

手順 2 ダウンロードしたデータを確認しよう

アーカイブしたデータを解凍すると、「Your archive.html」という HTML ファイルと <data> と <assets> ディレクトリがあります。HTML ファイルをブラウザーで開いてみると、過去の投稿一覧やダイレクトメッセージの一覧を確認できます。オフラインで、自分の全データを見られるように配慮されておりとても親切です。

●Twitterに投稿した全ツイート（投稿）がオフラインで確認できる

本書でこれを扱う以上、データがブラウザーで見られるだけでは十分とは言えません。Pythonのプログラムから Twitter の履歴データを読み込んで統計を取って解析できなくては意味がありません。それでは、data ディレクトリを開いてどんなデータがあるのか確認してみましょう。

「tweet.js」というそれらしい名前の JavaScript があり、そのファイルを開いてみると、Twitter で過去に投稿した内容が 1 つのファイルにまとめられていました。変数 window.YTD.tweet.part0 に対して投稿データの一覧を代入しているだけのものです。

●ツイートデータを収録した tweet.js をエディターで開いたところ

手順 3 JavaScript ファイルから JSON データを作ろう

JavaScript ファイルの「tweet.js」を元にして JSON ファイル作成をしてみましょう。このファイルのエンコーディングは UTF-8 です。また、変数に代入しているデータを確認してみても、JSON データから外れた記述もなさそうです。

プログラムの冒頭にある変数代入を消してデータだけにしてみます。すると Python で読み込める

JSON ファイルになります。そこで、ファイル名も「tweet.js」から「tweet.json」に変更しましょう。

```
// ---- 変更前 ---
window.YTD.tweet.part0 = [
  {
    "tweet" : {
      "retweeted" : false,

…(省略)…

// ---- 変更後 ---
[
  {
    "tweet" : {
      "retweeted" : false,

…(省略)…
```

ここで「tweet.json」を JSON Viewer を使って確認してみましょう。問題なく表示することができました。なお、JSON データが大きすぎるのでハイライトできないというメッセージが出ますが「Highlight anyway（とにかくハイライトする）」をクリックするとハイライト表示できます。

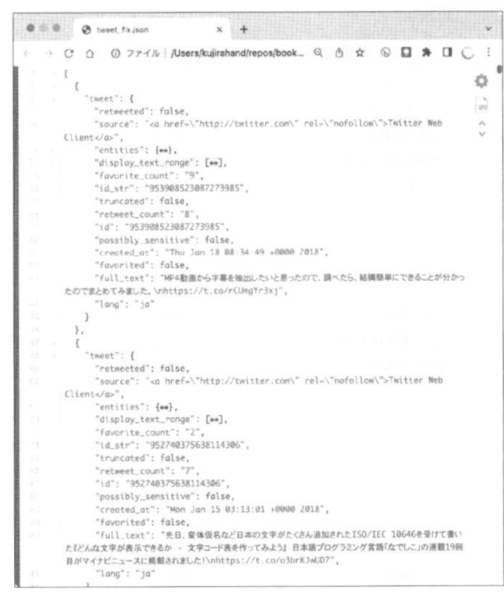

●tweet.json を JSON Viewer で見たところ

前節と同じように、筆者のアーカイブデータから個人的な発言を除去したものを「tweet_fix.json」という名前でサンプルプログラムに収録しています。本書のプログラムを実行するのに利用しましょう。

メモ JavaScript である利点を活かそう

原稿執筆時点で、Twitter のアーカイブデータが記述された JavaScript には、JSON として問題のある記述が含まれていませんでした。一行編集することでプログラムを JSON ファイルに変更できました。しかし、将来的に仕様が変更された場合には、簡単に変換できないようになるかもしれません。その場合には、JavaScript のプログラムであるという利点を活かすことで手軽に JSON ファイルを出力できます。Node.js などの JavaScript 実行エンジンを使って JavaScript ファイルを実行し、最終的にデータを JSON ファイルで保存するようにすれば良いのです。また、JavaScript が得意であれば、敢えて Python で解析処理を行う必要はなく、そのまま JavaScript で解析するのも一つの方法です。

手順 4 JSON の構造を確認しよう

この JSON データにどんなプロパティがあるのか TypeScript の型定義で調べてみましょう。4 章 3 節で紹介した「Paste JSON as Code」を使ってみましょう。

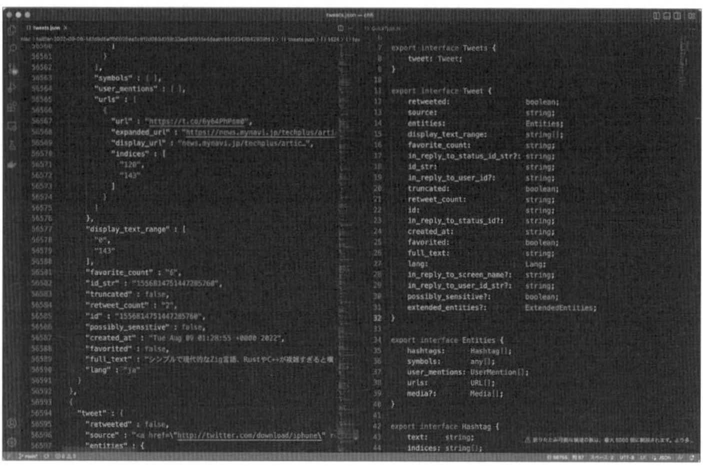

●Twitter の JSON データを Paste JSON as Code で TypeScript の型定義に変換したところ

次のような定義が生成されます。重要な項目についてはコメントを付け足してみました。

```
export interface Tweets {
    tweet: Tweet;
}

export interface Tweet {
    retweeted:                    boolean;
    source:                       string; // --- 何で投稿したか
```

```
    entities:                    Entities; // --- ハッシュタグの一覧
    display_text_range:          string[];
    favorite_count:              string; // --- 「いいね」が押された回数
    in_reply_to_status_id_str?:  string;
    id_str:                      string;
    in_reply_to_user_id?:        string;
    truncated:                   boolean;
    retweet_count:               string; // --- リツイートされた回数
    id:                          string;
    in_reply_to_status_id?:      string;
    created_at:                  string; // --- 投稿された日時
    favorited:                   boolean;
    full_text:                   string; // ---- ツイートした本文
    lang:                        Lang;
    in_reply_to_screen_name?:    string;
    in_reply_to_user_id_str?:    string;
    possibly_sensitive?:         boolean;
    extended_entities?:          ExtendedEntities;
}

…(以下省略)…
```

実際の「tweet_fix.json」と、生成された定義を見比べてみましょう。自身が投稿した投稿の本文はTweetのfull_textに入っています。このTweetの定義を見ると「いいね」が押された回数（favorite_count）やリツイートされた回数（retweet_count）など、使えそうなプロパティが分かりやすく入っていることが分かります。

手順 5 月ごとの投稿数と時間ごとの投稿数を数えてみよう

それでは、月ごとの投稿数を数えてみましょう。上記のファイル「tweet_fix.json」を読み込んで統計をとってみます。

Twitterの履歴データでは時刻が文字列で記録されていますがタイムゾーンが「+0000」となっています。日本は「+9000」なのでこの点に注意して日時データを扱う必要があります。

ここでは、pytzパッケージをインストールしてタイムゾーンの変換を行います。以下のコマンドを実行してインストールしましょう。

```
$ python3 -m pip install pytz
```

それでは、月ごとの投稿数と、時間ごとの投稿数を数えるプログラムを作ってみましょう。

●src/ch6/tw_count_data.py

```
from datetime import datetime
import pytz, json

# 設定の指定
INFILE = 'tweet_fix.json'
OUTFILE_MONTH = 'tweet_month.json'
OUTFILE_HOUR = 'tweet_hour.json'
YEAR_FROM = 2018
YEAR_TO = 2022

# 月ごとの集計 - "年-月"の書式で辞書型を初期化 --- (※1a)
month_dic = {}
for y in range(YEAR_FROM, YEAR_TO+1):
    for m in range(1, 12+1):
        month_dic['{}-{:02d}'.format(y, m)] = 0
# 時間ごとの集計 - どの時間帯にツイートしているか --- (※1b)
hour_dic = {'{:02d}'.format(h):0 for h in range(0, 24)}

# JSONファイルを読む --- (※2)
data = json.load(open(INFILE, 'r', encoding='utf-8'))

# データを一つずつ数える --- (※3)
for line in data:
    tweet = line['tweet']
    # 日付を得る --- (※4)
    if 'created_at' not in tweet: continue
    created_at = tweet['created_at']
    # 文字列の日付をdatetimeで取得(Wed Jun 22 01:22:24 +0000 2022) --- (※5)
    t = datetime.strptime(created_at, '%a %b %d %H:%M:%S %z %Y')
    # 日本時間に変換 --- (※6)
    t = t.astimezone(pytz.timezone('Asia/Tokyo'))
    # 範囲外の年度をスキップ
    if not (YEAR_FROM <= t.year <= YEAR_TO): continue
    # カウントする --- (※7)
    month_dic[t.strftime('%Y-%m')] += 1
    hour_dic[t.strftime('%H')] += 1

# 結果を画面に出力 --- (※8)
print('月ごとの集計:')
print(month_dic)
print('時間ごとの集計:')
print(hour_dic)
# ファイルに保存 --- (※9)
json.dump(month_dic, open(OUTFILE_MONTH, 'w', encoding='utf-8'))
json.dump(hour_dic, open(OUTFILE_HOUR, 'w', encoding='utf-8'))
```

プログラムを確認しましょう。(※1a) では月ごとの集計のために変数 month_dic を初期化します。2018 年 1 月から 2022 年 12 月まで「西暦年 - 月」形式のキーに値 0 を代入します。

(※1b) には時間ごとの集計のために変数 hour_dic を初期化します。00 から 24 までのキーに値 0 を代入します。

(※2) では JSON ファイルを読み込みます。(※3) では読み込んだデータを 1 つずつ調べていきます。

(※4) ではツイートした日時（created_at）を確認します。ここで日時データは文字列で記述されています。「Wed Jun 22 01:22:24 +0000 2022」のような書式で記述されています。Python でこうした文字列の日時データを読むには、(※5) のように datetime. strptime メソッドを使います。この点は後ほどコラム（p.365「JSON で日時データを表現する方法について」で詳しく紹介します。ここで得たデータはタイムゾーンが日本になっていないため、(※6) で日本時間に変換します。そして、(※7) で月ごとと時間ごとのカウントを行います。

(※8) では結果を画面に出力し、(※9) では変数の値を JSON 形式でファイルに保存します。

手順 6 プログラムを実行して結果を確認しよう

上記のプログラムを実行してみましょう。ターミナルで以下のコマンドを実行しましょう。JSON ファイル「tweet_fix.json」を読んで「tweet_month.json」と「tweet_hour.json」の 2 つのファイルを生成します。

```
$ python3 tw_count_data.py
```

生成した JSON ファイルを確認してみましょう。月ごとの投稿数と時間ごとの投稿数のカウント結果が入っています。

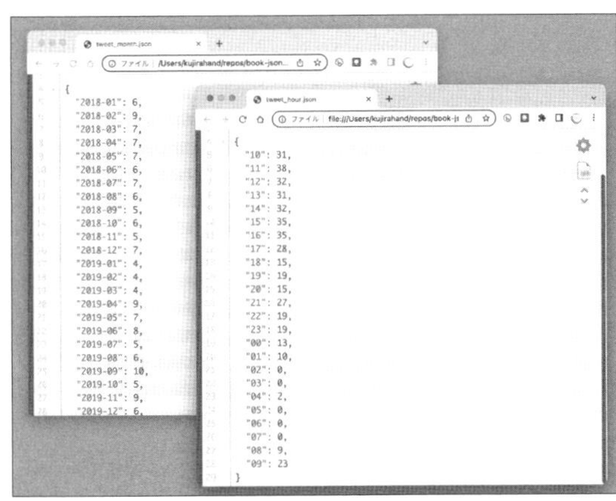

●月ごとの投稿数と時間ごとの投稿数の JSON データ

手順 7 JSONデータからグラフを描画しよう

次に上記JSONデータを元にしてグラフを描画してみましょう。

●src/ch6/tw_graph.py

```
import json, japanize_matplotlib
import matplotlib.pyplot as plt

INFILE_MONTH = 'tweet_month.json'
INFILE_HOUR = 'tweet_hour.json'
YEAR_FROM = 2018
YEAR_TO = 2022

# 集計データをファイルから読む --- (※1)
month_dic = json.load(open(INFILE_MONTH, 'r', encoding='utf-8'))
hour_dic = json.load(open(INFILE_HOUR, 'r', encoding='utf-8'))

# 月ごとのデータをラベルとデータに分割 --- (※2)
labels,values,x = [], [], []
for y in range(YEAR_FROM, YEAR_TO+1):
    for m in range(1, 12+1):
        key = '{}-{:02d}'.format(y, m)
        labels.append(key)
        values.append(month_dic[key])
        x.append(key if m == 1 else '')

# 左側に縦棒グラフを描画 --- (※3)
plt.subplot(1, 2, 1)
plt.bar(labels, values)
plt.xticks(x, rotation=0)
plt.title('Twitterで月ごとの投稿数')

# 時間帯ごとのデータをラベルとデータに分割 --- (※4)
x, y = [], []
for h in range(0, 24):
    # 7時から順に並べる
    key = '{:02d}'.format((h + 7) % 24) # --- (※4a)
    x.append(key + '時')
    y.append(hour_dic[key])

# 右側に横棒グラフを描画 --- (※5)
plt.subplot(1, 2, 2) # 右の棒グラフを描画
plt.barh(list(reversed(x)), list(reversed(y)))
plt.title('Twitterで時間ごとの投稿数')
plt.show()
```

プログラムを確認します。(※1) では集計済み JSON データをファイルから読み込みます。これらのデータは手順 6 で作成したファイルです。

(※2) 以降の部分では左側の月ごとの投稿数のグラフを描画するための準備をします。月ごとのデータをラベル（labels）とデータ（values）に分割します。また全てのラベルをグラフ内に描画するとグラフの下側が真っ黒になってしまうため、毎年 1 月のみラベルを表示すべくリスト型の変数 x を用意します。そして (※3) では実際にグラフを描画します。

(※4) 以降の部分では、右側に描画する時間ごとの投稿数のための処理を記述します。なお、グラフを読みやすくするため、7 時をグラフの一番にするように工夫しています。for 文では 0 から 23 までの値を繰り返しますが、(※4a) の部分でキーの計算を「(h + 7) % 24」と書くことで、7 から 23、0 から 6 の値を順に取り出せます。割り算の余りを求める「%」演算子を使って「n%24」と書くことで値が 24 以上の時に 24 を引いた値（つまり、n の値を 0 から 23）となります。そして、(※5) で横棒グラフを描画します。

手順 8 グラフを描画しよう

それでは上記のプログラムを実行して、グラフを描画してみましょう。ターミナルからプログラムを実行しましょう。

```
$ python3 tw_graph.py
```

次のようなグラフを描画します。

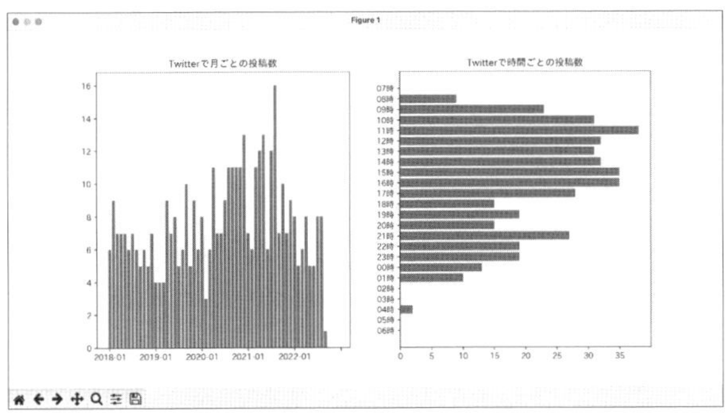

●Twitter で月ごとの投稿数と時間ごとの投稿数グラフを作ろう

この月ごとの投稿数のグラフを見ると、新型コロナウイルスが世界中で猛威を振るっていた期間が特に多いことが見て取れます。また、時間ごとの投稿数を見ると、午前 10 時から午後 17 時、また夜 21 時にツイートすることが多いようです。このように、グラフを見ていると分かることが多くあります。

手順 9 どの時間に投稿すると「いいね」がつきやすいか調べよう

次に、もう少し役立つデータを調べてみましょう。Twitterのデータには「いいね」された回数とリツイート（引用投稿された回数）も入っています。これを利用することで、どの時間に投稿するのが一番効果的なのかが分かるでしょう。

手順8で見たように、筆者の投稿は時間が偏っています。そこで、その時間についた「いいね」の数をその時間の投稿回数で割って、1回の投稿に対する「いいね」の平均値を求めてグラフで出力してみましょう。

●src/ch6/tw_count_fav.py

```
from datetime import datetime
import pytz, json
import json, japanize_matplotlib
import matplotlib.pyplot as plt

# 設定の指定
INFILE = 'tweet_fix.json'

# 変数の各時間を0で初期化 --- (※1)
hour_dic = {'{:02d}'.format(h):0 for h in range(0, 24)}
fav_dic = {'{:02d}'.format(h):0 for h in range(0, 24)}
ret_dic = {'{:02d}'.format(h):0 for h in range(0, 24)}
total = 0

# JSONファイルを読む --- (※2)
data = json.load(open(INFILE, 'r', encoding='utf-8'))

# データを一つずつ数える --- (※3)
for line in data:
    tweet = line['tweet']
    # 日付を得る --- (※4)
    if 'created_at' not in tweet: continue
    created_at = tweet['created_at']
    # 文字列の日付をdatetimeで取得して日本時間に変換
    t = datetime.strptime(created_at, '%a %b %d %H:%M:%S %z %Y')
    t = t.astimezone(pytz.timezone('Asia/Tokyo'))
    # カウントする --- (※5)
    fav_count = int(tweet['favorite_count']) # いいねの数
    ret_count = int(tweet['retweet_count']) # リツイートの数
    fav_dic[t.strftime('%H')] += fav_count
    ret_dic[t.strftime('%H')] += ret_count
    hour_dic[t.strftime('%H')] += 1
    total += 1
```

```
# 集計処理(時間ごとの平均を求める) --- (※6)
fav_list = []
for h in range(0, 24):
    hh = '{:02d}'.format(h)
    cnt = hour_dic[hh] # その時間の投稿回数
    fav = fav_dic[hh] # いいねの数
    ret = ret_dic[hh] # リツイートの数
    fv = (fav / cnt) if cnt > 0 else 0 # 平均を出す
    rv = (ret / cnt) if cnt > 0 else 0
    fav_list.append([hh, fv, rv])
    print(hh, '{}÷{}='.format(fav, cnt), fv, rv)

# グラフを描画するためにデータをラベルと値に分ける --- (※7)
labels = [v[0] for v in fav_list]
fav_values = [v[1] for v in fav_list]
ret_values = [v[2] for v in fav_list]
# グラフ描画 --- (※8)
plt.subplot(2, 1, 1)
plt.title('時間別「いいね」の平均')
plt.bar(labels, fav_values)

plt.subplot(2, 1, 2)
plt.title('時間別「リツイート」の平均')
plt.bar(labels, ret_values)
plt.show()
```

プログラムを確認してみましょう。

(※1) では変数の各時間を 0 で初期化します。(※2) では JSON ファイルからデータを読み出します。(※3) ではデータを一つずつ数えます。(※4) で日付を得て日本時間（Asia/Tokyo）に変換します。そして (※5) で「いいね」数とリツイート数を時間帯ごとに加算します。

(※6) では集計処理を記述します。時間ごとに投稿数の偏りがあるので、時間帯ごとの「いいね」数とリツイート回数を投稿回数で割って平均を求めます。

そして、(※7) ではグラフを描画するためにデータをラベルと値に分けます。(※8) では実際にグラフを描画します。上側に「いいねの平均」、下側に「リツイートの平均」のグラフを描画します。

手順 10 プログラムを実行しよう

それでは、上記の集計プログラムを実行してみましょう。集計を行い時間ごとの「いいね」とリツイート回数の平均グラフを描画します。

```
$ python3 tw_count_fav.py
```

以下がプログラムの実行結果です。

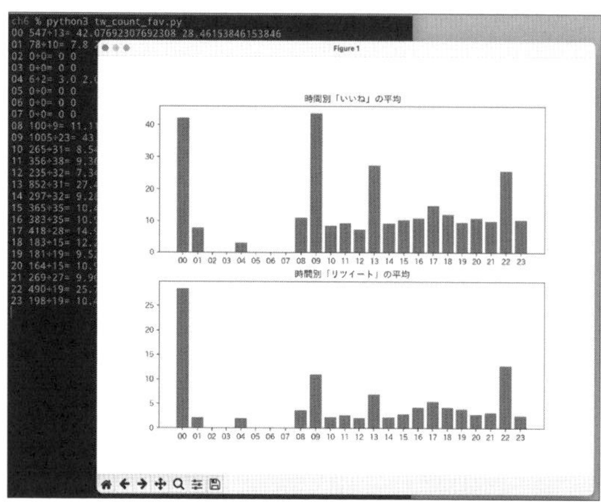

●時間帯ごとの「いいね」とリツイートの平均回数

結果を確認してみると、筆者の投稿で「いいね」やリツイートが多いのは、朝 9 時、昼 13 時、夜 22 時と 0 時となっています。世間一般で SNS の活用で最も効果的な時間帯は、朝の通勤時間帯の 7 時から 8 時、お昼休みの 12 時から 13 時、就寝前の 20 時から 22 時と言われており、だいたい、その時間帯に合致していることが分かります。

まとめ

本節では Twitter のアーカイブデータを元に、月ごとの投稿数や時間帯ごとの投稿数を調べてグラフを描画してみました。また、高い効果を引き出すために、投稿時間ごとの「いいね」の数やリツイートの平均数のグラフを描画するプログラムも作りました。実際にデータを元にグラフを描画して、データを可視化すると、いろいろなことが分かります。

コラム

JSONで日時データを表現する方法について

ここで、JSONにおける日時データの扱いについて考えてみましょう。まず、重要な点として、JSONには日時データに関するデータ型は定義されていません。
そのため、日時を表現する場合には、前節で見たように、UNIXタイムスタンプで記すか、あるいは、今回のように文字列で日時を記すかのどちらかになります。

UNIXタイムスタンプで日時データを表現する場合

Pythonのdatetimeモジュールには、UNIXタイムスタンプを扱うメソッドが用意されています。それで日時を表現する場合、次のようなプログラムを記述します。

●src/ch6/datetime-timestamp.py

```
from datetime import datetime

# UNIXタイムスタンプ → datetime --- (※1)
timestamp = 1663398895.844902
dt = datetime.fromtimestamp(timestamp)
print(dt.strftime('%Y-%m-%d %H:%M:%S'))

# datetime → UNIXタイムスタンプ --- (※2)
dt = datetime.now() # 現在時刻
timestamp_s = dt.strftime('%s')
print(timestamp_s)
```

プログラムの(※1)では実数のUNIXタイムスタンプをPythonのdatetime型に変換します。このためには、datetime. fromtimestampメソッドを使います。なお、datetime型にはstrftimeというメソッドがあり、これを使うと日時データを書式に沿った文字列で出力します。
(※2)では現在時刻をUNIXタイムスタンプに変換します。nowメソッドでは現在時刻のdatetime型データを取得します。そして、strftime('%s')と記述することでタイムスタンプの値を取得できます。

日時データの文字列表現 - ISO 8601の場合

文字列で日時を表現する方法には、いくつかメジャーな方式があります。ISO 8601（RFC 3339）で日時形式についての規約があります。この方法では次のような形式で日時を表現します。

```
[ISO 8601における日時表現]
(日付)T(時間)
```

例えば、日付の部分には、2022年1月2日であれば「2022-01-02」あるいは「20220102」と表記します。そして、時間の部分には、11時22分33.44秒であれば「11:22:33.44」あるいは「112233.44」のように書きます。なお、秒の小数点以下は省略できます。つまり、ISO 8601で「2022-

01-02T11:22:33」という表記があれば「2022年1月2日11時22分33秒」となります。
さらに、タイムゾーンの指定ができます。タイムゾーンとは現地時間を表します。協定世界時（UTC）であれば、時刻の後ろにZを加えます。UTC以外のタイムゾーンであればUTCとの時間差を「±時:分」のように記述します。日本はUTCに対して9時間後なので、「+09:00」または「+0900」「+09」のように記述します。
　実際にプログラムで、ISO 8601とdatetimeの変換を確認してみましょう

●src/ch6/datetime-iso8601.py

```
from datetime import datetime, timezone, timedelta

# ISO8601の文字列 → datetime --- (※1)
dt_iso8601 = '2022-11-12 13:14:15+09:00'
dt = datetime.fromisoformat(dt_iso8601)
print('ISO→datetime:', dt.strftime('%Y-%m-%d %H:%M:%S'))

# datetime → ISO8601の文字列 --- (※2)
dt = datetime.now()
print('datetime→ISO1:', dt.isoformat()) # タイムゾーンの指定がない

# タイムゾーン付きの現在時刻を出力する --- (※3)
JST = timezone(timedelta(hours=+9), 'JST')
dt = datetime.now(JST)
print('datetime→ISO2:', dt.isoformat())

# strftimeでISO8601の文字列を生成する場合 --- (※4)
print(dt.strftime('%Y-%m-%dT%H:%M:%S%z'))
```

プログラムの(※1)ではISO 8601の文字列をfromisoformatメソッドで読み込み、datetime型を得ます。
(※2)では現在時刻を元にしてISO 8601形式の文字列を出力します。ただし、datetime型のデータはタイムゾーンを含まないので、isoformatメソッドの戻り値にはタイムゾーンの指定はありません。
(※3)では日本時間（JST）のタイムゾーンを定義し、それを指定して現在時刻を取得します。そして、isoformatメソッドを呼びます。すると、ISO 8601形式の文字列にタイムゾーンの指定が含まれます。
(※4)ではstrftimeを使って、文字列書式を指定してISO 8601形式の日時を出力します。
少し複雑なので、実際にターミナルからプログラムを実行し結果を確認してみましょう。

```
$ python3 datetime-iso8601.py
ISO→datetime: 2022-11-12 13:14:15
datetime→ISO1: 2022-09-17T16:39:47.951839
datetime→ISO2: 2022-09-17T16:39:47.951847+09:00
2022-09-17T16:39:47+0900
```

日時データの文字列表現 - 独自形式について

日時データの表現には、さまざまな方法があります。それこそ国や文化によって、大きく異なります。
例えば、アメリカ式の日付は「月 / 日 / 年」の順序で書きます。2023 年 8 月 10 であれば「8/10/2023」となります。これに対してイギリス式の日時は「日 / 月 / 年」の順番で「10/8/2023」のように書きます。同じ英語圏でも順序が違うので複雑ですね。もちろん、大抵は月名を「August (Aug)」と英単語で記すので月と日の順番が異なっていても意味が通じるのですが数字で記述するとトラブルの元です。
そこで、プログラミングにおいて、日時を文字列で記述したい場合には、ISO 8601 に則って記述するのがお勧めです。ところが、今回、Twitter の出力データはこれに沿っていません。これは、JavaScript の Date クラスが出力する形式に似ているので、JavaScript で容易に読み込むことを念頭に置いているのでしょう。
Python でこの日時データを読み込むには、datetime.strptime メソッドを使って、カスタム書式文字列を指定して datetime に変換します。
ここで、日時データを文字列で出力する際の書式をまとめてみましょう。

strftime / strptime の書式 :

書式	説明	例
%Y	西暦（4 桁）	2022
%y	西暦の下 2 桁	22
%m	月（2 桁）	03
%d	日（2 桁）	04
%H	時（2 桁 24 時間）	22
%M	分（2 桁）	33
%S	秒（2 桁）	44
%I	AM/PM	AM
%x	月 / 日 / 年	03/04/22
%X	時 : 分 : 秒	22:33:44
%a	曜日 (短縮形)	Thu
%A	曜日	Thursday
%z	タイムゾーン指定	+0900

strptime を使って日時文字列を読み込むプログラムは次のようになります。

●src/ch6/datetime-custom.py

```
from datetime import datetime

# 独自の日時文字列 → dateime --- (※1)
```

```
dt_custom = 'Fri Jun 22 01:22:24 +0000 2022'
dt = datetime.strptime(dt_custom, '%a %b %d %H:%M:%S %z %Y')
print('独自→datetime:', dt.strftime('%Y-%m-%d %H:%M:%S'))

# dateime → 独自日時文字列
print('dateitme→独自', dt.strftime('%a %b %d %H:%M:%S %z %Y'))import requests, os, time, json
import urllib.parse
from bs4 import BeautifulSoup
```

プログラムの(※1)ではTwitterのアーカイブの中で使われていた独自の日時書式を読み込みます。

このように、datetime.strptimeを使うと指定した書式を読み込み、strftimeを使うと指定した書式で日時を出力できます。

タイムゾーンの変換について

前節のプログラムでは、タイムゾーンの指定を行うのに、pytzモジュールを使いました。このモジュールでは各地域のタイムゾーンが定義されています。ここまで見てきたように、日本のタイムゾーンが+09:00であることを覚えていられればpytzの出番はありません。しかし、このグローバルな時代に日時にはタイムゾーンをつけておくと、トラブルがないでしょう。

以下のプログラムは、pytzの利用です。協定世界時(UTC)のデータを日本のタイムゾーンに変換して表示します。

●src/ch6/datetime-timezone.py

```
from datetime import datetime
import pytz

# UTCのdatetimeデータを得る --- (※1)
dt = datetime.now(pytz.UTC)
print(dt.isoformat())

# 日本のタイムゾーンに変換 --- (※2)
dt_jst = dt.astimezone(pytz.timezone('Asia/Tokyo'))
print(dt_jst.isoformat())
```

プログラムの(※1)では協定世界時（UTC）を指定して現在時刻を取得して、ISO 8601の形式で出力します。そして、(※2)では日本時間（JST）に変換してISO形式で出力します。

プログラムを実行してみましょう。すると、プログラム実行時点での協定世界時（UTC）と日本時間（JST）を表示します。

```
$ python3 datetime-timezone.py
2022-09-17T08:48:22.432321+00:00
2022-09-17T17:48:22.432321+09:00
```

ところで、タイムゾーンで日本時間を指定するのに、「Asia/Tokyo」と都市の名前を指定するのはなぜでしょうか。これは一つの国の中に複数のタイムゾーンを使うことがあるからです。例えば、国土の広いアメリカ大陸では州ごとに4つのタイムゾーンが利用されています。逆に中国は国土が広くても同一のタイムゾーンを使用しています。なお、pytzではタイムゾーンの指定に「Japan」と指定することも可能です。

6章

3 PandasでSNSのデータを集計しよう

データ整形や集計で活躍するライブラリーにPandasがあります。これらを使うと高度な集計も手軽に記述できます。すでに本章で用意したSNSから取り出したJSONデータを読み込んで活用してみましょう。

Keyword

- Pandas
- Jupyter Lab
- データ集計
- Twitterの履歴データ
- DataFrame

この節で作るもの

- 年毎の「いいね」の数とキーワード毎の「いいね」の数を集計してグラフ描画

前節で作ったTwitterのアーカイブデータをPandasで処理して、いろいろな集計処理をしてみましょう。ここでは、各年の「いいね」の数の合計値の推移と、プログラミング言語の話題ごとの「いいね」の数の合計値をグラフに描画してみましょう。なお、Jupyter Labを導入して、Pandasの実行結果の表とグラフを出力してみます。

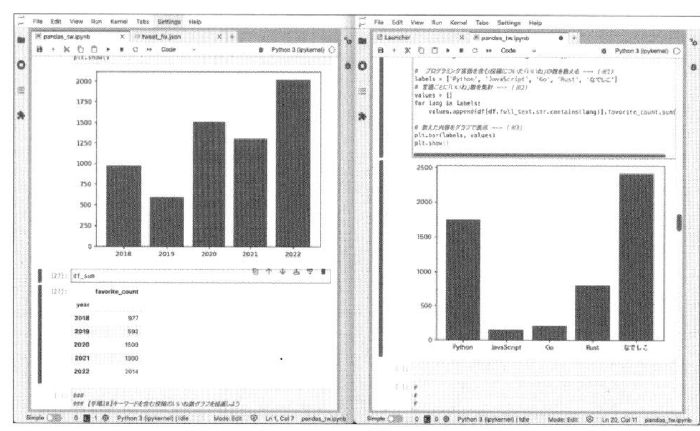

●Twitterのアーカイブデータを集計しグラフ描画してみよう

手順 1 Jupyter Labをインストール

本節ではさまざまな計算や集計を行います。その際、コマンドラインから実行する方法だと、手間がかかります。そこで、Jupyter Labを導入しましょう。Jupyter Labはブラウザーから実行できるPythonの実行環境です。手軽にPythonのプログラムを実行してその結果を確認できます。

ターミナルで以下のコマンドを実行すると、Jupyter NotebookおよびJupyter Labをインストールできます。また、本節ではPandasを使って集計を行うので、これもインストールしましょう。

```
$ python3 -m pip install pandas
$ python3 -m pip install jupyter
$ python3 -m pip install jupyterlab
```

コラム

うまくインストールできない場合

もし、エラーが出てうまくインストールできない場合は、科学計算に特化したPythonの実行環境であるAnacondaを導入すると良いでしょう。Anacondaには最初から上記のライブラリーが含まれています。Anacondaは次のURLからOSごとのインストーラーを入手できます。

URL Anaconda
https://www.anaconda.com/products/distribution

手順 2 Jupyter Labを起動しよう

Jupyter Labを起動するには、ターミナルより以下のコマンドを実行します。

```
$ jupyter lab
```

macOSやUbuntu（WindowsのWSLを含む）の場合、上記コマンドを実行する前にシェルの再読み込みが必要な場合があります。

```
# Bashの場合（Ubuntu/WSLなど）
$ source ~/.bashrc
# Zshの場合（macOSなど）
$ source ~/.zshrc
```

Jupyter Labが起動すると次のような画面が表示されます。Jupyter Labでは画面左側にファイルの一覧が表示され右側に作業領域が表示されます。

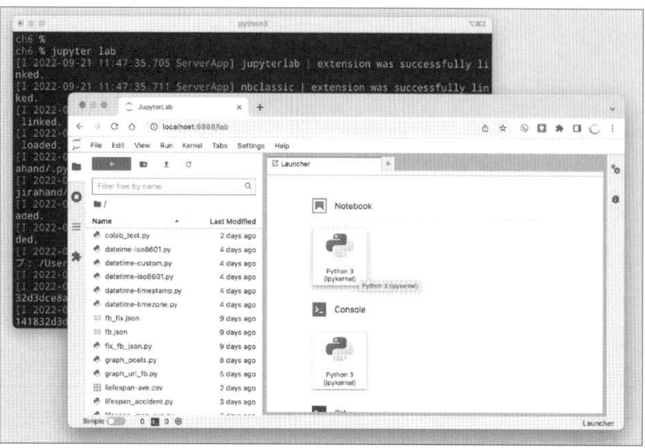

●コマンドラインからJupyter Labを起動したところ

最初に、画面右側にある「Notebook > Python 3」をクリックして、新規ノートブックを作成しましょう。

手順 3 簡単なプログラムを実行してみよう

まずは、簡単なPythonのプログラムを実行して、正しく結果が表示されるか確認してみましょう。新規ノートブックを作成したら画面上部にあるテキストボックスに以下の一行を入力しましょう。

```
1234 ** 1234
```

そして、画面上部にある実行ボタン「▶」をクリックします。すると、次のように1234の1234乗の結果が表示されます。

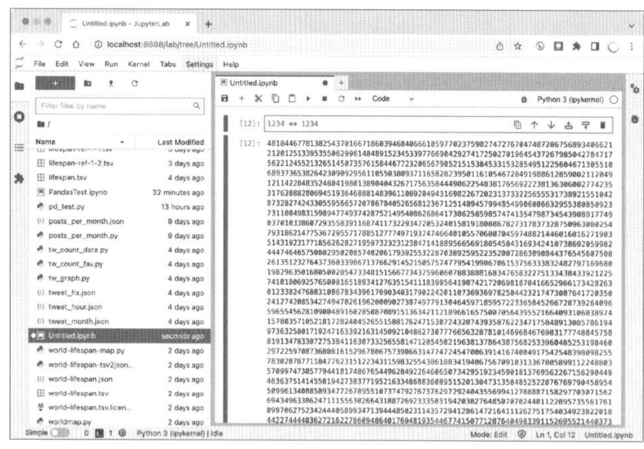

●簡単なプログラムを入力して実行したところ

プログラムを書いてすぐに結果が表示されるのがJupyter Labの良いところです。続いて、Matplotlibを使ってグラフを描画してみましょう。ここでは以下のように簡単なプログラムを記述しました。

●src/ch6/jupyter_test.py

```
import numpy as np
import matplotlib.pyplot as plt
# NumPyで連続した値を生成してsinの値を計算
x = np.arange(0, 30, 0.1)
y = np.sin(x)
# グラフを描画
plt.plot(x, y)
```

同じように実行ボタンを押してみましょう。次のように表示されます。実行ボタンを押してすぐに結果が見えるのが良いところです。

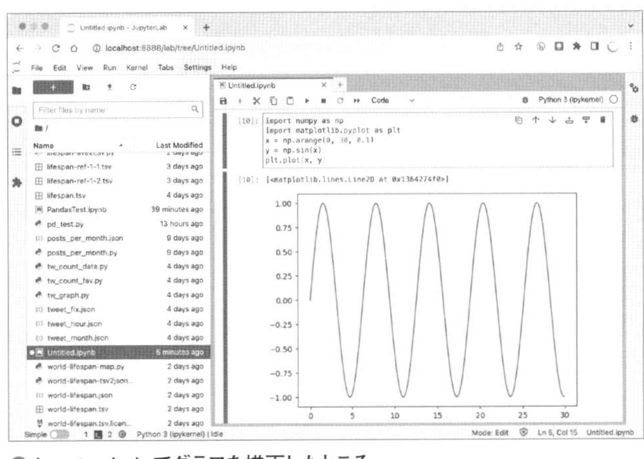

●Jupyter Labでグラフを描画したところ

手順 4 Twitterのアーカイブデータを Jupyter で読み込んでみよう

本節では、前節で作成したTwitterのアーカイブJSONデータ「tweet_fix.json」をPandasで読み込んで集計してみます。そこで、実際にPandasでデータを読み込む前に、どんなJSONデータだったのかJupyter LabのJSONビューワーの機能を使ってデータを確認してみましょう。

本書のサンプルプログラムにサンプルデータ「tweet_fix.json」を同梱していますので、これをJupyter Labを起動したディレクトリにコピーしてみてください。その上で、Jupyter Labの左側にあるファイル一覧から「tweet_fix.json」を探してダブルクリックして開いてみましょう。なお、ファイルをコピーしたらファイル一覧画面の上部にあるリロードアイコン「」をクリックすると一覧が更新されます。

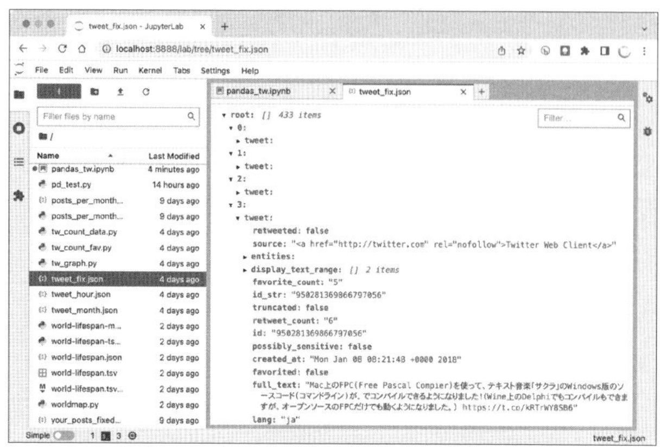

●Twitter のアーカイブデータを Jupyter Lab で開いたところ

Jupyter Lab の JSON ビューワーもなかなか便利です。本書でこれまで利用してきたブラウザー拡張の「JSON Viewer」と同じで、JSON の要素を閉じたり開いたりできます。また、検索ボックスもあるので、データを検索することもできます。

手順 5 Pandas で JSON を読んでみよう

Jupyter Lab と Pandas を使うと、読み込んだデータが膨大であっても視認しやすくデータの最初と最後だけを残してカットして表示してくれます。ここでは、前節で作成した Twitter への投稿履歴（JSON ファイル）を読み込んで表示してみましょう。

Pandas には、read_json というメソッドがあり、このメソッドを使うと JSON データを読み込むことができます。次のプログラムを Jupyter Lab に入力してみましょう。

```
import pandas as pd
pd.read_json('tweet_fix.json')
```

実行すると次のように表示されます。データを正しく読み込めました。ただし、このままのデータ構造では手軽にデータを扱えそうにありません。

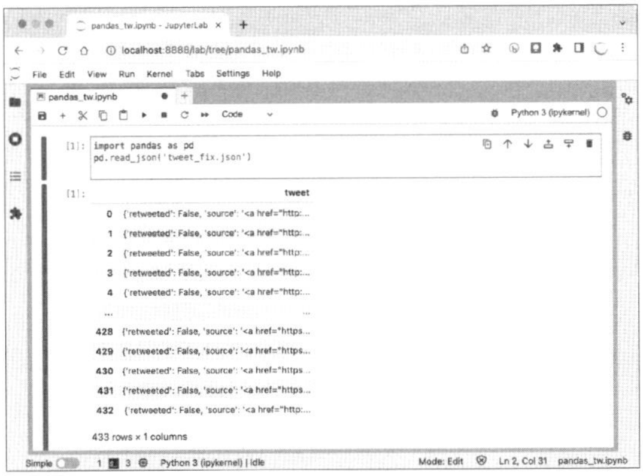

●Pandas で JSON ファイルを読み込んでみた

手順 6 JSON の特定の項目から DataFrame を作る

手順 4 で表示した JSON の構造を確認してみましょう。今回利用する Twitter のアーカイブデータは、比較的に複雑な構造となっており、ルートの下に配列があり、配列の下に tweet というプロパティがあり、その中に実際のデータが入っています。

```
[
  {
    "tweet": {
        "favorite_count": "9",
        "retweet_count": "8",
        full_text: "MP4動画から…",
        …
    }
  },
  { "tweet": {  …  } },
  { "tweet": {  …  } },
  { "tweet": {  …  } },
  …
]
```

そこで、配列の各要素の中にある tweet の項目を取り出して、その項目を抽出して改めて Pandas で処理できるようにしてみましょう。以下のプログラムを入力しましょう。

```
import pandas as pd

# Twitterのアーカイブファイルを読む
df = pd.read_json('tweet_fix.json')
```

```
# 各行にあるtweet列を抽出しPandasのDataFrameにする
pd.DataFrame(df['tweet'].to_list())
```

すると、tweet プロパティのデータが展開されます。実行すると次のように表示されます。

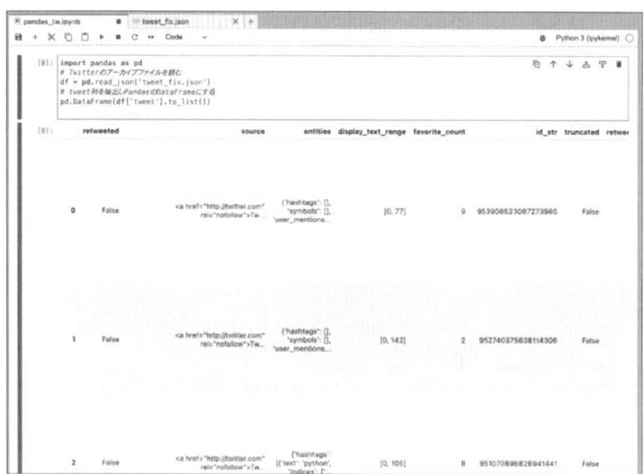

●JSON データから「tweet」列を抽出して DataFrame にしたところ

ただし、ちょっと項目が多すぎて読みづらいデータです。今回の集計では全てのデータが必要というわけではありません。最低限の項目だけにしましょう。

```
import pandas as pd
# Twitterのアーカイブファイルを読む --- (※1)
df = pd.read_json('tweet_fix.json')
# 各行にあるtweetを取り出す
df = pd.DataFrame(df.tweet.to_list())

# 必要な列だけを取り出す --- (※2)
df = df[['favorite_count', 'retweet_count', 'full_text', 'created_at']]
df
```

プログラムを確認しましょう。(※1) で JSON ファイルを読み込み、各行にある tweet 列を取り出して、Pandas の DataFrame を得ます。DataFrame にすることで、いろいろな集計が簡単にできます。なお、df['tweet'] と書くのと、df.tweet と書くのは同じ意味になります。便利なので、この後は df.tweet のように記述していきます。

また、(※2) の部分で「いいね」の数（favorite_count)、リツイートの数（retweet_count)、投稿した本文（full_text)、作成日（created_at）のデータだけを取り出します。Pandas の DataFrame に対して、『df[[' 列名 1', ' 列名 2', ' 列名 3', ...]]』のように記述するとその列を取り出すことができます。

実行すると以下のように JSON データの中で使いそうな列のみを抽出して表形式で出力できます。

●必要な列だけを抽出したところ

このような見通しの良い構造のデータにできたら、後は Pandas の便利な機能を使っていくだけです。

手順 7 「いいね」が 50 件以上ついた投稿を抽出しよう

Pandas にはさまざまな便利な機能がついています。ここでは、特定のデータだけを抽出してみましょう。分かりやすい例として「いいね」が 50 件以上ついた投稿を表示してみます。

```
import pandas as pd
# Twitterのアーカイブファイルを読む --- (※1)
df = pd.read_json('tweet_fix.json')
df = pd.DataFrame(df.tweet.to_list())
# 必要な列だけを取り出す --- (※2)
df = df[['favorite_count', 'full_text', 'created_at']]

# favorite_countを整数に変換 --- (※3)
df.favorite_count = df.favorite_count.astype('int')
# いいねが50件以上ある投稿を抽出 --- (※4)
df[ df.favorite_count >= 50 ]
```

プログラムを確認してみましょう。(※1) は上記の手順で確認したように、JSON ファイルを読み出し構造を変形します。(※2) で必要な列だけを取り出します。

そして、(※3) では df.favorite_count を整数に変換します。と言うのも、なぜか JSON データに入っている「いいね」の数を表す favorite_count が文字列になっているからです。astype メソッドを使うとデータ型を変更できます。astype('int') と書くと整数に変換します。

(※4) で「いいね」が 50 件以上ある投稿を抽出します。『df[条件式]』のように書くことで、その条件に合致する投稿のみを抽出できます。これはとても便利な記述方法です。

プログラムを実行すると次のような表が表示されます。

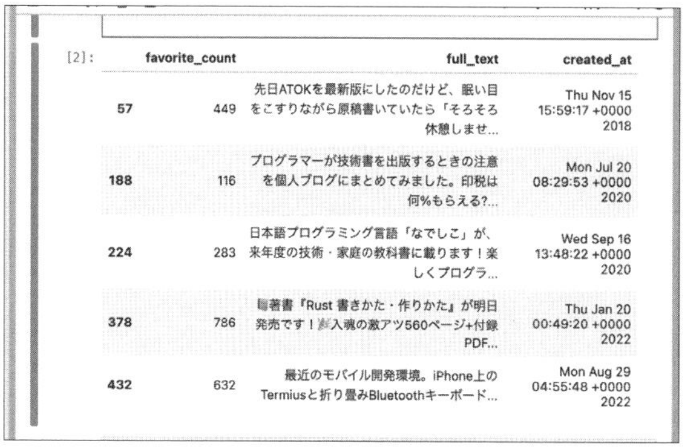

[2]:	favorite_count	full_text	created_at
57	449	先日ATOKを最新版にしたのだけど、眠い目をこすりながら原稿書いていたら「そろそろ休憩しませ...	Thu Nov 15 15:59:17 +0000 2018
188	116	プログラマーが技術書を出版するときの注意を個人ブログにまとめてみました。印税は何%もらえる?...	Mon Jul 20 08:29:53 +0000 2020
224	283	日本語プログラミング言語「なでしこ」が、来年度の技術・家庭の教科書に載ります！楽しくプログラ...	Wed Sep 16 13:48:22 +0000 2020
378	786	著書『Rust 書きかた・作りかた』が明日発売です！入魂の激アツ560ページ+付録PDF...	Thu Jan 20 00:49:20 +0000 2022
432	632	最近のモバイル開発環境。iPhone上のTermiusと折り畳みBluetoothキーボード...	Mon Aug 29 04:55:48 +0000 2022

●50 件以上「いいね」がついた投稿を抽出したところ

参考までに、上記の条件式で何が起きているのか確認してみましょう。「df.favorite_count >= 50」とだけ記述して実行してみましょう。False False False True…と条件式の結果がデータ行数だけ繰り返し生成されます。つまり、『df[条件式]』のように書くことで、条件式の True になった項目だけが抽出されるというわけです。

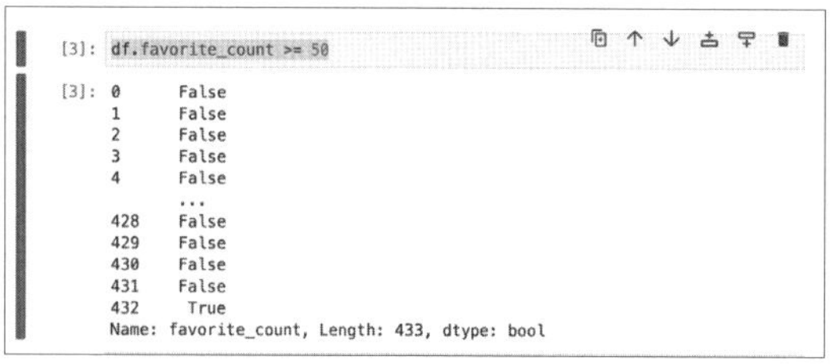

```
[3]: df.favorite_count >= 50

[3]: 0      False
     1      False
     2      False
     3      False
     4      False
            ...
     428    False
     429    False
     430    False
     431    False
     432     True
     Name: favorite_count, Length: 433, dtype: bool
```

●Pandas の DataFrame で条件式を実行すると何が起きているか

手順 8 「いいね」の多い順に 10 件表示してみよう

次にランキングを作成するのに使える rank メソッドを使ってみましょう。「いいね」の多い順に 10 件の投稿を表示します。実現方法としては、rank メソッドを使ってランキングを生成し、ランキングに応じて並べ替えて、最初の 10 件を取り出します。

```
import pandas as pd
# TwitterのアーカイブJSONを読んでtweetを取り出す --- (※1)
df = pd.read_json('tweet_fix.json')
df = pd.DataFrame(df.tweet.to_list())
# ここで必要な列だけ抽出
df = df[['favorite_count', 'full_text']]

# favorite_countを整数に変換 --- (※2)
df.favorite_count = df.favorite_count.astype('int')
```

```
# 「いいね」のランキングを計算し、rank列を生成 --- (※3)
df['rank'] = df.favorite_count.rank(ascending=False)
# ランキング上位10件だけを抽出する --- (※4)
df.sort_values(by=['rank'])[0:10]
```

プログラムを確認しましょう。(※1) では Pandas で JSON ファイルを読み込み変形し、必要な列だけを抽出します。(※2) では「いいね」(favorite_count) を整数に変換します。

そして、(※3) では rank メソッドを利用してランキングを計算し、DataFrame に新たな rank 列を追加します。それから、sort_values メソッドを利用して rank 順に並べ替えてから上位 10 件の投稿を表示します。

プログラムを実行してみましょう。次のように「いいね」の多い順に上位 10 件の投稿を表示します。

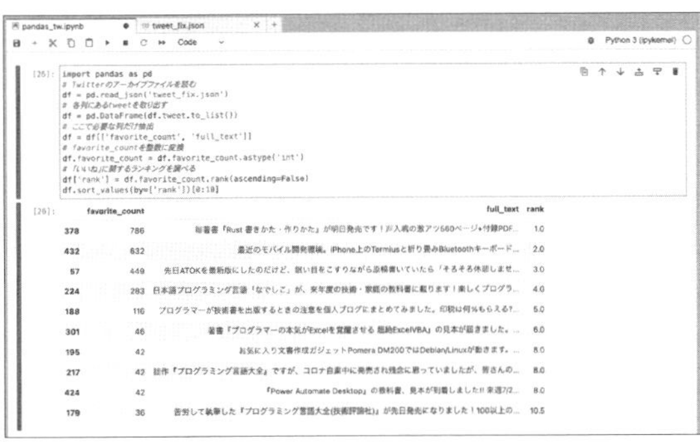

● 「いいね」の多い順に上位 10 件を表示したところ

手順 9 「いいね」獲得数の推移をグラフにしてみよう

次に、「いいね」獲得数の推移をグラフにしてみましょう。このデータには 2018 年から 2022 年までの投稿が含まれていますので、この 5 年で「いいね」の獲得数に変化があったのかどうかグラフで描画してみましょう。

「いいね」の獲得数を 1 年毎に合計して、その合計数の推移をグラフにします。Pandas の groupby メソッドを使うと手軽にグループ分けして集計を行えます。

```
import pandas as pd
import matplotlib.pyplot as plt

# TwitterのアーカイブJSONを読んでtweetを取り出す --- (※1)
df = pd.read_json('tweet_fix.json')
df = pd.DataFrame(df.tweet.to_list())
# ここで必要な列だけ抽出
df = df[['favorite_count', 'created_at']]
```

```
# favorite_countを整数に変換
df.favorite_count = df.favorite_count.astype('int')
# 日時データを変換 --- (※2)
df.created_at = pd.to_datetime(df.created_at)
df['year'] = df.created_at.dt.year

# yearでグループ化する  --- (※3)
df_sum = df.groupby('year').sum()
# グラフを描画
plt.bar(df_sum.index, df_sum.favorite_count)
plt.show()
```

プログラムを確認してみましょう。(※1) では JSON を DataFrame に読み込んで、「いいね」の数（favorite_count）と投稿日時（created_at）だけを抽出します。

この JSON データはデータが全て文字列なので、「いいね」の数を整数に変換した後、(※2) で日時データも datetime 型に変換します。この to_datetime 関数は、DataFrame オブジェクトのメソッドではなく、Pandas に用意されている関数です。そのため『pd.to_datetime(df.created_at)』のように指定します。datetime 型に変換した後は日付の年の部分を抽出したい場合に『(列名).dt.year』と書くと各行の年を取り出せます。

(※3) で groupby メソッドを使って投稿数の合計を集計します。ここでは、groupby の引数に year を指定したので、年ごとに「いいね」の数をまとめます。その後、sum メソッドを記述したので合計を計算します。それから、pyplot でグラフを描画します。

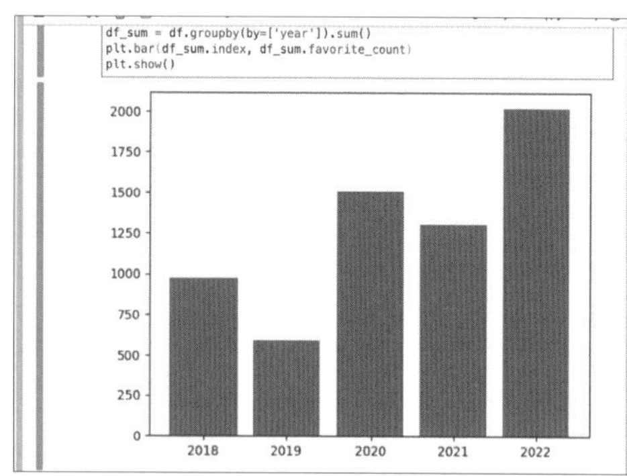

●「いいね」の獲得数の推移

groupby メソッドの結果がどのようになるのかも確認しましょう。グラフを描画する際に利用した df_sum の値を出力してみましょう。年ごとの「いいね」の合計が表示されます。

```
[27]: df_sum
```

[27]:

	favorite_count
year	
2018	977
2019	592
2020	1509
2021	1300
2022	2014

●年ごとの「いいね」の合計を表示したところ

手順 10 キーワードを含む投稿の「いいね」の数グラフを描画しよう

筆者のTwitterではいろいろなプログラミング言語について言及しています。そこで、「Python」「JavaScript」「Go」「Rust」「なでしこ」と5つの言語について集計してみましょう。

最初に本文（full_text）の一覧から、任意のキーワードを含む投稿を抽出して表示してみましょう。

```
import pandas as pd
# Twitterのアーカイブファイルを読んで必要な列だけ抽出
df = pd.read_json('tweet_fix.json')
df = pd.DataFrame(df.tweet.to_list())
df = df[["favorite_count", "full_text"]]

#  Pythonを含む投稿を表示 --- (※1)
df[df.full_text.str.contains('Python')]
```

プログラムのポイントは(※1)の部分です。『(列名).str.contains('パターン')』のように指定すると、指定したパターンが存在するかどうかを判定します。それで(※1)のように書くことでPythonを含む投稿を抽出できます。なお、ここでcontainsメソッドに指定するパターンには正規表現が指定できます。

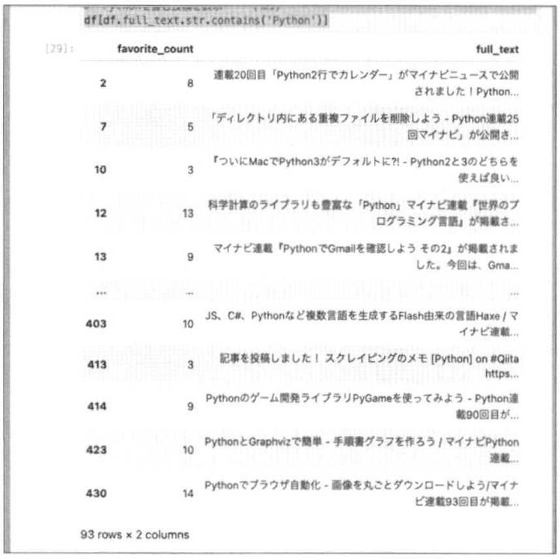

```
df[df.full_text.str.contains('Python')]
```

[29]:

	favorite_count	full_text
2	8	連載20回目「Python2行でカレンダー」がマイナビニュースで公開されました！Python...
7	5	「ディレクトリ内にある重複ファイルを削除しよう - Python連載25回マイナビ」が公開さ...
10	3	『ついにMacでPython3がデフォルトに?! - Python2と3のどちらを使えば良い...
12	13	科学計算のライブラリも豊富な「Python」マイナビ連載『世界のプログラミング言語』が掲載さ...
13	9	マイナビ連載『PythonでGmailを確認しよう その2』が掲載されました。今回は、Gma...
...	...	...
403	10	JS、C#、Pythonなど複数言語を生成するFlash由来の言語Haxe / マイナビ連載...
413	3	記事を投稿しました！ スクレイピングのメモ [Python] on #Qiita https...
414	9	Pythonのゲーム開発ライブラリPyGameを使ってみよう - Python連載90回目が...
423	10	PythonとGraphvizで簡単 - 手順書グラフを作ろう / マイナビPython連載...
430	14	Pythonでブラウザ自動化 - 画像を丸ごとダウンロードしよう/マイナビ連載93回目が掲載...

93 rows × 2 columns

●Python のキーワードを含む投稿を抽出したところ

そして、以下のように sum() メソッドを使うことで、指定キーワードを含む「いいね」の数をカウントできます。以下を実行すると「1748」と表示されます。

```
#  Pythonを含む投稿についた「いいね」の数を数える
df.favorite_count = df.favorite_count.astype('int')
df[df.full_text.str.contains('Python')].favorite_count.sum()
```

後はこの処理をプログラミング言語ごとに繰り返すだけです。プログラムを完成させましょう。

```
import pandas as pd
import matplotlib.pyplot as plt
import japanize_matplotlib

# Twitterのアーカイブファイルを読んで必要な列を抽出
df = pd.read_json('tweet_fix.json')
df = pd.DataFrame(df.tweet.to_list())
df = df[["favorite_count", "full_text"]]
df.favorite_count = df.favorite_count.astype('int')

#  プログラミング言語を含む投稿についた「いいね」の数を数える --- (※1)
labels = ['Python', 'JavaScript', 'Go', 'Rust', 'なでしこ']
# 言語ごとに「いいね」数を集計 --- (※2)
values = []
for lang in labels:
    values.append(df[df.full_text.str.contains(lang)].favorite_count.sum())

# 数えた内容をグラフで表示 --- (※3)
plt.bar(labels, values)
plt.show()
```

プログラムを確認しましょう。(※1) では数え上げたいキーワードの一覧を指定します。そして、(※2) 以降の部分でキーワードごとのいいねの数の合計を調べます。そして、(※3) でグラフを描画します。それでは、実行してみましょう。

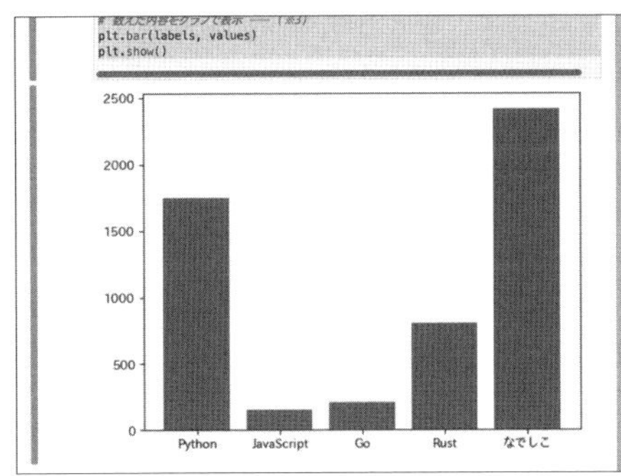

●「各プログラミング言語ごとの「いいね」の数をグラフに表示

まとめ

本節では、Pandasを利用して集計を行ってグラフを描画してみました。Pandasを利用することで、任意の列だけを抽出したり、ランキング上位データを表示したり、合計を集計したり、といろいろな処理が手軽に記述できることを確認しました。また、Pandasを使う時に、Jupyter Labを使う事で集計結果を画面に綺麗に表示できることも紹介しました。

6章

4 厚生労働省の平均寿命データを使って日本地図の長寿地域を描画しよう

データの視覚化のうち、地図情報を使った視覚化はインパクトがあるだけでなく、地理情報に意味を与えることができます。ここでは、都道府県別の平均寿命データを利用して長寿地域が分かるように地図で色分けしてみましょう。

Keyword

- japanmapモジュール
- 地図情報
- 平均寿命
- オープンデータ

この節で作るもの

- 平均寿命データを元に長寿地域を色分けしよう

厚生労働省が公表しているオープンデータに「都道府県別生命表」があります。このデータには、都道府県別に平均寿命や交通事故の確率、脳血管疾患の確率など、さまざまなデータが入っています。このデータに基づいて、日本地図の長寿地域に色を塗ってみましょう。

以下は、平均寿命データを元に長寿の都道府県を可視化したものです。最初にExcelファイルからJSONファイルを作成し、JSONデータを元に日本地図に色を塗ります。

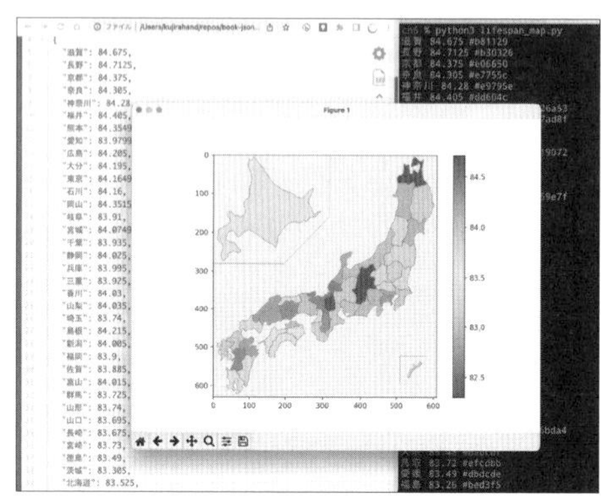

●平均寿命のデータを元に日本地図を色分けしよう

また、Excelファイルの「平均寿命」の他に、「交通事故」の確率や「脳血管疾患」の確率の情報があります。これらのデータを地図上に描画してみましょう。

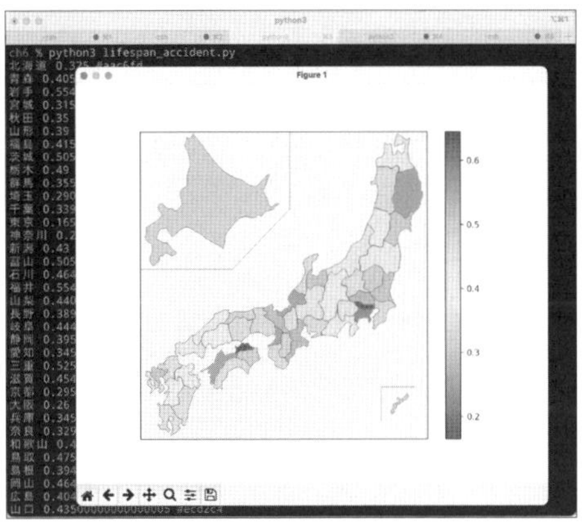
●交通事故の確率で色分けしたところ

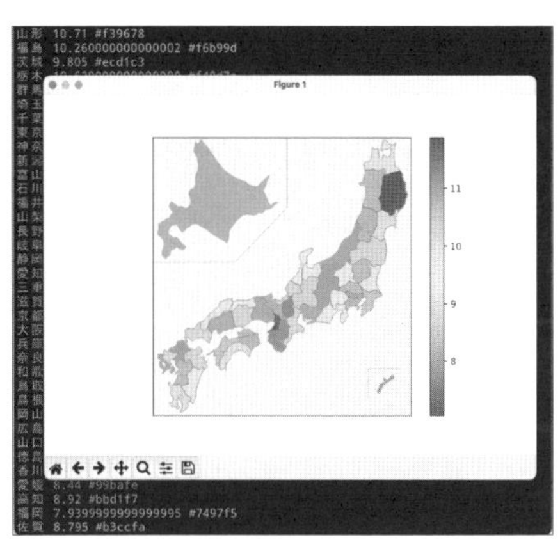
●脳血管疾患の確率で色分けしたところ

手順 1 必要なライブラリーをインストールしよう

本節では、日本地図に色を塗るのに便利な「japanmap」パッケージを使います。このパッケージを使うと、手軽に都道府県別の日本地図を描画できます。

ターミナルを開いて次のコマンドを実行して、japanmapをインストールしましょう。

```
$ python3 -m pip install japanmap
```

手順 2 都道府県別生命表の図表データをダウンロードしよう

都道府県ごとの平均寿命のデータを得るために以下の都道府県別生命表にあるデータを利用します。図表データのダウンロードから、表の一覧があるExcelファイルをダウンロードします。

URL 厚生労働省 > 都道府県別生命表の概況
https://www.mhlw.go.jp/toukei/saikin/hw/life/tdfk15/index.html

●都道府県別生命表の概況のページ

●図表データのダウンロードから Excel ファイルをダウンロードしよう

手順 3 Excel ファイルから平均寿命データを抽出しよう

Excel ファイルをダウンロードしたら、シート「表 1」を開きましょう。そこには、都道府県別の平均寿命データ（男女別）があります。このシートの B-C 列に男性の平均寿命データ、D-E 列に女性の平均寿命のデータがあります。そして、7 行目以降に実際のデータがあります。

データ処理をするには不要なヘッダーや説明データがたくさんあるので、実データ部分（B7 から E53 まで）をクリップボードにコピーして、テキストエディターに貼り付けて保存しましょう。

このように、Excel の任意のセル範囲をコピーしてテキストエディターに貼り付けると、タブ区切りの CSV 形式、つまり TSV 形式のデータとなります。

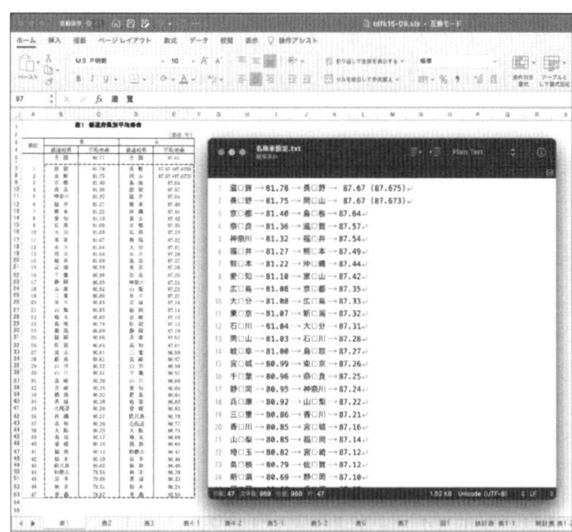

●平均寿命の表をコピーしてテキストエディターに貼り付けた

手順 4 テキストエディター上で簡単に整形しよう

テキストエディターに貼り付けたデータをよく見てみると、「滋　賀」「長　野」のように都道府県名に全角スペースが入っています。この状態だと地図データに対応できないので、テキストエディターの置換機能で全角スペースを削っておきましょう。そして、文字エンコーディングUTF-8で保存します。

女性の平均寿命データの上位2県の長野と岡山のデータにはカッコで小数点以下3位まで書かれていますので、カッコの中の値を優先することにします。そして、「lifespan.tsv」という名前で保存しましょう。（ここまでの作業をしたデータがサンプルに収録されています。）

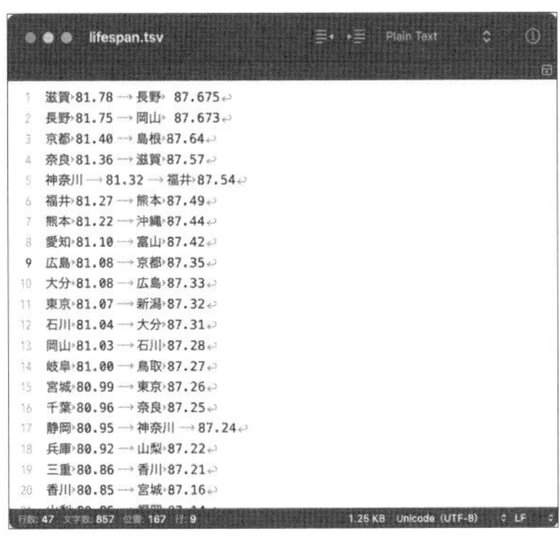

```
lifespan.tsv
滋賀	81.78	長野	87.675
長野	81.75	岡山	87.673
京都	81.40	島根	87.64
奈良	81.36	滋賀	87.57
神奈川	81.32	福井	87.54
福井	81.27	熊本	87.49
熊本	81.22	沖縄	87.44
愛知	81.10	富山	87.42
広島	81.08	京都	87.35
大分	81.08	広島	87.33
東京	81.07	新潟	87.32
石川	81.04	大分	87.31
岡山	81.03	石川	87.28
岐阜	81.00	鳥取	87.27
宮城	80.99	東京	87.26
千葉	80.96	奈良	87.25
静岡	80.95	神奈川	87.24
兵庫	80.92	山梨	87.22
三重	80.86	香川	87.21
香川	80.85	宮城	87.16
行数: 47 文字数: 857 位置: 167 行: 9    1.25 KB  Unicode (UTF-8)  LF
```

●テキストエディターで簡単な整形をしたところ

手順 5 男女平均を出してTSVファイルをJSONファイルで保存しよう

ここでは男女別ではなく男女平均の値を利用して地図に色を塗ろうと思います。そこで、「lifespan.tsv」を元にして男女の平均値を生成して保存しましょう。

以下のようなプログラムでデータを作成できます。

●src/ch6/lifespan_tsv_comb.py

```
import json

INFILE = 'lifespan.tsv'
OUTFILE = 'lifespan-ave.json'

# 男女別の値を得る --- (※1)
man, woman = {}, {} # 辞書型変数を初期化
# TSVファイルを開いて読む --- (※2)
text = open(INFILE, 'r', encoding='utf-8').read()
for line in text.split('\n'):
    # タブで値を区切って変数に代入 --- (※3)
```

```
    key_m,val_m,key_w,val_w = line.split('\t')
    # 辞書型データのキーに代入 --- (※4)
    man[key_m] = float(val_m)
    woman[key_w] = float(val_w)

# 男女平均を求める --- (※5)
ave = {}
for key in man.keys():
    ave[key] = (man[key] + woman[key]) / 2
    print(key, ave[key])

# 結果をJSONで保存する --- (※6)
with open(OUTFILE, 'w', encoding='utf-8') as fp:
    json.dump(ave, fp, ensure_ascii=False, indent=2)
```

プログラムを確認してみましょう。まずは (※1) 以降の部分で、TSV ファイルを開いて男女別の値を取得します。(※2) では TSV ファイルの値を読み込みます。そして、改行で区切って一行ずつ処理します。

(※3) では一行をタブで区切って変数に代入します。なお、手順 3 の Excel データを見ると分かりますが、男性と女性で異なる都道府県が記述されています。そこで、それぞれ、男性の都道府県名（key_m）、男性の平均寿命（val_m）、女性の都道府県名（key_w）、女性の平均寿命（val_w）に代入します。そして、(※4) で辞書型データのキーに値を代入します。

(※5) では都道府県別に男性と女性の平均寿命を足して 2 で割って、男女平均を求めます。各都道府県の平均を求めたら、(※6) で JSON ファイルに結果を保存します。

手順 6 プログラムを実行して JSON ファイルを確認しよう

上記のプログラムを実行しましょう。ターミナルで次のコマンドを実行しましょう。

```
$ python3 lifespan_tsv_comb.py
```

都道府県別の平均寿命の JSON ファイル「lifespan-ave.json」が生成されます。この JSON データは次のような構造のデータです。JSON Viewer で確認してみます。

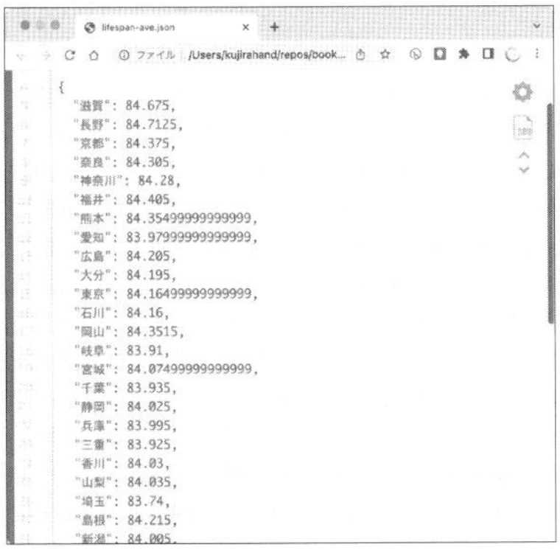
lifespan-ave.json
ファイル /Users/kujirahand/repos/book...
{
"滋賀": 84.675,
"長野": 84.7125,
"京都": 84.375,
"奈良": 84.305,
"神奈川": 84.28,
"福井": 84.405,
"熊本": 84.35499999999999,
"愛知": 83.97999999999999,
"広島": 84.205,
"大分": 84.195,
"東京": 84.16499999999999,
"石川": 84.16,
"岡山": 84.3515,
"岐阜": 83.91,
"宮城": 84.07499999999999,
"千葉": 83.935,
"静岡": 84.025,
"兵庫": 83.995,
"三重": 83.925,
"香川": 84.03,
"山梨": 84.035,
"埼玉": 83.74,
"島根": 84.215,
"新潟": 84.005,

●都道府県別の平均寿命 JSON ファイルが生成された

手順 7 地図に色を塗ろう

綺麗な JSON データができたので、この「lifespan-ave.json」を読み込んで地図に色を塗るプログラムを作ってみましょう。次のプログラムを作りましょう。

●src/ch6/lifespan_map.py

```
import matplotlib.pyplot as plt
import japanmap
import json, re

INFILE = 'lifespan-ave.json'

# JSONデータを読み込む --- (※1)
data = json.load(open(INFILE, 'r', encoding='utf-8'))

# 最大値と最小値を求める --- (※2)
max_val = max([v for k,v in data.items()])
min_val = min([v for k,v in data.items()])
# 都道府県の平均寿命を色データに変換 --- (※3)
cmap = plt.get_cmap('coolwarm')
norm = plt.Normalize(vmin=min_val, vmax=max_val)
# 各都道府県の値を処理 --- (※4)
coldata = {}
for pname, age in data.items():
    coldata[pname] = '#' + bytes(cmap(norm(age), bytes=True)[:3]).hex()
    print(pname, age, coldata[pname])

# 日本地図に色を塗る --- (※5)
plt.colorbar(plt.cm.ScalarMappable(norm, cmap))
plt.imshow(japanmap.picture(coldata))
plt.show()
```

プログラムを確認してみましょう。(※1) では手順5で作成したJSONファイルを読み込みます。そして、色分けするために、(※2) で平均寿命の最大値と最小値を求めます。max関数とmin関数を使うと手軽に求められます。

(※3) では都道府県別の平均寿命データを色データに変換します。matplotlib.pyplotに値に応じた色データを作成するメソッドget_cmapが用意されています。get_cmapにはさまざまな色テーマが用意されており、白から黒へのグラデーション「Greys」や、白から青へのグラデーション「Blues」、青から白・白から赤へのグラデーション「coolwarm」などを指定できます。このcmapの色データを活用するために、plt.Normalizeメソッドで最小値と最大値を指定します。そして、(※4) で実際に各都道府県の平均寿命を「#RRGGBB」の色データに変換します。

最後の (※5) で日本地図に色を塗ります。japanmap.pictureメソッドに都道府県ごとの色データを与えるだけで色付きの日本地図が描画できます。

手順 8 プログラムを実行しよう

上記のプログラムをターミナルで実行してみましょう。以下のコマンドを実行します。

```
$ python3 lifespan_map.py
```

次のように色分けされた日本地図が描画されます。長野県、滋賀県の平均寿命が長いことが一目で見て取れます。逆に東北の青森、秋田、岩手の寿命が短いことも明らかです。

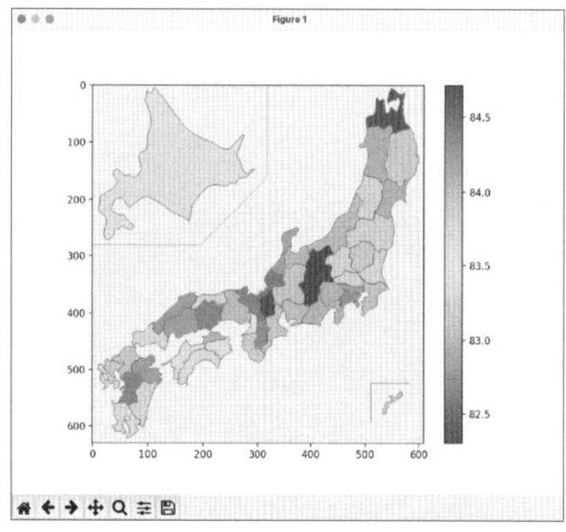

●日本地図に色を塗ったところ - 長寿地域が一目で分かる

手順 9 SVGデータを出力しよう

ところで、せっかく美しく色分けした日本地図を描画したのですが、地図を細部まで拡大していくと、ギザギザになっているのが気になります。

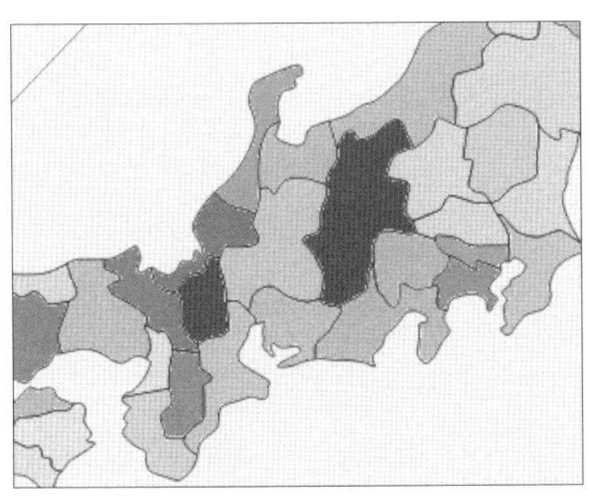
●地図の一部を拡大するとギザギザで色のむらが気になる

日本地図をSVGデータで出力してみましょう。japanmapモジュールでは、SVGの出力にも対応しているので、拡大縮小に強いベクターデータのSVGで出力してみましょう。

そのために、ターミナルで以下のコマンドを実行して、IPythonパッケージをインストールします。

```
$ python3 -m pip install IPython
```

以下がSVGデータを出力するプログラムです。japanmapのpref_mapメソッドを呼び出すことでSVGデータを生成できます。ただし、この関数は、手順7のプログラム「lifespan_map.py」の(※5)で使ったpictureメソッドと引数が異なり、引数colsに都道府県の番号順に色データを与える必要があります。この点に注意してプログラムを作ってみましょう。

●src/ch6/lifespan_map_svg.py

```
import matplotlib.pyplot as plt
from japanmap import picture, pref_map, pref_names
import json, re

INFILE = 'lifespan-ave.json'
OUTFILE = 'lifespan-ave.svg'

# JSONデータを読み込む --- (※1)
data = json.load(open(INFILE, 'r', encoding='utf-8'))

# 都道府県の平均寿命を色データに変換 --- (※2)
max_val = max([v for k,v in data.items()])
min_val = min([v for k,v in data.items()])
cmap = plt.get_cmap('coolwarm')
norm = plt.Normalize(vmin=min_val, vmax=max_val)
coldata = {}
for pname, age in data.items():
    coldata[pname] = '#' + bytes(cmap(norm(age), bytes=True)[:3]).hex()
    print(pname, age, coldata[pname])
```

```
# 都道府県番号順にデータを並べる --- (※3)
values = []
for i in range(1, 48):
    key = re.sub('[都府県]$', '', pref_names[i])
    values.append(coldata[key])

# SVGで出力する --- (※4)
svg = pref_map(range(1,48), cols=values, tostr=True)
# SVGのサイズと枠線を修正
svg = svg.replace('<svg ', '<svg  width="2048" height="2048" ')
svg = svg.replace('<path ', '<path style="stroke: gray; stroke-width: 0.001" ')
with open(OUTFILE, 'w', encoding='utf-8') as fp:
    fp.write(svg)
```

プログラムを確認してみましょう。(※1) で JSON ファイルを読み込み、(※2) で pyplot の cmap を使って平均寿命の値を色データに変換します。(※3) では都道府県の番号順に色データを並べ替えます。そして、(※4) の pref_map メソッドで SVG データを作成し、SVG のサイズやパスの枠線を調整してファイルに保存します。

手順 10 プログラムを実行しよう

それでは、上記の SVG を出力するプログラムを実行してみましょう。ターミナルで以下のコマンドを実行します。

```
$ python3 lifespan_map_svg.py
```

プログラムを実行すると、次のような SVG 画像が生成されます。ブラウザーなどにドラッグ & ドロップして見てみましょう。

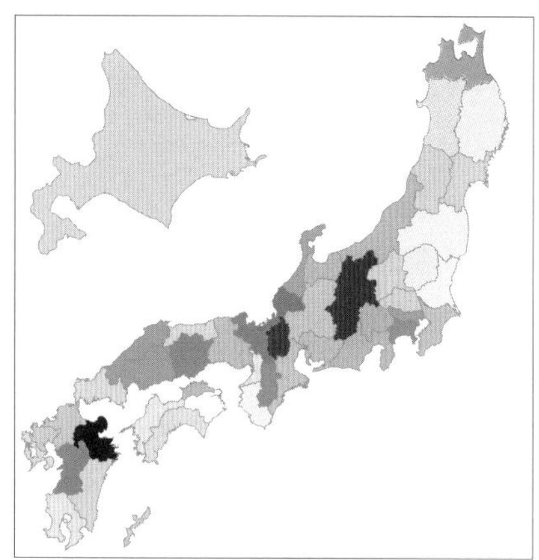

●SVG で作成した長寿マップ

SVG は拡大縮小に強いので、大きくしてもギザギザになったりしません。

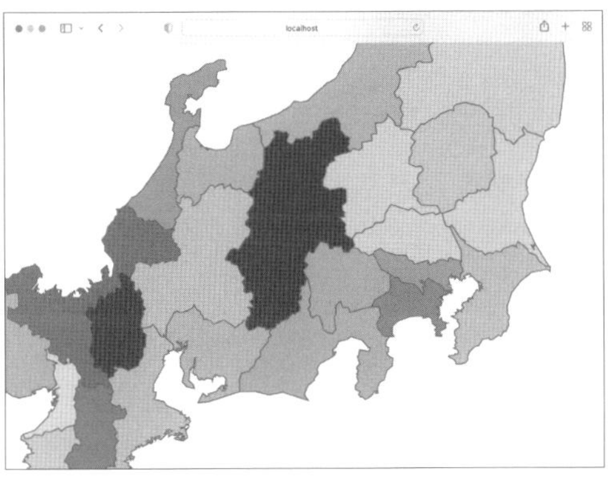

●SVG は拡大してもギザギザにならない

手順 11 交通事故のグラフを作ってみよう

先ほどの都道府県別生命表の Excel には、参考資料として交通事故の項目があります。そこで、交通事故の多い地域の地図も作ってみましょう。

Excel シートの「参考 参考 1-1」（男性）と「参考 参考 1-2」（女性）を TSV データとして保存します。それぞれのシートの A8 から O63 のデータを抽出して「lifespan-ref-1-1.tsv」と「lifespan-ref-1-2.tsv」という名前で保存します。（抽出したデータをサンプルに収録しています。）

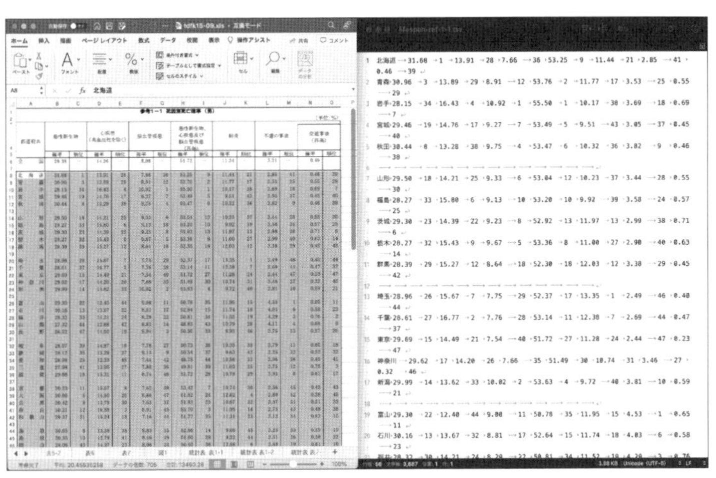

●Excel データから交通事故の確率を抽出しよう

先ほどのプログラムと違って、シートが分かれているので、2 つの TSV ファイルを読み込んで処理する必要があります。そこで、2 つの TSV ファイルを読み、交通事故の確率データを抽出し、男女平均を抽出してから、日本地図を描画します。それでは、プログラムを作ってみましょう。

●src/ch6/lifespan_accident.py

```
import matplotlib.pyplot as plt
import japanmap
import json, re

INFILE1 = 'lifespan-ref-1-1.tsv'
INFILE2 = 'lifespan-ref-1-2.tsv'

# TSVファイルを読み込み交通事故の項目を得る --- (※1)
def get_accident(fname):
    ao = {}
    with open(fname, 'r', encoding='utf-8') as f:
        tsv = f.read()
    for line in tsv.split('\n'):
        line = line.strip()
        if line == '': continue
        cells = line.split('\t')
        pref = cells[0] # 都道府県名
        acci = float(cells[13]) # 交通事故の確率 --- (※1a)
        ao[pref] = acci
    return ao

data = {}
man = get_accident(INFILE1)
woman = get_accident(INFILE2)
# 男女の平均を得る --- (※2)
for pref in man.keys():
    data[pref] = (man[pref] + woman[pref]) / 2

# 都道府県別データを色データに変換 --- (※3)
max_val = max([v for k,v in data.items()])
min_val = min([v for k,v in data.items()])
cmap = plt.get_cmap('coolwarm')
norm = plt.Normalize(vmin=min_val, vmax=max_val)
coldata = {}
for pname, age in data.items():
    coldata[pname] = '#' + bytes(cmap(norm(age), bytes=True)[:3]).hex()
    print(pname, age, coldata[pname])

# 日本地図に色を塗る --- (※4)
fig, ax = plt.subplots(1, 1)
ax.tick_params(labelbottom=False, labelleft=False, bottom=False, left=False)
plt.colorbar(plt.cm.ScalarMappable(norm, cmap))
plt.imshow(japanmap.picture(coldata))
plt.show()
```

このプログラムを見てみると、TSVの処理以外の部分は、ほとんど本節で作ったものと同じです。そこで、ポイントだけ紹介します。(※1)ではTSVファイルを読み込みます。TSV形式のデータは行方向を改行で区切り、列方向をタブで区切るだけで解析できます。splitメソッドを使うと文字列を区切ってリストにできます。もちろん改行やタブを含むデータは処理出来ませんが、今回のようにタブも改行も含まないことを前提にしたデータであれば、外部ライブラリーを使うよりも直感的に操作できる可能性があります。なお、(※1a)では交通事故の確率は、0から数えて13列目にあるのでこれを取り出しています。そして、(※2)では男女の平均を計算します。

(※3)ではcmapを利用して、交通事故の確率の最小値と最大値を得て、色データに変換します。そして、(※4)で日本地図に色を塗ります。なお、地図の場合、X軸Y軸のラベルには意味がないので非表示にしています。

それではプログラムを実行してみましょう。ターミナルから以下のコマンドを実行します。

```
$ python3 lifespan_accident.py
```

実行すると以下のような地図が描画されます。

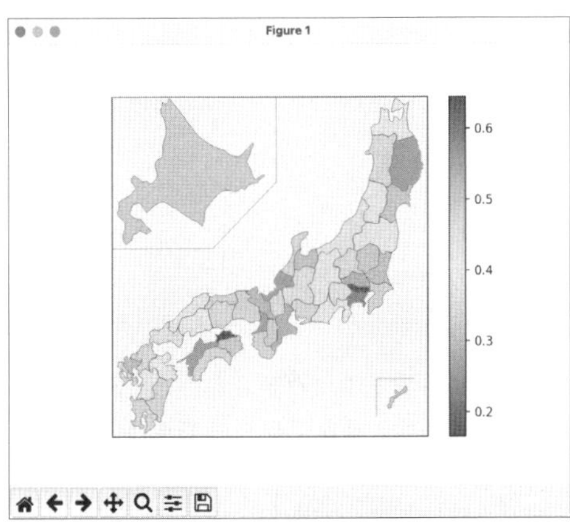

●交通事故の確率で日本地図を色分けしたところ

手順12 脳血管疾患の確率のグラフを作ってみよう

同じExcelファイルのシート「参考 参考1-1」には、交通事故以外にも「脳血管疾患」の確率もあります。先ほどのプログラムの(※1a)の部分を「cells[5]」と書き換えるだけで「脳血管疾患」の確率地図を描画できます。そして「lifespan_sikkan.py」というファイル名で保存します。

```
# file: lifespan_sikkan.py の 18行目を書き換える
        # acci = float(cells[13]) # 交通事故の確率 --- (※1a)
        acci = float(cells[5]) # 脳血管疾患の確率
```

プログラムを実行してみましょう。

```
$ python3 lifespan_sikkan.py
```

プログラムを実行すると次のような色分けの地図を描画します。ちなみに、色分けしてみると、東北の方で「脳血管疾患」の確率が高いことが分かりました。平均寿命が短いことと影響している可能性がありそうです。このように、表ではなく地図で視覚的に確認することで、いくつもの気付きがあることでしょう。

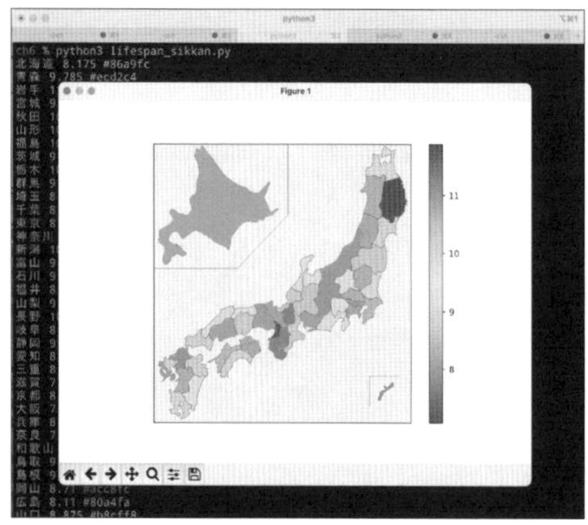

●脳血管疾患の確率で色分けしたところ

まとめ

本節ではjapanmapモジュールを使って日本地図に色を塗るプログラムを作ってみました。このモジュールは、最初から都道府県ごとの座標情報を含んでいるので手軽に日本地図に色塗りできるので便利です。また、厚生労働省では、さまざまなオープンデータを公開していますが、今回利用した都道府県ごとの平均寿命や交通事故の確率、脳血管疾患の確率のデータは、身近な健康や安全について考えることができる良いデータでした。

6章 5 WHOの世界保健統計を使って世界地図を描画しよう

前節で日本地図を描画したので、次に世界地図を描画してみましょう。WHO が公表している平均寿命のデータを使って描画してみます。ここでは、オンラインの世界地図上に独自のデータを重ねて表示してみます。

Keyword

- Colaboratory
- folium
- geopandas
- 世界地図
- 地理情報システム（GIS）
- GeoJSON
- OpenStreetMap

この節で作るもの

- 世界の長寿地域を色分けした世界地図

世界の長寿国に色を塗った地図を作ってみましょう。ここでは、世界地図を表示できる folium パッケージと地理情報システム（GIS）のデータを手軽に操作できる geopandas パッケージを使ってみます。folium を使うとオンライン地図サービスの「OpenStreetMap」の地図の上に任意のデータを描画できます。この機能を利用して、世界の長寿地域に色を塗ってみましょう。

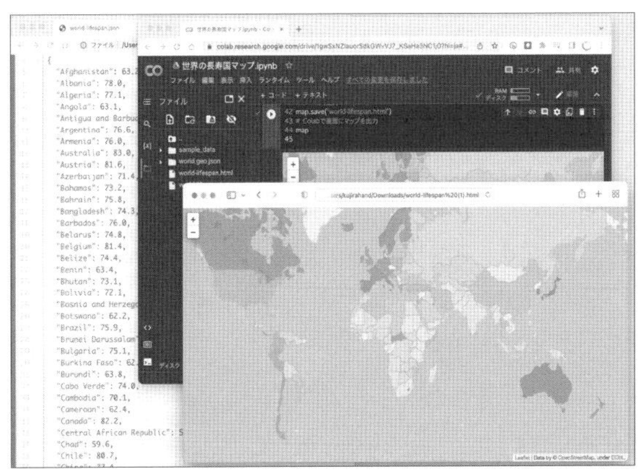

●世界の長寿地域を赤色で塗ったもの

手順 1 Google Colaboratory を使おう

本節で世界地図を描画するために、「folium」と「geopandas」というライブラリーを使います。ただし、geopandas はさまざまなライブラリーとの依存関係が厳しく、本書で紹介している素の Python 環境と pip では正しくインストールできません。そこで、本節では、Google Colaboratory（以後、Colab と略します）を利用して世界地図を描画してみましょう。Colab とは、Google が無償で提供している Python の学習環境です。

●Google Colab の Web サイト

利用するには、Google アカウントで Colab にログインする必要があります。以下の Web サイトからログインしましょう。

URL
Google Colaborator
https://colab.research.google.com/?hl=ja

ローカル PC でも、Anaconda の環境を整えて、conda コマンドで上記のライブラリーをインストールすると問題なく動きます。しかし、Colab を使うとブラウザー上から Python のプログラムを実行できて便利です。ここでは Colab を使う方法を紹介します。

手順 2 新規ノートブックを作成しよう

上記、Colab のページにアクセスして、簡単なプログラムを実行してみましょう。まずは、上記 URL にアカウントして Google アカウントでログインします。そして、「ノートブックを新規作成」のボタンを押しましょう。

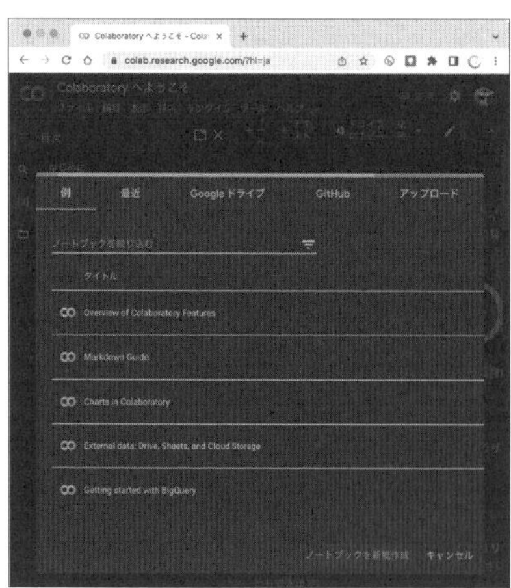

●Colab でノートブックを新規作成しよう

次のようなプログラムを入力ボックスに入力してみましょう。

●src/ch6/colab_test.py

```
import matplotlib.pyplot as plt
import numpy as np
x = np.arange(0, 30, 0.2)
y = np.sin(x)
plt.plot(x, y)
plt.show()
```

プログラムを実行するには、入力ボックス（セルと呼びます）の左側にある実行ボタンをクリックします。すると、プログラムが実行されて結果が表示されます。

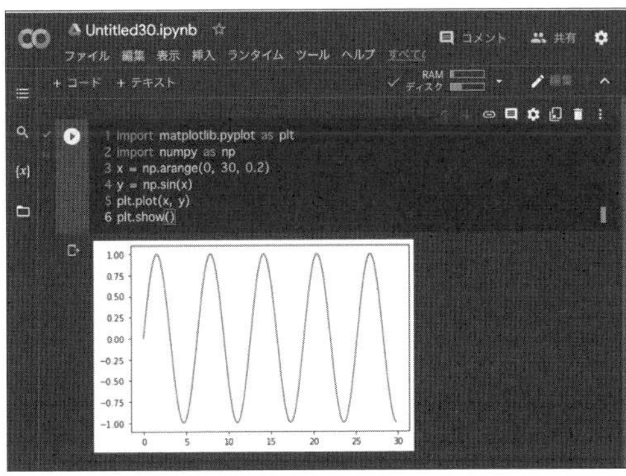

●簡単なプログラムを入力して実行してみよう

Colabの良いところは、このようにプログラムを入力して実行すると、即時結果が表示される点にあります。本章の3節で見たJupyter Labとよく似ていますね。実は、ColabはJupyter Labの前身であるJupyter Notebookを元にして開発されているため、使い勝手や操作方法が似ているのです。

手順 3 必要なライブラリーをインストールしよう

手順1で見たように、Colabのテキストボックスには、基本的にPythonのプログラムを入力します。ただし、Colabではテキストボックスに「!(コマンド)」の書式でコマンドを書くと、シェルスクリプトやColab独自の機能を実行できる仕組みがあります。つまり、この機能を使うと、Colabに用意されていないライブラリーもインストールできるのです。

ここでは、地図描画に必要なライブラリーをインストールしましょう。『!』を含めた以下のコマンドを入力します。

```
# Colabに入力するコマンド
! pip install folium==0.12.1.post1
! pip install geopandas==0.10.2
```

テキストボックスの左側にある実行ボタンを押すと、コマンドが実行されライブラリーがインストールされます。

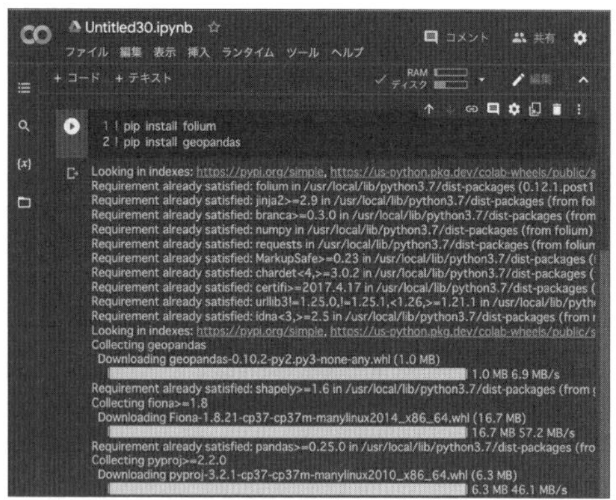

●ライブラリーをインストールしているところ

手順 4 GeoJSON形式の国境データをダウンロードしよう

世界地図を描画するためにGeoJSON形式のデータが必要となります。ここでは、各国のGISデータを収録した「world.geo.json」をダウンロードしましょう。gitコマンドを使って、「world.geo.json」のリポジトリをダウンロードします。

```
# world.geo.jsonをダウンロード
! git clone https://github.com/johan/world.geo.json.git
```

ここでダウンロードした「world.geo.json」は、GeoJSONと呼ばれるデータ形式に則ったデータです。GeoJSONはRFC7946で定義されており、JSON形式をベースに定められた地理情報システム（GIS）のデータです。

手順 5 世界保健統計年次報告書のデータを取得しよう

次に、世界各国の平均寿命データを探してダウンロードしましょう。探してみると、WHOが公開している情報に「世界保健統計年次報告書（World Health Statistics）」があります。その表の中に、世界平均寿命のデータがあります。PDFおよびExcel形式で表がダウンロードできます。

ここでは、以下のURLにアクセスして、下方にある2022年度の『Country, WHO region and global statistics [xlsx]』をクリックしてExcel形式の表をダウンロードして活用しましょう。

URL World Health Statistics
https://www.who.int/data/gho/publications/world-health-statistics

●WHOが公開している平均寿命のデータを利用しよう

手順 6 世界平均寿命データを抽出しよう

Excelファイルを開き、さらにワークシートの「Annex 2-1」を開くと平均寿命のデータを見つけることができます。このシートでは、A列に国名、E列からG列に『平均寿命（Life expectancy at birth）』が国ごとに記されています。

そこで、A列からG列をコピーしてテキストエディターに貼り付けましょう。また、ヘッダー行である先頭5行を削除します。そして「world-lifespan.tsv」という名前で保存しましょう。（このファイルは本書のサンプルに収録してあります。）

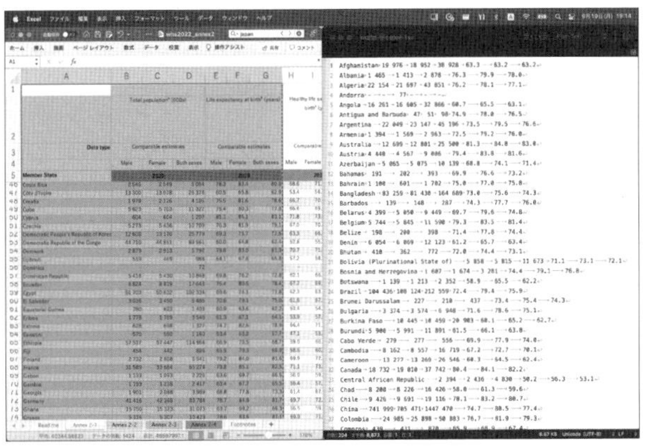

●Excelデータから必要な部分をコピーしよう

前節でも同じ手法を使いましたが、Excelから任意の範囲を選択してコピーして、テキストエディターに貼り付けると、列がタブで区切られたCSV形式で貼り付けることができます。このテクニックを使うと、Excelデータから手軽に必要なデータだけを抽出できて便利です。

手順7 TSVを元に世界平均寿命JSONデータを作成しよう

次に、保存したTSVファイルからJSONファイルを生成するプログラムを作りましょう。次のプログラムは、TSVファイル「world-lifespan.tsv」を読み込んで、JSONファイル「world-lifespan.json」を出力するものです。

●src/ch6/world-lifespan-tsv2json.py

```
from itertools import count
import json, re

INFILE = 'world-lifespan.tsv'
OUTFILE = 'world-lifespan.json'

# TSVファイルを読み込む --- (※1)
data = {}
text = open(INFILE, 'r', encoding='UTF-8').read()
for line in text.split('\n'):
    line = line.strip()
    cells = line.split('\t')
    if len(cells) <= 6: continue # 無効なデータを飛ばす --- (※2)
    country = cells[0]
    lifespan_s = cells[6]
    if lifespan_s == '' or lifespan_s == '-': continue
    # 国名にあるカッコを削って一般的な名称に直す --- (※3)
    country = re.sub('\(.+\)', '', country).strip()
    lifespan = float(lifespan_s)
    data[country] = lifespan

# JSON形式で保存 --- (※4)
with open(OUTFILE, 'w', encoding='utf-8') as fp:
    json.dump(data, fp, ensure_ascii=False, indent=2)

# 寿命が長い順に並べ替えて上位10件を出力 --- (※5)
life_list = sorted([[k, v] for k,v in data.items()],
                   key=lambda v: v[1], reverse=True)
for rank, row in enumerate(life_list[0:10]):
    print('{:2d}位 {} ({}才)'.format(rank+1, row[0], row[1]))
```

プログラムを確認してみましょう。(※1) ではタブ区切りのCSVデータ（TSVファイル）を読み込みます。このTSVファイルを詳しく見てみると、途中で空行があったり、説明行があったりと、無効な行も含まれています。そこで、(※2) でデータが入っていない行を飛ばして処理するようにします。それで、国名が0列目、寿命データが6列目にあるので、このデータを変数countryとlifespan_sに代入します。なお、(※3) の部分ですが、この表において国データには、カッコで別名が書いてあるので、正規表現でカッコの中を削ります。そして、(※4) ではJSON形式でデータを保存します。

(※5) ですが、せっかく世界の平均寿命データを読み込んだので、ここで寿命が長い順に並べ替えて画面に表示します。

手順 8 JSON作成プログラムを実行しよう

上記プログラムを実行してみましょう。なお、このプログラムはまだローカル環境で実行してみます。

```
$ python3 world-lifespan-tsv2json.py
```

実行すると、JSONデータ「world-lifespan.json」を出力します。そして、オマケで平均寿命ベスト10のランキングを出力します。これを見ると、長寿1位は日本です。そして、スイス、韓国、シンガポールと続きます。

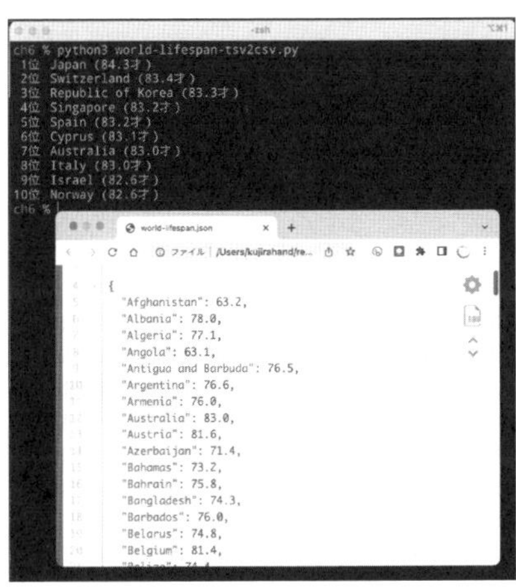

●JSONファイルを出力し、平均寿命ベスト10も出してみた

手順 9 ColabにJSONファイルをアップロードしよう

Colabではファイルのアップロードにも対応しています。上記の手順8で作った「world-lifespan.json」というJSONファイルをアップロードしましょう。画面左側のフォルダーアイコンをクリックして、ファイルパネルを表示します。そして、左上にあるアップロードボタンを押してファイルを選択

するか、ファイルをドラッグ&ドロップしてアップロードしましょう。するとファイル一覧にアップロードしたファイルが表示されます。

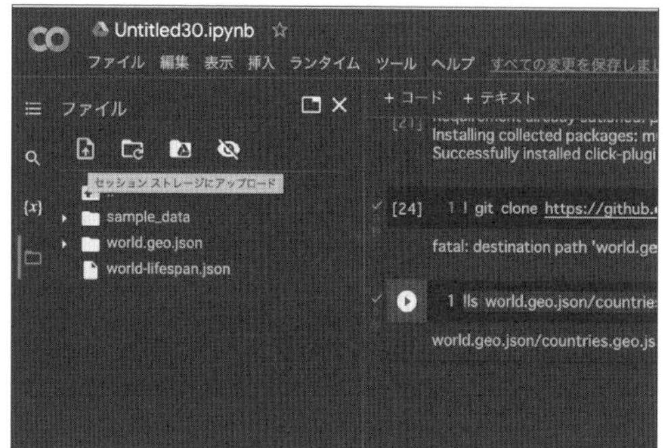

●Colab に JSON ファイルをアップロード

手順 10 地図上に国別の平均寿命を描画しよう

これで準備は整いました。地図上に平均寿命のデータを描画しましょう。以下は、JSON ファイルを読み込み地図上に描画するプログラムです。

●src/ch6/world-lifespan-map.py

```
import json, folium, geopandas
import matplotlib.pyplot as plt

# 地理データを読む --- (※1)
countries = geopandas.read_file('world.geo.json/countries.geo.json')

# JSONを読む --- (※2)
with open('world-lifespan.json', 'r', encoding='utf-8') as fp:
  data = json.load(fp)

# データを色に変換する --- (※3)
max_val = max([v for k,v in data.items()])
min_val = min([v for k,v in data.items()])
cmap = plt.get_cmap('coolwarm')
norm = plt.Normalize(vmin=min_val, vmax=max_val)
coldata, agedata = {}, {}
for cn, age in data.items():
    # 韓国とロシアの国名が地理データとマッチしないので微修正 --- (※3a)
    if cn == 'Republic of Korea': cn = 'South Korea'
    if cn == 'Russian Federation': cn = 'Russia'
    coldata[cn] = '#' + bytes(cmap(norm(age), bytes=True)[:3]).hex()
    agedata[cn] = age # 国名の変更のため
```

```
# 地図の色をコールバック関数で指定する --- (※4)
def get_style(o):
  name = o['properties']['name']
  if name not in coldata: return {}
  return {'fillColor': coldata[name], 'weight': 1,
          'fillOpacity': 0.5, 'color': 'silver'}

# 地図を表示する準備 --- (※5)
map = folium.Map(location=[0, 0], zoom_start=2)

# 地図上にデータを描画するように指定 --- (※6)
for cn, age in coldata.items():
  gis = countries[countries['name'] == cn]
  if len(gis) == 0: continue
  folium.GeoJson(gis, style_function=get_style,
    tooltip='{} {}才'.format(cn, agedata[cn])).add_to(map)

# HTMLで出力 --- (※7)
map.save('world-lifespan.html')
# Colabで画面にマップを出力
map
```

プログラムを確認しましょう。(※1) では GeoJSON 形式のデータを手軽に扱う geopandas を使ってデータファイル「world.geo.json」を読み込みます。

(※2) では平均寿命の JSON ファイルを読み込みます。そして、(※3) では平均寿命のデータを色データに変換します。ここでも、pyplot の get_cmap メソッドを使って、値を色データに変換します。なお、(※3a) ですが韓国やロシアの国名が地理データ内に存在しないため、国名を修正します。他にも表示されていない国がありますが、とりあえずこの 2 国のみ処理しています。

(※4) では地図のスタイルを指定するコールバック関数を定義します。folium では地図上に GeoJSON のデータを重ね合わせる場合に、style_function としてスタイルを定義する関数を指定します。

(※5) で folium の Map オブジェクトを作成します。そして、(※6) で重ね合わせる GeoJSON データを指定します。ここでは、WHO の平均寿命のデータがあるものを重ね合わせデータとして登録します。ただし、WHO のリストにある国名と world.geo.json が提供する国名が合致するものだけを登録しています。なお、(※3a) で少しだけ国名が合うように変換しています。

そして、(※7) では地図データを HTML として保存し、また Colab で表示できるように map オブジェクトを出力します。

手順 11 Colab でプログラムを実行し地図を表示しよう

Colab のセル（テキストボックス）に、上記のプログラムを入力して実行してみましょう。すると、次のように Colab の画面一杯に地図が表示されます。国の上にカーソルを移動すると、その国の名前と平均寿命のデータをツールチップに表示します。

●マップを表示したところ

folium ではマップを表示する HTML を出力することができます。Colab のファイルパネルを開き、「world-lifespan.html」を選んでダウンロードしてみましょう。ブラウザーで HTML を読み込むと平均寿命のデータを重ね合わせた地図が表示されます。

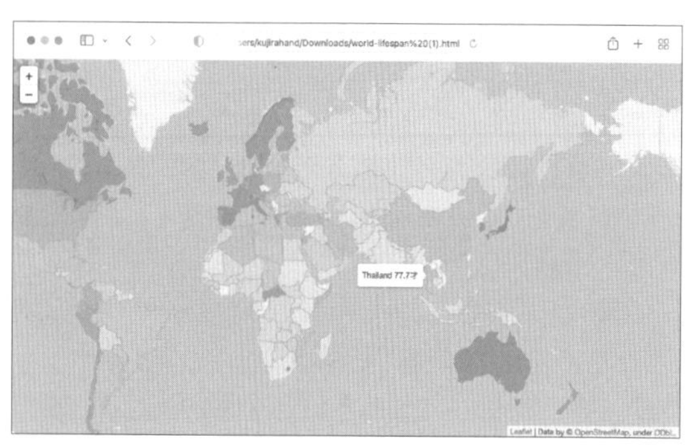

●HTML をダウンロードするとブラウザー上でも確認できる

Colabを使いこなそう

今回、Colab を使ってプログラムを作りました。Colab のノートブックで作ったプログラムや表示した内容は、個人の Google Drive に保存されます。ただし、注意が必要な点ですが、Colab のマシン上に保存したデータなどは保存されません。一定時間が経過すると Colab のマシン上に保存した全ての環境がリセットされるという制限があるからです。つまり、プログラムの実行結果（画面への表示結果）は Google Drive に保存されるのですが、途中経過やファイルに出力したデータは保存されないのです。そのため、Colab 上で作成したデータファイルはダウンロードするか、明示的に Google Drive へコピーするなどの対策が必要です。

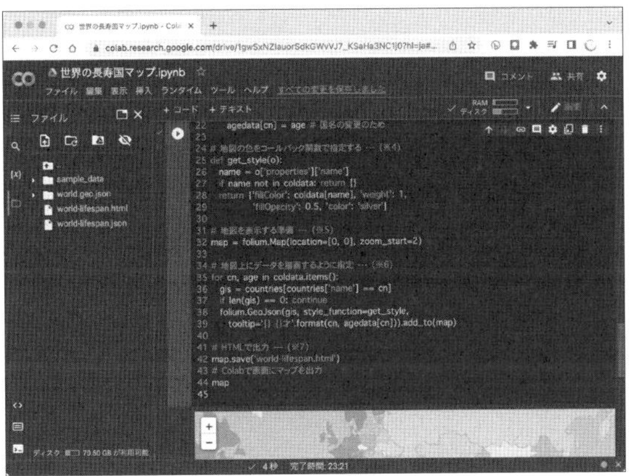

●無料で Python が実行できる Colab は制限も多いが便利

Colab はブラウザーから操作するだけあって、ローカル PC とは切り離された環境で Python を実行できます。一定期間でリセットされるという制限がありますが、悪いことばかりではありません。PC の環境が壊れることを心配せずに、いろいろなライブラリーをインストールして試すことができます。

利用している PC の性能が悪くて Python の動きが悪いとか、あまりたくさんデータを保存できないという場合でも、Colab と Google Drive を利用する事で PC の性能の悪さを気にせず作業することもできます。Colab は GPU も使えますし、それなりのスペックのマシンが提供されています。Colab には環境がリセットされてしまうというデメリットを補うだけのメリットがありますので、うまく活用すると良いでしょう。

foliumで地図に書き込みをしよう

今回、folium を使って、オンライン地図の OpenStreetMap 上に長寿データを書き込みました。folium を使うと、気軽にいろいろな書き込みができるので試してみましょう。

東京タワー周辺の地図を表示しよう

世界の長寿地域の地図を描画したため、世界中が表示される設定にしましたが、任意の緯度経度を指定して地図を表示することもできます。

以下のコードを実行すると、東京タワーを中心にした地図を表示できます。

```
import json, folium
map = folium.Map(location=[35.658584, 139.7454316], zoom_start=16)
map
```

folium.Map メソッドの location 引数に緯度経度を与えると、その場所を中心にした地図を表示します。その際、zoom_start 引数を与えることで地図の拡大率を指定できます。

上記のコードを Colab 上で実行すると次のような地図が表示されます。しっかりと東京タワーを中心とした地図が表示されました。

●東京タワーを中心とした地図を表示

地図上にマーカー（ピン）を配置しよう

続いて、地図上にマーカー（ピン）を配置してみましょう。次のように、Marker のオブジェクトを作ってマップに追加します。

```
import json, folium
# 地図を表示
map = folium.Map(location=[35.658584, 139.7454316], zoom_start=16)

# マーカーを生成して地図に追加することで配置できる
folium.Marker(
    location=[35.658584, 139.7454316],
    tooltip="東京タワーです。",
    popup="<a href='https://example.com'>東京タワー</a>").add_to(map)
map
```

上記のプログラムを Colab 上で実行すると、次のように地図にマーカー（ピン）を配置できます。folium.Marker メソッドでマーカーオブジェクトを生成し、add_to メソッドでマップに追加できます。その際、location 引数で配置する緯度経度、tooltip 引数でマウスのカーソルを合わせたときのツールチップ、popup でマーカーをクリックした時に出る吹き出しの内容を指定できます。この例のように HTML を記述できます。

```python
import json, folium
# 地図を表示
map = folium.Map(location=[35.658584, 139.7454316], zoom_start=16)
# マーカーを配置
folium.Marker(
    location=[35.658584, 139.7454316],
    tooltip="東京タワーです。",
    popup="<a href='example.com'>東京タワー</a>").add_to(map)
map
```

●マーカーを設定したところ

foliumは機能が豊富で、PolyLineメソッドで地図上に線を引いたり、Circleメソッドで円を描画したり、自由な多角形の図形を描画したり、今回本文で紹介したように、GeoJSONのデータを描画したりと、かなり自由な描画が可能です。

まとめ

本節では世界の平均寿命データを元にした長寿国のマップを作成してみました。そしてインストールが面倒なgeopandasを使うために、Colabを利用して地図を描画してみました。また、foliumを使うと地図上にさまざまな描画が可能であることも確認しました。

6章

JSON便利ツールまとめ

本章の最後にJSON便利ツールを紹介します。JSONデータを自動でグラフ化してくれるツールや、JSONデータの構造を把握するのに便利なツールを紹介します。本書の執筆時にも活躍してくれた各種ツールを一挙紹介します。

Keyword

●JSONツール ●JSON Viewer
●JSON Crack ●SON Editor Online
●JSONLint ●uicktype ●PlantUML

この節で作るもの

●JSON便利ツールの紹介

JSON Viewer（Chrome拡張）

ブラウザーの拡張機能としてインストールして使えるJSONビューワーです。本書で最もよく使ったツールの一つです。JSONファイルをブラウザーにドラッグして気軽に確認できるので重宝します。ノードを折り畳んで部分的に非表示にしたり、いろいろなテーマを切り替えて表示したりと基本的な機能を備えています。検索機能があるだけのシンプルなツールで、データの閲覧に特化しています。詳しいインストール方法や設定については、1章のコラム（p.072）をご覧ください。

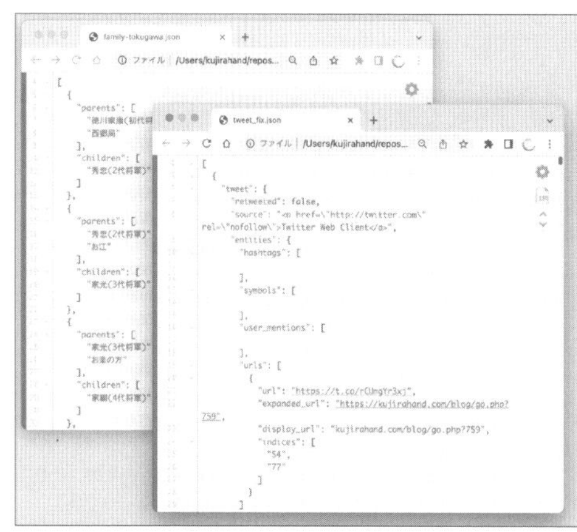

●JSONデータの閲覧に特化しているJSON Viewer

JSON Crack（Webアプリ）

JSON データの構造をグラフ表示してくれるのが「JSON Crack」です。画面左側にあるエディターにJSON データを貼り付けると、構造を解析してグラフを描画します。JSON の構文チェックの機能も備えています。

ブラウザー上で使えるオンラインのツールですが、ソースコードが公開されているので、ローカルPC で動かすこともできます。

URL

JSON Crack（旧：JSON Visio）-（Web アプリ）

https://jsoncrack.com/

JSON Crack - ソースコード（GitHub）

https://github.com/AykutSarac/jsoncrack.com

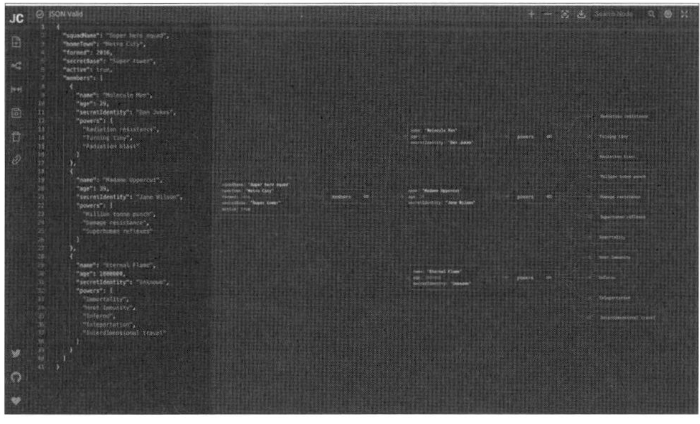

●JSON Crack の画面。JSON データの構造をグラフ表示してくれる

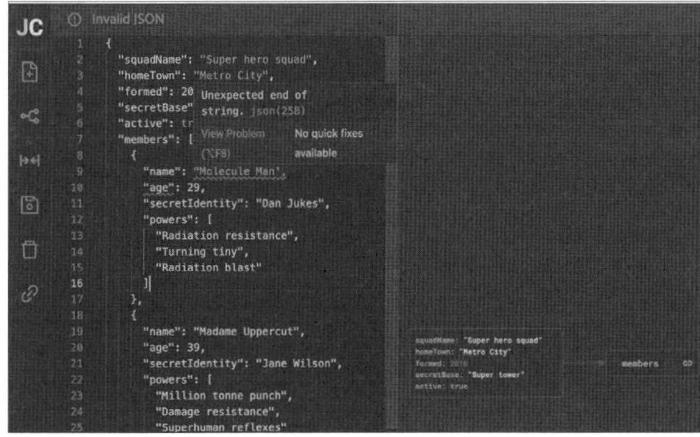

●構文チェックの機能が付いているので便利

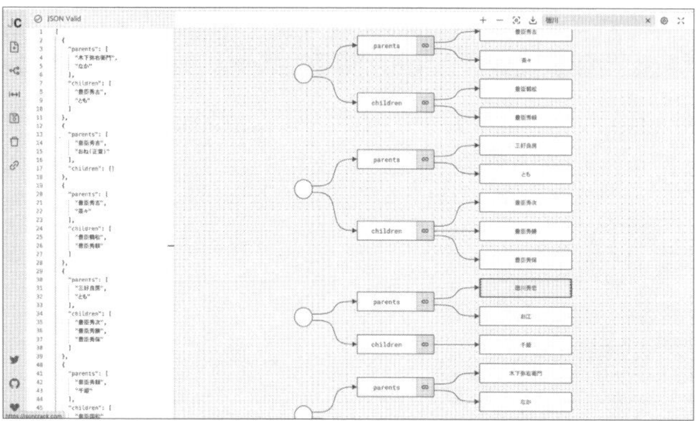

●テーマを「light」に切り替えたところ。また検索機能もある

JSON Editor Online（Webアプリ）

オンライン上で使える JSON エディターです。左右に配置された JSON エディターが特徴です。データの一部を折り畳んで非表示にしたり、ツリー形式でデータを概観できたりと用途に合わせて表示方法を選べます。

それぞれ左右のデータを比較したり、データを並べ替えたり、特定のデータを抽出したりと、JSON データを手軽に操作できるので便利です。

URL

JSON Editor Online

https://jsoneditoronline.org/

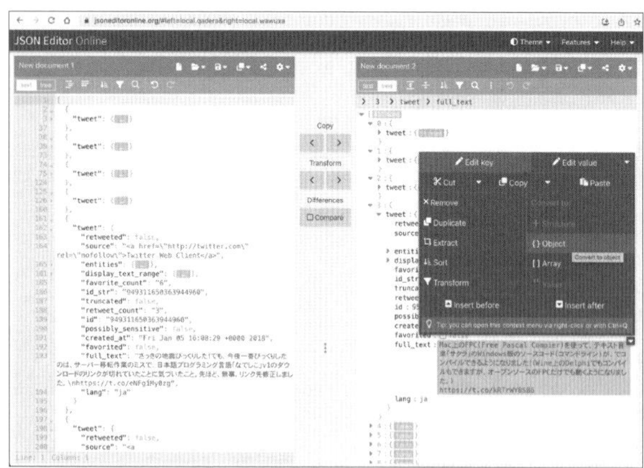

●JSON Editor Online は左右に並んだ 2 つのエディターが特徴

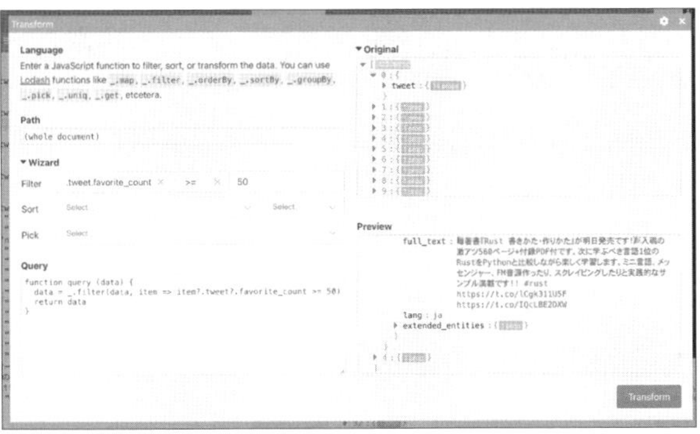

●フィルター機能で特定のデータを抽出するところ

JSONLint（Webアプリ）

JSON が仕様に則った正しいデータかどうかの判定に特化したオンラインツールもあります。以下のURL にアクセスし、テキストボックスに JSON を貼り付けて「Valid JSON」ボタンを押します。すると、その JSON データが正しいかどうかを判定してくれます。正しいデータであれば「Valid JSON」と表示されます。操作が単純なので、迷うことなく使えるのが良いところです。

URL　JSONLint
https://jsonlint.com/

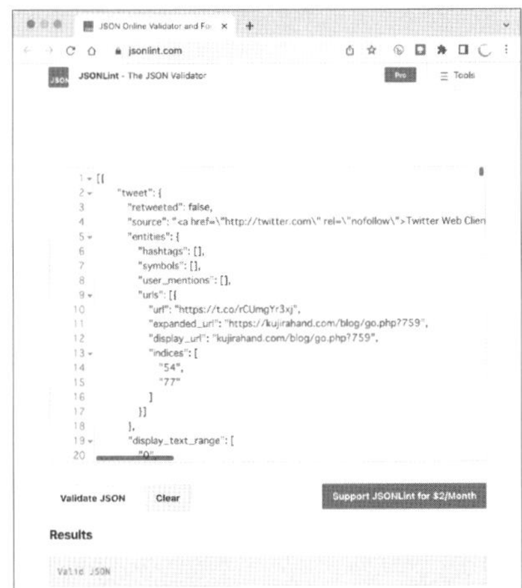

●JSON が正しいデータかどうかを判定してくれる JSONLint のサイト

quicktype（Webアプリ / Visual Studio Code拡張）

JSON ファイルを元にして、TypeScript の型定義ファイルを自動生成してくれるのが quicktype です。複雑な JSON ファイルの構造を調べるのに便利です。本文 4 章 3 節（p.257）では、Visual Studio Code の拡張機能として使う方法を紹介しました。なお、インストールが面倒な方は、quicktype をブラウザーからオンラインで使うことも可能です。

URL
quicktype
https://quicktype.io/

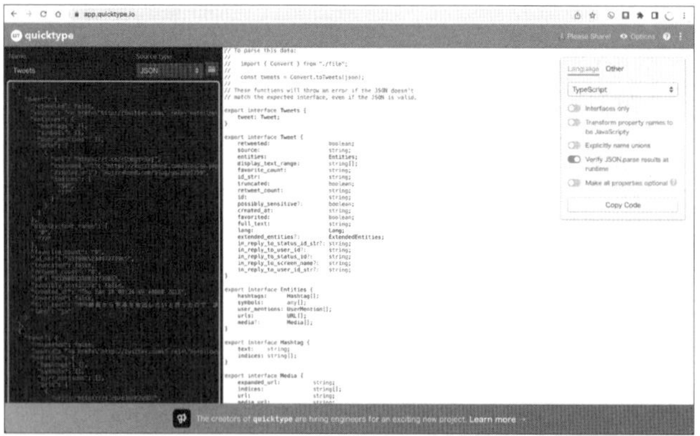

●複雑な構造の JSON を解析するのに便利な quicktype

PlantUML（コマンドライン / Visual Studio Code拡張）

JSON データ構造を視覚的に表示するのに便利なツールです。もともとは UML 図を描画するためのツールですが、JSON データを視覚化する機能も優秀です。JSON データの構造をそのままグラフ化するツールの中では汎用性が高く実用的です。

JSON ファイルをそのまま変換できるわけではなく、JSON データの前後に「@startjson」「@endjson」を記述して変換します。コマンドラインツールが用意されているほか、Visual Studio Code の拡張としても利用できます。

URL
PlantUML
https://plantuml.com/ja/

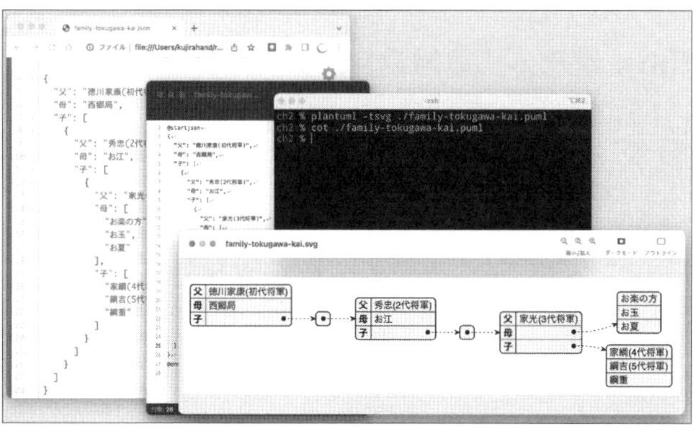

●JSON データの構造を元にグラフを描画するツール

まとめ

☑ JSON を扱うのに役立つツールをいくつか紹介しました。いずれも優れたツールであり、ブラウザーやエディター（Visual Studio Code）から気軽に使えるものばかりなので、活用してみると良いでしょう。

コラム

データ視覚化において Python と Excel の組み合わせ

ここまで、Python とライブラリーを利用して地図を描画してみました。Python を使うなら、データの整形から集計、ファイルの読み書きなど、さまざまな処理を一貫して処理できるので便利です。しかし、データ視覚化についてさまざまな機能を持つ Excel を使っても、同じようにデータを視覚化できます。

例えば、本章では日本の長寿マップを作りました。長寿マップも Excel なら数秒で描画できます。しかし、Excel では JSON ファイルをうまく読み込めないので、最初に Python で作成したデータ「lifespan-ave.json」を CSV ファイルで出力しましょう。

●src/ch6/lifespan-ave2csv.py

```
import json

INFILE = 'lifespan-ave.json'
OUTFILE = 'liefespan-ave.csv'
# ファイルを読む
data = json.load(open(INFILE, 'r', encoding='utf-8'))
# 出力用のファイルを開く(SJISで保存)
with open(OUTFILE, 'w', encoding='SJIS') as fp:
    for pref, v in data.items():
        fp.write('{},{}\r\n'.format(pref, v))
```

そして、以下のコマンドを実行して CSV ファイルを生成します。

```
$ python3 lifespan-ave2csv.py
```

実行すると、CSV ファイルが作成されるので、Excel で開きます。そして、A 列 B 列を選択した状態で、メニューより [挿入 - マップ] をクリックします。これだけで、簡単に日本地図に色を付けることができます。

●Excel で作った長寿マップ

世界地図も同様の方法で手軽に色を付けることができます。もちろん、どんなグラフを作りたいかにもよりますが、Excel の視覚化ツールも優れているので、データ整形を Python で行って、視覚化は Excel で行うというのも一つの方法でしょう。

7章

JSON と機械学習

JSONデータの活用方法として機械学習について紹介します。機械学習を使うことで、迷惑メールを検出したり、画像が何を表すのか画像判定したりできます。また、不動産価値を判定したり、株価を予想したりすることもできます。本章ではJSONデータを利用して簡単な機械学習に挑戦してみましょう。

7章

1 機械学習とJSONについて

機械学習を使うとデータの中にあるルールやパターンを見つけ出し、未知の問題を解くことができます。最初に、簡単な機械学習問題として、論理演算を解いてみましょう。機械学習についての基本を確認しましょう。

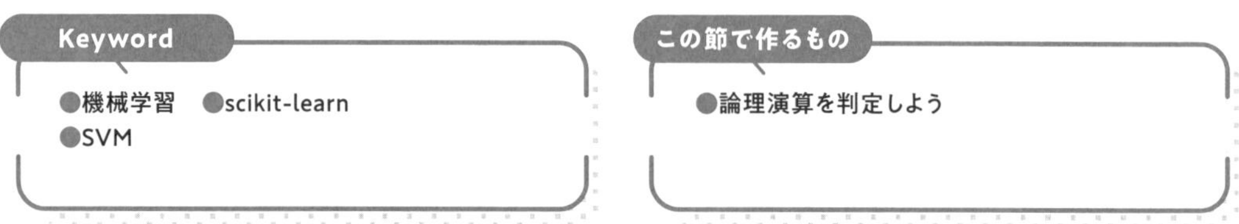

Keyword

- 機械学習
- scikit-learn
- SVM

この節で作るもの

- 論理演算を判定しよう

本章ではさまざまな機械学習のアルゴリズムを手軽に利用できるライブラリー『scikit-learn』を使ってみます。

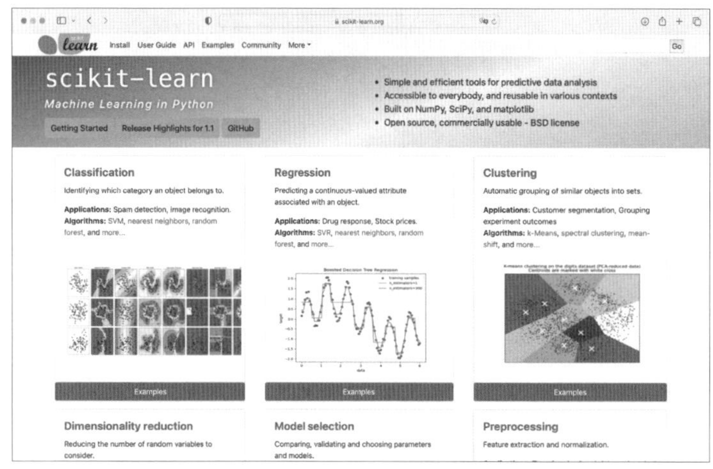

●本章では scikit-learn を使って機械学習を実践する

機械学習の練習として、本節では、論理演算の OR 演算と XOR 演算を解くプログラムを作ってみましょう。もちろん、Python のプログラムを使うと論理演算は簡単に解けるのですが、機械学習を使うことでデータに存在するパターンを見つけ出し、論理演算の答えを出すことができます。

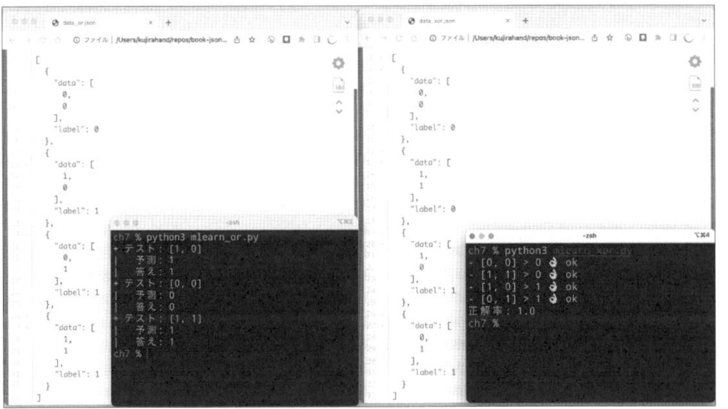

ch7 % python3 mlearn_or.py
+ テスト: [1, 0]
| 予測: 1
| 答え: 1
+ テスト: [0, 0]
| 予測: 0
| 答え: 0
+ テスト: [1, 1]
| 予測: 1
| 答え: 1
ch7 %
ch7 % python3 mlearn_xor.py
- [0, 0] > 0 ok
- [1, 1] > 0 ok
- [1, 0] > 1 ok
- [0, 1] > 1 ok
正解率: 1.0
ch7 %

●OR演算とXOR演算を機械学習で判定してみましょう

手順 1 機械学習のライブラリーをインストールしよう

本章では、機械学習ライブラリーのscikit-learnを利用します。ターミナルで以下のコマンドを実行してインストールしましょう。なお、機械学習のライブラリーは頻繁に更新されるので、できるだけバージョンを指定してインストールすると安心です。

```
$ python3 -m pip install scikit-learn==1.1.2
```

手順 2 学習データを用意しよう

まずは、最も簡単な機械学習問題を解いて、機械学習の手法を確認してみましょう。ここでは、論理演算のOR演算（論理和）を機械学習で解いてみましょう。OR演算というのは、次のような計算です。二つの真偽値について、いずれか一方あるいは両方が真のときに真となり、いずれも偽のときに偽となるものです。

OR演算の真偽対照表

データ	結果
[偽,偽]	偽
[真,偽]	真
[偽,真]	真
[真,真]	真

機械学習で問題を解くとき、データを数値で表す必要があります。そのため、ここでは、偽を0、真を1で表現してみます。OR演算をJSONデータで表現すると次のようになります。

●src/ch7/data_or.json

```
[
  {"data": [0, 0], "label": 0},
  {"data": [1, 0], "label": 1},
  {"data": [0, 1], "label": 1},
  {"data": [1, 1], "label": 1}
]
```

手順 3 機械学習で OR 演算を解いてみよう

それでは、上記 JSON データを読み込んで、OR 演算を解いてみましょう。もちろん、Python のプログラムで「print(1 or 0)」とか「print(0 or 0)」のように記述すれば答えを求めることができます。しかし、ここで確認したいのは、学習データを与えて、そのデータを用いて機械学習で答えを求めることができるという点です。

●src/ch7/mlearn_or.py

```
import json
from sklearn import svm

# OR演算の学習データを読む --- (※1)
data_or = json.load(open('data_or.json'))

# 学習のためにラベルとデータに分ける --- (※2)
data = []
labels = []
for row in data_or:
    data.append(row['data'])
    labels.append(row['label'])

# 機械学習にSVMアルゴリズムを使う --- (※3)
clf = svm.SVC()
# データを学習 --- (※4)
clf.fit(data, labels)

# 機械学習でOR演算が解けるか確認 --- (※5)
test_data = [[1,0], [0,0], [1,1]]
pre = clf.predict(test_data)
for i, data in enumerate(test_data):
    print('+ テスト:', data)
    print('|    予測:', pre[i])
    print('|    答え:', data[0] or data[1])
```

プログラムを確認してみましょう。(※1) では JSON データを読み込みます。そして、(※2) では機械学習で学習するためにデータを「データ本体（変数 data)」と「正解ラベル（変数 label)」に分割します。

(※3) では SVM(Support Vector Machine）と呼ばれるアルゴリズムを使ってこの問題を解くことにします。そのため、SVM で分類問題を解く分類器（classifier）を作成します。

(※4) でデータの学習を行います。fit メソッドを用いて学習するのですが、第 1 引数には学習データを、第 2 引数にはラベルを指定します。

(※5) では機械学習で OR 演算が解けるかどうかを試してみます。ここでは、テストデータを 3 つ用意して、機械学習で正しく答えを導き出せるかを確認します。

手順 4 プログラムを実行してみましょう

それでは、プログラムを実行してみましょう。次のコマンドを実行します。

```
$ python3 mlearn_or.py
```

実行すると次のように結果が表示されます。3 つのテストデータについて、機械学習で求めた予測値と Python で求めた答えを表示します。いずれも予測値と答えが合致していることから、正解率 100% で正しく OR 演算が計算できたことが分かります。

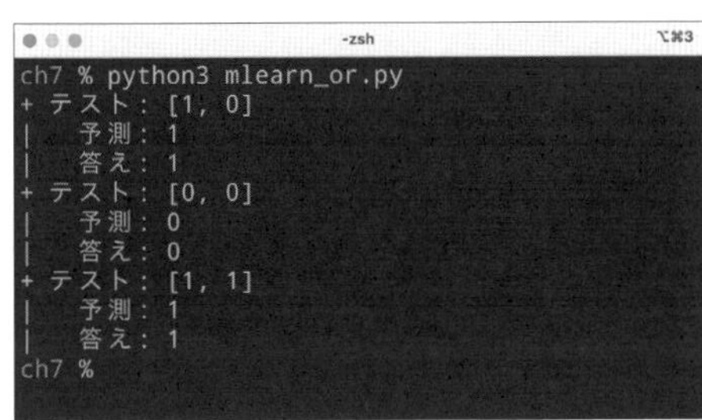
-zsh
ch7 % python3 mlearn_or.py
+ テスト: [1, 0]
| 予測: 1
| 答え: 1
+ テスト: [0, 0]
| 予測: 0
| 答え: 0
+ テスト: [1, 1]
| 予測: 1
| 答え: 1
ch7 %

●OR 演算を機械学習で解いたところ

手順 5 XOR 演算の JSON データを作ってみよう

機械学習を用いて OR 演算が正しく計算できたので、次に XOR 演算（排他的論理和）に挑戦してみましょう。XOR 演算とは、次のような論理演算です。同じく真を 1、偽を 0 としてみましょう。

●src/ch7/data_xor.json

```
[
  {"data": [0, 0], "label": 0},
  {"data": [1, 1], "label": 0},
  {"data": [1, 0], "label": 1},
```

```
  {"data": [0, 1], "label": 1}
]
```

手順 6 XOR 演算を解くプログラムを作ろう

基本的には手順 3 のプログラム「mlearn_or.py」と同じで、OR 演算のためのデータを読み込むところを、XOR 演算のデータを読み込むようにしました。また、全てのパターンについて確認し、正解率を確認してみましょう。

●src/ch7/mlearn_xor.py

```
import json
from sklearn import svm

# XOR演算の学習データを読む --- (※1)
data_xor = json.load(open('data_xor.json'))

# 学習のためにラベルとデータに分ける --- (※2)
data = []
labels = []
for row in data_xor:
    data.append(row['data'])
    labels.append(row['label'])

# SVMで学習 --- (※3)
clf = svm.SVC()
clf.fit(data, labels)

# 機械学習でXOR演算が解けるか確認 --- (※4)
labels_pred = clf.predict(data)

# 正しく判定できたか確認して正解率を出す --- (※5)
ok = 0
for i, pred in enumerate(labels_pred):
    ans = '👌 ok' if pred == labels[i] else '❌ ng'
    print('-', data[i], '>', pred, ans)
    ok += 1
print('正解率:', ok / len(data))
```

プログラムを確認します。(※1) では XOR 演算の学習データを読み込みます。(※2) では機械学習で学習するために、正解ラベルと学習データに分割します。

(※3) では SVM アルゴリズムで学習を行います。そして、(※4) で学習済みのデータを元に予測を行います。

(※5) では本当に正しく判定できているのか一つずつ結果を確認していきます。そして、予測結果が正しければ、変数okを1つ加算していって、最後に予測したデータと実際のデータが正しいかどうかを判定して、正解率を計算して表示します。

手順 7 プログラムを実行して正解率を計算しよう

上記のプログラムを実行するには、次のコマンドを実行します。

```
$ python3 mlearn_xor.py
```

実行すると、次のように全てのパターンについて正解して、正解率として1.0が表示されます。

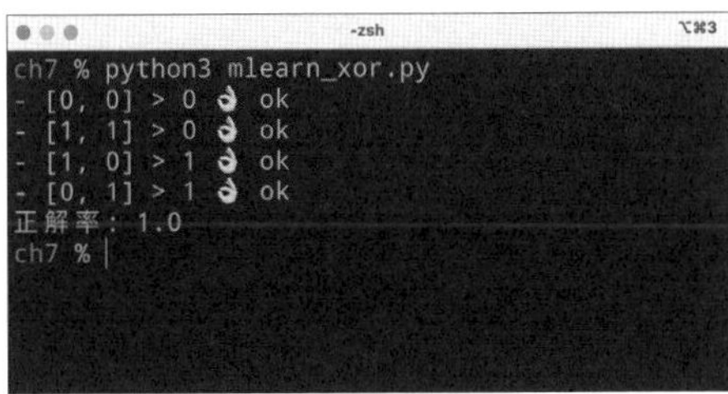

●機械学習をXOR演算で解いたところ

機械学習とは

機械学習（Machine Learning）とはデータ分析の手法の一つです。機械に対して大量のデータを与えることで、そのデータの中にあるルールやパターンを発見させることができます。これにより、分類や予測といったタスクを行います。

AI（人工知能）の一分野であり、話題の深層学習（ディープラーニング）も機械学習の一技術です。今や機械学習によって多くの仕事が自動化されています。画像の分類や、音声認識、自動運転、将棋やチェスといったゲーム、病気の診断、故障判定、不正検知、需要予測など、あらゆる場面で活用されています。

機械学習とJSON

本書は主にJSONを通してさまざまなプログラミングについて学んでいますが、どのように機械学習とJSONが結びつくのでしょうか。機械学習では膨大なデータを学習することでモデルを作成し、そのモデルを利用して新たな問題を解きます。つまり、収集したデータをJSONで保存しておいて、機械に学習させることができます。

また、機械学習では、常に最善の結果が得られる訳ではありません。パラメーターをチューニングしたり、学習方法を工夫したりする必要があります。その際、データ形式を変形したり、加工したりする作業が頻繁に生じます。

このような場合、学習対象となるデータをJSON形式で保存すると便利です。JSONでは構造化された情報を保存できるので、保存したデータを読み込んですぐに学習させることができます。

SVMとは

機械学習にはさまざまなアルゴリズムがありますが、本節では、機械学習の代表的なアルゴリズムとして、SVM (Support Vector Machine) を利用して機械学習を解いてみました。SVMとは分類や回帰などの問題に適用できる機械学習モデルの一つです。少ないデータ量でも高い精度のモデルを作れます。

その仕組みですが、2種類のデータを2次元のグラフ上に描画した時に、各データ点との距離が最大となるマージン最大化超平面を求めるようにパラメーターを調整することで、高い識別性能を得ることができます。

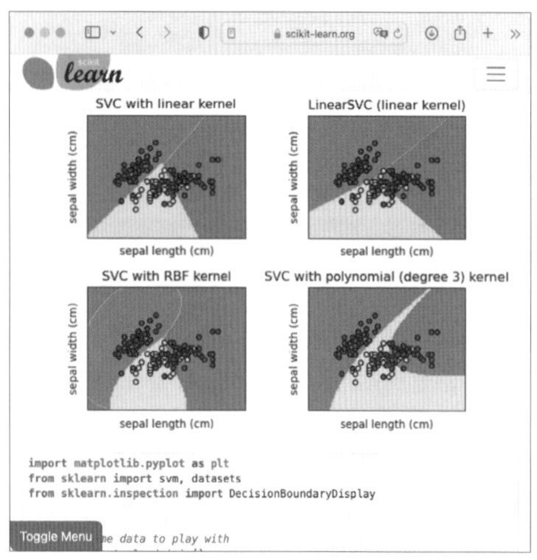

●SVMによるデータの分類について

まとめ

本節では機械学習の基礎として、論理演算のOR演算とXOR演算に挑戦してみました。実際に機械学習を行うプログラムを作ってみました。とは言え、論理演算ができたところで面白みはありません。次節からいろいろな機械学習に挑戦してみましょう。

7章

2 機械学習で毒キノコを判定してみよう

機械学習を使うとデータの中にあるルールやパターンを見つけ出し、未知の問題を解くことができます。最初に、簡単な機械学習問題として、論理演算を解いた後、毒キノコと食用キノコの判定問題を解いてみましょう。

Keyword

- データ予測
- 分類問題
- SVM
- 正規化

この節で作るもの

- 毒キノコ判定AIを作ろう

日本では、毎年のように各地で毒キノコによる食中毒が発生しています。毒キノコは「毒々しい色をしているに違いない」と思われがちですが、キノコの色と毒は無関係なのだそうです。素人には毒キノコ判定は難しいものです。そこで、毒キノコと食用キノコの特徴を表したデータベースを機械学習で学習して、毒キノコ判定 AI を作ってみましょう。

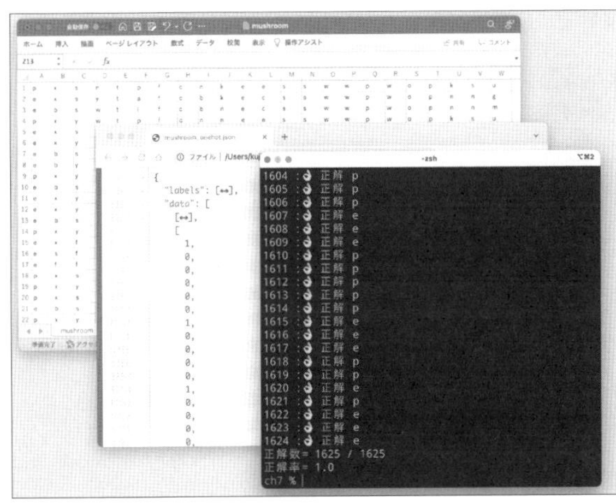

●毒キノコ判定 AI を作ってみよう

メモ

プログラム使用上の注意

本書は毒キノコの専門書ではありませんし、あくまでも「機械学習の有用性」を紹介するものです。実際に毒キノコの判定をする際には専門家の指導を受けてください。本プログラムの利用は自己責任でお願いします。
また、この手のアプリを開発する際には「フェイルセーフ（英語：fail safe）」を意識する必要があります。フェイルセーフとは、システムにおいて誤操作や誤動作による障害が発生した場合でも常に安全に動作して人命を危険に晒させないようにシステムを構築する設計手法です。一部の人にはAIを盲目的に信頼してしまう傾向もあります。そのため「このアプリで毒がないと判定されたから、絶対に安心」などの印象を与えないように設計する必要もあるでしょう。

手順 1 毒キノコと食用キノコのデータをダウンロードしよう

機械学習の手法が少し分かってきたところで、毒キノコ判定を行う機械学習のプログラムを作ってみましょう。最初に、毒キノコと食用キノコを判定するためのデータベースをダウンロードします。これは、機械学習の練習に使えるデータセットの一覧を配布している「UCI機械学習リポジトリ」からダウンロードできます。

URL
UCI機械学習リポジトリ ＞ Mushroom Data Set
https://archive.ics.uci.edu/ml/datasets/mushroom

「UCI機械学習リポジトリ」では機械学習の練習になるいろいろなデータベースが配布されているので余力があれば見てみると良いでしょう。

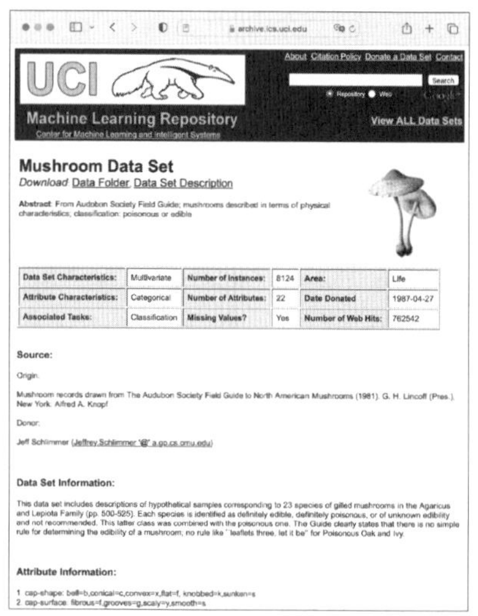

●UCI機械学習リポジトリではキノコデータのほかさまざまなデータが配布されている

データをダウンロードするには、リンク「Data Folder」をクリック、さらに「agaricus-lepiota.data」をクリックしてダウンロードします。ダウンロードしたファイルはCSV形式なので、ここでは分かりやすく「mushroom.csv」という名前に変更しましょう。せっかくなので、Pythonでダウンロードしてみましょう。以下のPythonスクリプトを実行してダウンロードしましょう。

●src/ch7/mushroom_download.py

```
import requests
url = 'https://archive.ics.uci.edu/ml/machine-learning-databases/mushroom/agaricus-lepiota.data'
r = requests.get(url)
open('mushroom.csv', 'w').write(r.text)
```

上記プログラムを実行するとキノコデータベースをダウンロードして「mushroom.csv」というファイルへ保存します。

```
$ python3 mushroom_download.py
```

手順2 キノコデータを確認しよう

ダウンロードしたキノコのデータファイル「mushroom.csv」はCSVファイルです。Excelを使ってデータを確認できます。Excelで開いてデータを確認してみましょう。すると、アルファベットがずらっと並んでいます。このアルファベットでデータが区別されます。

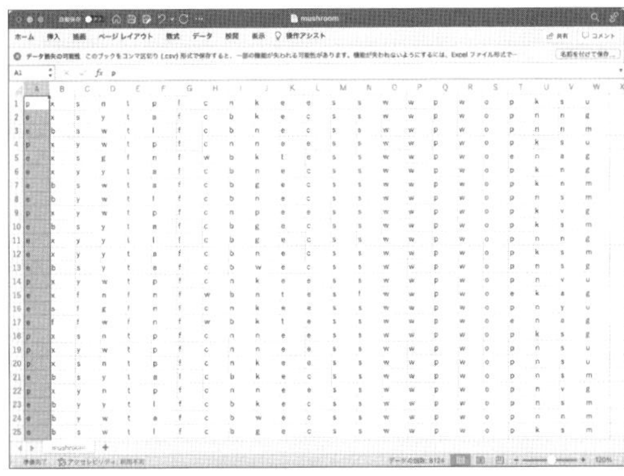

●キノコのデータをダウンロードしてExcelで開いたところ

これは、8124 個のキノコの分類データとなっています。22 列のデータがあり、それぞれ食用か有毒か分類されています。

まず、一番左の A 列のデータに注目してみましょう。「e」と「p」のどちらかが指定されています。これは、「edible（食用）」と「poisonous（有毒）」の頭文字です。つまり、A 列にあるデータが正解ラベルであり、キノコが食べられるかどうかを示した答えです。

そして、UCI 機械学習リポジトリの説明によると、B 列以降は次のような意味となっています。

列名	データの意味
B	1. カサの形 (b: 釣り鐘型 , c: 円錐型 , x: 饅頭型 , f: 扁平型 , k: こぶ状 , s: 凹状)
C	2. カサの表面 (f: 繊維状 , g: 溝 , y: 鱗片状 , s: 滑らか)
D	3. カサの色 (n: 茶色 , b: 黄土色 , c: シナモン色 , g: 灰色 , r: 緑 , p: ピンク , u: 紫 , e: 赤色 , w: 白 , y: 黄色)
E	4. 斑点の有無 (t: あり , f: なし)
F	5. 臭気（a: アーモンド , l: アニス , c: クレオソート , y: 魚くさい , f: ファウル , m: かび臭い , n: なし , p: 辛味 , s: スパイシー)
G	6. ひだの付き方（a: 直生 , d: 垂生 , f: 離生 , n: 切り込みがある)
H	7. ひだの間隔 : (c: 近い , w: 過密 , d: 長い)
I	8. ひだのサイズ（b: 広い , n: 狭い)
J	9. ひだの色 (k: 黒色 , n: 茶色 , b: 黄土色 , h: チョコレート , g: 灰色 , r: 緑 , o: オレンジ色 , p: ピンク , u: 紫 , e: 赤 , w: 白 , y: 黄色)
K	10. 柄の形状 (e: 広がる , t: 狭まる)
L	11. 柄の根 (b: 球根 , c: クラブ , u: コップ , e: 等しい , z: 根茎形状 , r: 根 , ?: なし)
M	12. 柄の表面 - 環の上（f: 繊維状 , y: 鱗片状 , k: 絹 , s: 滑らか)
N	13. 柄の表面 - 環の下（f: 繊維状 , y: 鱗片状 , k: 絹 , s: 滑らか)
O	14. 柄の色 - 環の上（n: 茶色 , b: 黄土色 , c: シナモン , g: 灰色 , o: オレンジ , p: ピンク , e: 赤 , w: 白 , y: 黄色)
P	15. 柄の色 - 環の下（n: 茶色 , b: 黄土色 , c: シナモン , g: 灰色 , o: オレンジ , p: ピンク , e: 赤 , w: 白 , y: 黄色)
Q	16. ツボ (p: 内皮膜 , u: 外皮膜)
R	17. ツボの色 (n: 茶色 , o: オレンジ , w: 白 , y: 黄色)
S	18. ツバの数 (n: なし , o: 1 つ , t: 2 つ)
T	19. ヒダの形 (c: クモの巣 , e: 消失性 , f: 炎 , l: 大きい , n: なし , p: 垂れた , s: 鞘 , z: 環状)
U	20. 胞子紋の色 (k: 黒 , n: 茶色 , b: 黄土色 , h: チョコレート , r: 緑 , o: オレンジ , u: 紫 , w: 白 , y: 黄色)
V	21. 集団形成 (a: 大多数 , c: 群れを成した , n: 多数 , s: 分散 , v: 数個 , y: 孤立)
W	22. 生息地 (g: 牧草 , l: 葉 , m: 牧草地 , p: 小道 , u: 都市 , w: 廃棄物 , d: 森)

なお、筆者も読者の皆さんも、キノコの専門家を目指すわけではないので、このキノコデータにどんなデータが含まれるのか確認するだけで大丈夫でしょう。参考までにキノコの部位だけ確認しておきましょう。

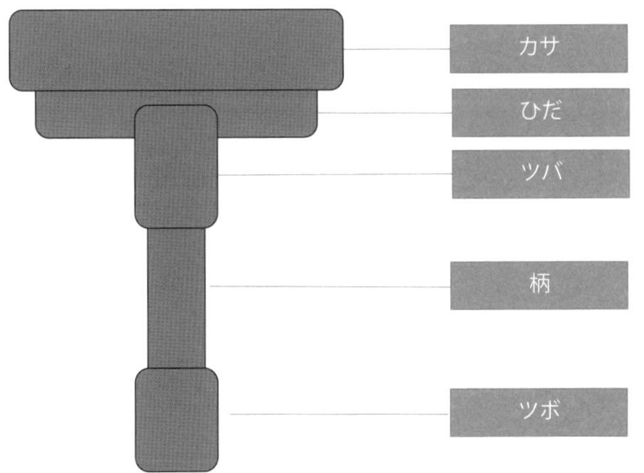

●キノコの部位の名称

手順 3 キノコデータを数値に直そう

ここで、機械学習を実践する際に大切なポイントがあります。それは、学習で使うデータを数値に直す必要があるという点です。例えば、先ほど作ったOR演算のデータでも、偽を0、真を1のように数値に直しました。このようにキノコの各列のデータも文字ではなく、数値に直す必要があります。

しかも、キノコのデータの列で使われる値には数種類ずつのデータがあります。例えば、キノコデータのD列（カサの色）を見ると、茶色、黄土色、シナモン色などなど10種類のデータがあります。これをどのように表現したら良いでしょうか。もちろん、次のように色コードでデータを表現することもできます。

5色をカラーコードで表現する場合

値	色
0	茶色
1	黄土色
2	シナモン色
3	灰色
4	緑

しかし、この表現には落とし穴があります。機械学習では、数値データに対して『正規化(normalize)』と呼ばれる処理を行います。これは、データに対して何らかの計算を行い、データの値

を０から１の間に収まるように揃える処理を言います。つまり、色コードを使ってデータを表現する場合、暗にカラーコード０と１が近い色であることを指定してしまうことになります。ここでは適当にカラーコードを割り振っただけで、色と色の相関関係はありません。

こうした事態を避けるため、１つのデータを複数の列のデータとして扱うことにします。例えば、上記の５色のデータを表現するのに、次のような０と１を組み合わせた表現するデータを用います。これを One-hot 表現と呼びます。この形式であれば、茶色と緑について、どれほど色が近いのかを気にする必要はありません。

値	色
[1,0,0,0,0]	茶色
[0,1,0,0,0]	黄土色
[0,0,1,0,0]	シナモン色
[0,0,0,1,0]	灰色
[0,0,0,0,1]	緑

同じように、色だけでなく別の属性も One-hot 表現で分類します。
それでは、上記キノコのデータを One-hot 表現に変換してみましょう。データを One-hot 表現に変換するには、最初に何種類のデータがあるかを調べ、その種類ごとに One-hot 表現を割り当てます。

以下は、キノコデータの各列を One-hot 表現に変換するプログラムです。

●src/ch7/mushroom_onehot.py

```
import json

# キノコのCSVデータを読み出す --- (※1)
text = open('mushroom.csv', 'r').read()

# CSVを読んでラベルとデータに分割 --- (※2)
labels = []
data = []
for line in text.split('\n'):
    cells = line.split(',')
    if len(cells) != 23: continue
    labels.append(cells[0]) # 0列目が答えラベル
    data.append(cells[1:]) # 1列目以降がデータ

# データの各列をOne-hotに変換 --- (※3)
for col in range(len(data[0])):
    # 各列にいくつのデータがあるか確認する --- (※4)
    cnt = 0
    dic = {}
    for row in data:
```

```
            v = row[col]
            if v not in dic:
                dic[v] = cnt
                cnt += 1
        # One-hot形式に変換 --- (※5)
        for row in data:
            v = dic[row[col]]
            if cnt == 2: # 0と1で表現できる
                row[col] = [v]
            else:
                val = [0] * cnt
                val[v] = 1
                row[col] = val
print(data[0]) # --- (※6)

# 各列のOne-hotデータを結合して1次元にする --- (※7)
result = []
for row in data:
    line = []
    for cells in row:
        line.extend(cells)
    result.append(line)
print(len(result[0]), '>', result[0]) # --- (※8)
print(result[1])
print(result[2])
# データをファイルに保存 --- (※9)
with open('mushroom_onehot.json', 'w', encoding='utf-8') as fp:
    json.dump({'labels': labels, 'data': result}, fp, indent=2)
```

プログラムを確認してみましょう。(※1) ではキノコの CSV データを読み出します。

(※2) では読み込んだデータを改行で区切り、for 文の中で一行ずつのデータを 1 つずつのセルに分割します。なお、データの 0 列目が食用（e）か有毒（p）かのラベルで、1 列目以降がデータとなります。scikit-learn ではラベル自体は文字列でも問題ありません。そこで 1 列目以降のデータに対して One-hot データへの変換を行いましょう。

(※3) 以降の部分で各列のデータを One-hot 表現に変換します。各列でいくつの種類の値があるのか調べる必要があります。最初に (※4) 以降の for 文で各列にいくつの値があるかを調べます。そして、(※5) 以降で値を One-hot 表現に変換します。なお、値が 2 つしかない場合には 0 と 1 で表現できます。One-hot 表現にしたいのは、2 つ以上の値が使われている場合です。そこで、値の数が 2 つの場合のみ特別扱いして処理します。

(※3) から (※5) までの処理では、データの値を One-hot 形式に変換しています。次の手順で最終的な結果を確認しますが、ここでどのようなデータが生成されたのか (※6) の表示結果を確認してみます。各列が One-hot 表現に変換されていることが分かります。

```
[[1, 0, 0, 0, 0, 0], [1, 0, 0, 0], [1, 0, 0, 0, 0, 0, 0, 0, 0, 0], [0], … ]
```

ところで、上記で見たように (※6) で一行のデータが 2 次元のリストになっています。そこで、(※7) では各列のデータを展開して 1 次元のデータにします。(※8) で列数と 1 次元に展開したデータを 1 行分表示します。次のようなデータになります。

```
112 > [1, 0, 0, 0, 0, 0, 1, 0, 0, 0, 1, 0, 0, 0, 0, 0, 0, 0, 0, 0, 0, …]
```

そして、最後に (※9) にてデータを JSON ファイルに保存します。

手順 4 プログラムを実行して One-hot 表現のデータを作ろう

上記のプログラムを実行してみましょう。以下のプログラムを実行します。

```
$ python3 mushroom_onehot.py
```

実行すると「mushroom_onehot.json」という JSON ファイルが生成されます。この JSON ファイルは次のようなものです。

●src/ch7/mushroom_onehot.json より抜粋 :

```
{
  "labels": ["p", "e", "e", "p", "e", …],
  "data": [
    [1, 0, 0, 0, 0, 0, 1, 0, 0, 0, 1, 0, 0, 0, 0, 0, 0, 0, 0, 0, 1, …],
    [1, 0, 0, 0, 0, 0, 1, 0, 0, 0, 0, 1, 0, 0, 0, 0, 0, 0, 0, 0, 0, …],
    [0, 1, 0, 0, 0, 0, 1, 0, 0, 0, 0, 0, 1, 0, 0, 0, 0, 0, 0, 0, 0, …],
   …省略…
  ]
}
```

毒の有無を表すラベルと、学習用のデータを分離したので、labels と data に分けたデータとなっています。

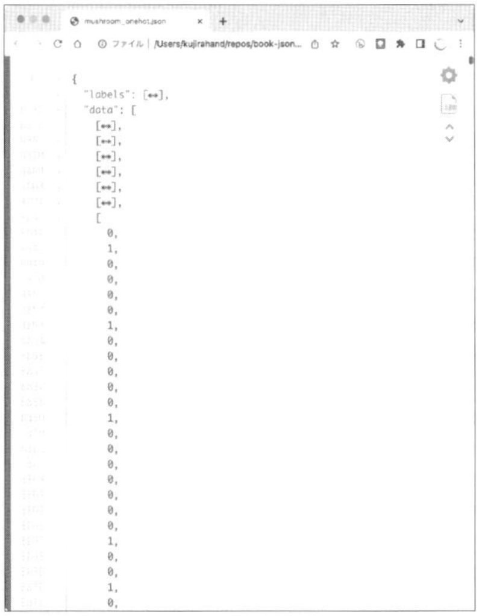

●JSON Viewerで確認したところ

手順 5 キノコ判定のプログラムを作ってみよう

それでは、One-hot表現に変換したキノコデータを読み込んで、機械学習で学習し、精度をテストするプログラムを作ってみましょう。機械学習では、データ全部を学習するのではなく、最初に学習用のデータとテスト用のデータに分割しておいて、学習用のデータのみを使って学習し、その後、テスト用のデータで学習したデータの精度を確認します。この点に注意しながらプログラムを作ってみましょう。

●src/ch7/mushroom_ml.py

```
from sklearn import svm
import random, json

# キノコデータを読み出す --- (※1)
data = json.load(open('mushroom_onehot.json', 'r'))

# 学習データとテストデータに分ける --- (※2)
n = int(len(data['labels']) * 0.8)
x_train = data['data'][0:n]
y_train = data['labels'][0:n]
x_test = data['data'][n:]
y_test = data['labels'][n:]

# SVMでデータを学習 --- (※3)
clf = svm.SVC()
clf.fit(x_train, y_train)

# 学習内容を元にしてテストデータを予測 --- (※4)
```

```
y_pred = clf.predict(x_test)

# 正解率を確認する --- (※5)
ok = 0
for i, v in enumerate(y_pred):
    if v == y_test[i]:
        ok += 1
        print(i, ':👌 正解', v)
    else:
        print(i, ':❌ 不正解', v, '!=', y_test[i])
print('正解数=', ok, '/', len(y_test))
print('正解率=', ok / len(y_test))
```

プログラムを確認しましょう。(※1) では JSON ファイルを読み込みます。

(※2) では学習用のデータとテスト用のデータに分割します。ここでは、学習用に前半の 8 割、テスト用に後半 2 割のデータを用いることにしました。

(※3) では前節のプログラムと同じように、SVM アルゴリズムを用いてデータを学習します。

(※4) では学習済みの分類器を用いて、テストデータから食用か有毒かの分類を行います。predict メソッドにテストデータ（x_test）のリストを与えると、そのデータを利用して分類結果のリストを返します。

(※5) では、predict メソッドの結果（y_pred）と、テストデータの正解ラベル（y_test）を比較して正解率を求めます。どういうことかと言うと、キノコのデータを上記 (※2) でテストデータ（x_test）とテストデータの答えラベル（y_test）を分けています。つまり、y_pred は機械学習モデルによって生成したデータであり、y_test がキノコデータの正解データとなります。この両者を 1 つずつ比較することで、機械学習がうまくいったかどうかが分かるのです。

手順 6 プログラムを実行して正解率を確認しよう

それでは、上記のプログラムを実行してみましょう。

```
$ python3 mushroom_ml.py
```

実行すると、次のような正解率が表示されます。1625 個のテストデータのうち 1606 個のキノコの判定に正解しました。正解率は 1606/1625 で 0.988（98.8%）です。大抵のキノコに毒があるかどうかを判定できています。なお、scikit-learn は常にチューニングが行われているので現行バージョンの 1.1.2 では正解率 0.988 でしたが、将来的にはよりよい数字になる場合もあります。

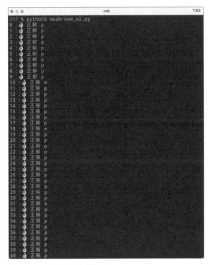

●キノコの判定結果 - 上

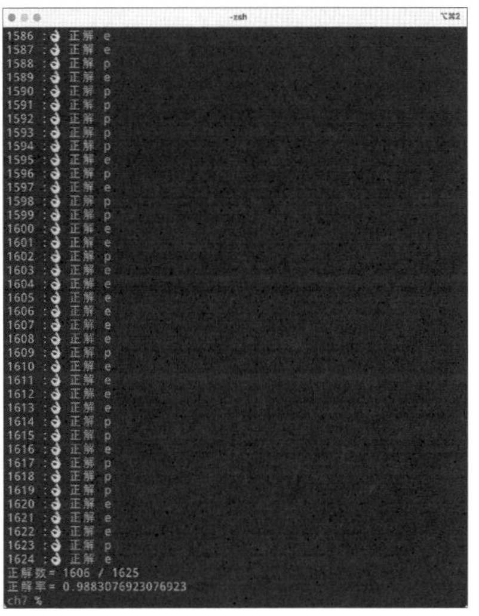

●キノコの判定結果 - 下

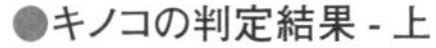

手順 7 アルゴリズムを変更しよう

すでに十分 scikit-learn ではいろいろなアルゴリズムが用意されているので、いずれも fit メソッドでデータの学習が行えます。先ほどのプログラムでは、SVM アルゴリズムを用いて学習を行いましたが、K ー近傍法アルゴリズム（K-Nearest Neighbor Algorithm）を用いて学習するようにしてみましょう。

●src/ch7/mushroom_ml_knn.py

```
from sklearn.model_selection import train_test_split
from sklearn.neighbors import KNeighborsClassifier
import random, json

# キノコデータを読み出す --- (※1)
data = json.load(open('mushroom_onehot.json', 'r'))

# 学習データとテストデータに分ける --- (※2)
x_train, x_test, y_train, y_test = train_test_split(
        data['data'], data['labels'], test_size=0.2)

# K-近傍法でデータを学習 --- (※3)
clf = KNeighborsClassifier()
clf.fit(x_train, y_train)

# 学習内容を元にしてテストデータを予測 --- (※4)
y_pred = clf.predict(x_test)

# 正解率を確認する --- (※5)
```

```
ok = 0
for i, v in enumerate(y_pred):
    if v == y_test[i]:
        ok += 1
        print(i, ':👌 正解', v)
    else:
        print(i, ':❌ 不正解', v, '!=', y_test[i])
print('正解数=', ok, '/', len(y_test))
print('正解率=', ok / len(y_test))
```

プログラムを確認してみましょう。(※1) ではキノコデータを読み込みます。

(※2) で学習データとテストデータに分割します。なお、1 つ前のプログラムでは、変数を一つずつ指定して、8:2 で学習データとテストデータに分割していました。しかし、scikit-learn にはこの分割処理を行う専用の関数が用意されていますので利用してみました。この関数を利用すると、ただデータを分割するだけでなく、ランダムにシャッフル処理もしてくれます。

(※3) では K ー近傍法でデータを学習します。そして、(※4) で予測を行います。そして、最後 (※5) で予測結果を元にして精度を確認します。

手順 8 プログラムを実行して精度を確認しよう

上記プログラムを実行して精度を確認してみましょう。

```
$ python3 mushroom_ml_knn.py
```

実行すると、以下のように正解率に 1.0（100%）という結果が表示されます。やりました。食用か有毒か正確に判定できました。

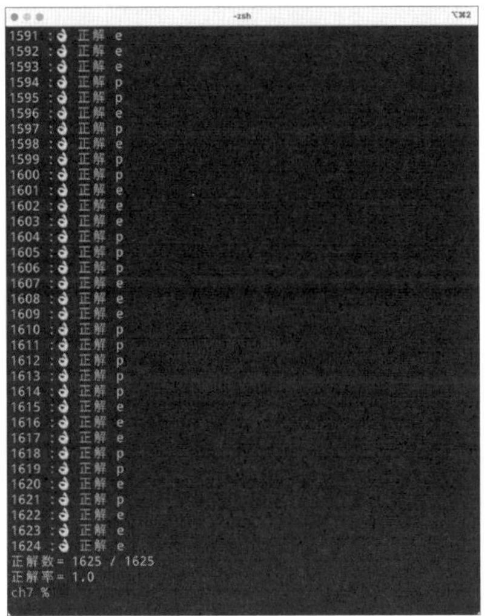

●アルゴリズムをK－近傍法アルゴリズムに変えてキノコの判定に挑戦した

機械学習の手順を確認しよう

前節ではデータが4つしかない簡単な機械学習プログラムを作りました。そのため、機械学習の手順を確認する必要がありませんでした。今回は8000件を超えるキノコデータを扱ったので、比較的実践に近い状況で機械学習を試すことができました。

機械学習を実践する場合、次のシナリオに沿って作業を行います。

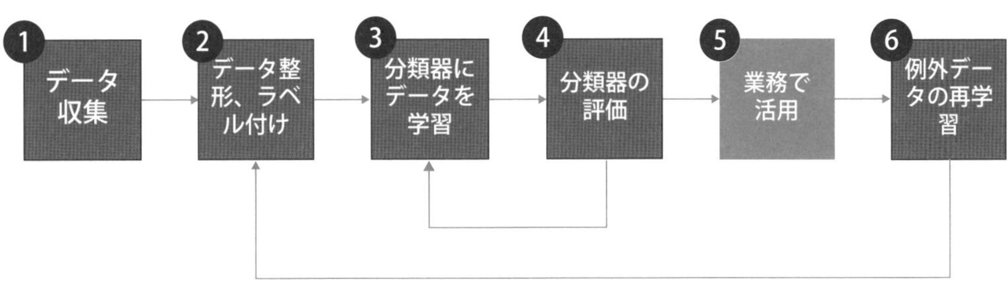

●機械学習のシナリオ

1. データ収集

機械学習は「データ」が全てです。データの質と量が判定結果に大きく影響します。そのため、最初のデータ収集が最も重要な作業と言えます。データの収集には、本書の3章で紹介したIoTのセンサーのデータを利用できます。また、4章で紹介したスクレイピングを使ってWeb上のデータを集めることもできるでしょう。

2. データ整形、ラベル付け

データを収集したら機械学習用に整形しラベル付けを行います。機械学習では全てのデータを同じサイズのデータに揃える必要があります。また、集めたデータが何を意味するのか、分類問題ではラベル付けの作業が必要になります。

例えば、本節で扱ったキノコデータの場合であれば、キノコの特徴を表す各列のデータに加えて、「食用（e)」か「有毒（p)」の正解ラベルを付与することを言います。なお、本節ではすでにこの「2.」までの処理が終わった完璧なデータをダウンロードして利用しました。そのため、大変に短時間で機械学習を試すことができました。機械学習を実践しようと思った場合、本来はこの「1.」と「2.」の作業に一番時間がかかります。

3. 分類器にデータを学習

データが揃いラベル付けされたなら、データを分類器に与えて学習を行います。その際、本文でも実践したように、データを予め学習用のデータと、テスト用のデータの 2 種類に分割しておきます。そして、学習用のデータを用いて学習を行います。

4. 分類器の評価

学習用のデータを用いて学習したら、テスト用のデータを用いて分類器を評価します。もし、テストデータの判定精度が低い場合は、アルゴリズムを変更したり、パラメーターを調整したりします。そして「3.」に戻ってデータの学習を行います。また、データによってはまったく精度が出ない場合もあります。その場合には（2）のデータ整形からやり直す必要があります。

5. 業務で活用

テストデータで納得のいく精度が出る分類器のモデルが作成できたなら、業務などで活用します。テストデータは未知のデータであるため、実際の業務で利用するデータに近いものでしょう。生成した分類器のモデルを使って問題を解きます。

6. 例外データの再学習

ただし、業務で利用していると例外的なデータが得られることがあり、正しく判定できないケースが出てきます。継続的に分類器モデルのブラッシュアップを行う必要があります。定期的に新たなデータを追加し、「2.」へ戻ってラベル付けを行ってデータを学習します。

まとめ

☑ 本節では毒キノコ判定に挑戦してみました。実際に 8000 件以上あるデータを用いて、データの学習と正解率の検証を行いました。また、機械学習を実践する際のシナリオについても考察しました。機械学習とは何なのか少しずつ理解できてきたでしょうか。

7章

3 画像認識で手書き数字を判定しよう

次に画像を利用した機械学習に挑戦しましょう。写真画像などのデータを判定させるには、どのような手順が必要でしょうか。ここでは、手書き数字の画像データを利用して、画像判定に挑戦してみましょう。

Keyword

- 画像認識
- QMNIST
- joblibパッケージ

この節で作るもの

- 手書き数字の画像判定に挑戦しよう

手書き数字のデータセットがインターネット上で公開されています。ここでは、米国商務省配下の研究所が構築したNISTデータベースを元に無料で配布されているQMNISTと呼ばれる手書き数字を利用してみます。これは、12万枚の手書き画像のデータベースです。機械学習分野のデータ評価にも使われています。

QMNISTは、手書き数字の画像データセットとして有名なMNISTを改良し、テストデータを増やしたものです。GitHubより配布されています。

URL GitHub > QMNIST
https://github.com/facebookresearch/qmnist

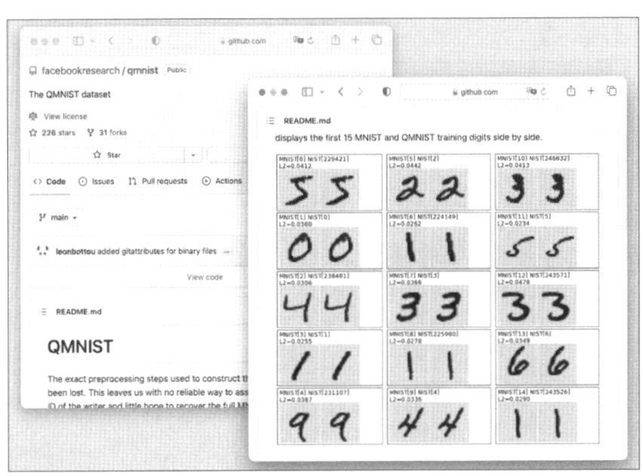

●QMNISTのWebサイト

12万枚の画像のうち、6万枚を機械学習で学習し、残りの6万枚で学習したモデルを評価してみましょう。

QMNISTは手書き画像のデータセットなのですが、12万枚の画像がPNGやJPEGなどの画像形式で配布されているわけではありません。6万枚×2の画像が独自のデータベース（idx2/idx3という独自形式）で配布されます。

このバイナリー形式のデータベースを解析して読み込むのも、MNIST/QMNISTの醍醐味です。Pythonでバイナリーデータの読み書きができると、プログラムの幅が広がるので、この点も見ていきましょう。

また、せっかく機械学習で数字の文字認識を行うので、Webアプリを作ってブラウザー上で、実際の文字認識が試せるようにしてみましょう。

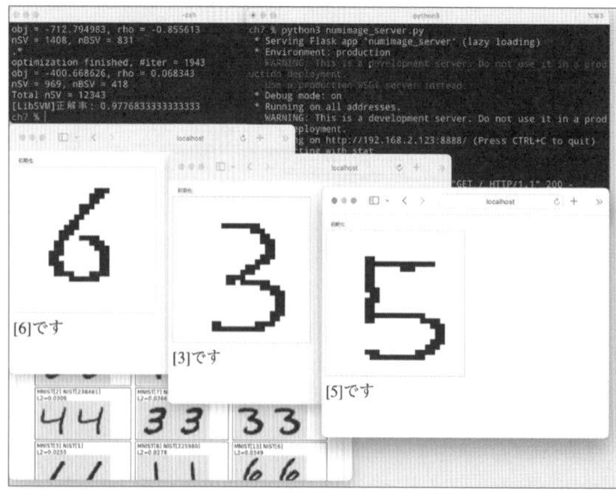

●ブラウザーで使える手書き数字の認識アプリを作ろう

手順 1 画像データをダウンロードしよう

まずは、手書き数字の画像データセットQMNISTをダウンロードしましょう。すでに紹介した通り、独自データベースで配布されています。画像1枚が28×28ピクセルとそれほど大きいわけではないのですが12万枚もあるので、それなりにファイルサイズが大きく、学習用データとテスト用データ、また、それぞれが画像データとラベルデータと4ファイルに分かれています。

ここでは、プログラムを作って一気にダウンロードしましょう。

●src/ch7/numimage1_download.py

```
import os, requests

# 保存ディレクトリを作成 --- (※1)
SAVE_DIR = './images'
if not os.path.exists(SAVE_DIR): os.mkdir(SAVE_DIR)
```

```
# データをダウンロードする関数 --- (※2)
def download(url, save_path):
    if not os.path.exists(save_path):
        open(save_path, 'wb').write(requests.get(url).content)

# URLとファイルの一覧 --- (※3)
baseurl = 'https://github.com/facebookresearch/qmnist/raw/main/'
files = [
  'qmnist-train-images-idx3-ubyte.gz',
  'qmnist-train-labels-idx2-int.gz',
  'qmnist-test-images-idx3-ubyte.gz',
  'qmnist-test-labels-idx2-int.gz'
]
# データをダウンロード --- (※4)
for fname in files:
    url = baseurl + fname
    save_file = os.path.join(SAVE_DIR, fname)
    print(url)
    download(url, save_file)
print('ok.')
```

簡単にプログラムを確認しましょう。(※1) では保存ディレクトリを作成します。(※2) ではデータをダウンロードする簡単な関数を定義しました。すでにダウンロード済みのデータがある場合には再度ダウンロードしないようにしています。

(※3) ではダウンロードしたい URL の基本パスとファイル名を指定します。(※4) で for 文を使って一つずつダウンロードします。

ターミナルから以下のコマンドを実行すると、4 つのファイルをダウンロードします。このファイルはそれぞれ「学習用の画像データ」「学習用のラベルデータ」「テスト用の画像データ」「テスト用のラベルデータ」です。

```
$ python3 numimage1_download.py
```

●手書き数字の画像データセットをダウンロードしたところ

手順 2 GZIP ファイルを解凍しよう

ダウンロードしたデータは全て GZIP で圧縮されています。ファイルの解凍ツールを使えば手軽に解凍できるのですが、せっかくなので Python のプログラムで GZIP ファイルを解凍するプログラムを作ってみましょう。

●src/ch7/numimage2_unzip.py

```
import glob, gzip, re
SAVE_DIR = './images'

# .gz ファイルを列挙して繰り返す --- (※1)
for infile in glob.glob(SAVE_DIR + '/*.gz'):
    # 保存ファイル名を決定
    outfile = re.sub('\.gz$', '.bin', infile)
    # GZIP形式で圧縮されているファイルを読む --- (※2)
    with gzip.open(infile, 'rb') as fp:
        data = fp.read()
    # 読み込んだデータをファイルへ保存 --- (※3)
    with open(outfile, 'wb') as fp:
        fp.write(data)
print('ok')
```

(※1) では拡張子が ".gz" のファイルを列挙して for 文で一つずつ繰り返します。(※2) ですが、GZIP 形式で圧縮されているファイルは、gzip.open メソッドで開いて read メソッドで解凍したデータを取り出すことができます。ファイルの読み書きと同じような手順で処理出来るので便利です。(※3) では解凍したデータをファイルへ出力します。

以下のコマンドを実行すると、圧縮された ".gz" ファイルを、解凍して ".bin" ファイルへ保存します。

```
$ python3 numimage2_unzip.py
```

コラム

GZIP による圧縮解凍を確認しよう

ここで簡単に GZIP 圧縮と解凍の手順を確認しておきましょう。open を利用したファイルの読み書きが分かっているなら、GZIP の圧縮解凍も同じような手順で、ファイルの読み書きができます。

●src/ch7/gzip_test.py

```
# GZIPファイルの読み書き方法
import gzip
# サンプルのテキストデータ
```

```
sample_text = '\n'.join([
    '愚かな人は一生懸命働いて力尽きる。',
    '町への行き方さえ知らないからだ。',
    '賢い人は強力で，人は知識によって力を増す。'])

# データをGZIPファイルへ圧縮して保存 --- (※1)
with gzip.open('test.txt.gz', 'wb') as fp:
    bin_data = sample_text.encode('utf-8') # bytesにエンコード
    fp.write(bin_data) # 圧縮して書き込み

# 圧縮したファイルを解凍して表示 --- (※2)
with gzip.open('test.txt.gz', 'rb') as fp:
    bin_data = fp.read() # 解凍して読み込み
    print(fp.read().decode('utf-8')) # 文字列にデコード
```

実際のプログラムで確認しましょう。(※1) ではテキストデータを GZIP ファイルに圧縮して保存します。gzip.open が open 関数と違うのは、バイナリーの読み書きにしか対応していない点です。そのため、テキストデータを encode メソッドで bytes データに変換し、write メソッドでデータを書き込みます。この write メソッドはただデータを書き込むだけでなく、GZIP 形式に圧縮して書き込みます。

(※2) では GZIP 形式のファイルを解凍して読み込みます。それには、read メソッドを使いますが、read の戻り値は bytes 型なので、decode メソッドを利用して文字列に変換してから利用します。

手順 3 バイナリーデータベース idx3/idx2 を JSON に変換しよう

GZIP 形式を解凍したので、次に QMNIST の画像データベース idx3 とラベルデータベース idx2 を読み込み、JSON 形式に変換して保存しましょう。バイナリー形式のデータベースファイルを読み込み、JSON 形式で出力します。このファイルは次のような形式となっています。

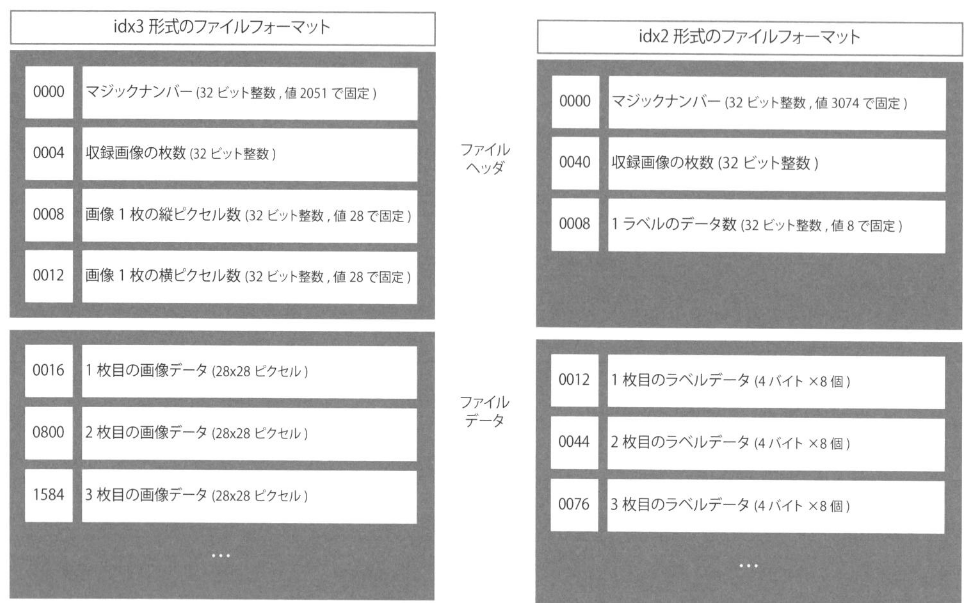

●QMNIST の idx3 と idx2 のデータフォーマット

以下のプログラムが実際に idx3 と idx2 のデータベースを読むプログラムです。上記のデータ構造やプログラムの後にある解説を見ながら、Python でのバイナリーデータの扱いを確認していくと良いでしょう。

●src/ch7/numimage3_tojson.py

```
import os, json, struct
SAVE_DIR = './images'
def main():
    # 学習用データ(train)とテスト用データ(test)を順に読む --- (※1)
    for data_type in ['train', 'test']:
        jsonfile = os.path.join(SAVE_DIR, data_type + '-numimage.json')
        # ラベルデータと画像データを読む --- (※2)
        labels = read_idx2(data_type)
        images = read_idx3(data_type)
        # JSON形式で保存 --- (※3)
        print('JSONファイルに保存:', jsonfile)
        with open(jsonfile, 'w', encoding='utf-8') as fp:
            json.dump({'labels': labels, 'images': images}, fp)

# ファイルからデータを4バイト読み整数に変換して返す関数 --- (※4)
def read_i32(fp):
    i = fp.read(4)
    return struct.unpack('>i', i)[0]
```

```
# 画像データベース(idx3)を読み込む --- (※5)
def read_idx3(data_type):
    infile = 'qmnist-{}-images-idx3-ubyte.bin'.format(data_type)
    images = []
    with open(os.path.join(SAVE_DIR, infile), 'rb') as fp_image:
        # データベースのヘッダー情報を読む --- (※6)
        magic_number = read_i32(fp_image)
        num_images = read_i32(fp_image)
        size_h, size_w = read_i32(fp_image), read_i32(fp_image)
        size = size_h * size_w
        # 繰り返し画像データ(28x28)を読む --- (※7)
        for i in range(num_images):
            buf = fp_image.read(size)
            idata = struct.unpack('B' * size, buf)
            images.append(idata)
            if i % 5000 == 4999: print(i+1, '枚目を読みました:', data_type)
    return images

# ラベルデータベース(idx2)を読み込む --- (※8)
def read_idx2(data_type):
    infile = 'qmnist-{}-labels-idx2-int.bin'.format(data_type)
    labels = []
    with open(os.path.join(SAVE_DIR, infile), 'rb') as fp:
        # データベースのヘッダー情報を読む --- (※9)
        magic_number = read_i32(fp)
        num_images = read_i32(fp)
        num_cols = read_i32(fp)
        if num_cols != 8:
            print('load error:', infile)
            quit()
        # 繰り返しラベルデータを読む --- (※10)
        for i in range(num_images):
            num_class = read_i32(fp) # 何の数字を表すか --- (※11)
            nist_series = read_i32(fp) # NISTのシリーズ
            w_id, w_idx = read_i32(fp), read_i32(fp) # 書き手を識別する
            nist_code,nist_idx = read_i32(fp), read_i32(fp) # NISTのコード
            dup, unused = read_i32(fp), read_i32(fp) # 未使用領域
            labels.append(num_class) # 必要なラベルデータのみ追加
    return labels

if __name__ == '__main__': main()
```

プログラムを確認してみましょう。(※1) では学習用のデータ（train）とテスト用のデータ（test）を順に読み込みます。QMNIST では、画像とラベルの 2 ファイル× 2 組のデータを読み込みます。(※2) では idx2 形式のラベルデータベースと、idx3 形式の画像データベースを読み込みます。そして、(※3) で JSON ファイルへ保存します。

(※4) ではファイルから 4 バイト読み込み、32 ビット整数に変換して戻します。struct モジュールの unpack メソッドを使います。

(※5) では idx3 形式の画像データベースを読み込みます。バイナリーモードでファイルを開いたら、必要な情報データごとに必要なバイト数だけ読み込んでいきます。都合が良いことに、全てのフィールドが 32 ビット整数（4 バイト）であるため、(※4) で定義した read_i32 関数を必要な回数だけ呼び出すことで、このバイナリー形式のデータベースからデータを取り出すことができます。

(※6) では、データベースのヘッダー情報を読みます。バイナリー形式のファイルでは、先頭の数バイトがデータベース全体の情報を表すことが多いのですが、idx3 もファイル全体の情報を表します。

(※7) ではデータベースに含まれる画像個数だけ、画像データ 28 × 28 ピクセル分を読み込みます。この画像データセットでは、1 ピクセルが 1 バイトで表されるため、画像 1 つが 784 バイト（28 × 28）になります。ここでは、784 バイトを読み込み、struct.unpack メソッドを利用してバイトデータに変換します。

続いて、(※8) 以降ではラベルデータベースを読み込みます。(※9) ではデータベースのヘッダー情報を読み込みます。ラベルデータも全てのフィールドが 32 ビット整数なので、(※4) で定義した read_i32 関数を使うと手軽に読み込めます。

そして、(※10) では繰り返しデータ本体を読み込みます。なお 1 つのラベルデータは、(※11) で何の数字を表すかの情報だけでなく、NIST のシリーズ番号、書き手を識別するコード、NIST のコード、未使用領域など 8 つのフィールドからなります。今回、これらの情報の中で利用するのは (※11) の何の数字を表すかだけなので、これをリスト型の変数 labels に追加していきます。

手順 4 プログラムを実行して JSON ファイルを生成しよう

それでは、上記のプログラムを実行して、JSON ファイルを生成しましょう。6 万件の画像データを学習用とテスト用の 2 つの JSON ファイルで出力します。

```
$ python3 numimage3_tojson.py
```

6 万枚の画像データを 2 セット生成するので、プログラムの実行には時間がかかります。本書のほとんどのプログラムは非力なマシンでも動きますが、本節のプログラムだけはメモリを多く搭載したマシンで実行することをお勧めします。もし、上記のプログラムが動かない場合、前章で紹介した Google Colab を使うと良いでしょう。

手順 5 データを PNG 形式でファイル出力してみよう

ここまでの手順を実行しているだけでは、本当に画像データベースをダウンロードしたのかどうか分かりません。そこで、JSON ファイルを元にして、ランダムに画像を選び出して PNG ファイルで出力するプログラムを作ってみましょう。

●src/ch7/numimage_export_png.py

```
import json
from PIL import Image

# JSONデータを読み込む --- (※1)
infile = 'images/train-numimage.json'
with open(infile, 'r', encoding='utf-8') as fp:
    data = json.load(fp)

def export_png(no):
    # 画像データを取り出す --- (※2)
    images = data['images'][no]
    # PILでピクセルデータを描画 --- (※3)
    img = Image.new('L', (28, 28))
    for y in range(28):
        for x in range(28):
            c = 255 - images[y * 28 + x] # --- (※3a)
            img.putpixel((x, y), c)
    # ファイルに保存 --- (※4)
    img.save('images/{}.png'.format(no))
    # ラベル番号を表示 --- (※5)
    print('label=', data['labels'][no])

# 適当に10枚取り出して出力 --- (※6)
for no in range(10):
    export_png(no)
```

プログラムを確認します。(※1) では JSON ファイルを読み込みます。(※2) では指定した番号の画像データを取り出します。28 × 28=784 個の数値を持つリスト型のデータです。

(※3) ではリスト型のデータを元にして画像を描画します。Image.new でイメージを作成し、putpixel メソッドで任意の座標に指定の色を描画します。なお、QMNIST の画像は 8 ビットグレイスケールなので、Image.new に 'L' を指定します。

8 ビットグレイスケールの画像とは、8 ビット =1 バイトが 1 ピクセルを表し、0 が黒で 255 が白です。数値が大きくなるごとに白くなります。しかしながら、QMNIST のデータでは 0 が白、255 が黒となっているため、(※3a) で座標（x, y）画像データを取り出す際に白黒を反転させています。

(※4) では描画したイメージをファイルに保存します。(※5) ではラベル情報を取り出して画面に表示します。

(※6) では適当に 10 枚画像を取り出して PNG ファイルで保存するように指定します。

以下のコマンドを実行すると 10 枚の画像が images ディレクトリに出力されます。

```
$ python3 numimage_export_png.py
```

プログラムを実行すると次のように PNG 画像が出力されます。

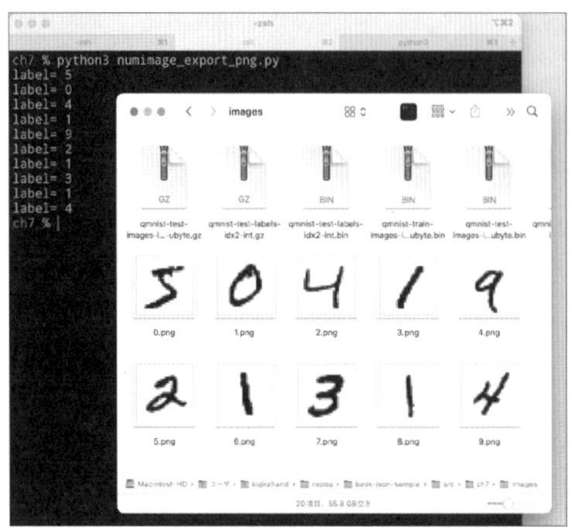

●データを PNG 画像に描画したところ

画像データセットに含まれる画像データを Excel で表示してみるとどうなるでしょうか。以下は 28 × 28=784 個のデータを 1 行に 28 個ずつに並べて、条件付き書式で数値が高いものに色をつけたところです。

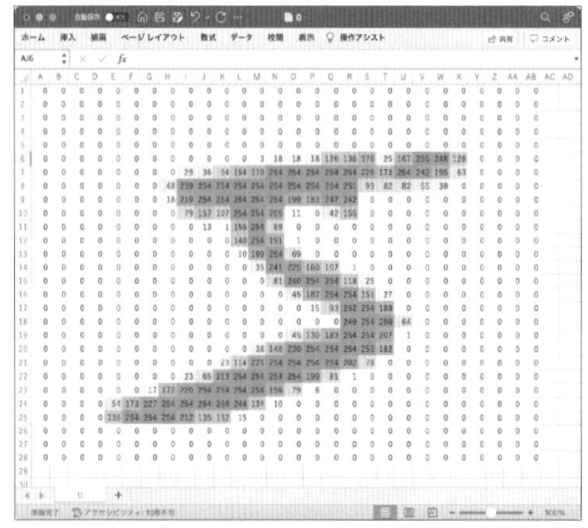

●Excel にデータを並べてみたところ - 5 であることが分かる

このように、784 個の数値データを描画してみると、実際に画像データであることが分かったことでしょう。

手順 6 機械学習を実践して判定モデルを作成しよう

それでは、画像データを学習して、どのくらいの精度が出るのか確認してみましょう。

分類器のモデルをファイルに保存するために、joblib パッケージを使います。ターミナルで以下のコマンドを実行して、joblib をインストールしましょう。

```
$ python3 -m pip install joblib
```

以下のプログラムが学習用の画像データセットで学習した分類器のモデルを作り、テスト用データを用いて分類器をテストしてみましょう。

●src/ch7/numimage_ml.py

```
from sklearn import svm
import joblib
import json

# 学習用データを読み込む --- (※1)
with open('images/train-numimage.json', 'r') as fp:
    train = json.load(fp)

# SVMでデータを学習する --- (※2)
clf = svm.SVC(verbose=True)
clf.fit(train['images'], train['labels'])

# 学習結果のモデルをファイルに保存 --- (※3)
joblib.dump(clf, 'images/numimage.model')

# テスト用データを読む --- (※4)
with open('images/test-numimage.json', 'r') as fp:
    test = json.load(fp)

# 作成したモデルの精度をテスト --- (※5)
score = clf.score(test['images'], test['labels'])
print('正解率:', score)
```

プログラムを確認しましょう。(※1) では JSON ファイルを読み込みます。ここでは学習用のデータを読み込みます。

(※2) では SVM アルゴリズム用いてデータを学習します。実際にデータを学習するのが fit メソッドです。

(※3) では joblib モジュールでモデルをファイルに保存します。

(※4) ではテスト用の JSON データを読み込みます。このデータは作成した学習モデルを評価するために使います。

(※5) では作成したモデルの精度をテストします。前節ではプログラムを作って、正解率を計算しましたが、ここでは、scikit-learn に用意されている score メソッドを利用して精度をテストします。

手順 7 プログラムを実行して精度を確認しよう

上記のプログラムを実行してみましょう。ターミナルで以下のコマンドを実行します。データ量が多いため、学習には時間がかかります。なお、Google Colab の環境で実行すると 15 分かかりました。筆者の Macbook Pro 2021 M1 メモリ 16GB モデルでは 13 分かかりました。

```
$ python3 numimage_ml.py
```

実行すると以下のように表示されます。待っただけの甲斐はありました。実行結果を見ると、0.977（98%）の正解率です。

```
正解率: 0.9776833333333333
```

プログラムを実行してしばらく待っていると、次のように正解率が表示されます。

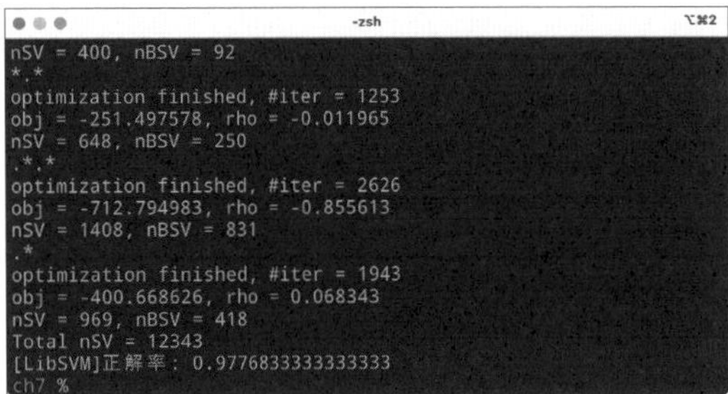

●手書き画像を学習して精度を確認したところ

また、学習結果が「numimage.model」という名前で保存されます。

手順 8 手書き認識アプリを作ってみよう - クライアント側

次に、先ほど作成した学習結果を基に、手書き認識アプリを作ってみましょう。ブラウザー上で使える手書きアプリです。そのため、ブラウザー内で動くクライアント側のHTML/JavaScriptと、サーバー側で動くPythonのプログラムの両者を作る必要があります。

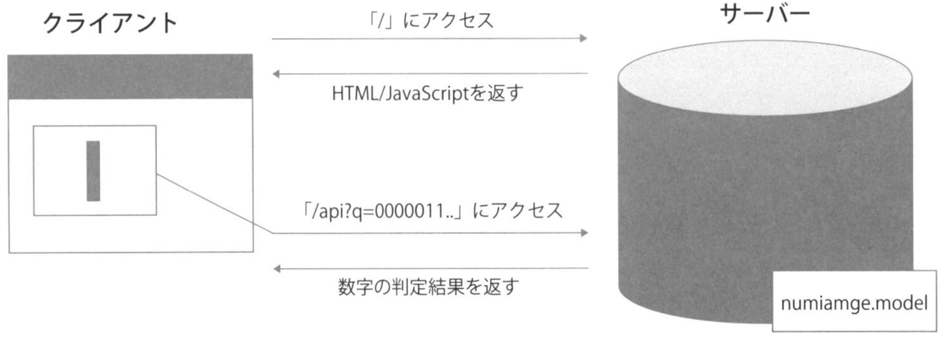

●手書き数字アプリの仕組み

まずは、クライアント側を作ってみましょう。手書き画像を描画できる部分はHTML/JavaScriptで作ります。ここでは以下のHTMLを作成しましょう。

●src/ch7/numimage_test.html

```
<!DOCTYPE html>
<html><meta name="viewport" content="width=device-width,initial-scale=1">
<meta charset="utf-8"><body>
  <!-- UI部分をHTMLで記述 --- (※1) -->
  <button onclick="clearData()">初期化</button><br>
  <canvas id="cv" width="280" height="280"
    style="border:1px solid silver"></canvas>
  <div id="info" style="font-size:2em"></div>
<script>
const apiurl = '/api?q='
const cv = document.getElementById('cv')
const ctx = cv.getContext('2d')
const info = document.getElementById('info')
const w = 10 // タイルのサイズ
let data = []; clearData() // 描画データを初期化 --- (※2)
function clearData () {
    data = Array(28 * 28).fill(0)
    drawImage(data)
}
// マウスイベントを指定 --- (※3)
let flag = false
cv.onmousedown = (e) => { flag = true; putCanvas(e) }
cv.onmouseup = (e) => { flag = false; putCanvas(e) }
cv.onmousemove = (e) => { if (!flag) return; putCanvas(e) }
function putCanvas (e) {
    const x = Math.floor(e.offsetX / w)
    const y = Math.floor(e.offsetY / w)
    data[y * 28 + x] = 1
    if (y <= 26) { data[y * 28 + x + 1] = 1 }
    drawImage(data)
    // サーバーに描画データを送信して結果を表示 --- (※4)
    fetch(apiurl + data.join(''))
    .then(res => res.text())
    .then((s) => info.innerHTML = '[' + s + ']です')
}
function drawImage (data) { // キャンバスに描画 --- (※5)
    for (let y = 0; y < 28; y++) {
        for (let x = 0; x < 28; x++) {
            ctx.fillStyle = data[y*28+x] ? '#000' : '#fff'
            ctx.fillRect(x*w, y*w, w, w)
        }
    }
}
```

```
</script>
</body></html>
```

簡単に HTML を確認してみましょう。(※1) では HTML の UI 部分を作ります。初期化ボタン、描画を行う canvas 要素（cv）、手書きデータの認識を表示する div 要素（info）を作ります。

(※2) ではサーバーに送信する手書きデータを初期化します。28 × 28=786 個の Array データを 0 で初期化します。

(※3) ではキャンバス（cv）にマウスイベントを設定します。マウスボタンを押してカーソルを動かした時に、putCanvas 関数を呼び出して手書きデータ（変数 data）の値を変更します。

(※4) では手書きデータを変更した際に、非同期通信の fetch 関数を呼び出して、手書きデータをサーバーに送信して判定を行って結果を div 要素（info）に表示します。

(※5) では手書きデータ（data）を元にしてキャンバスを更新します。

手順 9 手書き認識アプリを作ってみよう - サーバー側

続けて、クライアントから送信された手書きデータを機械学習で認識して結果を返すサーバー側のプログラムを作りましょう。

このサーバーには 2 つの役割があります。1 つは上記の手書きクライアントの HTML をブラウザーに返すこと、そして、もう 1 つは手書きデータを受け取って数字を認識してサーバーに結果を返すことです。では作ってみましょう。

●src/ch7/numimage_server.py

```
from flask import Flask, request, send_file
import joblib

# 学習済みの手書き数字のモデルを読み込む --- (※1)
app = Flask(__name__)
clf = joblib.load('images/numimage.model')

# HTMLファイルを出力する --- (※2)
@app.route('/')
def index():
    return send_file('numimage_test.html')

# 手書きデータを読み込んで判定を行って返す --- (※3)
@app.route('/api')
def api():
    q = request.args.get('q', '') # パラメーターを得る
    if q == '': return '?'
    # 手書きデータを数値に変換 --- (※4)
    q_list = list(map(lambda v:int(v)*255, list(q)))
    # どの数字か分類する --- (※5)
```

```
    r_list = clf.predict([q_list[0:28*28]])
    return str(r_list[0]) # 結果を返す

if __name__ == '__main__':
    app.run('0.0.0.0', 8888, debug=True)
```

プログラムを確認します。(※1)では手順6で作成したscikit-learnの学習済みの数字モデルを読み込みます。

(※2)ではルート「/」にアクセスがあったとき、HTMLファイルを返すようにします。

(※3)以降の部分では「/api」にアクセスがあったときの処理を記述します。ブラウザーから送信された手書きデータを読み込んで数字を判定して、結果を返します。

(※4)ではクライアントから送信された描画データを数値に変換します。描画データは「00001100000…」のように0と1が786個(28 × 28)だけ連続するデータとなっています。そこで、1文字ずつに区切って0から255の範囲のリストデータに変換します。

(※5)では、(※1)で読み込んだ分類器を使って画像データがどの数字なのかを認識してクライアントに返します。

手順10 手書き数字の認識アプリを実行してみよう

それでは、手順8と9で作ったプログラムを実行しましょう。ターミナルで以下のコマンドを実行します。すると、Webサーバーが起動します。

```
$ python3 numimage_server.py
```

サーバーが起動したらブラウザーで「http://localhost:8888」にアクセスしましょう。すると枠が表示されるので、その中にマウスで描画を行います。描画内容がどの数字を表すのか認識を行います。

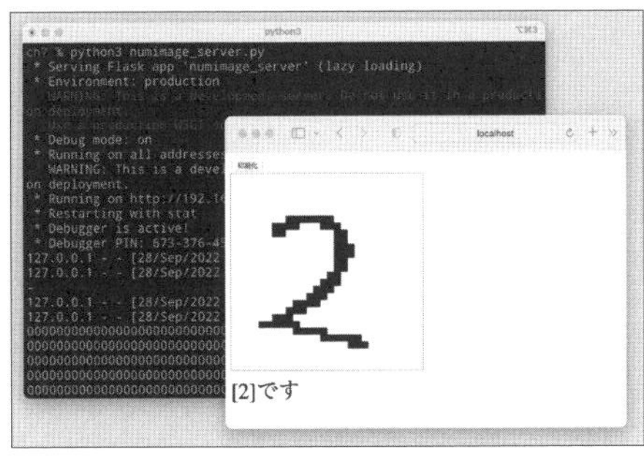

●マウスで数字を描くと文字認識が行われる

機械学習で学習したモデルの保存と読み込みについて

今回の手書き数字の画像データセットを学習するには、10 分以上時間がかかりました。実際、毎回 6 万件の手書きデータを読み込んで学習するのは、時間がかかりすぎます。こうした場合、学習済みのモデルを保存しておいて、後から読み込むことができたら便利です。そのために、joblib パッケージを使って、学習済みモデルの保存と読み込みを行いました。

joblib を使って学習モデルの保存と読み込みの方法を改めて確認しましょう。以下はモデルを保存する方法です。

```
[書式] joblibで学習済みモデルを保存

# 分類器を生成する
clf = svm.SVC()
# データを学習する
clf.fit(データ, ラベル)

# 学習結果のモデルをファイルに保存
joblib.dump(clf, '保存ファイル名')
```

学習モデルを読み込み、予測を行うには次のように記述します。

```
[書式] joblibで学習済みモデルを読み込む

# 分類器を読み込む
clf = joblib.load('保存ファイル名')

# データから予測を行う
予測結果リスト = clf. predict( データリスト )
```

このように、scikit-learn をはじめ、多くの機械学習ライブラリーは、データを学習できるだけでなく学習したモデルを保存し、保存したモデルを読み込んで活用できるようになっています。

まとめ

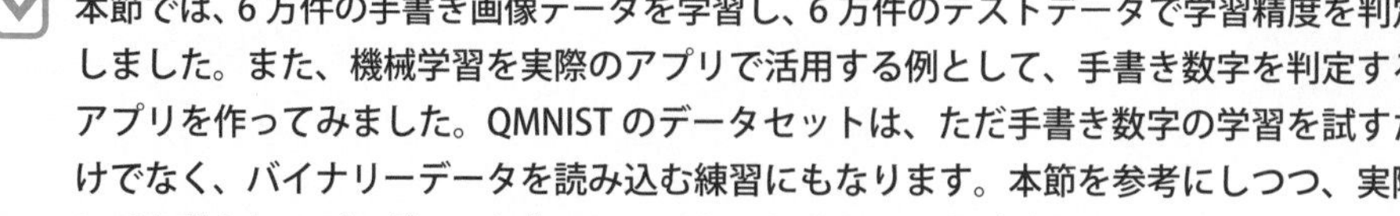
本節では、6 万件の手書き画像データを学習し、6 万件のテストデータで学習精度を判定しました。また、機械学習を実際のアプリで活用する例として、手書き数字を判定するアプリを作ってみました。QMNIST のデータセットは、ただ手書き数字の学習を試すだけでなく、バイナリーデータを読み込む練習にもなります。本節を参考にしつつ、実際に手を動かしてプログラムを作ってみると、たくさんの学びがあることでしょう。

7章

4 国土交通省の不動産取引情報を元にしてデータ予測しよう

前節では画像から数字を予測するという分類問題を解きました。次に回帰問題を解いてみましょう。回帰モデルを利用する事で住宅価格や株価の予測、気象分析などに利用できます。ここでは不動産取引情報を元にしてデータ予測に挑戦します。

Keyword

- 回帰問題
- 不動産取引情報
- 目的変数
- 説明変数
- Jupyter Lab

この節で作るもの

- 物件価格予測AIを作ろう

ここでは物件価格を予測するAIを作ってみましょう。国土交通省が不動産取引情報を提供しているので、このデータセットを利用して、中古マンションの価格を予測するAIを作ります。

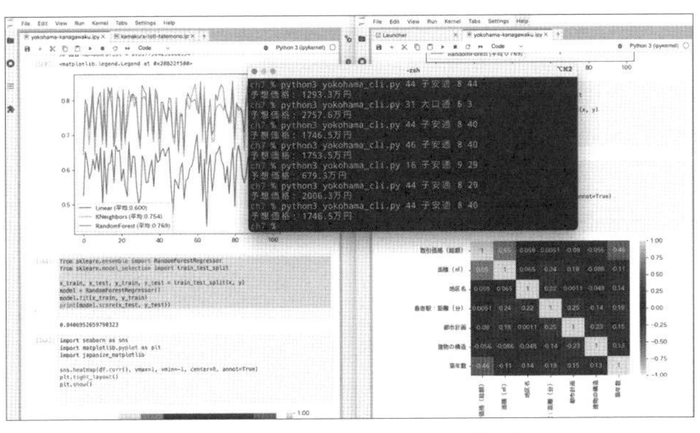

●横浜の中古マンションの価格を予測するAIを作ろう

手順 1 不動産取引価格情報をダウンロードしよう

まずは、データをダウンロードしてみましょう。ブラウザーで次のサイトにアクセスして不動産取引価格情報をダウンロードしましょう。

URL 国土交通省 ＞ 土地総合情報システム ＞ 不動産取引価格情報 ＞ ダウンロード
https://www.land.mlit.go.jp/webland/download.html

今回は、横浜市の不動産取引価格情報を活用してみましょう。情報は多い方が良いのですが、あまり古いと物件相場が変わっているかもしれないので、直近数年分の情報を使って試してみましょう。

ここでは、「2015年第1四半期」から「2022年第1四半期」まで「神奈川県」「横浜市神奈川区」と選んでデータをダウンロードします。なお、ファイル名は分かりやすく「yokohama-kanagawaku.csv」としましょう。（本書のサンプルに同梱しています。）

●不動産取引価格情報をダウンロードしよう

手順 2 Jupyter Labを使ってデータを確認しよう

6章でJupyter Labを使う方法を紹介しましたが、本節でもJupyter Labを利用してみましょう。ターミナルで次のコマンドを実行してJupyter Labを実行しましょう。

```
$ jupyter lab
```

Pandasを使って全不動産データを確認してみましょう。Jupyter Labを起動したディレクトリにCSVファイルを配置して、以下のコードを実行してみましょう。なお、文字エンコーディングに「Shift_JIS」を指定するとエラーが表示されますので「cp932」を指定すると正しく読めます。

なお、本手順で紹介するプログラムは、本書のサンプル <src/ch/7/yokohama-kanagawaku.ipynb>に含まれています。Jupyter Labを起動したら、ブラウザー画面から、このファイルを選択して読み込めます。

●src/ch/7/yokohama-kanagawaku.ipynb より抜粋

```
import pandas as pd
df = pd.read_csv('yokohama-kanagawaku.csv', encoding='cp932')
df
```

Pandasにより次のようなデータの概況が表示されます。種類、地域、取引価格などを含む30列×4766行のデータがあります。

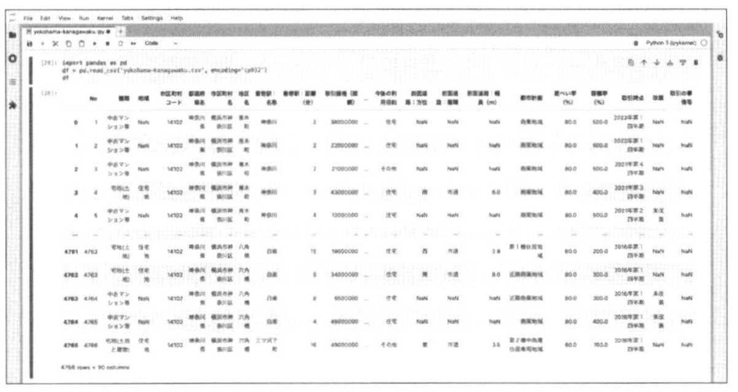

●不動産データを表示したところ

手順 3 物件種類を確認しよう

収録されている価格には、土地付き建物、土地、中古マンション、林地、農地と複数の物件種類を含んでいます。最初にどんな種類の物件データがあるのか確認してみましょう。先ほどの続きの部分に以下を記述して実行しましょう。

```
df['種類'].value_counts()
```

次のように表示されます。

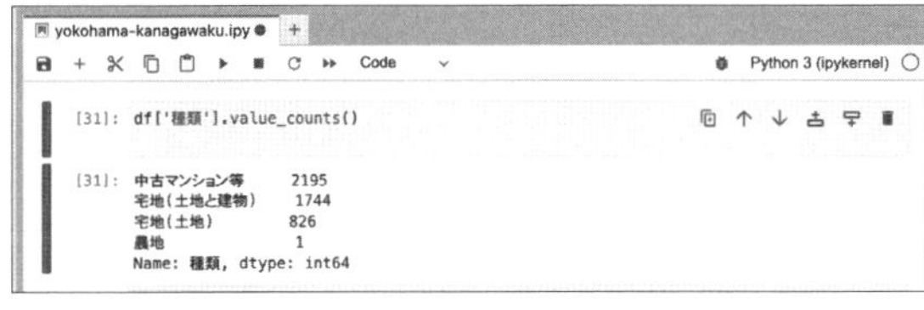

●物件の種類が何件あるのか確認する

手順 4 中古マンションを抽出しよう

今回は、中古マンションの価格を予測するAIを作ってみます。そこで、種類が「中古マンション等」のものだけを取り出します。また、いろいろな情報を含んだデータですが、必要になりそうなカラムだけを抽出しましょう。以下のコードを実行しましょう。

●src/ch/7/yokohama-kanagawaku.ipynb より抜粋

```
# CSVファイルを読む
import pandas as pd
df = pd.read_csv('yokohama-kanagawaku.csv', encoding='cp932')
```

```
# 中古マンションだけを抽出
df = df[df['種類'] == '中古マンション等']
# 必要なカラムだけを抽出
df = df[['取引価格（総額）', '面積（㎡）', '地区名', '最寄駅：距離（分）',
         '都市計画', '建物の構造', '建築年', '取引時点']].copy()
df
```

実行すると次のように表示されます。

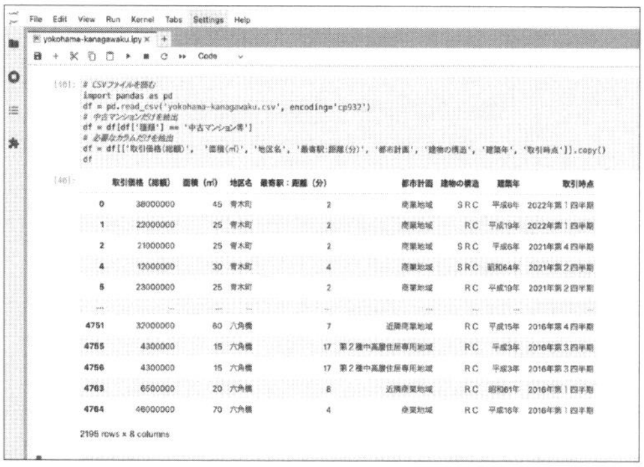

●必要な項目だけを抽出したところ

手順 5 データの整形とクリーニングをしよう

ただし、今回ダウンロードしたデータは実際の不動産データであり、特に機械学習に特化するように作られていません。そこで、不動産データを機械学習で扱いやすい形式に変換するために、整形したり、欠損のあるデータを弾いたりと、クリーニング作業が必要です。

以下のコードを実行して、整形処理を行いましょう。以下のコードは、建築年と取引時点のカラムを利用して築年数を算出します。その際、建築年を西暦に変換してから処理を行います。また、建築年が正しく指定されていないデータを削除します。

●src/ch/7/yokohama-kanagawaku.ipynb より抜粋

```
import re
# 和暦西暦変換関数を定義 --- (※1)
def wareki2seireki(wareki_s):
    era_dic = {"明治": 1868, "大正": 1912, "昭和": 1926, "平成": 1989, "令和": 2019}
    s = re.match(r'(明治|大正|昭和|平成|令和)([0-9]+|元)年', str(wareki_s))
    if s is None: return 0
    y = int(s.group(2)) if s.group(2) != '元' else 1
    return era_dic[s.group(1)] + y - 1

# 築年数を計算 --- (※2)
df['建築年'] = df['建築年'].map(wareki2seireki)
df['取引時点'] = df['取引時点'].str[0:4].astype('int')
```

```
df['築年数'] = df['取引時点'] - df['建築年']
df = df.drop(columns=['建築年', '取引時点'])
# 200年以上の物件を除外 --- (※3)
df = df[df['築年数'] < 200]

# 「最寄駅：距離（分）」の数値外表記を変換 --- (※4)
df = df.replace({'最寄駅：距離（分）': {"30分?60分": 45}})
df = df.replace({'最寄駅：距離（分）': {"1H?1H30": 75}})
df = df.replace({'最寄駅：距離（分）': {"1H30?2H": 90}})
df = df.replace({'最寄駅：距離（分）': {"2H?": 120}})
df
```

プログラムを確認してみましょう。(※1) では和暦から西暦に変換する関数を定義します。正規表現を利用して元号と年を抽出して era_dic として用意した辞書型のデータで照合して西暦年を計算します。

(※2) では、まず上記 (※1) で定義した関数 wareki2seireki を利用して「建築年」の列を西暦に変換します。次に「取引時点」の西暦を表す数値に変換します。これは「2022 年第 1 四半期」のような形式になっているので、冒頭の 4 桁を取り出して astype('int') メソッドで西暦の数値に変換します。そして、(※3) でうまく築年数の計算ができなかったデータを除外します。

(※4) では最寄駅までの距離の列が数値になっていないものがあるので、replace メソッドで置換します。なお、このフィールドは元々「1H ～ 1H30」だったものが、エンコーディング変換した際、文字「～」がうまく変換されず「1H?1H30」のようになっているものです。

プログラムを実行してみましょう。以下のようなデータになります。

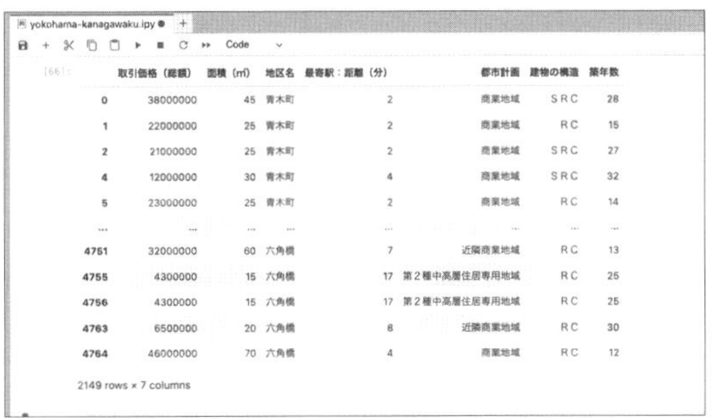

	取引価格（総額）	面積（㎡）	地区名	最寄駅：距離（分）	都市計画	建物の構造	築年数
0	38000000	45	青木町	2	商業地域	SRC	28
1	22000000	25	青木町	2	商業地域	RC	15
2	21000000	25	青木町	2	商業地域	SRC	27
4	12000000	30	青木町	4	商業地域	SRC	32
5	23000000	25	青木町	2	商業地域	RC	14
...	...	...	...	...	...	...	...
4751	32000000	60	六角橋	7	近隣商業地域	RC	13
4755	4300000	15	六角橋	17	第２種中高層住居専用地域	RC	25
4756	4300000	15	六角橋	17	第２種中高層住居専用地域	RC	25
4763	6500000	20	六角橋	8	近隣商業地域	RC	30
4764	46000000	70	六角橋	4	商業地域	RC	12

2149 rows × 7 columns

●築年数を計算して最寄り駅を数値に変換したところ

また、この辺りで一度データを保存しておきましょう。JSON でも良いのですが、Excel で内容をチェックできるように CSV で保存しましょう。

```
# 一度ファイルに保存
df.to_csv('yokohama-kanagawaku-m.csv')
```

手順 6 ラベルを数値に変換してデータを学習しよう

それでは、ここまで作成した物件情報のデータを機械学習に入力してみましょう。機械学習において、予測したいデータや値を『目的変数』、予測するために使用するデータのことを『説明変数』と言います。ここでは、物件情報から物件価格を予測したいため、目的変数を「取引価格（総額）」の列、説明変数をそれ以外の列とします。

●src/ch/7/yokohama-kanagawaku.ipynb より抜粋

```
from sklearn.linear_model import LinearRegression
from sklearn.model_selection import train_test_split
from sklearn.preprocessing import LabelEncoder

# 整形済みのCSVを読む --- (※1)
df = pd.read_csv('yokohama-kanagawaku-m.csv', index_col=0)

# ラベルを数値に変換 --- (※2)
area_enc = LabelEncoder()
df['地区名'] = area_enc.fit_transform(df['地区名'])
toshi_enc = LabelEncoder()
df['都市計画'] = toshi_enc.fit_transform(df['都市計画'])
kozou_enc = LabelEncoder()
df['建物の構造'] = kozou_enc.fit_transform(df['建物の構造'])

# 取引価格を目的変数(y)に、それ以外を(x)に分割 --- (※3)
y = df['取引価格（総額）']
x = df.drop(columns=['取引価格（総額）'])

# 学習用とテスト用にデータを分割 --- (※4)
x_train, x_test, y_train, y_test = train_test_split(x, y)

# モデルを作成して学習 --- (※5)
model = LinearRegression()
model.fit(x_train, y_train)
# 精度をテスト --- (※6)
print(model.score(x_test, y_test))
```

プログラムを確認しましょう。(※1) では手順 5 で作成した整形済みの CSV ファイルを読み込みます。

(※2) では文字列情報のデータを数値に変換します。ここでは、ちょっと手抜きして、scikit-learn に用意されている LabelEncoder を利用して地区名や都市計画、建物の構造を数値に変換しました。この部分を One-Hot ベクトルに変換すると多少精度が向上します。

(※3) では機械学習に入力するために、「取引価格（総額）」を目的変数 y に、それ以外の列を説明変数 x に分割します。

(※4) では学習用のデータとテスト用のデータに分割します。

(※5) では、最も基本的な回帰モデルである線形回帰モデル（LinearRegression）を利用して、学習を行います。前節で見た分類問題と同じように、fit メソッドで学習を行い、predict メソッドで予測できます。

(※6) では score メソッドで精度をテストして数値を表示します。

手順 7 実行して精度を確認してみよう

それでは、上記のプログラムを実行して、予測精度を確認してみましょう。実行ボタンを押して上記のプログラムを実行します。すると、筆者の環境では以下のように「0.553」（55%）の値が表示されました。なお、ランダムに学習データとテストデータを分けて学習させているため値は前後します。

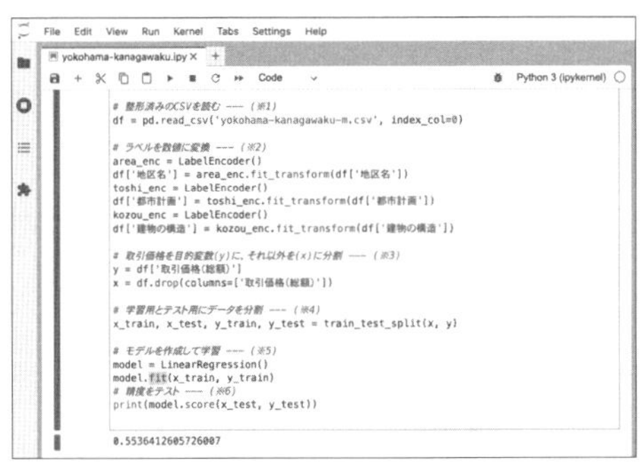

●実行して精度を確認したところ

何回か実行してみると、だいたい 0.4 から 0.7 までの値が表示されることでしょう。しかし、実際にマンション購入の時に参考にしたいと思っている時に、この程度の精度しか出ないのでは信頼性が低く使いものになりません。

手順 8 アルゴリズムを差し替えてみよう

線形回帰モデルの LinearRegression ではあまり精度が出ないようです。そこで、KNeighbors Regressor や RandomForestRegressor のアルゴリズムに差し替えて精度を確かめてみましょう。ここでは、100 回ほどテストしてみて、その平均値を表示してみます。

●src/ch/7/yokohama-kanagawaku.ipynb より抜粋

```
from sklearn.linear_model import LinearRegression
from sklearn.neighbors import KNeighborsRegressor
from sklearn.ensemble import RandomForestRegressor
from sklearn.model_selection import train_test_split
import matplotlib.pyplot as plt
import japanize_matplotlib

# 繰り返し精度を調べる --- (※1)
```

```
times_list = []
score_list = [[],[],[]]
names_list = ['Linear', 'KNeighbors', 'RandomForest']
for r in range(100):
    times_list.append(r)
    # 各種アルゴリズムのモデルを用意 --- (※2)
    model_list = [LinearRegression(), KNeighborsRegressor(),
        RandomForestRegressor()]
    # 学習用とテスト用を分割 --- (※3)
    x_train, x_test, y_train, y_test = train_test_split(x, y)
    # 各種アルゴリズムで精度をテスト --- (※4)
    for i, model in enumerate(model_list):
        model.fit(x_train, y_train)
        v = model.score(x_test, y_test)
        score_list[i].append(v)
        if r % 30 == 0:
            print(r, '回目', names_list[i], '=', v)
# 精度の平均値をグラフに描画 --- (※5)
for i in range(3):
    ave = sum(score_list[i]) / len(score_list[i])
    label = '{} (平均:{:.3f})'.format(names_list[i], ave)
    plt.plot(times_list, score_list[i], label=label)
plt.legend() # 凡例を表示
```

プログラムを確認してみましょう。(※1) では繰り返し 100 回各アルゴリズムの精度を調べるようにします。(※2) ではアルゴリズムごとのモデルオブジェクトを生成してリストに代入します。(※3) では学習用とテスト用にデータを分割します。(※4) では各モデルの精度をテストします。(※5) では精度の平均値をグラフに描画します。

実行してみましょう。次のようなグラフを描画します。実行結果を見ると、比較した中ではRandomForestRegressor を使うのが良さそうです。これは、決定木を複数使うアンサンブル学習のアルゴリズムです。

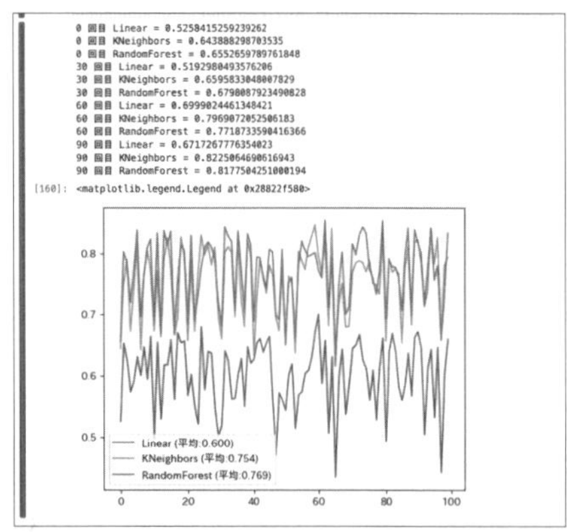

●アルゴリズムごとの精度を表示したところ

手順 9 相関係数を確認してみよう

Pandas には corr メソッドがあり、seaborn の heatmap メソッドと組み合わせると、手軽に各列の相関係数をヒートマップで描画できます。これにより、データの中で取引価格と最も関係のある項目をあぶり出すことができます。

●src/ch/7/yokohama-kanagawaku.ipynb より抜粋

```
import seaborn as sns
import matplotlib.pyplot as plt
import japanize_matplotlib

sns.heatmap(df.corr(), vmax=1, vmin=-1, center=0, annot=True)
plt.tight_layout()
plt.show()
```

実行すると次のようなグラフを描画します。これを見ると、やはり、取引価格と最も関係があるのは、面積であることがわかります。

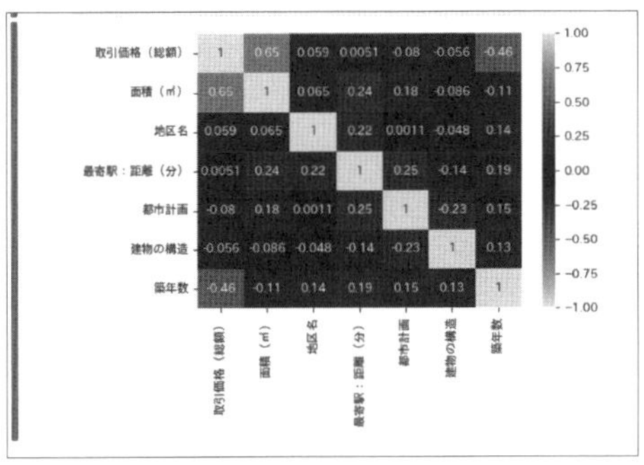

●ヒートマップで相関係数を描画

手順 10 学習モデルを保存しよう

先ほどの相関係数を確認すると、都市計画や建物の構造の列というのは、それほど結果に反映されていないようです。確かに、この 2 つの項目を削除して精度を確認しましたが、それほど精度に変化はありませんでした。

それでは、ここでは改めて、学習データを調整してモデルを保存しましょう。もちろん、RandomForestRegressor で学習した結果を joblib パッケージで保存します。

●src/ch/7/yokohama-kanagawaku.ipynb より抜粋

```
import joblib, json
from sklearn.ensemble import RandomForestRegressor
from sklearn.model_selection import train_test_split

# 不要な列を削除 --- (※1)
x = x.drop(columns=['都市計画', '建物の構造'])
# データを学習 --- (※2)
x_train, x_test, y_train, y_test = train_test_split(x, y)
model = RandomForestRegressor()
model.fit(x_train.values, y_train)
print(model.score(x_test.values, y_test))
# モデルを保存 --- (※3)
joblib.dump(model, 'yokohama-kanagawa.model')
# 地区名の情報を保存 --- (※4)
json.dump(area_enc.classes_.tolist(),
    open('yokohama-kanagawa-area.json', 'w', encoding='utf-8'))
```

プログラムを確認しましょう。(※1) では不要な列を削除します。(※2) ではデータを学習します。そして、(※3) で joblib パッケージを利用してパラメーターをファイルに保存します。また、今回はモデルだけではなく、地区名をどのように数値に変換したのかの情報も持たせる必要があります。そこで、(※4) で地区名の情報を JSON で保存します。

実行すると、「yokohama-kanagawa.model」と「yokohama-kanagawa-area.json」という 2 つのファイルが作成されます。

手順 11 学習モデルを読み込んで予測する AI を作ろう

それでは、ここまでの手順で作成したモデルを使って、コマンドラインから、物件の価格予想をするツールを作ってみましょう。以下のプログラムを作ります。

●src/ch7/yokohama_cli.py

```
import joblib, json, sys
from sklearn.ensemble import RandomForestRegressor

def predict(argv):
    # モデルを読み込む --- (※1)
    model = joblib.load('yokohama-kanagawa.model')
    area_list = json.load(open('yokohama-kanagawa-area.json'))
    # パラメーターを得る --- (※2)
    m2 = float(argv[0])
    area_s = argv[1]
    station = int(argv[2])
```

```
    age = int(argv[3])
    # 地区名を数値に変換 --- (※3)
    area = -1
    for i, s in enumerate(area_list):
        if s == area_s: area = i
    if area == -1:
        print(area_list)
        quit()
    # 予測 --- (※4)
    a = model.predict([[m2, area, station, age]])
    print('予想価格: {:.1f}万円'.format(a[0]/10000))

if __name__ == '__main__':
    if len(sys.argv) < 5:
        print('[USAGE] yokohama_cli.py 面積 地区 最寄駅距離 築年数')
        quit()
    predict(sys.argv[1:])
```

プログラムを確認しましょう。(※1) では学習済みモデルを読み込みます。(※2) では関数に渡されたリスト型のデータから 必要なパラメーターを得て変換します。

(※3) では地区名を数値に変換します。もし地区名が見つからなければ、地区名の一覧を表示して終了します。

(※4) の部分で、実際の予測を行って値を画面に出力します。

手順 12 実行して確認してみよう

プログラムを実行して中古マンションの価格を予測してみましょう。ターミナルで次のようにコマンドを実行してみましょう。

```
# 例えば、面積が44㎡(2DK)、地区名が子安通、最寄駅まで徒歩8分、築年数が44年
$ python3 yokohama_cli.py 44 子安通 8 44
# 例えば、面積が31㎡(1LDK)、地区名が大口通、最寄駅まで徒歩6分、築年数が3年
$ python3 yokohama_cli.py 31 大口通 6 3
```

実行すると次のように表示されます。異なる条件の 2 つの物件の価格を予測します。

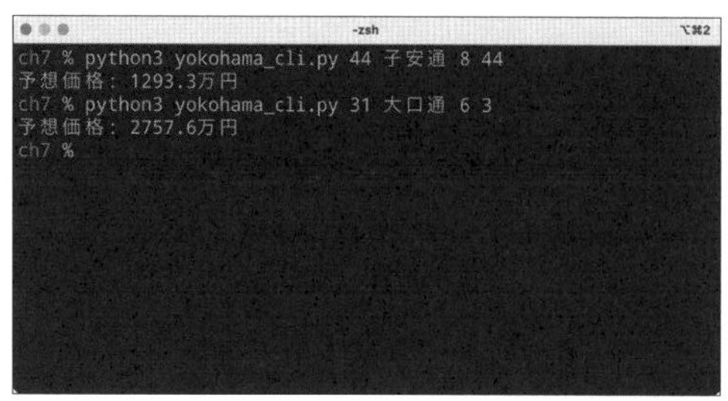

●横浜市神奈川区の中古マンションの値段を予測させたところ

実際にSUUMOやアットホームなどの不動産情報サイトで、上記地区の中古マンションの価格を調べてみましょう。正しく予想できたでしょうか。筆者が確認したところ、だいたい合っていたものの実際の価格よりも数百万円ほど安く表示されました。その理由ですが、不動産情報サイトに掲載されているのは希望販売価格であり、実際に売却された価格ではないという点が考えられます。そう思うと、それなりの精度が出ていることが確認できます。読者の皆さんも実際に実行して価格を確認してみてください。

なお、実際の不動産価格というのは、日当りや物件の立地、周囲の環境など多くの要素を考慮して決定されます。また、ここで利用したのは中古マンションの価格なので、リノベーションなど修繕済みの物件では相場より高くなり、修繕前の物件では相場より安くなります。つまり、今回学習したデータ以外の要素も価格に影響しています。今後、より精度を高めたい場合には、そうしたデータを追加することもできるでしょう。

まとめ

☑ 本節では実際の不動産情報を元にして、物件の価格予測を行うプログラムを作ってみました。今回扱ったのは、機械学習用に加工されたデータではなく、実際の生データだったので、欠損値があったり、数値と文字列が混ざっていたりと、そのままでは機械学習に入力できないデータでした。整形処理や置換処理を繰り返すことで、機械学習の学習に使えるデータに加工する必要がありました。実際に機械学習を行う場合、こうした手順が必須になります。

7章

5

JSON設計の頻出パターン

本書ではさまざまなJSONデータを扱ってきました。本書の最後にJSONや各種データ構造について考えてみましょう。Web APIや設定ファイルなどデータファイルの頻出パターンを確認してみます。

Keyword

- データ構造
- JSON
- アンチパターン
- Base64

この節で作るもの

- JSONデータでよくあるデータ構造を確認する

JSONの基本パターンを確認しよう

ここまで見てきたように、JSONを使ってさまざまなデータを表現できます。本書の最後にJSONでよく使われるJSONデータ構造についてまとめてみましょう。頻出パターンを考察することで、自分でJSONデータを設計する際の参考になるでしょう。

単純な配列（リスト型）

基本中の基本ですが、JSONで表現するデータ構造の基本は、配列（リスト型）とオブジェクト（辞書型）です。大抵は、このどちらかで始まります。まずは配列から確認してみましょう。

例えば、5人の人が集まり、その年齢を配列で表すとしたら、次のようなデータとなります。

```
[ 38, 73, 20, 45, 18]
```

また、5人の名前を文字列で表す配列であれば、次のようなデータとなります。

```
["織田", "豊田", "武田", "本田", "山田"]
```

JSONの配列は異なるデータ型を含んでも良いことになっています。それで、次のように織田信長の名前・生年・没年の情報を持つデータをJSONの配列で表現できます。

```
["織田信長", 1534, 1582]
```

この程度の小さな配列であれば、配列内に異なる型のデータを配置してもそれほど問題にはなりません。しかし、もう少し要素数が多くなる場合には違うデータの型を混ぜるのはお勧めできません。後述のアンチパターンで紹介します。

単純なオブジェクト（辞書型）

次に単純な JSON のオブジェクトを確認してみましょう。オブジェクトでは複数のプロパティに対する値を指定できます。オブジェクトは、キーと値という構造になります。以下は果物の値段を表現した JSON データです。

```
{
    "リンゴ": 150,
    "バナナ": 130,
    "ミカン": 200
}
```

先ほど紹介した織田信長に関するデータですが、次のように、オブジェクトにした方が分かりやすいデータになります。

```
{
    "名前": "織田信長",
    "生年": 1534,
    "没年": 1582
}
```

アプリの設定データを記述するのに、JSON が使われることも多くあります。その際、設定項目と値を次のように記述できます。

```
{
    "language": "Japanese",
    "color-mode": "dark",
    "search-mode": "ignorecase",
    "history": 30,
    "expand-tab": true
}
```

オブジェクトの配列

JSONデータが上記のように単純なオブジェクトか配列で済めば良いのですが、現実のデータはそれほど単純ではありません。以下はある塾における生徒の番号・名前・国語・数学の成績をJSONデータで記録したものです。

```
[
    {"番号": 1000, "名前": "鈴木", "国語": 70, "数学": 82},
    {"番号": 1001, "名前": "田中", "国語": 80, "数学": 62},
    {"番号": 1002, "名前": "山田", "国語": 65, "数学": 78}
]
```

本書でもデータを記録するのに、上記のようなオブジェクトの配列を使いました。なお、このようなオブジェクトの配列は容易にCSVデータと相互変換が可能です。CSVの一行目をヘッダーとして、JSONのプロパティと結びつけます。次のように変換できるでしょう。

```
番号, 名前, 国語, 数学
1000, 鈴木, 70,   82
1001, 田中, 80,   62
1002, 山田, 65,   78
```

配列の配列

表形式のデータ、あるいは、画像など2次元のデータを表現するには、配列の配列を使うことでしょう。以下は、0と1を用いて数字の1を表現したものです。画像データの他、ゲームのマップや、トランプの持ち札、リバーシや将棋の盤などのデータもこのような2次元の配列で表現します。

```
[
    [0,0,0,1,1,0,0,0],
    [0,0,0,0,1,0,0,0],
    [0,0,0,0,1,0,0,0],
    [0,0,0,0,1,0,0,0],
    [0,0,0,0,1,0,0,0],
    [0,0,0,0,1,0,0,0]
]
```

「オブジェクトの配列」にオブジェクトが入れ子状になる場合

上記で紹介したオブジェクトの配列ですが、オブジェクトの部分に、オブジェクトや配列を含む場合も少なくありません。以下は人物紹介のデータを表現したJSONデータです。

```
[
    {
        "名前": "田中",
        "年齢": 28,
        "趣味": ["読書", "プログラミング"],
        "職歴": [
            {"業種": "IT", "社名": "株式会社A", "在籍年": 2},
            {"業種": "サービス", "社名": "株式会社B", "在籍年": 2}
        ]
    },
    {
        "名前": "鈴木",
        "年齢": 32,
        "趣味": ["キャンプ", "サーフィン", "手芸"],
        "職歴": [
            {"業種": "IT", "社名": "株式会社C", "在籍年": 5},
            {"業種": "IT", "社名": "株式会社D", "在籍年": 3}
        ]
    }
]
```

複数の趣味や職歴を登録するために配列にしています。また、職歴の配列の一要素は業種・社名・在籍年のオブジェクトにしています。JSONを使うと上記のような複雑な構造のデータも比較的すっきりと記述できるのが利点です。

オブジェクトの配列をオブジェクト内に含む場合

先ほど考慮したパターンでは、ルート要素が「配列」なのですが、このパターンでは、ルート要素が「オブジェクト」です。例えば、Web APIのレスポンスによくあるのがこのパターンで、オブジェクト内に「オブジェクトの配列」データを含む結果が返されます。

```
{
    "status": true,
    "result": [
        {"id": 1000, "value-a": 18, "value-b": 14},
        {"id": 1001, "value-a": 17, "value-b": 11},
```

```
        {"id": 1002, "value-a": 18, "value-b": 22}
    ],
    "time": "2023-10-15T08:10:30+09:00"
}
```

オブジェクトには、APIの実行結果を表す「status」プロパティと、APIの結果データが「result」、APIにアクセスした時刻が「time」プロパティ以下に含まれます。

つまり、データ自体は、よくあるオブジェクトの配列なのですが、そのデータを説明する他のデータと一緒にオブジェクトとして提供されます。

アンチパターン - データは同一型のデータが連続するように配慮するべき

JSONは柔軟で複雑なデータを柔軟に表現できるデータ形式ですが、何の規則性もなく自由にデータを格納してしまうと非常に扱いにくいデータになりがちです。特にある程度の規模のあるデータセットの場合、何の規則性もないデータを次々と追加していくと、データをどのように扱ったら良いのか分かりにくいだけでなく、JSONデータを読み込むプログラムも非常に複雑になります。

これは、柔軟なデータ型を扱えるPythonでJSONを読む場合も同様です。JSONのオブジェクトと配列が1：1でPythonの辞書型とリスト型に変換されるのですが、複雑なデータ構造を一つ一つ解析する処理が必要になってしまいます。

例えば、ある会員制のWebサイトのデータが、次のようなJSON形式で保存されていたとします。オブジェクトの配列形式でデータが記録されているのですが、配列内のオブジェクトがユーザー情報だったり、アイテムの購入情報だったり、友達登録の情報だったりしています。

```
[
    {"user_id": 300, "name": "工藤新次"},
    {"item_id": 301, "name": "虫眼鏡", "price": 1200, "user_id": 300},
    {"user_id": 300, "friend_id": 380},
    {"user_id": 380, "name": "阿笠弘"}
]
```

Pythonで、このデータを用いて、ユーザー情報だけを抽出しようと思った場合、for構文でデータを一つずつ読むことになります。その際、user_idがあるかどうかを調べるだけではだめで、オブジェクトの全ての要素を確認して、友達登録の情報でないこと、またアイテムの購入情報ではないことを逐次確認しなくてはなりません。

そこで、上記のデータを次のようなJSONデータに変形するとどうでしょうか。usersを調べればユーザー一覧をすぐに取得できます。

```
{
    "users": [
        {"user_id": 300, "name": "工藤新次"},
        {"user_id": 380, "name": "阿笠弘"}
    ],
    "purchased-item": {
        {"item_id": 301, "name": "虫眼鏡", "price": 1200, "user_id": 300}
    },
    "friends": [
        {"user_id": 300, "friend_id": 380}
    ]
}
```

つまり、JSON データで、オブジェクトの配列を採用する場合、できる限り同じプロパティを持つオブジェクトを整然と配置すると良いでしょう。

あるいは、もう一つの改善案としては、以下のように、オブジェクトの配列としてデータを格納するのですが、そのデータが何のデータなのか「type」プロパティで明示するようにして、「data」プロパティに個々のデータを配置するようにします。

```
[
    {
        "type": "users",
        "data": {"user_id": 300, "name": "工藤新次"}
    },
    {
        "type": "purchased-item",
        "data": {"item_id": 301, "name": "虫眼鏡", "price": 1200, "user_id": 300}
    },
    {
        "type": "friends",
        "data": {"user_id": 300, "friend_id": 380}
    },
    {
        "type": "users",
        "data": {"user_id": 380, "name": "阿笠弘"}
    }
]
```

このような構造にしておけば、ユーザーの名前だけを表示したい場合に、for 文で繰り返しデータを確認する際、type が users のデータの場合に、data 以下の name を取り出して表示すれば良くなります。

ただし、この場合でも data プロパティに異なるオブジェクトが配置されることになるため、プログラムを作っていくうちに、使い勝手が悪いと感じる場面もあることでしょう。自由な構造でデータを配置できる JSON ですが、できるだけ規則性を持たせることで、使いやすいデータを設計できます。

JSONで既定されていない型のデータの扱い

JSONのデータ型は文字列、数値、null、真偽型、オブジェクト、配列の6種類だけが定義されています。そのため、これ以外のデータを表現したい場合には、何かしらの方法でデータを定義する必要があります。

日時データのフォーマット

さまざまなデータ型の中で、特に必要になるのが日時データの扱いでしょう。日時データをJSONで表現する方法は、以下の2つの解決策が考えられます。

- 日時をUNIXタイムスタンプ（数値）として指定する
- 日時をISO 8601で規定される形式（文字列）で指定する

画像や音声データ

最も扱いに困るのが画像や音声などのデータでしょうか。これらのデータはサイズが大きく、どのようにJSONデータに直したら良いのか悩むところです。

小さな画像データであれば、上記（配列の配列）で紹介した通りピクセルデータを数値で表現するのも一つの方法です。また、バイナリーデータというのは1バイトずつ（あるいは2バイト、4バイトずつ）の数値に分けることが可能です。そのため、バイナリーファイルを数値配列に変換することができます。ただし、この場合ファイルサイズが大きくなってしまいます。

例えば「ABC」と書いたテキストファイルをバイナリーファイルとして考えて、JSONの数値配列で表現してみましょう。すると以下のようになります。

```
[65, 66, 67]
```

たった3バイトのバイナリーファイルですが、10文字（10バイト）が必要になってしまいました。つまり、バイナリーファイルを表現するために、最大でファイルサイズ×4+1バイトが必要になってしまいます。

そのため、そもそもバイナリーデータをJSONデータに含めず、ファイル名やIDだけをJSONに記録するというのも一つの解決方法です。それでもJSONに埋め込みたい場面というのはあるものです。そのような場合、解決方法の一つが、Base64です。画像や音声ファイルをBase64エンコードして、文字列としてデータに埋め込む方法です。

Base64 を使う方法

Base64 とは、データを 64 種類の印字可能な英数字のみを用いて表現するエンコード方式です。7 ビットしか使う事のできない電子メールで広く利用されている方式です。具体的には、英数字（A-Z、a-z、0-9）と記号（+/=）を使ってバイナリーデータをエンコードします。

Python には Base64 のエンコードとデコードを行う、base64 モジュールが用意されています。以下は指定した画像ファイルを Base64 として出力する例です。

●src/ch7/file2base64.py

```
import base64
infile = 'image.png'
# 画像ファイルを読み込む
with open(infile, 'rb') as fp:
    bin_data = fp.read()
# Base64にエンコード
enc = base64.b64encode(bin_data)
b64str = enc.decode('utf-8')
print(b64str)
```

ターミナルから「python3 file2base64.py」を実行すると次のように画像データがエンコードされて出力されます。

●画像ファイルを Base64 にエンコードしたところ

このようにして作成した Base64 の文字列データを JSON に埋め込むことで、画像データや音声データを JSON に埋め込んで使うことができます。

Python の Base64 は類似のエンコーディングの Base85 をサポートしています。これは、Base64 で使用している英数記号に加えて 7 ビットで表現可能な各種記号を含めたものであり、Base64 よりも短いデータでバイナリーデータを表現できます。他にも、uuencode や BinHex、16 進数文字列など、いろいろなエンコーディング方式があります。これらを用途に応じて使い分けると良いでしょう。

まとめ

本節では JSON データを設計する上で参考になる頻出パターンをまとめてみました。日時データや画像や音声などのバイナリーデータを扱う方法も紹介しました。また、柔軟なデータ構造が表現できる JSON ですが、一定の規則を持った構造にすることの大切さも確認しました。JSON データ設計の参考にしてみてください。

Appendix

ここでは、Pythonの簡単なインストール方法を説明します。紙面に限りがあるので、Pythonの詳しい使い方については、Pythonの入門書などを参考にしてください。

PythonとJSONについて

今やPythonはデータサイエンスをはじめ幅広い用途で利用されるプログラミング言語です。そのため、数多くの便利なライブラリが整備されています。当然、JSONを活用する際にも、Pythonの持つ豊富なライブラリのリソースが活きてきます。

本書でも、多くのPythonライブラリを活用したプログラムを紹介しています。章ごとに必要となるライブラリが大きく変わるため、必要となる個々のライブラリのインストールについては、本文中で解説しています。

ただし、Pythonのインストールについては共通の部分が多いため、このAppendixで解説します。

本書の推奨環境について

Pythonはマルチプラットフォームのプログラミング言語です。Windows/macOS/各種Linuxなどで動作します。また、最近では、iOSやAndroidでも動作します。このため、大抵のプログラムは、iOSやAndroidでも動きますが、本書では推奨環境として次の環境を想定します。

・Windows 10以降 / WSL（Windows Subsystem for Linux））
・macOS 10.14以降

それぞれのOSごとにインストール方法を紹介します。

Windows に Python をインストールしよう

WindowsにPythonをインストールするには、いろいろな方法があります。Pythonの公式Webサイトで提供されているインストーラーを使う方法、Microsoftストアからインストールする方法、Anacondaなどのディストリビューションを使う方法、WSLをセットアップしてPythonをインストールする方法などです。

それぞれの方法に長所と短所がありますが、本書の範囲でPythonを使うには、公式のWebサイトから提供されているインストーラーを使うのが分かりやすいと思います。

ここでは、公式のインストーラーを使う方法を紹介します。

手順 1 インストーラーをダウンロード

ブラウザーで以下のURLにアクセスし、「Download Python 3.x.x」（xの部分は随時更新されます。）のボタンをクリックして、最新版のインストーラーをダウンロードしましょう。

URL
ダウンロードサイト
hhttps://www.python.org/downloads/

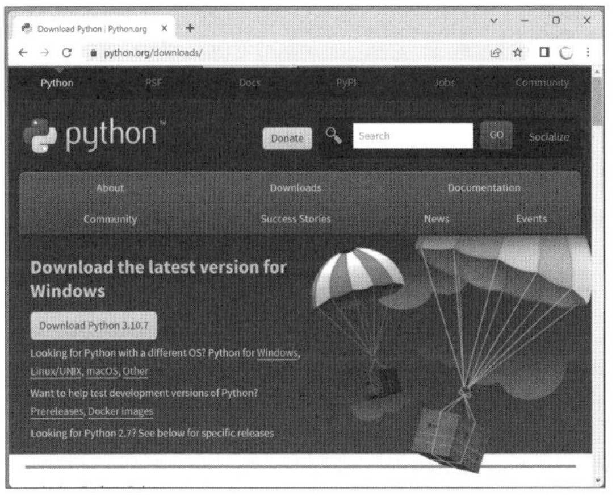

手順 2 インストーラーを実行しよう

インストーラーをダウンロードしたら、ダブルクリックしてインストール作業を行いましょう。なお、最初の画面が肝心で、インストーラーの下部にある [Add Python 3.x to Path] の部分にチェックを入れてから「Install Now」のボタンをクリックしましょう。

続いて、ユーザーアカウント制御の許可画面がでるので「はい」をクリックします。すると、インストールが始まります。

インストールが無事に完了すると次の画面が表示されます。[Close] を押してインストーラーを閉じましょう。

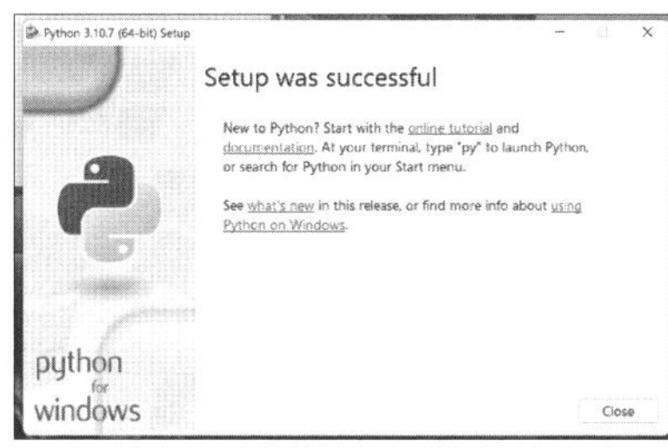

手順 3 PowerShell から Python を実行しよう

正しく Python が実行できたか試してみましょう。Windows11 であれば [Win] キーを押して検索ボックスに「PowerShell」とタイプして、PowerShell を起動しましょう。Windows10 であれば、[Win] キーと [R] キーを同時に押すと「ファイル名を指定して実行」のダイアログがでますので、そこに「powershell」と入力して [Enter] キーを押します。

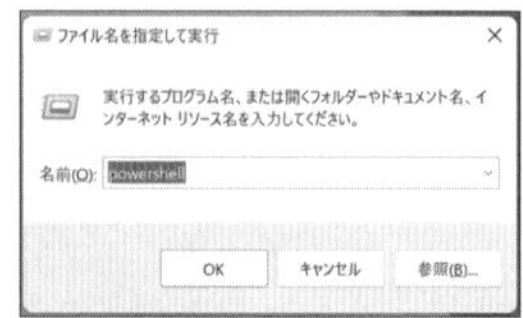

PowerShell が起動したら「python --version」とタイプして [Enter] キーを押します。すると、インストールした Python のバージョンが表示されます。

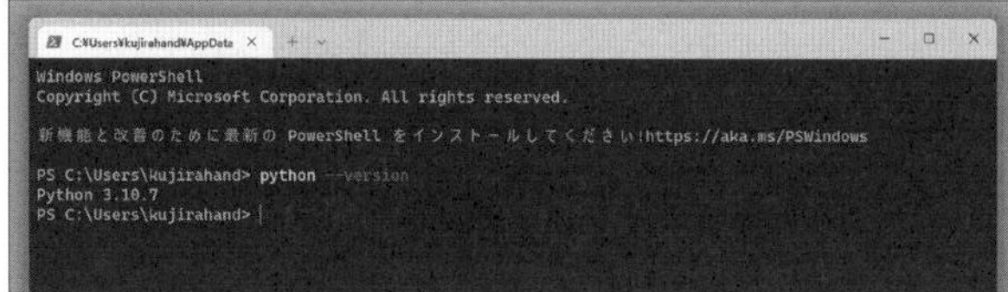

コラム

本書のプログラムを Windows で実行する際の注意

Windows で Python を実行するには、上記のように「python」コマンドを使います。しかし、Windows 以外の OS で Python を扱う場合には「python3」コマンドを使うのが一般的です。そのため、本書ではプログラムを実行する際「python3（プログラム名）」とタイプするように指示があります。しかし、上記の手順で Python をインストールすると「python3」コマンドが用意されていないため、本書の「python3」コマンドを「python」と読み替えてください。

macOS に Python をインストールしよう

macOS に Python をインストールする場合もいろいろな選択肢があります。公式のインストーラーを使う方法、パッケージマネージャーの Homebrew からインストールする方法、Ubuntu のように pyenv を使う方法などです。ここでは、Windows と同じく一番簡単なインストーラーを使う方法を紹介します。

手順 1 macOS 用のインストーラーを入手しよう

ブラウザーで以下の URL にアクセスします。そして「Download Python 3.x.x」（x の部分は随時更新されます。）のボタンをクリックして、最新版のインストーラーをダウンロードしましょう。

URL
Python > Downloads
https://www.python.org/downloads/

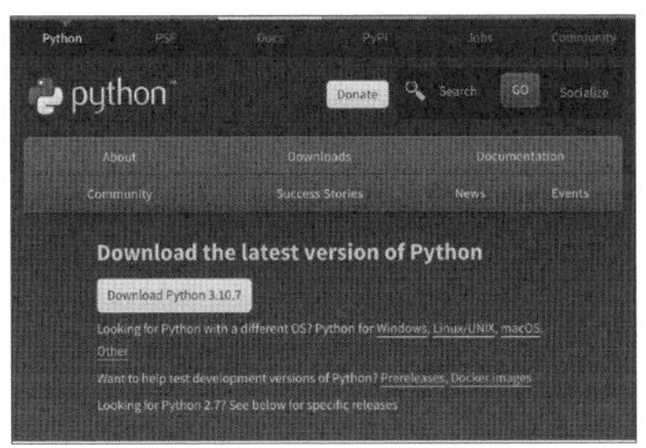

手順 2 macOS 用インストーラーを実行しよう

macOS のインストーラーでは、特に気にかける点はありません。インストーラーをダブルクリックしたら、指示に従って右下にある「続ける」を数回、「同意」を 1 回、再び「続ける」をクリックすればインストールが完了します。

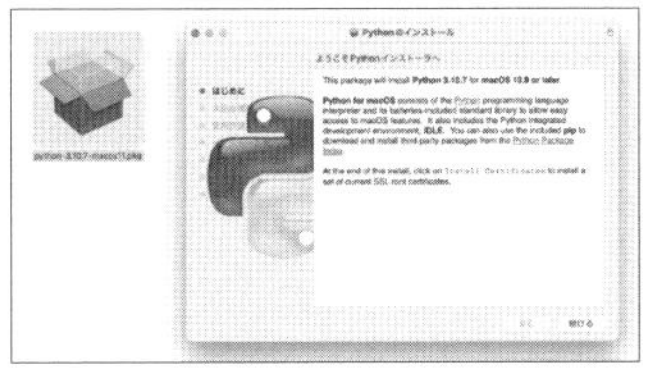

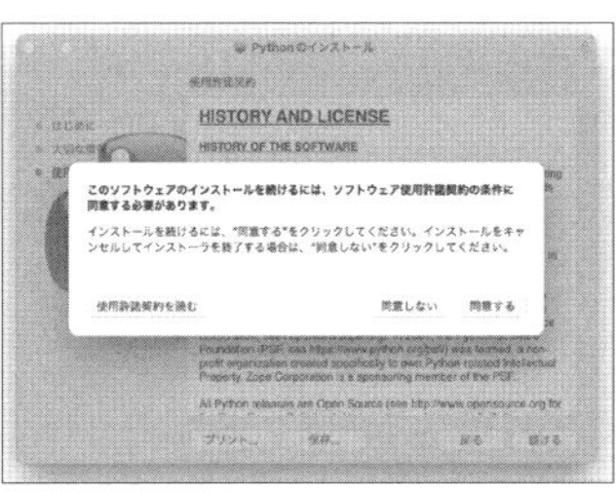

手順 3 ターミナルから Python を実行しよう

インストールが完了したら、正しく Python がインストールできたかどうか確認してみましょう。Finder で「アプリケーション」を開いて、「ユーティリティ」の中にある「ターミナル .app」を起動しましょう。

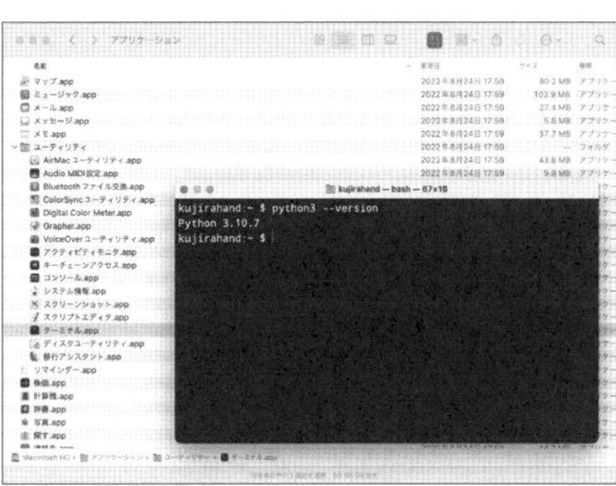

そして、以下のコマンドを入力して、[Enter] キーを押します。すると、インストールした Python のバージョンが表示されます。（なお、行頭の「$」を入力する必要はありません。これはコマンドの入力である旨を示すものです。）

```
$ python3 --version
```

［著者略歴］

クジラ飛行机（くじらひこうづくえ）

趣味のプログラミングが楽しくていろいろ作っているうちに本職のプログラマーに。現在は、ソフト企画「くじらはんど」にて「楽しくて役に立つツール」をテーマに多数のアプリを公開している。代表作は『日本語プログラミング言語「なでしこ」』『テキスト音楽「サクラ」』など。2001 年にはオンラインソフトウェア大賞に入賞、2004 年度 IPA 未踏ユースでスーパークリエイターに認定、2010 年に OSS 貢献者賞を受賞。2021 年に「なでしこ」が中学の教科書に採択された。なお、機械学習や Python など毎年 2 冊以上技術書籍を執筆している。

カバー・本文デザイン：坂本真一郎（クオルデザイン）
編集：佐藤玲子（オフィスつるりん）
編集協力：片野美都
DTP：有限会社 ゲイザー

Python+JSON　データ活用（かつよう）の奥義（おうぎ）

2023 年 1 月 13 日　初版第 1 刷発行
2023 年 10 月 6 日　初版第 3 刷発行

著　者　クジラ飛行机
発行人　片柳 秀夫
発行所　ソシム株式会社
https://www.socym.co.jp/
〒 101-0064 東京都千代田区神田猿楽町 1-5-15
猿楽町 SS ビル
TEL　03-5217-2400（代表）
FAX　03-5217-2420
印刷・製本 株式会社 暁印刷

定価はカバーに表示してあります。
落丁・乱丁は弊社販売部までお送りください。送料弊社負担にてお取り替えいたします。
ISBN978-4-8026-1393-4
Printed in Japan